Intensivierung der Forschung

Bedingungen – Faktoren – Probleme

WISSENSCHAFT UND GESELLSCHAFT

Herausgegeben
vom Institut
für Theorie, Geschichte
und Organisation
der Wissenschaft
der Akademie der Wissenschaften
der DDR
durch Günter Kröber

Band 20

Intensivierung der Forschung

Bedingungen – Faktoren – Probleme

Herausgegeben von
Günter Kröber, Lothar Läsker und
Hubert Laitko

AKADEMIE-VERLAG · BERLIN
1984

Herausgeber:

Günter Kröber, Lothar Läsker, Hubert Laitko

Autorenkollektiv:

Hubert Fetzer, Ursula Geißler, Gabriele Groß, Wolfgang Gruner, Peter Hanke, Dieter Hoffmann, Horst Kant, Günter Kröber, Lothar Läsker, Hubert Laitko, Gerhard Lickert, Karl-Heinz Lüdtke, Klaus Meier, Werner Meske, Hansgünter Meyer, Annedore Schulze, Joachim Tripoczky, Rainer Voß, Christine Waltenberg

Erschienen im Akademie-Verlag, DDR - 1086 Berlin, Leipziger Str. 3–4

Lizenznummer: 202 · 100/32/84
Printed in the German Democratic Republic
Gesamtherstellung: IV/2/14 VEB Druckerei »Gottfried Wilhelm Leibniz«, 4450 Gräfenhainichen · 6142
Einbandgestaltung: Rolf Kunze
Lektor: Dr. Dorothea Fensch
LSV 0105
Bestellnummer: 753 637 1 (2162/20)
02400

Inhaltsverzeichnis

Kapitel II

Kapitel III

Vorwort

1.

„Die Wissenschaft ist in eine neue Rolle und Verantwortung hineingewachsen. Ihre Verflechtung mit dem gesellschaftlichen Leben, insbesondere mit unserer Volkswirtschaft, hat ein qualitativ höheres Niveau erreicht. Jeder ernsthafte und tiefgreifende Fortschritt in der Entwicklung der modernen Produktivkräfte hat heute und in Zukunft seine Wurzeln in wissenschaftlichen Erkenntnissen.“[1] Diese verpflichtende Feststellung traf Erich Honecker im Rechenschaftsbericht des Zentralkomitees an den X. Parteitag der SED. Die Dokumente dieses Parteitages, in denen die Aufgaben der Wissenschaft in unserer Gesellschaft einen bedeutenden Stellenwert haben, bezeugen die spürbaren Erfolge, die bei der Realisierung des fünf Jahre zuvor beschlossenen Programms der SED seither erzielt worden sind. Im Programm heißt es: „Der wissenschaftlich-technische Fortschritt ist Hauptfaktor der Intensivierung und beeinflußt die Lösung aller anderen Aufgaben entscheidend. Deshalb hält es die Sozialistische Einheitspartei Deutschlands für erforderlich, die wissenschaftlich-technische Arbeit selbst zu intensivieren, den erforderlichen wissenschaftlich-technischen Vorlauf zu sichern, in möglichst kurzen Fristen in Forschung und Entwicklung Ergebnisse von hohem Niveau zu erzielen und diese rasch und in großem Umfang anzuwenden.“[2]

Diese langfristige Orientierung ist unverändert und unvermindert gültig. Die bisherigen Erfolge unserer Entwicklung ebenso wie die schwieriger gewordenen Bedingungen der internationalen Klassenauseinandersetzung zwischen Sozialismus und Imperialismus und die kompliziertere weltwirtschaftliche Lage haben indes eine Situation geschaffen, in der die bisher bewährten Wege und Mittel allein nicht mehr ausreichend sind und neue Kraftanstrengungen notwendig werden. Der X. Parteitag der SED hat keinen Zweifel daran gelassen, daß die DDR den strategischen Kurs der Hauptaufgabe auch unter den veränderten Bedingungen unbeirrt fortsetzen wird.[3] Dazu ist ein

[1] Bericht des Zentralkomitees der Sozialistischen Einheitspartei Deutschlands an den X. Parteitag der SED, Berichterstatter: Genosse E. Honecker, Berlin 1981, S. 51.

[2] Programm der Sozialistischen Einheitspartei Deutschlands, Berlin 1976, S. 27.

[3] Vgl. Bericht des Zentralkomitees der Sozialistischen Einheitspartei Deutsch-

wirtschaftlicher Leistungsanstieg in neuen Größenordnungen notwendig, der nicht anders als durch eine erhebliche Beschleunigung des wissenschaftlich-technischen Fortschritts erreicht werden kann.[4] Daher erachtet es der Parteitag für notwendig, „einen neuen Schritt bei der Verbindung der Vorzüge des Sozialismus mit den Errungenschaften der wissenschaftlich-technischen Revolution zu tun ... Nun sind die Möglichkeiten der wissenschaftlich-technischen Revolution unmittelbar zur Hauptreserve für Leistungswachstum und Effektivität unserer Volkswirtschaft geworden."[5]

Für die Ausschöpfung dieser Möglichkeiten sind im abgelaufenen Jahrzehnt bedeutende Voraussetzungen herangereift. Das Erneuerungspotential unserer Volkswirtschaft – von der Grundlagenforschung bis hin zum Investitionsbau, zur Erzeugung mikroelektronischer Bauelemente und hochleistungsfähiger Maschinen und Ausrüstungen – hat erheblich zugenommen, und gewachsen ist mit der Strukturierung der Industrie in Kombinaten und der Herausbildung effektiver Formen der Zusammenarbeit zwischen den Kombinaten und den Einrichtungen der Forschung und Lehre außerhalb der Industrie auch das Vermögen der Gesellschaft, dieses Potential konzentriert und schlagkräftig wirksam werden zu lassen. Dies fand, wie der X. Parteitag feststellen konnte, seinen Ausdruck in einer etwa seit Mitte 1979 spürbaren Beschleunigung der volkswirtschaftlichen Leistungssteigerung. Die erfolgreiche Bilanz der letzten Jahre gibt die Gewähr dafür, daß die neuen Aufgaben realistisch gestellt sind, doch sie darf selbstverständlich nicht über die Schwierigkeit der vor uns liegenden Wegstrecke hinwegtäuschen. „Die bisherigen Ergebnisse kann man als ein Gerüst dessen bezeichnen, was nun zu schaffen ist", sagte Erich Honecker.[6]

In engstem Zusammenhang mit der ökonomischen Strategie der achtziger Jahre bestimmt der X. Parteitag der SED ein komplexes Programm der sozialistischen Wissenschaftspolitik für den bevorstehenden Zeitabschnitt. Damit wird das Prinzip der Einheit von Sozialismus und Wissenschaft, das die Politik der Partei seit jeher kennzeichnet, auf eine der gegenwärtigen Entwicklungsstufe unserer Gesellschaft gemäße Weise weitergeführt: „Mit der weiteren Gestaltung der entwickelten sozialistischen Gesellschaft wächst

lands an den X. Parteitag der SED, a. a. O., S. 8, 48; Direktive des X. Parteitages der SED zum Fünfjahrplan für die Entwicklung der Volkswirtschaft der DDR in den Jahren 1981 bis 1985, Berlin 1981, S. 10; Direktive des X. Parteitages der SED zum Fünfjahrplan für die Entwicklung der Volkswirtschaft der DDR in den Jahren 1981 bis 1885, Berichterstatter: Genosse W. Stoph, Berlin 1981, S. 9.

[4] Vgl.Direktive des X. Parteitages der SED zum Fünfjahrplan für die Entwicklung der Volkswirtschaft der DDR in den Jahren 1981 bis 1985, a. a. O., S. 12, 18.

[5] Bericht des Zentralkomitees der Sozialistischen Einheitspartei Deutschlands an den X. Parteitag der SED, a. a. O., S. 48.

[6] Ebenda, S. 49.

die Verantwortung der Wissenschaft und aller Wissenschaftler vor der Gesellschaft. Im gleichen Maße nimmt die Verantwortung der Gesellschaft für die Entwicklung und Vervollkommnung der Wissenschaft und die Anwendung ihrer Ergebnisse zu." [7] Dabei betrachten wir die Intensivierung in der Sphäre der wissenschaftlichen Arbeit selbst, die zu einer Erhöhung der wissenschaftlichen Leistungen im Verhältnis zu dem dafür eingesetzten personellen und sachlichen Gesamtaufwand führt, und die in der Beschleunigung des wissenschaftlich-technischen Fortschritts ausgedrückte zunehmende gesellschaftliche Ergiebigkeit der Wissenschaft als zwei Seiten ein und desselben Entwicklungsprozesses, die sich wechselseitig bedingen.

Die Realisierung des wissenschaftspolitischen Programms der Partei verlangt wesentliche Fortschritte in der Erkenntnis der gesellschaftlichen Erscheinung „Wissenschaft" und ihrer Entwicklungs- und Wirkungsmöglichkeiten im Sozialismus. Diese Erfordernisse zeichnen bestimmte Schwerpunkte aus, zu denen die marxistisch-leninistischen Forschungen über die Wissenschaft mit besonderer Intensität vorangetrieben werden müssen. In den Dokumenten des X. Parteitages der SED sind auf dieser Grundlage klare Aufträge an die weitere Arbeit auf dem Gebiet der marxistisch-leninistischen Gesellschaftswissenschaften formuliert worden: „Bedeutende Aufgaben stellt die organische Verbindung der Errungenschaften der wissenschaftlich-technischen Revolution mit den Vorzügen des Sozialismus an die Gesellschaftswissenschaftler und an ihre Gemeinschaftsarbeit mit Natur- und Technikwissenschaftlern. Wir erwarten gründliche Analysen und anwendbare Lösungsvorschläge, wie die Triebkräfte des Sozialismus noch effektiver für die Entwicklung von Wissenschaft und Technik und die Umsetzung ihrer Ergebnisse, besonders in der Volkswirtschaft, genutzt werden können. Vor allem sollten die Gesellschaftswissenschaftler jene ökonomischen, sozialen, staatlich-rechtlichen und ideologischen Bedingungen und Erfordernisse aufdecken, die dazu führen, den wissenschaftlich-technischen Fortschritt weiter zu beschleunigen und seine ökonomische und soziale Wirksamkeit zu erhöhen." [8]

Die vorliegende Arbeit ist diesem Auftrag verpflichtet. Sie unternimmt den Versuch, Beiträge zu Antworten auf einige Fragen dieses umfangreichen Problemkomplexes zu formulieren. Diese Beiträge knüpfen an frühere Untersuchungen und Überlegungen zur gesellschaftlichen Stellung der Wissenschaft im Sozialismus an und gehen von der Überzeugung aus, daß der ganze Komplex unserer Forschungen über die Wissenschaft in den Fragestellungen ebenso wie in der Aufbereitung der Resultate auf die Durchsetzungs- und

[7] Ebenda, S. 87.

[8] Ebenda, S. 91; Direktive des X. Parteitages der SED zum Fünfjahrplan für die Entwicklung der Volkswirtschaft der DDR in den Jahren 1981 bis 1985, a. a. O., S. 22.

Entwicklungserfordernisse der sozialistischen Wissenschaftspolitik orientiert sein muß. Selbstverständlich müssen dabei stets die realen Leistungsmöglichkeiten beachtet werden, über die dieses noch junge gesellschaftswissenschaftliche Spezialgebiet heute verfügt.

2.

Der wissenschaftspolitische Rahmen des vorliegenden Buches erfordert eine bestimmte allgemeine Sicht der Wissenschaft, die die von verschiedenen Autoren verfaßten Abschnitte und Teilstudien gedanklich zusammenhält und ihnen ungeachtet der Mannigfaltigkeit individueller „Handschriften" eine einheitliche Zielrichtung verleiht. Auch wenn einige Abschnitte in die Geschichte der Wissenschaft zurückgreifen oder auf Vorgänge im zeitgenössischen Kapitalismus Bezug nehmen, steht doch im Zentrum der Aufmerksamkeit die Wissenschaft als Entwicklungsmoment des realen Sozialismus – als eine Erscheinung, die wesentlich zur Höherentwicklung der sozialistischen Gesellschaft beiträgt und sich in diesem Zusammenhang selbst entwickelt. Integriert in den Entwicklungsprozeß der Gesellschaft im ganzen und der Produktionsweise ihres materiellen Lebens im besonderen, wirkt die Wissenschaft über Wandlungen in Technik und Technologie als ein entscheidender Entwicklungsfaktor der gesellschaftlichen Produktivkräfte. Die Umsetzung wissenschaftlicher Erkenntnisse in neue Technik und die ständige Veränderung der Erkenntnisbedingungen in der Forschung durch erneuerte Technik sind in einem solchen Grade zu einer Grundtatsache unseres gesellschaftlichen Lebens geworden, daß sich die Entwicklung von Wissenschaft und Technik nunmehr als ein einheitlicher sozialer Prozeß von großer Tragweite – als wissenschaftlich-technischer Fortschritt – darstellt. Die Partei der Arbeiterklasse sieht im wissenschaftlich-technischen Fortschritt den für die Vervollkommnung der materiell-technischen Basis unserer Gesellschaft entscheidenden Prozeß, denn „von der Wissenschaft und vom wissenschaftlich-technischen Fortschritt und seiner umfassenden wirtschaftlichen Nutzung hängt in erster Linie der ökonomische Leistungsanstieg ab, der die Grundlage unseres Voranschreitens auf allen anderen Gebieten ist. Deshalb bezeichnete Genosse Erich Honecker in Gera Wissenschaft und Technik als Schlüsselfrage in der wirtschaftlichen Strategie der SED für die achtziger Jahre."[9]

Durch den wissenschaftlich-technischen Fortschritt steigt der Wirkungsgrad der lebendigen Arbeit in unbegrenzter Perspektive weiter an, der soziale Reichtum nimmt zu, und die Möglichkeiten, das im ökonomischen Grundgesetz des Sozialismus gesetzte Ziel durch die Einheit von Wirtschafts- und Sozialpolitik zu verwirklichen, erneuern sich auf stets höherer Stufenleiter.

[9] K. Hager, Die Gesellschaftswissenschaften vor neuen Aufgaben, Berlin 1981, S. 28.

„Wissenschaftliche Erkenntnisse", führte Genosse Kurt Hager auf der Konferenz der Gesellschaftswissenschaftler der DDR im Dezember 1980 aus, „bilden heute eine unerläßliche Grundlage für eine bessere Qualität der Erzeugnisse, für die höhere Leistungsfähigkeit der Maschinen und Anlagen, für eine effektivere Ausnutzung der Materialressourcen und für die Vervollkommnung der Leitung und Planung der Volkswirtschaft. Der weitere Ausbau der materiell-technischen Basis der Volkswirtschaft ist ohne zielstrebige Nutzung der neuesten wissenschaftlichen Erkenntnisse einfach undenkbar. Sie bilden zugleich eine Grundlage für das höhere Leistungsvermögen des Menschen, für die allseitige Ausprägung seiner Fähigkeiten und seine Entwicklung als sozialistische Persönlichkeit."[10]

Die Meisterung des wissenschaftlich-technischen Fortschritts ist eine Aufgabe des Tages, die in großen historischen Zusammenhängen begriffen werden muß. Die Sicht dieser Zusammenhänge, die auf der Grundlage des vom IX. Parteitag der SED beschlossenen Programms in einer schrittweise erarbeiteten einheitlichen Wissenschaftsstrategie konkretisiert worden ist, bewahrt davor, die einzelnen Maßnahmen des wissenschaftlich-technischen Fortschritts als Kampagnen zu behandeln, und erleichtert es, die Interessen der Gegenwart und der Zukunft richtig zu verbinden. Die Strategie des wissenschaftlich-technischen Fortschritts in unserer Gesellschaft ist unbeirrt auf den geschichtlichen Horizont des Übergangs zum Kommunismus orientiert.[11] Dieser strategischen Stabilität sollten wir uns gerade auch in Situationen bewußt sein, in denen akut zu bewältigende Schwierigkeiten und Ressourcenbegrenzungen in den Vordergrund treten: „Die Reproduktionsbedingungen, die sich in den letzten Jahren entwickelt haben und für die achtziger Jahre bestimmend sein werden, haben neue komplizierte Probleme, zum Beispiel auf dem Gebiet der Energie- und Materialwirtschaft, aufgeworfen. Doch die moderne Wissenschaft bringt ebenso neue Möglichkeiten hervor, um diese Probleme zu lösen. Alle Möglichkeiten zu nutzen, aus einer bestimmten Menge von Material und Energie einen größeren Beitrag zur Befriedigung produktiver und konsumtiver Bedürfnisse zu leisten, ist ein hoher Anspruch an Wissenschaft, Technik und Produktion."[12]

Der ökonomische Kern des wissenschaftlich-technischen Fortschritts ist das fundamentale Gesetz der Ökonomie der Zeit,[13] das sich im Sozialismus in einfacher, unmittelbarer, allen am Produktionsprozeß Beteiligten offenkundiger Gestalt durchsetzt. Es geht darum, mit ein und demselben Quantum physischer und psychischer Kraft, die der Mensch in der Arbeit aufwendet, immer mehr gesellschaftlich nützliche Resultate zu erzielen, die den sozialen

[10] Ebenda.

[11] Vgl. Bericht des Zentralkomitees der Sozialistischen Einheitspartei Deutschlands an den X. Parteitag der SED, a. a. O., S. 8.

[12] K. Hager, Die Gesellschaftswissenschaften vor neuen Aufgaben, a. a. O., S. 28.

[13] K. Marx, Grundrisse der Kritik der politischen Ökonomie, Berlin 1953, S. 599.

Fortschritt in allen Lebensbereichen befördern, die ökonomische Leistungskraft des Sozialismus erhöhen und zur Verwirklichung seiner humanistischen Ziele beitragen.

Der wissenschaftlich-technische Fortschritt ist mit allen Lebensfragen der Existenz und Entwicklung unserer sozialistischen Gesellschaft verbunden. Die richtige Auswahl seiner Hauptrichtungen, sein Tempo und seine Breite sind ein zentrales Moment unserer gesamtgesellschaftlichen Entwicklung. Der ökonomische Mechanismus, der die Dynamik des wissenschaftlich-technischen Fortschritts bedingt und zugleich auf ihr beruht, ist die intensiv erweiterte Reproduktion der Volkswirtschaft. Marx hat sie als einen Vorgang, der auf zunehmender Wirksamkeit der eingesetzten Produktionsmittel beruht, von der extensiv erweiterten Reproduktion unterschieden, die durch eine Ausdehnung des Produktionsfeldes erzielt wird.[14] In der zeitlichen Folge der Reproduktionszyklen betrachtet, ist intensiv erweiterte Reproduktion progressiv fortschreitende Intensivierung: In jedem Reproduktionszyklus werden Voraussetzungen geschaffen, damit in folgenden Zyklen Produktionsmittel wirksamer eingesetzt werden können. Alle Maßnahmen, die eine Steigerung der Produktivkraft der Arbeit bewirken oder zumindest dazu beitragen, sind in diesem Sinne Intensivierungsmaßnahmen, und es ist leicht einzusehen, daß es für das Repertoire möglicher Beiträge zur Intensivierung, die aus Erkenntnis, Erfindergeist und Schöpfertum resultieren, keine absolute historische Grenze gibt.

Die Intensivierung, die mit der intensiv erweiterten Reproduktion der Volkswirtschaft innerhalb eines bestimmten Zeitraumes tatsächlich erreicht wird, ist ein fundamentales Merkmal der Entwicklungsdynamik unserer ganzen Gesellschaft. Ihr Tempo wird sowohl im Reproduktionszusammenhang insgesamt als auch in einzelnen seiner Momente bestimmt, und es liegt auf der Hand, daß Gestaltung im Ganzen und Gestaltung im Detail zusammenwirken müssen, um einen hohen Intensivierungseffekt zu erreichen. Dreierlei läßt sich daraus für die Wissenschaft ablesen: Zum einen müssen sich die Aufgaben der Intensivierung der Volkswirtschaft auch auf die Wissenschaft erstrecken, und zwar nicht allein auf ihre Funktion als Lieferant von Intensivierungsbeiträgen, sondern fundamentaler auf ihre Stellung als integriertes Moment des gesellschaftlichen Reproduktionszusammenhangs. Zum anderen können die Aufgaben der Intensivierung im Bereich der Wissenschaft nicht isoliert, sondern allein im Rahmen der bewußten Gestaltung des gesamtgesellschaftlichen Entwicklungsprozesses gelöst werden. Die Intensivierung in der Wissenschaft schließt also ihr Verhältnis zur materiellen Produktion und zu den anderen Bereichen der gesellschaftlichen Praxis notwendig ein. Schließlich ist die Intensivierung im Bereich der Wissenschaft

[14] Vgl. K. Marx, Das Kapital. Zweiter Band, in: Karl Marx/Friedrich Engels, Werke (im folgenden MEW), Bd. 24, Berlin 1963, S. 172.

zwar keine isolierte, wohl aber eine, im Vergleich mit der Intensivierung in anderen Bereichen des gesellschaftlichen Lebens, spezifische Aufgabe, deren Spezifik von den Besonderheiten der Wissenschaft geprägt wird und die praktisch um so besser gelöst werden kann, je genauer diese Besonderheiten bekannt sind.

Unter Intensivierung der Forschung wollen wir eine Erhöhung des Wirkungsgrades der in ihr eingesetzten ökonomisch bewerteten gesellschaftlichen Arbeit (sowohl der lebendigen als auch der vergegenständlichten) verstehen, die in der historischen Folge der Forschungsprozesse bewahrt und weitergegeben wird. Diese Wirkungen hängen in nicht unwesentlichem Maße davon ab, wie die ökonomisch nicht bewerteten, verfügbaren „Arbeitsbedingungen" eingesetzt und fruchtbar gemacht werden. Jede Maßnahme, die dazu einen größeren oder kleineren Beitrag leistet, ist eine Maßnahme der Intensivierung. Das entscheidende Charakteristikum ist unseres Erachtens hier, daß eine Verbesserung, die sich als Intensivierungsmaßnahme bewährt, nicht nur in einem einzigen Forschungsprozeß wirkt, nicht nur in einem einzigen Forschungsprozeß angewandt, sondern auf weitere gleichzeitige und nachfolgende Forschungsprozesse übertragen wird. In diesem Sinne ist also beispielsweise die Einrichtung einer gut funktionierenden territorialen Nutzergemeinschaft für Forschungsgeräte eine echte Intensivierungsmaßnahme, denn der hier erzielte Vorteil kommt in jedem neuen Forschungsvorhaben der teilnehmenden Partner immer wieder neu zur Geltung. Der Vorgang, der eine Verbesserung stabilisiert und ihr dadurch den Charakter eines Intensivierungsbeitrages verleiht, ist die gesellschaftliche Reproduktion der Forschung, die ihre Erneuerung in einer potentiell unbegrenzten Folge von Vorhaben gewährleistet. Die Reproduktion stabilisiert aber nicht nur den Ertrag früherer Intensivierungsbeiträge und damit das schon erreichte Intensivierungsniveau. Sie erneuert auch den Impuls zur Intensivierung, denn sie setzt den Widerspruch zwischen den gesellschaftlichen Anforderungen an die Forschung und der realen Leistungsfähigkeit des vorhandenen Forschungspotentials, als dessen partielle Lösung ein bestimmter Komplex von Intensivierungsmaßnahmen auftritt, auf einer höheren Stufe wieder neu. Damit wird die Intensivierung der Forschung zu einem progressiv aufsteigenden Prozeß, der eine wesentliche Seite der Gesamtentwicklung der Wissenschaft bildet.

Nun ist es allerdings nicht möglich, ein unmittelbares integrales Maß der Intensivierung und des Intensivierungsfortschritts in der Forschung anzugeben, denn die direkten Ergebnisse der verschiedenen Forschungsvorhaben — die unterschiedlichen Erkenntnisse — sind nicht als Quanta ein und derselben Größe bestimmbar, so daß also auch Veränderungen des Resultat-Aufwand-Verhältnisses nicht exakt zu berechnen sind. Mitunter wird das auf einen zeitweiligen Mangel an Erkenntnis über die Wissenschaft zurückgeführt. Wir neigen indes zu der Auffassung, daß sich darin die prinzipielle Nichtexistenz eines einheitlichen Maßes für wissenschaftliche Erkenntnisse ausdrückt. Das aber bedeutet, daß die Forschung ihre grundsätzliche ökonomische Bestimmtheit nicht in sich selbst, sondern in ihrer Stellung zum und im volkswirtschaftlichen Reproduktionsprozeß hat.

Die Konsequenz für das Kriterium der Intensivierung der Forschung lautet dann: Unter der Voraussetzung, daß die Entwicklung der materiellen Produktion auf dem wissenschaftlich-technischen Fortschritt basiert, findet Intensivierung der Forschung dann statt, wenn bezogen auf ein bestimmtes Niveau der Aufwendungen an lebendiger und vergegenständlichter Arbeit für die Forschung intensiv erweiterte Reproduktion der Volkswirtschaft eintritt. Letztere ist ökonomisch meßbar; damit ist dieses Kriterium für die Intensivierung der Forschung hinreichend. Indes hat es für die Anwendung als Instrument der Leitung und Planung nichteliminierbare Nachteile: Erstens ist es ein Aposteriori-Kriterium, denn zwischen dem Wirksamwerden von Intensivierungsmaßnahmen in der Forschung und ihrem Ausdruck im volkswirtschaftlichen Gesamtergebnis liegt eine ökonomisch ins Gewicht fallende Übergangszeit. Zweitens ist es ein Kriterium für die Forschung des Landes insgesamt, das nicht ohne weiteres auf einzelne Gebiete differenzierbar ist.

Das Fehlen eines unmittelbaren integralen Maßes für die Intensivierung der Forschung schließt die Arbeit mit partiellen Maßen und Kriterien nicht aus, sondern macht sie im Gegenteil im Rahmen eines qualitativ bestimmten Gesamtkonzepts notwendig. Die Partialkriterien sind in ihrer Anwendung nicht risikofrei, doch das ist kein spezifischer Nachteil, sondern liegt in der Natur der Forschung. Ebenso wie ein anspruchsvolles Forschungsproblem ein Lösungsrisiko einschließt, ist es auch bei einer beabsichtigten Intensivierungsmaßnahme nicht von vornherein garantiert, ob sie tatsächlich zu einem Intensivierungseffekt führen wird. Doch das Risiko sollte im letzteren Fall ebenso als Appell an das schöpferische Engagement aufgefaßt werden, wie es – zumindest von guten Wissenschaftlern – im ersteren schon seit jeher verstanden wird.

Mit den Partialkriterien für die Intensivierung der Forschung hängen mögliche Maßnahmesysteme zusammen, die als Intensivierungsfaktoren bezeichnet werden können. Diese „Faktorenzerlegung“ des Intensivierungsproblems darf aber nicht zu seiner Aufsplitterung führen. Es ist daher wichtig, die einzelnen „Faktoren“ – und einige von ihnen werden in diesem Buch exemplarisch analysiert – nicht isoliert, sondern im Rahmen eines einheitlichen qualitativen Intensivierungsverständnisses zu behandeln. Die oben erwähnte generelle Bestimmung, den Gesamteinsatz an lebendiger und vergegenständlichter Arbeit wirksamer zu machen, ist noch nicht forschungsspezifisch. Sie gilt für die Intensivierung jedes Bereiches, in dem gesellschaftliche Arbeit aufgewandt wird[15], gibt aber schon in dieser Allgemeinheit der

[15] Bericht des Zentralkomitees der Sozialistischen Einheitspartei Deutschlands an den X. Parteitag der SED, a. a. O., S. 55.

Forschungsleitung wertvolle Anregungen, beispielsweise für die Ökonomisierung des Einsatzes der materiell-technischen Basis der Forschung usw.

Wenn wir auch nicht imstande sind, die verschiedenen Erkenntnisse, die aus Forschungsprozessen entspringen, auf ein gemeinsames Maß zu reduzieren, so können wir doch Aufwendungen und Prozeduren für inhaltlich unterschiedliche Forschungsprozesse vergleichen und auf dieser Grundlage vergleich- und übertragbare Verbesserungen einführen, wie sie in der weiteren Darstellung vielfältig vorgestellt werden sollen. Oben hatten wir bewußt vom ökonomisch bewerteten Arbeitsaufwand gesprochen, dessen Wirksamkeit zu erhöhen ist. Hier stoßen wir auf ein Spezifikum der Forschung, denn in ihren Arbeitsprozeß geht ein gewaltiges Quantum an ökonomisch nicht bewerteter vergangener Arbeit ein – z. B. der riesige Fundus frei zugänglicher Erkenntnis aus früherer Forschung, über dessen Aneignung und Verwertung sich die historische Kontinuität der Forschung verwirklicht. Dieser Fundus – umgesetzt in Qualifikation der lebendigen Arbeit, in Leitung und Organisation, in Geräte usw. – wird in der Produktion neuer Forschungsergebnisse aktuell wirksam. Seine Erschließung und Umsetzung kosten allerdings ökonomisch bewerteten Aufwand an Arbeit, aber sie ist zugleich das Mittel, um den Wirkungsgrad dieses Aufwandes fortlaufend zu erhöhen. Richtungen und Vollständigkeit der Einbeziehung des Erkenntnisfundus in den laufenden Forschungsprozeß auf der einen, Senkung des Aufwandes für seine Erschließung und Umsetzung auf der anderen Seite machen den Kern der Spezifik des Intensivierungsproblems für die Forschung aus. Beide Seiten sind eng mit dem Leistungsvermögen der materiellen Produktion und den Verbindungen zwischen ihr und der Wissenschaft verknüpft; damit schließt sich wiederum der Kreis zum Gesamtproblem der intensiv erweiterten Reproduktion der Volkswirtschaft.

Unsere Wissenschaftspolitik wird um so effektiver, je mehr verläßliches Wissen über die Eigenart der Wissenschaft und ihre Stellung in der Gesellschaft zur Verfügung steht. Der praktische Erfahrungsschatz, den der Wissenschaftsbetrieb unaufhörlich erweitert und der als eine Quelle und Wirkungsbedingung der Wissenschaftspolitik unerläßlich ist, vereinigt sich zunehmend mit systematischen Kenntnissen von der Wissenschaft, die nach und nach theoretische Form annehmen. Die Forderung der Intensivierung ist für die Wissenschaftstheorie eine große Herausforderung und eine große Chance. Der weiter oben skizzierte Charakter der Zusammenhänge, in denen sich die Intensivierung in der Wissenschaft vollzieht, macht deutlich, daß das angemessene theoretische Pendant zu dieser Aufgabe eine Theorie der Wissenschaftsentwicklung sein muß, die nicht allein deren Ablauf phänomenologisch beschreibt, sondern vor allem ihre Triebkräfte und ihren Mechanismus enthüllt und erklärt. Von einer solchen Theorie in relativ abgeschlossener Gestalt sind wir noch weit entfernt, doch schon das Bemühen um sie bringt die Wissenschaftstheorie voran und erhöht spürbar ihre Potenzen für die wissenschaftspolitische Praxis. Die Arbeiten, die auf diesem Gebiet geleistet werden, bleiben bewußt nicht auf das beschränkt, was sich bereits heute theoretisch systematisieren läßt. Vielfach werden sie zugleich auch als Kollektoren praktischer Erfahrungen aus dem Wissenschaftsbetrieb verstanden, die – unabhängig von den Aussichten ihrer theoretischen Deutung – für Wissenschaftspolitik und Wissenschaftsleitung von Wert sind.

So ist auch die vorliegende Arbeit aufgebaut. Wir versuchen theoretische Interpretationen und theoretisch begründete Systematik überall dort, wo dies heute mit gutem Gewissen möglich ist. Zugleich geben wir uns Rechenschaft von der Tatsache, daß das wissenschaftstheoretische Wissen – verglichen mit jenem Universum an Kenntnissen, die wirksame Intensivierungsprogramme erfordern – noch zu schwach ist. Deshalb haben wir an vielen Stellen Darstellungen praktischer Erfahrungen und realer Widersprüche aufgenommen, zu denen wir noch keine sichere theoretische Deutung bzw. Lösung geben können, deren Berücksichtigung aber für die Intensivierung in der Wissenschaft nützlich sein könnte. Schließlich kann die Dynamik der Intensivierung nicht davon abhängig gemacht werden, wie schnell eine durchgehend konsistente und umfassend leistungsfähige Theorie der Wissenschaftsentwicklung erreicht wird. Außerdem wird nach unserer Auffassung auch eine ausgebaute Theorie dieser Art für die Maßnahmen und Programme zur Intensivierung auf konkreten Forschungsgebieten, in konkreten wissenschaftlichen Einrichtungen usw. wohl eine Anleitung zum Handeln, aber keine fertigen Lösungen liefern können. Die Entwicklungs- und damit Intensivierungsbedingungen in der Wissenschaft sind in einem Ausmaß an die Besonderheiten der jeweiligen Forschungsgegenstände und -ziele gebunden, das nicht vernachlässigt werden darf, wenn effektive Lösungen gefunden werden sollen. Diese Besonderheiten werden von niemand anderem so kompetent überblickt wie von den Spezialisten, die auf dem betreffenden Gebiet tätig sind. Die Ausarbeitung von Entwicklungs- und Intensivierungsprogrammen wird daher immer eine schöpferische Leistung bleiben. Die Wissenschaftstheorie kann solche Leistungen nicht ersetzen, doch wenn sie gut ist, kann sie sie anregen und in ihnen auch das allgemein Gültige erkennen. Auf diesem Wege sollte – das scheint uns erstrebenswert – die Gemeinschaft der Wissenschaftler zum kollektiven Mitautor und konstruktiven Kritiker der Wissenschaftstheorie werden. Deshalb möchten wir den vorliegenden Text nicht nur als Mitteilung und Diskussion wissenschaftspraktischer Erfahrungen verstanden wissen.

3.

Für die Darstellung der Probleme haben wir einen Aufbau gewählt, der einige jener Fragenkreise in den Mittelpunkt stellt, die uns für die Intensivierung im Bereich der Grundlagenforschung entscheidende Ansatzpunkte zu sein scheinen. Das Nichtvorhandensein einer in sich geschlossenen Theorie der Wissenschaftsentwicklung setzt natürlich der Begründbarkeit dieser Gliederung Grenzen. Hinzu kommt, daß verschiedene Komplexe unterschiedlich lange und gründlich bearbeitet worden sind und damit auch der Reifegrad ihrer Darstellung differiert. Schließlich haben sich im Kollektiv der Autoren im wissenschaftlichen Meinungsstreit auch Unterschiede in den Standpunkten zu einigen Fragen ergeben, die sich im Text spiegeln.

Wir beginnen mit dem Entwicklungsverhältnis von Wissenschaft und Produktion – dem Zentrum der Stellung der Wissenschaft im gesellschaftlichen Reproduktionsprozeß, dessen Probleme sich in diesen Jahren besonders prägnant in der Profilierung des wissenschaftlich-technischen Leistungsvermögens der Industriekombinate abzeichnen. Im zweiten Kapitel werden Probleme der Makroebene der Wissenschaft erörtert, jener Ebene, auf der die gesellschaftlichen Aufwendungen für Wissenschaft sich in leistungsfähige Forschungspotentiale transformieren; das Wissenschaftspotential weist eine relative Eigengesetzlichkeit der Entwicklung auf, aus der spezifische Intensivierungsmöglichkeiten resultieren. Das dritte Kapitel untersucht unter ausführlicher Nutzung historischen Materials einige Möglichkeiten, wie die Primärkollektive, in denen die Ideen und Ergebnisse des forschenden Erkennens unmittelbar entstehen, zur Intensivierung beitragen können. Das Schlußkapitel des Buches bilden Fragen der Planung als des entscheidenden Mittels, mit dem die Leitung der Wissenschaft den Komplex der Intensivierungsbedingungen bewußt beherrscht und gestaltet; die diesbezüglichen Ausführungen konzentrieren sich auf die Zielbildung als die niveaubestimmende und damit für die Intensivierung entscheidende Initialphase der Forschung.

Die Arbeit am Manuskript wurde im wesentlichen im November 1980 abgeschlossen. Das Kollektiv der Mitarbeiter des Instituts für Theorie, Geschichte und Organisation der Wissenschaft der AdW der DDR stellt mit ihm ein Zwischenergebnis längerer Diskussionen, Untersuchungen, Analysen und konzeptioneller Bemühungen vor. Es widerspiegelt den derzeitigen Stand unseres Verständnisses über das Problem der Intensivierung der Forschung und läßt erkennen, daß dieses Verständnis keineswegs schon ein einheitliches und theoretisch in jeder Hinsicht wohlbegründetes ist. Die gemeinsame Basis aller Autoren war und ist jedoch die einheitliche Sicht der wissenschaftspolitischen Problematik, um die es bei der Intensivierung der Forschung, bei der Erhöhung ihres Leistungsvermögens geht, sowie die marxistisch-leninistische Grundposition, von der aus die zugehörigen Probleme angegangen wurden. Den interessierten Leser verweisen wir auch auf weitere Publikationen der letzten Jahre, in denen wir wichtige Zwischen- und Teilergebnisse, auch Ausführungen zu zugehörigen Teilproblemen, die im vorliegenden Buch ausgespart wurden, der Öffentlichkeit bereits übergeben haben.[16]

[16] Vgl. insbesondere: Arbeitsteilung, Kooperation und Kommunikation in sozia-

4.

An der Ausarbeitung des Manuskriptes waren vor allem beteiligt: Hubert Fetzer (Kap. I.1.), Ursula Geißler (Kap. III.3., 4.), Gabriele Groß (Kap. II.2.3.), Wolfgang Gruner (Kap. III.2., 4.), Peter Hanke (Kap. II.2.5.; IV.1., 2.), Dieter Hoffmann (Kap. I.2.), Horst Kant (Kap. I.2), Günter Kröber (Kap. II.2.1.), Lothar Läsker (Kap. I.1.; III.1., 4.), Hubert Laitko (Kap. I.2.), Gerhard Lickert (Kap. IV.2.), Karl-Heinz Lüdtke (Kap. III.3., 4.), Klaus Meier (Kap. II.2.4.), Werner Meske (Kap. II.1.2.2., 2.4., 2.5., 3.), Hansgünter Meyer (Kap. II.1., 2.3., 2.5., 3.), Annedore Schulze (Kap. III.1., 4.), Joachim Tripoczky (Kap. III.3., 4.), Rainer Voß (Kap. I.1.), Christine Waltenberg (Kap. II.2.5.).

In den verschiedenen Stadien seiner Fertigstellung haben durch Zuarbeiten und wichtige schriftliche oder mündliche Anregungen zum Gelingen des Buches beigetragen: Peter Altner, Wolfgang Bordel, Eberhard Bruckner, Dietrich Ehlers, Detlef Friederichs, Paul-Lothar Hoffmann, Hans-Hermann Lanfermann, Bernhard Lange, Vita Lüdtke, Vadim Nikolajew, Barbara Plikat, Jochen Richter, Volkmar Schüller, Wolfgang Schütze, Peter Stöber, Karl-Heinz Strech, Dietrich Wahl, Regina Wegner, Gert Wegmarshaus, Regine Zott.

Die zur Herstellung des Manuskripts erforderlichen technisch-organisatorischen und bibliographischen Arbeiten wurden ausgeführt von: Peter Altner, Irene Bieder, Christa Engel, Kurt Grützmacher, Angelika Irmscher, Erika Krannich, Gabriele Machlitt, Hubert Mertsch, Siegmar Meyer, Renate Müller, Iris Pietschmann, Heinz Reddner, Hans-Peter Reinecker, Gerhart Schlegel, Armgard Stemmler, Angelika Meyer, Hildegard Zeumer.

Der Veröffentlichung gingen zahlreiche Diskussionen über Zwischenergebnisse sowie über Entwürfe einzelner Kapitel und Abschnitte voraus.

listischen Forschungskollektiven, Berlin 1976 (Institut für Theorie, Geschichte und Organisation der Wissenschaft der Akademie der Wissenschaften der DDR – im folgenden ITW der AdW der DDR –, Kolloquien, H. 14); Überführung Grundlagenforschung – Produktion, Berlin 1976 (ITW der AdW der DDR, Kolloquien, H. 16); Aktuelle wissenschaftstheoretische Diskussionspunkte, Berlin 1977 (ITW der AdW der DDR, Rezensionen – Kurzberichte – Übersetzungen, H. 1); Probleme der Plankontrolle in der Grundlagenforschung, Berlin 1977 (ITW der AdW der DDR, Kolloquien, H. 17); Faktoren der Intensivierung kollektiver Forschung Teil I/II, Berlin 1978 (ITW der AdW der DDR, Studien und Forschungsberichte, H. 9); Wissenschaft und Produktion im Sozialismus und ihre gemeinsame Verantwortung bei der Überführung der Ergebnisse der Grundlagenforschung, Teil I/II/III, Berlin 1978 (ITW der AdW der DDR, Kolloquien, H. 19); Probleme der Erhöhung des Kaderpotentials in der Wissenschaft, Teil I/II, Berlin 1979 (ITW der AdW der DDR, Studien und Forschungsberichte, H. 13).

Allen daran Beteiligten, vor allem den Mitarbeitern und Leitern der verschiedenen Institute der Akademie der Wissenschaften sowie der Betriebe und Kombinate, in denen wir unsere Untersuchungen und Befragungen durchführen konnten, aber auch den Mitgliedern des Wissenschaftlichen Beirates des Instituts, in dem Teile des Manuskripts zur Diskussion gestanden haben, sind wir zu Dank verpflichtet. Die schreibtechnische Herstellung der Manuskripte, die für diese vielfältigen Anlässe benötigt wurden, sowie des Endmanuskripts wurde in bester Qualität und mit großem persönlichem Einsatz bewältigt von: Ingrid Endesfelder, Renate Führer, Erika Köppen, Doris Küsel, Ingeburg Müller, Margit Pilkun, Gisela Sepold, Eveline Stawowski, Armgard Stemmler, Marga Tzschentke.

Als Lektorin für diesen Band gebührt Frau Dr. Dorothea Fensch vom Akademie-Verlag unser besonderer Dank sowohl für wertvolle redaktionelle Hinweise als auch für ihr ständiges Bemühen um eine termingerechte Druckvorbereitung dieses Werkes.

Günter Kröber, Lothar Läsker und Hubert Laitko verantworten die Gesamtbearbeitung und die Endfassung des Textes.

Berlin, im Mai 1981 Die Herausgeber

KAPITEL I

Der Zusammenschluß von Produktion und Wissenschaft im Reproduktionsprozeß der sozialistischen Gesellschaft – Grundbedingung der Intensivierung der Forschung

Wenn Wissenschaft im Gesamtzusammenhang der gesellschaftlichen Reproduktion gesehen und die Forderung, Forschung zu intensivieren, ebenfalls in diesem Zusammenhang bestimmt wird, rückt das Verhältnis zwischen Wissenschaft und materieller Produktion in den Mittelpunkt der Aufmerksamkeit. Im Bericht des Zentralkomitees der Sozialistischen Einheitspartei Deutschlands an den X. Parteitag der SED wird der Zusammenschluß von Wissenschaft und Produktion als der Weg gekennzeichnet, „den es in den nächsten Jahren noch umfassender zu erschließen gilt"[1]. Wir betrachten ihn geradezu als eine erste Grundbedingung für Intensivierung der Forschung und stellen deshalb Überlegungen zu diesen Aufgaben an den Anfang des Buches.

Um das Wesen dieses Zusammenhanges, der durch Maßnahmen der Leitung, Planung und Organisation von Kooperationsbeziehungen, Kaderaustausch und Nutzung gemeinsamer Fonds und Einrichtungen zu verwirklichen ist, herauszuarbeiten, beginnen wir unsere Überlegungen mit einer Diskussion des bekannten Satzes von Engels: „Hat die Gesellschaft ein technisches Bedürfnis, so hilft das der Wissenschaft mehr voran als zehn Universitäten."[2] Wir wollen diesen Satz weder aus dem historischen Zusammenhang reißen, für den er von Engels formuliert wurde, noch wollen wir ihn verabsolutieren. Wir betrachten ihn vielmehr als aphoristische Kennzeichnung der historisch-materialistischen Grunderkenntnis, daß Bedürfnisse der materiellen Produktion und anderer Bereiche der gesellschaftlichen Praxis nach Leistungen von hohem wissenschaftlichem Niveau die stärkste Triebkraft des Wissenschaftsfortschritts in allen Gesellschaftsordnungen sind.

Diese Fragestellung widerspricht in keiner Weise der bekannten Tatsache, daß die Wissenschaft natürlich niemals ohne spezifisch wissenschaftliche Arbeit vorangebracht wird. Denn das gesellschaftliche Bedürfnis knüpft stets an das jeweils vorhandene Niveau von Wissenschaft, an die in diesem

[1] Bericht des Zentralkomitees der Sozialistischen Einheitspartei Deutschlands an den X. Parteitag der SED, a. a. O., S. 90.

[2] F. Engels, Brief an W. Borgius vom 25. Januar 1894, in: MEW Bd. 39, Berlin 1968, S. 205.

Niveau angelegten Möglichkeiten an und wird als Triebkraft der Wissenschaftsentwicklung nur wirksam, indem es die Bedingungen der wissenschaftlichen Arbeit reguliert, die als relativ eigenständiger Bereich der gesellschaftlichen Tätigkeit unterstellt ist. Das gesellschaftliche Bedürfnis wird langfristig und grundlegend dadurch zur Triebkraft der Wissenschaftsentwicklung, daß die wissenschaftlichen Gebiete und Richtungen, deren Bearbeitung die Befriedigung des Bedürfnisses erwarten läßt, besonders gefragt sind und damit auch besonders gefördert werden. In eben diesem Sinne legt der X. Parteitag der SED fest, „das wissenschaftliche Potential unseres Landes in noch stärkerem Maße auf solche Schwerpunkte zu konzentrieren, die den gegenwärtigen und künftigen volkswirtschaftlichen, gesellschaftlichen und wissenschaftlichen Notwendigkeiten entsprechen"[3]. Die Hauptlinien des wissenschaftlich-technischen Fortschritts und – im Zusammenhang damit – der Grundlagenforschung für den bevorstehenden Zeitraum wurden vom Parteitag insbesondere in der Direktive zum Fünfjahrplan näher bestimmt.[4]

Das gesellschaftliche Bedürfnis ist dabei als ein sozial und ökonomisch bewertetes Bedürfnis unterstellt. Auf einem bestimmten Stand der gesellschaftlichen Praxis als mehr oder weniger allgemeines Bedürfnis entstanden, konkretisiert es sich im Hinblick auf die jeweils historisch-konkreten Möglichkeiten der Wissenschaft. So wird ein technisches Bedürfnis, um zur Triebkraft der Wissenschaftsentwicklung werden zu können, sich oft als ein Problem der technischen Wissenschaften artikulieren müssen, das zu einem wissenschaftlichen Forschungsprogramm entwickelt werden kann. Inwieweit ein Bedürfnis der materiellen Produktion zur *realen* Triebkraft der Wissenschaftsentwicklung wird, hängt also auch davon ab, wie das wissenschaftlich-technische Niveau der Produktion selbst beschaffen ist, die dieses Bedürfnis hervorbringt. Das wissenschaftlich-technische Niveau der Produktion ist eine wesentliche Bestimmungsgröße sowohl für den Inhalt der Bedürfnisse als auch – da von ihm die Produktivität der Arbeit abhängt – für den Umfang der Mittel, die für ihre Befriedigung eingesetzt werden können. Andererseits sind die Wirkungsmöglichkeiten der Wissenschaft durch ihr eigenes Niveau bedingt. Es ist deshalb ein doppelter Zusammenhang, in dem sich im Rahmen der bestehenden Produktionsverhältnisse materielle Produktion und Wissenschaft wechselseitig bedingen: Das Niveau der Produktion bestimmt die realen Anforderungen an die Wissenschaft und deren Möglichkeiten, und das Niveau der Wissenschaft bedingt das Niveau von Technik und Technologie der Produktion.

[3] Bericht des Zentralkomitees der Sozialistischen Einheitspartei Deutschlands an den X. Parteitag der SED, a. a. O., S. 87.

[4] Vgl. ebenda, S. 50/51, 88; Direktive des X. Parteitages der SED zum Fünfjahrplan für die Entwicklung der Volkswirtschaft der DDR in den Jahren 1981–1985, a. a. O., S. 21/13, 20–22.

Die Einheit von Produktion und Wissenschaft ist also nicht als logische Identität zu verstehen, sondern als *dialektische Einheit.* Sie ist vergleichbar mit der Einheit von Produktion und Konsumtion im Reproduktionsprozeß, von der Marx in den „Grundrissen der Kritik der politischen Ökonomie" sagt: „Die unmittelbare Einheit, worin die Produktion mit der Konsumtion und die Konsumtion mit der Produktion zusammenfällt, läßt ihre unmittelbare Zweiheit bestehen."[5]

Betrachten wir Produktion und Wissenschaft im Rahmen des Reproduktionsprozesses der Gesellschaft, so realisiert sich ihr Zusammenschluß als ein dialektisch widersprüchlicher Prozeß: Die ökonomische und soziale Charakteristik und das wissenschaftlich-technische Niveau der Produktion bestimmen das Niveau und die Art der Bedürfnisse, an denen die wissenschaftliche Arbeit ansetzt, sowie die Mittel, auf welche diese sich stützen kann; das Niveau der Wissenschaft aber ist Voraussetzung, die Bedürfnisse der Produktion so zu befriedigen, daß ihre Reproduktion den Anspruch an niveauvolle Forschung zur gesellschaftlichen Notwendigkeit werden läßt. Dieser dialektisch-widersprüchliche Prozeß ist kein leerer Zirkel; er ist ein produktiver Kreisprozeß, weil Produktion und Wissenschaft in ihrer „unmittelbaren Zweiheit" und relativen Eigenständigkeit in ihn eingehen. Die relative Eigenständigkeit der Produktion äußert sich darin, daß bei aller Bedeutung der Wissenschaft für die Erhöhung des Niveaus der Produktion diese (die Produktion) die letztlich bestimmende Phase des Reproduktionsprozesses ist und bleibt.[6] Die relative Eigenständigkeit der Wissenschaft hingegen ist immer vorausgesetzt, wenn in der Produktion das Bedürfnis nach Anwendung der Wissenschaft entsteht. Der Weg, auf dem die Bedürfnisse der Produktion als Triebkraft der Wissenschaftsentwicklung wirksam werden, ist verschieden von dem Weg, auf dem Wissenschaft in der Produktion angewandt wird. Soll Forschung intensiviert werden, sind beide Wege betroffen: Die Forderung nach Intensivierung der Forschung zielt auf beschleunigte Entwicklung der Wissenschaft; diese aber wird bestimmt durch die Bedürfnisse der Gesellschaft, ihrer Produktion und intensiv erweiterten Reproduktion. Und: Das wissenschaftliche Niveau der Ergebnisse der Forschung ist Voraussetzung ihrer effektiven Anwendung in der Produktion; dieses Niveau wird bestimmt durch die Möglichkeiten der Wissenschaft selbst und durch die Möglichkeiten ihrer tatsächlichen Anwendung in der Produktion. Beide Aspekte in ihrer Einheit spielen beim effektiven Zusammenschluß von Produktion und Wissenschaft als Grundbedingung für eine wirksame Intensivierung der Forschung eine gewichtige Rolle.

Das soll im folgenden mit zwei Studien belegt werden: einer Darstellung von Problemen der Entwicklung zweigspezifischer Grundlagenforschung in

[5] K. Marx, Grundrisse der Kritik der politischen Ökonomie, a. a. O., S. 12.
[6] Vgl. ebenda, S. 20.

Kombinaten der DDR und einem historischen Exkurs, in dem die Einheit von Wissenschaft und materieller Produktion in der Genese eines Industriezweiges verfolgt wird, der im 19. Jahrhundert entstanden ist.

1. Zur Rolle der Grundlagenforschung bei der Durchsetzung des wissenschaftlich-technischen Fortschritts in der sozialistischen Industrie

1.1. Die Erfordernisse der Produktion als Ausgangspunkt der Forschung

Die materielle Produktion – als die letztlich bestimmende Phase des Reproduktionsprozesses – ist die Grundlage für die erfolgreiche Entfaltung aller anderen Lebensbereiche der Gesellschaft, einschließlich Wissenschaft und Forschung. Das Niveau der materiellen Produktion ist in dreifacher Hinsicht für die Entwicklung von Wissenschaft und Forschung bestimmend:
Es bringt die Bedürfnisse hervor, deren Inhalt die Gebiete und Richtungen der Forschung orientiert; vom Niveau der Arbeitsproduktivität in der materiellen Produktion hängt die Verfügbarkeit der Mittel ab, deren die Wissenschaft bedarf, um den Anforderungen der Produktion nachzukommen; das wissenschaftlich-technische Niveau der Produktion bestimmt die Aufnahmefähigkeit für wissenschaftlich-technische Neuerungen.

Ein mit hoher Produktivität planmäßig und kontinuierlich verlaufender Produktionsprozeß ist eine wichtige Bedingung für auf hohem Niveau und intensiv betriebene Wissenschaft und Forschung. Bei den ständig wachsenden Maßstäben der industriellen Produktion erhält diese Bedingung immer größeres Gewicht. Dies gilt sowie im Maßstab des ganzen Landes sowie für das einzelne Kombinat oder den einzelnen Betrieb. Die Entwicklung der Struktur der sozialistischen Industrie in der DDR während der 70er Jahre, die ihren Ausdruck in der Bildung und Festigung der Kombinate fand, hat eine qualitativ neue Situation für den wissenschaftlich-technischen Fortschritt in unserer Volkswirtschaft herbeigeführt. Der X. Parteitag der SED orientiert darauf, „die mit der Kombinatsbildung geschaffenen günstigeren Möglichkeiten für die Kooperation zur Beschleunigung des wissenschaftlich-technischen Fortschritts noch effektiver zu nutzen“ [7]. Und Genosse Kurt Hager führte dazu auf der Konferenz der Gesellschaftswissenschaftler im Dezember 1980 aus: „Es ist in der Tat eine Lebensfrage unserer Volkswirtschaft, den wissenschaftlich-technischen Fortschritt vor allem in den Kombinaten in solche ökonomischen Ergebnisse umzumünzen, daß unsere Republik ihre Positionen auf dem Weltmarkt verteidigen, weiter festigen und ausbauen kann. Anders kann das erreichte

[7] Bericht des Zentralkomitees der Sozialistischen Einheitspartei Deutschlands an den X. Parteitag der SED, a. a. O., S. 90.

materielle und kulturelle Lebensniveau des Volkes nicht gesichert und schrittweise ausgebaut werden.“[8]

Die kontinuierliche Erfüllung und Überbietung des Volkswirtschaftsplanes in den wichtigsten Kennziffern schließt nicht nur die Erfüllung des Plans Wissenschaft und Technik ein, sondern schafft auch entscheidende Voraussetzungen für die kontinuierliche und intensive Arbeit an wissenschaftlich-technischen Neuerungen. Für die Ebene der Kombinate läßt sich dazu vielleicht folgende Erfahrung verallgemeinern: „Werden die Monatspläne in allen Kombinatsbetrieben kontinuierlich erfüllt und überboten, dann werden auch die Leiter von operativen Aufgaben entlastet, und es können langfristige Aussagen, Konzeptionen und Pläne mit hoher Sicherheit erarbeitet und die Bedingungen für ihre Realisierung geschaffen werden. Wenn jedoch in einem Betrieb über längere Zeiträume Pläne nicht erfüllt werden, dann verlieren selbst qualifizierte, langfristige Konzeptionen an Glaubwürdigkeit, und die Leiter laufen zunehmend einzelnen Problemen hinterher.“[9] Und Genosse G. Mittag zog aus diesem Zusammenhang auf dem Erfahrungsaustausch des Zentralkomitees der SED zur Entwicklung der Kombinate 1978 die Schlußfolgerung: „Störungen im Kombinat – das bedeutet bei der großen volkswirtschaftlichen Verantwortung der Kombinate, bei den gewachsenen Maßstäben, die sie für die Produktion und den Absatz der Erzeugnisse verkörpern, daß daraus Störungen für die Kontinuität der Entwicklung der gesamten Volkswirtschaft ausgelöst werden.“[10] Schwerwiegende Auswirkungen hat fehlende Kontinuität der Produktion insbesondere auf das Forschungs- und Entwicklungspotential des jeweiligen Betriebes. Die Wirksamkeit dieses Potentials für die Vorbereitung künftiger Produktion geht in dem Maße zurück, wie der Produktionsplan des Betriebes nur dann erfüllt wird und Planrückstände über längere Zeiträume hinweg nur dadurch vermieden werden, daß *alle* Kräfte, auch Teile des Forschungspotentials, dafür eingesetzt werden müssen.

Im Zusammenhang damit wandte sich bereits die 7. Tagung des Zentralkomitees der SED gegen die in manchen Betrieben geübte Praxis, zur Aufholung von Produktionsrückständen Mitarbeiter aus der Forschung, Entwicklung, Konstruktion und Technologie einzusetzen.[11] Eine solche Praxis bedeutet nicht nur Verlust von Arbeitszeit für die Vorbereitung der künftigen Produktion; viel schwerwiegender sind die Folgen, die sich für die Einstellung

[8] K. Hager, Die Gesellschaftswissenschaften vor neuen Aufgaben, a. a. O., S. 29.

[9] W. Sieber, Leitungstätigkeit im Kombinat – Erfahrungen und Erkenntnisse, in: Einheit, 2/1976, S. 128.

[10] G. Mittag, Zielstrebige Verwirklichung der Hauptaufgabe, in: Einheit, 10/1978, S. 1007.

[11] Vgl. Aus dem Bericht des Politbüros an das Zentralkomitee der SED, Berichterstatter: Genosse K. Hager, in: 7. Tagung des ZK der SED, Berlin 1977, S. 22.

der Wissenschaftler, Techniker, Technologen und Konstrukteure zur Bedeutung ihrer Aufgaben, für ihr Engagement und ihre Initiative ergeben. Sicher fällt das weniger ins Gewicht, wenn es gilt, objektiv bedingte Rückstände aufzuholen, deren Ursache klar ist und von denen man weiß, daß sie Ausnahmen sind. Dort aber, wo sich in solchen mehr oder weniger regelmäßigen Einsätzen die geringe Wertschätzung der langfristig wirksamen Arbeit gegenüber der unmittelbar feststellbaren Tatsache des Planrückstandes ausdrückt, sind Unzufriedenheit, fehlendes Engagement und wenig ausgeprägte Motivation der Wissenschaftler eine zwangsläufige Folge.

Alle Erfahrungen sprechen dafür, daß die stabile störungsfreie Produktion, die so rationell wie möglich organisiert und geleitet werden muß, eine entscheidende Voraussetzung für den zweckgebundenen Einsatz der Forschungs- und Entwicklungspotentiale ist. In diesem Sinne ist Kontinuität der Produktion elementare Voraussetzung ihrer Weiterentwicklung. Forschung und Entwicklung können den erwarteten gesellschaftlichen Nutzen nur bringen, wenn diese Voraussetzung erfüllt ist.

Eine weitere notwendige Bedingung für intensive Forschungsarbeit im Kombinat wie auch in den Forschungseinrichtungen der wissenschaftlichen Akademien und der Universitäten und Hochschulen, die eng mit einem kontinuierlichen und planmäßigen Produktionsverlauf zusammenhängt, ist die Aufnahmefähigkeit der Produktion für wissenschaftlich-technische Neuerungen. Die Volkswirtschaft der DDR hat in dieser Beziehung in den letzten Jahren ein beachtliches Niveau erreicht. Allein im ersten Halbjahr 1980 resultierten über 90 % des Produktionswachstums aus der um 5,7 % gestiegenen Arbeitsproduktivität, wobei wiederum rund 90 % der Steigerung der Arbeitsproduktivität in der Industrie auf der umfassenderen Nutzung von Ergebnissen aus Wissenschaft und Technik beruhten.[12] Indes ist die Aufnahmefähigkeit einer Volkswirtschaft für wissenschaftlich-technische Neuerungen nicht unbegrenzt: „Natürlich sind fruchtbare wissenschaftliche Ideen und ihre zügigere industrielle Realisierung elementare Vorbedingungen für die Beschleunigung des wissenschaftlich-technischen Fortschritts. Wenn man aber davon ausgeht, daß die Ergebnisse von Wissenschaft und Technik in einen vorhandenen Wirtschaftsorganismus einfließen, in eine vorhandene materiell-technische Basis mit einem bestimmten Niveau, einer bestimmten Struktur, dann wird deutlich, daß dieser Wirtschaftsorganismus – wie jeder Organismus – in einer bestimmten Zeit in der Lage ist, immer nur ein bestimmtes Maß an qualitativen Veränderungen aufzunehmen, effektivitätswirksam zu verarbeiten.“[13]

12 Vgl. Mitteilung der Staatlichen Zentralverwaltung für Statistik über die Durchführung des Volkswirtschaftsplanes 1980 im ersten Halbjahr, in: Neues Deutschland vom 12./13. Juli 1980, S. 3.

13 H. Nick, Der Zusammenschluß von Wissenschaft und Produktion, in: Wirtschaftswissenschaft, 10/1980, S. 1198/1199.

Das objektiv gegebene und jeweils historisch-konkret bestimmte Maß der Aufnahmefähigkeit der Volkswirtschaft für wissenschaftlich-technische Neuerungen darf jedoch keinesfalls als Legitimation dafür gelten, die Überführung solcher Ergebnisse nicht mit der nötigen Konsequenz zu betreiben und die Arbeit im Betrieb nicht so zu leiten und zu organisieren, daß die für die Überführung benötigten Kapazitäten in optimalem Umfang zur Verfügung stehen bzw. geschaffen werden können. Wir verfügen durchaus über eine nicht geringe Zahl wissenschaftlich-technischer Ergebnisse, die ihre Anwendung in der Produktion noch nicht gefunden haben, weil ihre Überführung Kapazitäten erfordert, die nicht in jedem Falle und problemlos gegeben sind. Auf einen derartigen Engpaß wies z. B. Genosse Erich Honecker auf der 10. Tagung des Zentralkomitees hin: „Wir haben zum Beispiel viele Spitzenleistungen und weitere fortgeschrittene Ergebnisse in Wissenschaft und Technik vorliegen. Ihre Einführung, zumindest ihre unverzügliche Einführung, scheitert oft an fehlender Baukapazität.“[14] Und Gen. G. Mittag stellte auf der 11. Tagung des ZK fest, „daß es eine Vielzahl von Forschungs- und Entwicklungsergebnissen gibt, die abgeschlossen vorliegen, ja für die zum Teil, wie in einigen Fällen in der Chemie, bereits Pilotanlagen vorhanden sind. Diese zum Teil neuesten Verfahren werden jedoch für einen hohen Leistungszuwachs nicht wirksam.“[15] Aus früheren Analysen ist zu entnehmen, daß verfügbare Investitionsmittel nicht mit der nötigen Konsequenz für die Anwendung moderner Wissenschaft und Technik eingesetzt wurden, so daß sie auch nicht zu einer intensiv erweiterten Reproduktion geführt haben. Das ZK der SED hat aus dieser Lage prinzipielle Schlußfolgerungen gezogen, die zum Ziel haben, die Investitionspolitik vor allem auf die Durchsetzung des wissenschaftlich-technischen Fortschritts in der Produktion zu richten. „Als ausschlaggebend . . . betrachten wir, daß der Anteil der Rationalisierungsinvestitionen wesentlich vergrößert wird. In diesem Sinne ist der Bauanteil zu vermindern, und es sind mehr Ausrüstungen für die Modernisierung und Rekonstruktion in bestehenden Betrieben bereitzustellen.“[16] Die Durchsetzung dieser Orientierung wird es ermöglichen, weitaus größere Kapazitäten als bisher für die Überleitung wissenschaftlich-technischer Ergebnisse in die Produktion bereitzustellen und die materielle Absicherung des industriellen Neuerungsprozesses insgesamt wesentlich zu verbessern. Zugleich wird aus diesem Zusammenhang ersichtlich, daß die Aufnahmefähig-

[14] Dem 30. Jahrestag der DDR entgegen. Aus dem Schlußwort des Genossen Erich Honecker auf der 10. Tagung des Zentralkomitees der SED, in: 10. Tagung des ZK der SED, Berlin 1979, S. 192.

[15] G. Mittag, Mit politischem Kampfgeist für eine höhere Effektivität, in: 11. Tagung des ZK der SED, Berlin 1979, S. 135.

[16] Aus dem Bericht des Politbüros an das Zentalkomitee der SED, Berichterstatter: Genosse E. Honecker, in: 11. Tagung des ZK der SED, a. a. O., S. 50.

keit der Produktion sich nicht nur auf das Vorhandensein von Kapazitäten für die Einführung wissenschaftlich-technischer Neuerungen bezieht, sondern auch auf das wissenschaftlich-technische Niveau der Produktion.

Der Grad der Aufnahmefähigkeit der Produktion für wissenschaftlich-technische Neuerungen ist zugleich die Basis für eine wirkungsvolle Stimulierung der Arbeit der Wissenschaftler in der Industrie und anderen wissenschaftlichen Einrichtungen. Die Leistungsbereitschaft und die Intensität, mit der Wissenschaftler arbeiten, korreliert direkt mit den Möglichkeiten der Anwendung ihrer Forschungsergebnisse. Genosse G. Mittag hat auf der 11. Tagung des ZK der SED diesen Zusammenhang sehr genau gekennzeichnet: „Alle Erfahrungen besagen, daß dort die höchsten Leistungen vollbracht werden, wo die Wissenschaftler spüren, daß sie und ihre Arbeitsergebnisse gebraucht werden, daß sie spüren, daß ihr Arbeitsergebnis materielle Gestalt annimmt . . ."[17] Dieser Zusammenhang ist von prinzipieller Art, sobald Wissenschaft in ihrer Funktion im Reproduktionszusammenhang der sozialistischen Gesellschaft, im Zusammenhang mit der *intensiven* Erweiterung der Reproduktion, gesehen wird. *Extensive* Erweiterung der Reproduktion ist innerhalb gewisser Grenzen als Wachstum (im Unterschied zur Entwicklung) ohne Vermehrung des Wissens, der Erfahrung, des Geschicks der Arbeiter möglich. Die zusätzlichen Produktionsmittel werden ebenso nach bewährten Prinzipien hergestellt wie eingesetzt. Demgegenüber bedeutet *intensive* Erweiterung in vielen Fällen ein Risiko, stößt auf Widerstände, weil in der Regel qualitative Veränderungen in unvorhergesehenem Umfang erforderlich sind, die den „normalen" Ablauf der Produktion stören. Unter diesem Aspekt betrachtet, wird die Frage, ob intensive oder extensive Erweiterung angestrebt werden soll, zu einer politischen Entscheidung, die nicht nur sachlich-inhaltlich, sondern auch ideologisch durch die jeweiligen gesellschaftlichen Verhältnisse bestimmt ist. In solchen Entscheidungen spielt die Tatsache eine Rolle, daß der unmittelbare ökonomische Nutzen, den das erste Projekt einer Neuentwicklung (sozusagen das Original einer neuen Anlage) erbringt, höchstens in Ausnahmefällen den Aufwand für seine Entwicklung rechtfertigen kann. An die Neuentwicklung muß sich daher die volkswirtschaftliche Durchsetzung und stetige Vervollkommnung der Neuerung anschließen. Neben der Möglichkeit, Gewinn über die sich anschließende Massenproduktion, Lizenzvergabe, Patente zu realisieren, ist die Nutzung des Wissens, der Erfahrung, des gewonnenen Know-how, sowohl in technisch-technologischen als auch in Fragen der Organisation, Planung und Leitung zu berücksichtigen. Auf die Aktualität dieser Forderung weist G. Mittag hin: „Von großer Bedeutung für die politische Arbeit ist, daß es sich bei Wissenschaft, Technik und Bildung nicht nur um übergreifende,

[17] G. Mittag, Mit politischem Kampfgeist für eine höhere Effektivität, a. a. O., S. 135.

den Gesamtprozeß beeinflussende Wachstumsfaktoren handelt. Für ihre Nutzung ist auch die Tatsache bedeutsam, daß sie ihrem Wesen nach unerschöpflich sind. Die Fähigkeit, schöpferisch neue wissenschaftlich-technische Lösungen auszuarbeiten und anzuwenden, wie überhaupt das Vermögen, qualifizierte Arbeit zu leisten, wachsen in dem Maße, wie sie ständig in Anspruch genommen werden. Nicht oder ungenügend genutzte Fähigkeiten und Fertigkeiten gehen demgegenüber ganz oder teilweise verloren, werden entwertet. Deshalb besteht hier die Kernfrage darin, das große geistige Potential gezielter einzusetzen. Das schöpferische Wirken muß seinen Ausdruck in qualitativen Veränderungen der Technologie, der Erzeugnisqualität und der Struktur der Produktion finden." [18]

H. Koziolek hebt hervor, daß bei aller Vielseitigkeit und Verschiedenheit der Wege der sozialistischen Intensivierung ein Grundanliegen überall gleich ist: „Sie stellt eine enge Verbindung der modernen Wissenschaft mit den reichen Produktionserfahrungen und Fertigkeiten der Arbeiterklasse dar." [19] Das gewachsene Geschick, die Fertigkeiten, Erfahrungen, welche die Arbeiter im Umgang mit moderner Technik erwerben, bilden ein notwendiges Gegenstück zur Wissenschaft, wie diese in räumlicher und zeitlicher Trennung vom materiellen Produktionsprozeß in spezialisierten Forschungseinrichtungen erarbeitet wird. Diese Trennung ist ein historisches Produkt.[20] Die Nichtidentität von Wissenschaft und materieller Produktion ist dabei äußere Erscheinungsform ihrer dialektischen Einheit, in der die materielle Produktion übergreift. Die sozialistische Wissenschaftspolitik zielt bewußt auf die einheitliche Gestaltung dieses dialektischen Zusammenhangs.

Wir heben dies hervor, weil sich das Zusammenwirken zwischen Wissenschaftlern, Technikern und Technologen mit qualifizierten und erfahrenen Arbeitern als ein Terrain erweist, auf dem sich die Vorzüge der sozialistischen Gesellschaft besonders wirksam mit den Errungenschaften der wissenschaftlich-technischen Revolution verbinden müssen. „Immer deutlicher erweist sich, daß der Sozialismus den wissenschaftlich-technischen Fortschritt wirksam mit der Masseninitiative verbinden kann, und das ist seine große Stärke" [21], stellte Genosse Erich Honecker auf dem X. Parteitag fest. Vor allem in der Intensivierung von Anlagen, die als neue Prinziplösung noch nicht effektiv produzieren, zu hocheffektiven Verfahren entwickelt sich das tech-

[18] G. Mittag, Aus dem Schlußwort auf dem Erfahrungsaustausch des Zentralkomitees der SED mit den Generaldirektoren und den Parteiorganisatoren des ZK der Kombinate vom 19. bis 21. März 1980 in Gera, in: Mit der Kraft der Kombinate für weiteren hohen Leistungsanstieg, Berlin 1980, S. 64.

[19] H. Koziolek, Reproduktion und Nationaleinkommen, Berlin 1979, S. 140.

[20] Vgl. K. Marx, Theorien über den Mehrwert, Dritter Teil, in: MEW, Bd. 26. 3., Berlin 1972, S. 436.

[21] Bericht des Zentralkomitees der Sozialistischen Einheitspartei Deutschlands an den X. Parteitag der SED, a. a. O., S. 52.

nische und organisatorische Know-how, eine der solidesten Formen des gesellschaftlichen Reichtums.

Resultate wissenschaftlicher Arbeit finden ihre abschließende Bewertung als Ergebnisse erst im Prozeß ihrer Verwendung, ihrer Anwendung. Diese Anwendung, die mit einer zuverlässigen Reproduktion der Resultate verbunden ist, kann in der Wissenschaft selbst, in der materiellen Produktion oder in anderen Bereichen der gesellschaftlichen Praxis erfolgen. Entscheidend ist aber immer, daß sich in der Verwendung ihrer Resultate die höchste Bewertung einer wissenschaftlichen Arbeit ausdrückt. Ganz in diesem Sinne würdigte Friedrich Engels Karl Marx' Verhältnis zur Wissenschaft: „Die Wissenschaft war für Marx eine geschichtlich bewegende, eine revolutionäre Kraft. So reine Freude er haben konnte an einer neuen Entdeckung in irgendeiner theoretischen Wissenschaft, deren praktische Anwendung vielleicht noch gar nicht abzusehen – eine ganz andere Freude empfand er, wenn es sich um eine Entdeckung handelte, die sofort revolutionär eingriff in die Industrie, in die geschichtliche Entwicklung überhaupt."[22] Ein Ergebnis wissenschaftlicher Arbeit kann erst dann als Spitzenleistung gelten, wenn es seine wissenschaftliche Bedeutung in der Forschung selbst erwiesen hat oder wenn es in der Praxis materielle Gestalt annimmt und einen hohen volkswirtschaftlichen Nutzen erbringt. Wenn die Überführung von Forschungsergebnissen in die Produktion hingegen nicht erfolgt, und zwar aus Gründen, die in der mangelnden Aufnahmefähigkeit der Produktion liegen, bleibt das Ergebnis der Arbeit vieler Wissenschaftler faktisch ohne reale Verwertung und damit ohne reale Bewertung und Anerkennung. Eine Prämierung der Leistungen von Wissenschaftlern und Neuerern in der Produktion vermag den Verlust an Motivation und Leistungsbereitschaft, der durch Nichtnutzung vorliegender wissenschaftlicher Leistungen bei deren Autoren entsteht, nicht auszugleichen. Wie E. Honecker im Rechenschaftsbericht des Zentralkomitees an den X. Parteitag der SED bemerkte, gehören zum geistigen Fundament der sozialistischen Rationalisierung die Gedanken der Neuerer und Erfinder, „die stets dort am besten gefördert werden, wo man ihre Vorschläge realisiert"[23]. Die hohe gesellschaftliche Wertschätzung der Arbeit der Wissenschaftler und Neuerer in der Produktion, die für unsere Partei kennzeichnend ist, zeigt sich in erster Linie in der Achtung ihrer Arbeitsergebnisse und in der Nutzung ihrer Resultate; sie stimuliert zugleich zu neuen schöpferischen Leistungen: „In der Art und Weise, wie die Zusammenarbeit mit der Wissenschaft erfolgt, wie die vertrauensvolle Beratung geführt wird und wie mit allen Mitteln um die Nutzung dessen gerungen wird, was kühner For-

[22] F. Engels, Das Begräbnis von Karl Marx, in: MEW, Bd. 19, Berlin 1962, S. 336.

[23] Bericht des Zentralkomitees der Sozialistischen Einheitspartei Deutschlands an den X. Parteitag der SED, a. a. O., S. 56.

schergedanke und harte Kleinarbeit zustande brachten, wird darüber entschieden, ob der Boden für neue schöpferische Leistungen bereitet oder ob in Routine abgeglitten wird."[24]

Den Boden für neue schöpferische Leistungen bereiten bedeutet u. a., die Bedürfnisse der Produktion zum Ausgangspunkt für neue Zielstellungen in der Forschung zu nehmen. Die Forderung, wissenschaftlich-technische Ziele aus den objektiv herangereiften Erfordernissen abzuleiten, ist aber nur real, wenn die Wissenschaft einen Vorlauf geschaffen hat, der den Anwendungsmöglichkeiten der Praxis adäquat ist. Hohes Niveau dieses Vorlaufs ist auch Voraussetzung dafür, daß Kräfte auf neue Erzeugnisse und Verfahren zu konzentrieren sind, „von denen tiefe ökonomische Wirkungen ausgehen"[25]. Um diese Konzentration zu erreichen, sind zwei unterschiedliche Herangehensweisen möglich, die beide ihre Berechtigung haben und in der Praxis auch vertreten werden. Der einen zufolge ist als Ausgangspunkt für die Forschung die Verbesserung der gegenwärtig laufenden und für den nächsten Zeitabschnitt geplanten Produktion zu wählen; die andere orientiert auf Erfordernisse der künftigen Produktion, die der Forschung zugrundegelegt werden müßten.

Es versteht sich, daß eine realistische Forschungspolitik nicht eine der beiden Seiten auf Kosten der anderen verabsolutieren kann. Ihre dialektische Einheit, die es zu wahren gilt, wird auch durch die Feststellungen des X. Parteitages der SED zum Verhältnis von Rationalisierung und Automatisierung unterstrichen: „Sozialistische Rationalisierung steht in diesem Jahrzehnt in immer engerem Zusammenhang zur Automatisierung. Sie hilft den Übergang zur Automatisierung technologisch und organisatorisch vorzubereiten. Sie hat aber auch dazu beizutragen, mit der vorhandenen Technik die umfangreichen Mittel zu erwirtschaften, welche Automatisierung großen Stils verlangt."[26] Daraus ergeben sich Konsequenzen für die Forschungs- und Entwicklungsarbeit. Die Arbeit der Forschungs- und Entwicklungsabteilungen in den Kombinaten muß selbstverständlich auf die Erfordernisse der laufenden Produktion gerichtet sein und muß aus ihnen zugleich ständig Anregungen für die Vorbereitung künftiger Produktion gewinnen. Beide Aufgaben bestehen nicht losgelöst voneinander. Sie in ihrer notwendigen Einheit zu bewältigen, gelingt um so besser, je tiefer die Forschung, ausgehend von laufenden Erfordernissen der Produktion, zu fundamentalen wissenschaftlichen Problemstellungen vorstößt, deren Bearbeitung und Lösung grundsätzlich neue Erkenntnisse verspricht, die ihrerseits zu grundlegend neuen

[24] G. Mittag, Mit politischem Kampfgeist für eine höhere Effektivität, a. a. O., S. 134.

[25] Bericht des Zentralkomitees der Sozialistischen Einheitspartei Deutschlands an den X. Parteitag der SED, a. a. O., S. 51.

[26] Ebenda, S. 56.

Erzeugnissen, Verfahren, Technologien, Wirkprinzipien usw. geführt werden können. Eines der wichtigsten Ergebnisse der bisherigen Entwicklung der Kombinate in unserer Republik besteht darin, daß ein immer größerer Teil des Forschungspotentials sich in eben diesem Sinne auf die Vorbereitung künftiger Produktion einstellt. Auf dem X. Parteitag ist dieser Zusammenhang zwischen der planmäßigen Verwirklichung der Struktur der Volkswirtschaft und des Produktionsprofils, die mit dem Rationalisierungsschub verbunden sind, und der Schaffung des notwendigen Vorlaufs herausgearbeitet worden. So heißt es in der Direktive zum Fünfjahrplan für die Entwicklung der Volkswirtschaft der DDR in den Jahren 1981 bis 1985: „Zugleich besagen unsere Erfahrungen, daß dem Vorlauf, oder anders gesagt, der Erkundung wissenschaftlich-technischer Entwicklungen, ihrer Zukunftsträchtigkeit und ihrer volkswirtschaftlichen Verwertung auf der Grundlage der uns gebotenen Möglichkeiten in der Arbeit der wissenschaftlichen Einrichtungen, aber auch in den leistungsstarken Forschungskollektiven der Kombinate ein größerer Platz eingeräumt werden muß. Ausgehend von den volkswirtschaftlichen Erfordernissen der achtziger Jahre, muß die koordinierte zentrale Leitung von Wissenschaft, Forschung und Technik einheitlich auf solche komplexen Aufgaben stärker ausgerichtet und dafür weiter qualifiziert werden. Wirklich Neues und über einen längeren Zeitraum Niveaubestimmendes ist ohne tragfähigen und weitreichenden wissenschaftlichen Vorlauf nicht zu schaffen.“[27]

Die Bestimmung der Erfordernisse künftiger Produktion ist allerdings ein in der Praxis schwierig zu lösendes und theoretisch noch weitaus ungeklärtes Problem. Auf jeden Fall aber sind es gewiß drei Gruppen von Faktoren, die dabei berücksichtigt werden müssen: die künftigen Bedürfnisse der Anwender der Erzeugnisse und Verfahren, die Entwicklungsbedingungen und Reproduktionserfordernisse der Volkswirtschaft sowie die Grundrichtungen der Wissenschaftsentwicklung, insbesondere der Grundlagenforschung. Die Beziehung der beiden ersten Gruppen von Faktoren zu den künftigen Produktionserfordernissen liegt auf der Hand und wird im allgemeinen anerkannt. Auf den ersten Blick nicht so einsichtig hingegen ist die Bedeutung der Grundlagenforschung für die Vorbereitung künftiger Produktion. Nicht selten gibt es auch heute noch Auffassungen, denen zufolge Grundlagenforschung als rein erkenntnisorientiert charakterisiert wird. Ganz abgesehen davon, daß allein auch die erkenntnisfördernde Potenz der Grundlagenforschung eine gewichtige Legitimation für ihre Förderung wäre, ist die Gegenüberstellung von Erkenntnis- und Praxisorientierung dem Marxismus-Leninismus seinem ganzen Wesen nach zutiefst fremd und kann nicht die Basis einer sozialisti-

[27] Direktive des X. Parteitages der SED zum Fünfjahrplan für die Entwicklung der Volkswirtschaft der DDR in den Jahren 1981 bis 1985, Berichterstatter: Genosse W. Stoph, Berlin 1981, S. 11.

schen Forschungspolitik sein. Die SED sieht die erkenntnisorientierte Funktion der Grundlagenforschung deshalb in engem Zusammenhang mit ihrer Funktion im Produktions- und Reproduktionsprozeß der sozialistischen Gesellschaft und stellt daher die programmatische Forderung: „Die Grundlagenforschung als Quelle neuer Erkenntnisse über gesetzmäßige Zusammenhänge in Natur und Gesellschaft ist im Interesse langfristiger Entscheidungen für die volkswirtschaftliche und wissenschaftliche Entwicklung auszubauen.“[28] Probleme ihrer Realisierung spielten auf dem X. Parteitag eine große Rolle, und sie bestimmen ebenso Diskussionen in den jeweiligen Einrichtungen, die besondere Verantwortung dafür tragen.[29]

In der Tat zeigt die ganze Geschichte der Beziehungen zwischen Wissenschaft und Produktion, vor allem der letzten hundert Jahre, wie sich in den Hauptrichtungen der naturwissenschaftlich-technischen Grundlagenforschung jeweils die technischen Grundstrukturen künftiger Produktionen abzeichnen; unser historischer Exkurs über die Beziehungen zwischen Physik und Elektroindustrie liefert dafür weitere Belege.

Viele wichtige qualitative Veränderungen in den Erzeugnissen und Verfahren der Produktion lassen sich auf neue Erkenntnisse der naturwissenschaftlich-technischen Forschung zurückverfolgen.[30] Daraus entsteht das Bedürfnis, in den gegenwärtigen und künftigen Resultaten wissenschaftlicher Arbeiten diese künftigen Veränderungen zu erkennen und zu prognostizieren. Wenn es darum geht, in der gegenwärtigen Forschung die technischen Grundstrukturen künftiger Produktion zu erkennen, muß die Aufmerksamkeit auch der materiell-gegenständlichen Komponente der Forschung und ihrer Resultate gelten. Vorlauf für die Produktion schafft die Wissenschaft auch mit der Forschungstechnik, den experimentellen Einrichtungen, vor allem Meßgeräten. Besonders daran wird deutlich, daß für die Entwicklung sowohl der Wissenschaft als auch der Produktion die wechselseitige Abhängigkeit beider bestimmend ist; sie ist ein Grundzug der gesellschaftlichen Entwicklung, der sich besonders mit Beginn des 20. Jahrhunderts immer klarer ausprägt[31] und mit dem Einsetzen der wissenschaftlich-technischen Revolution in der zweiten Hälfte des Jahrhunderts ganz offensichtlich ist. So wie in der Entwicklung der Gesellschaft die materiellen Produktivkräfte letztlich das bestimmende Moment sind und die materielle Produktion die letztlich bestimmende Phase des Reproduktionsprozesses ist, so sind die Bedürfnisse und

[28] Programm der Sozialistischen Einheitspartei Deutschlands, a. a. O., S. 45.

[29] Vgl. Bericht des Zentralkomitees der Sozialistischen Einheitspartei Deutschlands an den X. Parteitag der SED, a. a. O., S. 90.

[30] Vgl. H. Nick, Der Zusammenschluß von Wissenschaft und Produktion, a. a. O., S. 1199.

[31] Vgl. J. D. Bernal, Die Wissenschaft in der Geschichte, 3. Aufl., Berlin 1967, S. 443–463.

Erfordernisse der materiellen Produktion, ihrer gegenwärtigen und künftigen Entwicklung, auch das bestimmende Moment in der dialektischen Wechselbeziehung von Wissenschaft und Produktion. Die Redeweise vom Zyklus Wissenschaft – Technik – Produktion kann deshalb nur als verkürzter Ausdruck für die Rolle der Wissenschaft bei der Entwicklung der materiellen Produktion gelten. Tatsächlich schließt sich der Zyklus immer in der Produktion, deren Anforderungen die vorzugsweise zu bearbeitenden Gebiete und Richtungen der Forschung orientieren, deren Leistungsfähigkeit das Spektrum der Bearbeitungsmöglichkeiten wissenschaftlicher Probleme absteckt und deren Aufnahmefähigkeit für wissenschaftlich-technische Neuerungen das Schöpfertum und die Leistungsbereitschaft der Wissenschaftler entscheidend stimuliert.

Es ist daher unumgänglich, bei der Vorbereitung langfristiger Entscheidungen über künftige Erfordernisse und Strukturen der Volkswirtschaft die Entwicklungstendenzen der Grundlagenforschung mit den materiellen, ökonomischen und technischen Bedingungen und Möglichkeiten der Betriebe und Kombinate in Beziehung zu setzen. Die gemeinsame Erarbeitung bzw. Abstimmung langfristiger Forschungs- und Entwicklungsstrategien und ihre arbeitsteilige Realisierung durch die Akademie der Wissenschaften und die Kombinate gehören deshalb zu den wichtigsten Aufgaben eines engeren und effektiveren Zusammenschlusses von Wissenschaft und Produktion in der gegenwärtigen Etappe der Entwicklung der sozialistischen Gesellschaft in unserer Republik.[32]

1.2. Zur Einheit von Neu- und Nachentwicklungen

Wir haben im ersten Abschnitt die große Rolle betont, die der kontinuierliche Verlauf des Produktionsprozesses für eine entsprechend störungsfreie und intensive Forschungs- und Entwicklungsarbeit im Kombinat hat. Wir haben zugleich zu zeigen versucht, wie die Aufnahmefähigkeit und -bereitschaft der Produktion für wissenschaftlich-technische Neuerungen die schöpferische Arbeit der Wissenschaftler stimuliert und den Boden bereitet für neue schöpferische wissenschaftlich-technische Leistungen, die in neuen Verfahren, Technologien usw. zu Buche schlagen. Die Aufnahme neuer Verfahren oder Produktion neuer Erzeugnisse bedeutet aber immer Umstellung in der Produktion, Diskontinuitäten im laufenden Produktionsprozeß und ist deshalb jedesmal schwer in Einklang zu bringen mit den Anforderungen der laufenden Produktion. Der Widerspruch, der sich hier auftut, ist ein objektiver; er läßt sich prinzipiell nicht vermeiden.

32 Vgl. H. Klemm, Neue Qualität der Kooperation von Akademie und Industrie, in: 12. Tagung des ZK der SED, Berlin 1980, S. 97.

Theoretisch gesehen haben wir es hier mit einer dialektischen Widerspruchssituation zu tun. Die Kontinuität des Produktionsprozesses und in diesem Sinne Reproduktion ohne qualitative Veränderungen ihrer Elemente bilden die Voraussetzung ihres Gegenteils, der Diskontinuität im Produktionsprozeß durch qualitative Veränderungen seiner Elemente und ihres Zusammenhangs, die zu erweiterter Reproduktion führen sollen. Der Widerspruch läßt sich in der Praxis weder beseitigen noch auf Kosten einer seiner beiden Komponenten lösen. Die einzige Methode, wodurch sich derartige objektive dialektische Widersprüche lösen lassen, ist, ihnen Formen und Möglichkeiten ihrer produktiven Bewegung zu schaffen[33] und diese Formen planmäßig zu gestalten. Das bedeutet, zuallererst die Realität solcher Widersprüche anzuerkennen und sie sorgsam von subjektiven Mängeln in der Leitungs- und Planungstätigkeit zu unterscheiden. Wenn Forschungskader in der laufenden Produktion eingesetzt werden, um Planrückstände aufzuholen, oder wenn nicht planmäßig die Reserven bereitgestellt werden, um dringend benötigte neue wissenschaftlich-technische Prinziplösungen in die Produktion einführen zu können, handelt es sich natürlich um vermeidbare Mängel in der Leitung und Planung des Produktionsprozesses. Die ausdrückliche Übertragung der Verantwortung *sowohl* für die laufende Produktion *als auch* für den wissenschaftlichen Vorlauf an die Generaldirektoren der Kombinate soll uns befähigen, solche Mängel künftig zu vermeiden. Diese komplexe Verantwortung der Generaldirektoren schließt ein, die widersprüchlichen Anforderungen der laufenden Produktion, der Forschung und der Anwendung neuer wissenschaftlich-technischer Ergebnisse in der Produktion zu verstehen und durch die Leitungstätigkeit diesen Widerspruch nicht etwa eliminieren zu wollen, sondern ihn in produktiver Bewegung und Balance zu erhalten.

Die Einführung eines neuen technologischen Verfahrens ist natürlich in der Regel mit Veränderungen im Produktionsablauf verbunden, die für die laufende Produktion den Charakter von Störungen haben. Ihre Bewältigung setzt Reserven voraus, die bei voller Auslastung des Produktionsvolumens mit Aufgaben der laufenden Produktion nicht immer in der erforderlichen Größenordnung zur Verfügung stehen. Bei einer einseitigen Orientierung auf die quantitative Erfüllung des Planes der laufenden Warenproduktion ist die Gefahr nicht auszuschließen, die Einführung wissenschaftlich-technischer Neuerungen nicht mit der gleichen Energie und Verantwortung zu betreiben wie die Erfüllung der Produktionsaufgaben mit der bisherigen Technik. Die 12. Tagung des ZK der SED hat in dieser Richtung wichtige Maßnahmen beschlossen, die das Interesse der Kombinate und Betriebe an einer hohen Qualität und Effektivität ihrer Arbeit erhöhen sollen. Die Einführung der drei Kennziffern industrielle Warenproduktion (Menge, Wert), Netto-

[33] Vgl. K. Marx, Das Kapital, Erster Band, in: MEW, Bd. 23, Berlin 1968, S. 118.

produktion (Neuwert) und Grundmaterialkosten je 100 Mark Warenproduktion als einheitliche Grundlage für die Planung und Planberechnung orientiert darauf, die Anstrengungen der Kombinate und Betriebe sowohl auf die Erfüllung des Planes der Warenproduktion nach Menge und Wert zu richten, als auch gleichermaßen den Energie- und Rohstoffaufwand zu senken und den Neuwert der erzeugten Produkte durch Einführung neuester wissenschaftlich-technischer Ergebnisse zu erhöhen.[34] Der Widerspruch zwischen laufender Produktion, Forschung und Anwendung neuester Forschungsergebnisse in der Produktion muß also als Triebkraft der Entwicklung verstanden und beherrscht werden. Ihm produktive Bewegungsformen zu schaffen, in denen sich der wissenschaftlich-technische Fortschritt durchsetzen kann, bedeutet, Reserven, die durch Wettbewerbsverpflichtungen und Übererfüllung der Pläne geschaffen werden, nicht nur für die Erhöhung der Quantität der Warenproduktion zu nutzen, sondern auch für die Erhöhung ihrer Qualität, für die weitere Ausbildung der qualitativen Faktoren des Wirtschaftswachstums und für die Beschleunigung des wissenschaftlich-technischen Fortschritts.

Die Aufgabe, den wissenschaftlich-technischen Fortschritt zu beschleunigen und „die Errungenschaften der wissenschaftlich-technischen Revolution mit den Vorzügen des sozialistischen Wirtschaftssystems zu verbinden“[35], hat zwei Seiten. Sie beinhaltet zum einen, den Welthöchststand wissenschaftlich-technischer Errungenschaften zu kennen, ihn mit hoher Effektivität in unsere gesellschaftliche Praxis, insbesondere in die materielle Produktion zu überführen, in *diesem* Prozeß die Vorzüge des Sozialismus wirksamer zur Geltung zu bringen und unserer Gesellschaftsordnung gemäße Formen der Verbindung von Wissenschaft und Produktion breit zu entfalten. Sie beinhaltet zugleich solche wissenschaftlich-technischen Ergebnisse, die den Welthöchststand bestimmen, bei uns selbst hervorzubringen und auch in *diesem* Prozeß der eigenen Erzeugung des Neuen die Vorzüge des Sozialismus zu nutzen. International schon Bekanntes national zu erschließen und unseren Bedingungen gemäß in der Produktion umzusetzen – sowie selbst grundlegend Neues in Wissenschaft, Technik und Produktion zu erzeugen, sind zwei Aspekte, die erst in ihrer Einheit jene Beschleunigung des wissenschaftlich-technischen Fortschritts ergeben, deren wir im Interesse einer hohen Leistungsfähigkeit unserer Volkswirtschaft bedürfen.

Beide Aspekte sind nicht unabhängig voneinander. Eigene Höchstleistungen in der Wissenschaft gelingen dann am ehesten, wenn der internationale Höchststand so bekannt ist, daß er für die eigene Arbeit als zu übertreffender

[34] Vgl. Bericht des Zentralkomitees der Sozialistischen Einheitspartei Deutschlands an den X. Parteitag der SED, a. a. O., S. 78.

[35] L. I. Breshnew, Rechenschaftsbericht des ZK der KPdSU an den XXIV. Parteitag der KPdSU, Moskau–Berlin 1971, S. 79.

Maßstab genommen wird. „Mit Nachdruck unterstützen wir den Standpunkt vieler Wissenschaftler, daß der Maßstab für die Bewertung von Forschungsergebnissen nur der fortgeschrittenste Stand auf dem jeweiligen Gebiet sein kann und deshalb alle Möglichkeiten zu nutzen sind, um sich mit dem höchsten internationalen Niveau vertraut zu machen . . ."[36] Als realer Impuls für die eigene zu erbringende Leistung wirkt das Weltniveau dann, wenn das eigene nationale Potential von seinem wissenschaftlichen und technischen Niveau her aufnahmefähig für dieses Weltniveau ist, der Abstand beider Niveauebenen also ein bestimmtes Maß nicht überschreitet. Eigene Spitzenleistungen ermöglichen also auch immer eine raschere und effektivere Übernahme der Spitzenleistungen anderer. Deshalb ist letztlich nur die Strategie auf die Dauer erfolgversprechend, die den sachlichen Zusammenhang berücksichtigt: Durch eigene originelle Spitzenleistungen auf entscheidenden Gebieten werden gültige Standards geschaffen, die das Niveau der Forschung generell bestimmen und eine effektivere Nutzung der Errungenschaften der Weltwissenschaft ermöglichen.

Es geht also nicht um ein bloßes „Sowohl-als-auch" beider Aufgaben. Die bewußte Konfrontation mit dem Neuen in Wissenschaft und Technik in der Welt, rasches Reagieren auf wissenschaftlich-technische Neuerungen in der Welt und ihre volkswirtschaftliche Nutzung in der sozialistischen Produktion sind absolut notwendig, um mit Erzeugnissen höchster Qualität, die mit minimalem Energie- und Rohstoffaufwand produziert werden, auf dem Weltmarkt bestehen und einen hohen Devisenerlös erzielen zu können. Sie bilden aber nur den ersten notwendigen Schritt, um dem Sozialismus die Überlegenheit gegenüber dem Kapitalismus zu sichern. Zugespitzter formuliert: Was wir auf diesem Weg erreichen können, ist bestenfalls Gleichrangigkeit, kaum aber Überlegenheit auf dem Weltmarkt. In der bloßen Übernahme von Neuerungen, die sich in kapitalistischen Ländern bereits bewährt haben, können sich weder Vorzüge des Sozialismus erweisen, noch kann Überlegenheit das Resultat sein. Der zweite notwendige Schritt, der erst zu wirklicher Überlegenheit führt, gelingt in dem Maße, indem wir selbst als erste mit grundlegenden wissenschaftlich-technischen Neuerungen auftreten, zum Urheber solcher werden. Anstrengungen mit diesem Ziel sind selbst dann nützlich, wenn die gesuchte Lösung schließlich zuerst doch anderswo in der Welt gelingt. Denn häufig ist es nur unter der Voraussetzung, daß am gleichen Problem gearbeitet wird und die Arbeiten bereits ein fortgeschrittenes Stadium erreicht haben, möglich, auf Entdeckungen und Erfindungen in der Welt so rasch zu reagieren, daß der ökonomische Nutzen und Vorteil klar gesichert werden kann.

Als ein Argument für die Bevorzugung von Nachentwicklungen ist ge-

[36] Bericht des Zentralkomitees der Sozialistischen Einheitspartei Deutschlands an den X. Parteitag der SED, a. a. O., S. 89.

legentlich zu hören, daß sie weniger aufwendig und risikoärmer als Neuentwicklungen seien. Diese Auffassung kann sich zudem auf Marx' Analyse der Ökonomie durch Erfindungen im Kapitalismus berufen, aus der hervorgeht, daß es mit den „viel größern Kosten, womit überhaupt ein auf neuen Erfindungen beruhendes Etablissement betrieben wird, verglichen mit den spätern“, so weit geht, „daß die ersten Unternehmer meist Bankrott machen und erst die spätern, in deren Hand Gebäude, Maschinerie etc. wohlfeiler kommen, florieren“.[37] Sicher sind Neuentwicklungen aufwendig, und der Betrieb, der eine Neuentwicklung als erster einführt, nimmt ein mehrfaches Risiko auf sich, das im Sozialismus allerdings nicht mit dem Bankrott enden kann. Indes folgt daraus keineswegs, daß eine ausschließliche Orientierung auf Nachentwicklungen langfristig die strategisch günstigere Variante sei.

Welcher enge Zusammenhang zwischen Neu- und Nachentwicklungen besteht, kann man auch daraus ersehen, daß Nachentwicklungen in der Regel nur dann mit geringerem Aufwand gelingen, als ihn die Originalentwicklung erforderte, und auch den ausreichenden ökonomischen Effekt nur dann erbringen, wenn in sie die Ergebnisse und Erfahrungen der eigenen Arbeit an Neuentwicklungen einfließen. Wenn ein Betrieb sich lediglich auf Nachentwicklungen orientiert und sich in keiner Weise an der Arbeit an Neuentwicklungen beteiligt, fehlen seinem Forschungspotential die dabei entwickelten Methoden, Techniken und Versuchserfahrungen. Im Ergebnis werden Nachentwicklungen oft sehr zeitaufwendig, kommen für den günstigsten Markttermin zu spät und haben einen geringen ökonomischen Effekt. Umgekehrt resultieren aus den Problemen, die sich aus Nachentwicklungen ergeben, oft wichtige Anregungen für die Arbeit an neuen Erzeugnissen und Verfahren, die als solche nur wirksam werden, wenn Potential dafür verfügbar ist. Auch gilt, daß „dort, wo vornehmlich Nachentwicklungen vollzogen werden, ... der Anteil der Forscher relativ klein und der Anteil der Entwickler relativ groß (ist). Soll der Anteil der Neuentwicklungen erhöht werden, sind bei dieser Proportion entsprechende Veränderungen erforderlich“.[38] Die Notwendigkeit, den Zusammenhang von Neu- und Nachentwicklungen immer im Auge zu behalten, resultiert auch aus der ökonomischen Tatsache, daß ohne Neuentwicklungen der notwendige qualitative Sprung in der Steigerung der Arbeitsproduktivität nicht erreichbar ist. Der relativ hohe Aufwand für Neuentwicklungen betrifft alle Phasen des Neuerungsprozesses von der Grundlagenforschung bis zur Gewährleistung der industriellen Massenproduktion. Jedes Kombinat muß daher gründlich auswählen, auf welchen Gebieten an Neuentwicklungen gearbeitet wird und wie

[37] K. Marx, Das Kapital. Dritter Band, in: MEW, Bd. 25, Berlin 1964, S. 114.

[38] H. Nick, Der Zusammenschluß von Wissenschaft und Produktion, a. a. O., S. 1206.

durch Nachentwicklungen das erforderliche Maß an Stabilität des Reproduktionsprozesses gewährleistet ist.

Ein weiterer Gesichtspunkt schließlich, der den Zusammenhang von Neu- und Nachentwicklungen verdeutlicht, betrifft die Förderung der Leistungsbereitschaft und -fähigkeit des Kaderpotentials in der Forschung. Eine ausschließliche Konzentration auf Nachentwicklungen motiviert ungenügend den Forscherdrang, den Mut zum Risiko, die Beschäftigung mit noch nicht gelösten Forschungsproblemen. Alle Erfahrungen besagen, daß hohe Zielstellungen und anspruchsvolle Aufgaben, die sich besonders in der Arbeit an Neuentwicklungen ausdrücken, entscheidende Impulse für die Leistungsentwicklung der Forschungs- und Entwicklungskader bilden.

Analysiert man Prozesse, in denen wissenschaftlich-technische Neuerungen entstehen und gesellschaftlich wirksam werden, lassen sich drei Bereiche unterscheiden, die einen jeweils spezifischen Anteil haben und besondere Verantwortung tragen: der Produzent der Neuerung, der Nutzer des neuen Produktes und die beteiligten wissenschaftlichen Einrichtungen. Die arbeitsteilige Struktur der Gesellschaft, in der diese Bereiche relative Eigenständigkeit haben müssen, führt auch zur Ausbildung eigener Interessen, Nutzenserwartungen und Vorhaben. Die grundlegende Forderung, mit der entwickelten sozialistischen Gesellschaft Bedingungen zu schaffen, unter denen der Vorteil des einzelnen zum Nutzen der Gesellschaft im ganzen wird, läßt sich deshalb nicht widerspruchsfrei durchsetzen. Schwierigkeiten ergeben sich vor allem, wenn durch wissenschaftlich-technische Neuerungen Veränderungen eingeleitet werden, die prinzipiell nicht vorherbestimmt sind. Es zeigt sich nämlich, daß die Neuerung in ihrer gesellschaftlich wirksamen Gestalt das Resultat der Kooperation ist, an der also die wissenschaftlichen Einrichtungen, Produzenten und Nutzer gleichermaßen beteiligt sind.

Weder die ökonomische Theorie noch die Wissenschaftstheorie sind derzeit in der Lage, für die komplexe Meisterung solcher Prozesse allgemeingültige Regeln anzugeben. Deshalb sind die Analyse und das Studium von erfolgreich oder auch problematisch verlaufenden Prozessen ein wichtiges Hilfsmittel, um diesbezüglich Erfahrungen in Form von Fallstudien zu vermitteln. Wir schließen uns diesem in der internationalen Literatur immer mehr hervortretenden Trend an und stellen im folgenden zwei Fallstudien vor, in denen Probleme der Erarbeitung und Durchsetzung eines neuen Verfahrens analysiert werden (Tribophos T) und die Bedeutung der ständigen Vervollkommnung neu eingeführter Verfahren aufgezeigt wird (Parex).

Diese Fallstudien wurden *vor* dem X. Parteitag, bereits im Jahr 1980 abgeschlossen. Was sich an den konkreten Beispielen seither geändert hat, noch weiter ändern wird und auch zu veränderten Wertungen führen kann, setzt u. E. die Bedeutung der Problematik, die wir mit diesen *Beispielen* charakterisieren wollten, nicht herab.

Fallstudie Tribophos T: Probleme der Erarbeitung und Durchsetzung neuer Verfahren

Bei dem folgenden Beispiel handelt es sich um ein neues Verfahrensprinzip zur Herstellung eines Phosphordüngemittels (Tribophos T), das durch ein Kollektiv des Zentralinstituts für physikalische Chemie der Akademie der Wissenschaften der DDR in Zusammenarbeit mit dem Agrochemischen Kombinat Piesteritz entwickelt wurde. Den volkswirtschaftlichen Hintergrund für diesen Anwendungsfall von Grundlagenerkenntnissen lassen folgende Zusammenhänge verkürzt deutlich werden: Seit dem Jahre 1950 ist die Produktion von Phosphordüngemitteln im Weltmaßstab um mehr als 400 % gestiegen.[39] „Die Herstellung von Phosphordüngemitteln, ihr effektivster Einsatz und die Verbesserung der Ausnutzung des Phosphors im Boden sind von großem volkswirtschaftlichen Interesse. Zur Superphosphatherstellung, dem Aufschluß von Rohphosphaten zu wasserlöslichem Monocalciumphosphat, werden in der DDR jährlich etwa 400000 t Schwefelsäure, d. h. etwa 40 % der Schwefelsäureproduktion benötigt.“[40]

Bei den mit hohem volkswirtschaftlichem Aufwand chemisch aufgeschlossenen Düngemitteln werden im Jahr der Ausbringung von den Pflanzen nur 10–25 %, unter Berücksichtigung langjähriger Nachwirkung 55–60 % des Phosphors ausgenutzt (Pflanzenverfügbarkeit des Düngemittels).[41] Der Rest verwandelt sich im Boden in weniger pflanzenverfügbare chemische Verbindungen, und damit wird der zuvor betriebene aufwendige chemische Aufschluß im Boden zum Teil wieder rückgängig gemacht. Diese Zusammenhänge machen es erforderlich, das Aufwand-Nutzen-Verhältnis bei der Herstellung von Phosphordüngemitteln günstiger zu gestalten. Dazu werden international verschiedene Wege gegangen:

– Verzicht auf aufwendigen chemischen Aufschluß und nur Feinmahlung von Rohphosphaten;
– nur teilweiser Aufschluß des Rohphosphats mit Mineralsäure, bezeichnet als Semiphosprodukte. Sie zeigen eine Düngewirkung, die einer Mischung aus Superphosphat und Rohphosphat entspricht. Der Rohphosphatanteil liegt jedoch in unveränderter Form vor, was zu einer geringen Pflanzenverfügbarkeit und zur Ertragsminderung führt. Aus materialökonomischen Gründen werden derartige teilaufgeschlossene Phosphate in der DDR nicht produziert.[42]

[39] Vgl. Statistisches Jahrbuch der DDR 1979, Berlin 1979, S. 50.

[40] R. Paudert/H. Harenz/G. Heinicke/H. Schumann, Zur Herstellung von Phosphordüngemitteln durch einen mechanisch-chemischen Aufschluß von Apatiten, in: Chemische Technik, 1/1979, S. 27.

[41] Vgl. P. Kundler u. a., Mineraldüngung, Berlin 1978, S. 88.

[42] Vgl. R. Paudert/H. Harenz/G. Heinicke/H. Schumann, Zur Herstellung von Phosphordüngemitteln durch einen mechanisch-chemischen Aufschluß von Apatiten, a. a. O. S. 27.

Bisher wurden in der DDR die folgenden Phosphordüngemittelsorten hergestellt:

10 % Rünaphos (feingemahlenes Rohphosphat),

30 % Alkalisinterphosphat (ASP) (thermisch aufgeschlossenes Rohphosphat),

60 % Superphosphat (chemisch aufgeschlossenes Rohphosphat).

Das Problem bestand nun darin, ausgehend vom Erkenntnisstand zu den teilaufgeschlossenen Phosphaten (Semiphos), den chemisch nicht aufgeschlossenen, unverändert vorliegenden Rohphosphatanteil so zu verändern, daß dieser eine hohe Löslichkeit und Pflanzenverfügbarkeit aufweist.

Im Zentralinstitut für physikalische Chemie wurden bereits in den 60er Jahren tribochemische Probleme der mechanischen Aktivierung von Festkörpern untersucht. Im Bemühen des Bearbeiterkollektivs um eine möglichst große Breitenwirksamkeit seiner Forschungsergebnisse wurde auch versucht, die gewonnenen Grundlagenerkenntnisse aus der Untersuchung des tribochemischen Verhaltens von Metallen auf die Ausgangserze für Düngemittel anzuwenden, mit dem Ziel, Erkenntnisse für die Düngemittelherstellung zu gewinnen. Für dieses Vorhaben konnten sowohl Partner aus der Düngemittelindustrie als auch aus den Landwirtschaftswissenschaften interessiert werden. Seit 1972 war diese Problemstellung im Plan des Instituts und vertraglich mit einem Düngemittel herstellenden Betrieb gebunden. Seinerzeit bestand entsprechend dem internationalen Trend die Forderung der Landwirtschaft nach einem Mehrnährstoffdünger, d. h. Stickstoff, Phosphor und Kali in einem Korn auszubringen. In diese Richtung gingen auch die Forschungen des Instituts.

Mit der verstärkten EDV-Einführung beabsichtigte dann jedoch die Landwirtschaft, die Bedüngungserfordernisse schlagweise zu ermitteln und entsprechend den Bodenverhältnissen zu befriedigen. Das heißt, wenn durch Proben festgestellt und berechnet wird, daß z. B. auf einem Schlag Kali fehlt und auf einem anderen Phosphor, dann sollten die jeweils fehlenden Düngemittel in der berechneten Menge zugeführt werden. Damit wurde in der DDR auf die Einnährstoffdüngung orientiert.

Dementsprechend erfolgte auch im Akademieinstitut eine gewisse Umorientierung der Forschung. Die Arbeit konzentrierte sich auf die tribochemische Aktivierung des Phosphorerzes unter Beachtung seiner Funktion als Einnährstoffdünger. Im Ergebnis der Analyse tribochemischer Probleme, die bei der mechanischen Aktivierung von Salzen und Ionenkristallen auftraten, wurden neue Grundlagenerkenntnisse auf diesem Gebiet gewonnen sowie Richtungen der weiteren Forschung abgesteckt. Die dabei gewonnenen Erkenntnisse sind zunächst stoffbezogen und schwer verallgemeinerbar. Es wurde eine Reihe neuer Zusammenhänge zwischen Struktur und Lösbarkeit solcher kristalliner Verbindungen aufgedeckt. Auf Grund der im Institut gewonnenen Erkenntnisse z. B. über die Zusammenhänge von Aktivierungsdauer (Mahldauer), Aktivierungsart, der Oberflächenveränderung, der Strukturveränderung, der Reaktivität (Löslichkeit), Startwirkung und der Langzeitwirkung von Rohphosphaten konnte zunächst ein mechanisch aktiviertes Düngemittel (Tribophos) entwickelt werden.[43]

Bei pflanzenphysiologischen Untersuchungen in landwirtschaftlichen Forschungseinrichtungen zeigte sich im Gefäßversuch, daß Tribophosprodukte mittleren Aktivierungsgrades auf sauren und schwach sauren Böden im Ertrag die Wirkung des Alkalisinterphosphats und auch des Superphosphats erreichen. Bei neutralen Böden erreichte das nur mechanisch aktivierte Tribophos die Wirkung von Superphosphat nicht. Die Wirkungsverluste, die durch die von der Landwirtschaft geforderte Granulierung von Tribophos auftreten (Schwerlöslichkeit), wirken auf neutralen Böden besonders erschwerend. Da unsere Landwirtschaft eine universelle Einsetzbarkeit von einem neuen Düngemittel forderte, gingen die Überlegungen am Akademieinstitut in Richtung einer Kombination von mechanischem und chemischem Aufschluß und damit zur Entwicklung von Tribophos T. Durch einen 50 %igen chemischen Aufschluß von mechanisch aufgeschlossenem Rohphosphat wird eine Variante des Tribophos T hergestellt, die in ihren Eigenschaften, wie z. B. Löslichkeit, Langzeitwirkung, Pflanzenverfügbarkeit, Ertragswirksamkeit, die Düngemittel Rünaphos und ASP deutlich übertrifft und unabhängig von den Bodenbedingungen die Wirkung von Superphosphat erreicht. Dies konnte in mehrjährigen Gefäßversuchen nachgewiesen werden.[44]

Für die Herstellung von Tribophos T lag im Jahre 1977 ein im Laborversuch erprobtes Verfahrensprinzip vor, das 1978 so weit entwickelt war, daß ein Einsatz des Verfahrens unter industriemäßigen Bedingungen erprobt werden konnte. Ein Nachweis der Wirkung von Tribophos T im Freiland ist prinzipiell erst im Ergebnis mehrjähriger Feldversuche zu erwarten. (Das hängt mit dem generell schwierigen Nachweis der Ertragswirkung von Phosphatdüngemitteln zusammen.)

Gegenüber der Herstellung von Superphosphat weist das Tribophos-T-Verfahren folgende Vorteile auf:

– Ein mechanisch-chemischer Aufschluß zu einem Phosphordüngemittel mit 50 % wasserlöslicher P-Komponente führt zur Einsparung etwa der Hälfte der Schwefelsäure. Der Kostenaufwand für den mechanischen Aufschluß ist geringer als der Gewinn durch die Schwefelsäureeinsparung, wenn sich in der Praxis ein begrenzter Aktivierungsgrad als ausreichend erweist.

43 Vgl. ebenda; S. 27–28.

44 Vgl. ebenda, S. 30; H. Harenz/R. Paudert/S. Müller/E. Linke/H. Müller; Zur Düngemittelwirkung von tribochemisch aktivierten und partiell mit Mineralsäure umgesetzten apatitischen Phosphaten, in: Archiv Acker- und Pflanzenbau und Bodenkunde, 11/1979, S. 709–710.

– Es tritt eine Verkürzung bzw. ein Wegfall der Reifezeit (abhängig vom mechanischen Aufschlußgrad) bei der Herstellung von Tribophos T ein. Daraus resultiert ein geringerer Flächenbedarf für die Anlage.

– Es entfallen die thixotropen Eigenschaften des Superphosphats, und die Granulierung des Produktes ist unmittelbar nach dem Aufschluß möglich.

– Tribophos T hat einen höheren P_2O_5-Gehalt und damit eine höhere Nährstoffkonzentration, da ein geringerer Calciumsulfatgehalt (Ballast) vorliegt. Daraus resultiert eine Senkung der Lager- und Transportkosten.

– Für das Tribophos-T-Verfahren ergeben sich geringere Investaufwendungen sowie ein geringerer Arbeitskräftebedarf.

– Das Verfahren gestattet den Einsatz von Rohphosphaten, die auf Grund ihrer Zusammensetzung (niedriger P_2O_5-Gehalt, hoher Carbonatgehalt) nicht zum chemischen Aufschluß geeignet sind bzw. einen erhöhten Schwefelsäureaufwand erfordern.[45]

In Abhängigkeit von der Versorgung des Bodens mit Phosphor und seinem pH-Wert könnte sich auch bei Tribophos T wie bei allen nicht voll wasserlöslichen Phosphordüngemitteln ein Wirkungsverlust in der Startwirkung bemerkbar machen, der durch die Granulation noch verstärkt werden kann.

Die Forderung nach universeller Anwendbarkeit von Tribophos T auf allen Böden könnte sich dahingehend nachteilig auf die Herstellung dieses Düngemittels auswirken, daß der Aufwand für die mechanische Aktivierung zunimmt (u. a. Erhöhung des Energieaufwands). Wobei zu bemerken ist, daß selbst eine nur begrenzte Anwendung von Tribophos T auf bestimmten Böden, die große landwirtschaftliche Gebiete der DDR ausmachen, durchaus eine realistische und ökonomisch begründete Zielstellung beinhalten kann.

Neben dem Gewicht der genannten Vorteile erklärt sich die potentielle volkswirtschaftliche Bedeutung, die das Tribophos-T-Verfahren erlangen könnte, auch noch aus folgenden Zusammenhängen: Die DDR muß ihren gesamten Bedarf an Rohphosphat importieren. Die Preisentwicklung auf dem Weltmarkt sieht wie folgt aus:

1972	12 Dollar/t Rohphosphat
1979	40 Dollar/t
1980	53 Dollar/t

Marokko als Welthauptexporteur von Phosphaterz geht seit einiger Zeit dazu über, im eigenen Land Anlagen zu errichten, in denen aus dem Apatit Phosphorsäure gewonnen wird, und exportiert dieses „Halbfabrikat“ zu entsprechend höheren Preisen. Gleichzeitig werden zunehmend phosphorarme Erze angeboten, die wegen des hohen Aufwandes an Mineralsäure zum Aufschluß geringerer Mengen Phosphor je Tonne Erz für den chemischen Aufschluß

[45] R. Paudert/H. Harenz/G. Heinicke/H. Schumann, Zur Herstellung von Phosphordüngemitteln durch einen mechanisch-chemischen Aufschluß von Apatiten, a. a. O., S. 30.

ungünstig sind. Phosphorarmes Erz eignet sich aber nach bisherigen Untersuchungen in der Tendenz gut für den tribochemischen Aufschluß mittels mechanischer Aktivierung und wird zudem auf dem Weltmarkt billiger angeboten. In den Jahren 1979 und 1980 war die Relation etwa so: 10 % weniger Phosphorgehalt im Erz führt zu einem um 20 % niedrigeren Preis.[46] Dieses Verhältnis variiert von Jahr zu Jahr, und seine genaue Bestimmung wird mit abnehmender Erzqualität immer schwieriger. Insgesamt gesehen, könnte die sich andeutende Entwicklungstendenz auf dem Weltmarkt auch perspektivisch für das Tribophos-T-Verfahren sprechen. Dabei ist von Fall zu Fall zu prüfen, inwieweit sich auf dem Weltmarkt angebotene phosphorarme Erze ökonomisch vorteilhaft nach dem Tribophos-T-Verfahren aufbereiten lassen.

Aus dieser Sicht des gesamtgesellschaftlichen Reproduktionsprozesses ist das neue Verfahrensprinzip offenbar effektiver als andere Verfahren, die bisher zur Herstellung von Düngemitteln mit vergleichbaren Gebrauchswerteigenschaften dienten. Dennoch ergaben sich verschiedenartige Probleme bei der technisch-ökonomischen Realisierung dieser wissenschaftlich-technischen Neuerung, die vor allem in den Endstadien des Durchsetzungsprozesses auftraten und wesentlich mit der spezifischen Interessenlage und den realen Möglichkeiten des Industriepartners als Verfahrensanwender und der Landwirtschaft als Nutzer des Produkts im Zusammenhang stehen.

Am Beispiel der Erarbeitung und Durchsetzung des Verfahrens zur Herstellung von Tribophos T wird deutlich, daß dieser Prozeß äußerst kompliziert ist, sich über längere Zeiträume erstreckt und verschiedene Stadien durchläuft. Dabei wird besonders deutlich, was auf dem X. Parteitag formuliert wurde und die Wissenschaftsleitung wesentlich orientiert: „Es kommt darauf an, einen wachsenden Beitrag zum Fundus theoretischer Erkenntnisse zu leisten und gleichzeitig Ergebnisse der Grundlagenforschung rascher und mit höherer Effektivität in die Praxis zu überführen. Die hohe Verantwortung der Wissenschaftler für die Grundlagenforschung erstreckt sich auch auf die aktive Mitwirkung zur Anwendung ihrer Resultate im Interesse der Menschen und des gesellschaftlichen Fortschritts."[47]

Jede wissenschaftlich-technische Neuerung ist ihrem Wesen nach ein gesellschaftlicher Prozeß, der darin besteht, daß das Forschungsresultat sukzessiv auf die Erfordernisse des volkswirtschaftlichen Reproduktionszusammenhanges abgestimmt und in diesen Zusammenhang integriert wird. Dies ist in dem Maße möglich, in dem das Forschungsergebnis zur Voraussetzung weiterer Arbeit in der Wissenschaft und in Bereichen der gesellschaftlichen Praxis wird.

46 Vgl. Phosphate Fertilizers boost for prices, in: Phosphorus and Potassium, (London) Jan./Febr. 1975, S. 6.

47 Bericht des Zentralkomitees der Sozialistischen Einheitspartei Deutschlands an den X. Parteitag der SED, a. a. O., S. 90.

Am Beispiel der Forschungen zum Tribophos-T-Verfahren lassen sich dabei etwa folgende Stadien unterscheiden:

Ausgangspunkt war in diesem Fall das gesellschaftliche Bedürfnis, entsprechend den volkswirtschaftlichen Bedingungen der DDR Düngemittel mit vom Anwender geforderten Leistungsparametern effektiver herzustellen. Dazu wurde in bezug auf Phosphordüngemittel die Hypothese aufgestellt, daß das Düngemittel durch mechanische Aktivierung unter Nutzung tribochemisch relevanten veränderten Reaktionsverhaltens hergestellt werden könnte. Entsprechende Versuchsergebnisse wurden einerseits als Bestätigung dieser Hypothese gewertet und ebenso als Erkenntnisfortschritt bei der tribochemischen Analyse von Salzen und Ionenkristallen (eigene Erkenntnisse im internationalen Vergleich). Hier spielten der Meinungsstreit im Bearbeiterkollektiv, die Auswertung der Literatur, die Bewährung in fachwissenschaftlichen Diskussionen eine entscheidende Rolle. Die Ergebnisse konnten gewissermaßen an innerwissenschaftlichen Bezugspunkten und Maßstäben des Fachgebietes bewertet werden. Sie bestanden diese Bewertung dadurch, daß sie die theoretische Arbeit voranbrachten, in den Wissensfundus als neue Teilerkenntnisse auf diesem Gebiet eingingen, zur Bestimmung weiterer Forschungsziele beitrugen. Damit waren jedoch weder die Hypothese hinreichend belegt noch die Ausgangszielstellung erreicht. Der nächste Schritt wurde in Zusammenarbeit mit Vertretern eines anderen Fachgebietes aus dem Bereich der Landwirtschaftswissenschaften gegangen. Dazu wurden im Experiment (Gefäßversuche) Bedingungen simuliert, die eine Funktionsprobe des nach dem neuen Verfahren hergestellten Düngemittels ermöglichten, um Aussagen über den Eignungsgrad des Produkts für die Erfüllung seiner Funktion im landwirtschaftlichen Produktionsprozeß (Löslichkeit, Pflanzenverfügbarkeit, Ertragswirksamkeit) zu gewinnen. Bedingt durch die generelle Schwierigkeit, die Wirksamkeit von Phosphordüngemitteln selbst unter Freilandbedingungen gesichert nachzuweisen, und dadurch, daß ein relativ großer Freiraum für die Interpretation von in Gefäßversuchen gewonnenen Ergebnissen vorhanden ist, ergaben sich in dieser Phase einige Schwierigkeiten für die Durchsetzung von Tribophos T.

So wurden anfangs in der landwirtschaftswissenschaftlichen Fachdiskussion von einigen Vertretern bestimmte mit Tribophos T erzielte Versuchsergebnisse angezweifelt unter Verweis auf andere aus der Literatur bekannte Ergebnisse von Versuchen mit weicherdigen Phosphaten. Es war wesentlich dem Engagement und Durchsetzungsvermögen der Wissenschaftler des Akademieinstitutes zu verdanken, daß diese Bewährungsprobe bestanden wurde. Sie haben sich selbst weiter in die fachwissenschaftliche Literatur zur Phosphatdüngerproblematik eingearbeitet und waren z. B. in der Lage, Argumente für die Widersprüchlichkeit verschiedener aus der Literatur bekannter Versuchsergebnisse deutlich zu machen. Mit Hilfe ihrer Partner aus dem Bereich der Landwirtschaftswissenschaften konnten weitere überzeugendere Versuchsergebnisse zu Tribophos T im Vergleich mit anderen Phosphordüngemitteln in mehrjährigen Gefäßversuchen erarbeitet werden. Damit wurde erreicht, daß die Bewertung von Tribophos T und des zu seiner Herstellung entwickelten Verfahrensprinzips aus der Sicht der Landwirtschaftswissenschaften ebenfalls positiv verlief.

Die Landwirtschaft hatte an das neue Düngemittel noch spezielle Forderungen gestellt, die sich aus den Erfordernissen ihres Reproduktionsprozesses ergaben, insbesondere die Forderung nach Granulierung zwecks Lösung von Ausbringungs-, Transport- und Lagerproblemen. Dies hatte sowohl Konsequenzen für die Forschung als auch für den Düngemittelproduzenten. Das Problem der Granulierung konnte jedoch zufriedenstellend gelöst werden. Auf der Grundlage der im Labormaßstab gewonnenen Erkenntnisse zu den Eigenschaften von granuliertem Tribophos T erklärte sich die Landwirtschaft 1978 damit einverstanden, daß eine begrenzte Menge Tribophos T produziert und auf ausgewählten Ackerflächen zur Anwendung gebracht wird. Dies entspricht einer Testung des unter bestimmten industriemäßigen Bedingungen hergestellten Produkts im Feldversuch und bietet die Möglichkeit, auf dieser Basis nach einigen Jahren weitere begründete Entscheidungen zu treffen.

Damit stand die Düngemittelindustrie vor der Anforderung, diese Menge Tribophos T herzustellen, was im Grunde eine industrielle Erprobung des neuen Verfahrens darstellt. Der langjährige Industriepartner des Akademieinstituts konnte jedoch zum damaligen Zeitpunkt die Produktion von Tribophos T nicht in sein Produktionsprogramm einordnen. Er verfügte weder über Reserven in der Produktionskapazität noch über Versuchsanlagen oder Reserven an Investitionsmitteln, die es ihm erlaubt hätten, die industrielle Erprobung des Verfahrens zur Herstellung von Tribophos T in seinem Betrieb zu gewährleisten. Außerdem war er in bezug auf die Kennziffer „Warenproduktion“ durch umfangreiche Aufträge der Landwirtschaft zur Herstellung von Superphosphat und anderen Düngemitteln voll ausgelastet.

Diese ökonomische Situation hätte zu einer Verzögerung der industriellen Erprobung des Verfahrens um mehrere Jahre geführt, weil der Düngemittelproduzent die erforderlichen materiellen Voraussetzungen frühestens erst wieder für den nächsten Fünfjahrplan hätte planen können. Praktisch hätte das bedeutet, daß die Durchsetzung des Verfahrens äußerst erschwert, wenn nicht gar gescheitert wäre. Auch an diesem kritischen Punkt unternahmen die Wissenschaftler aus dem Akademieinstitut im Vertrauen auf das Niveau ihrer wissenschaftlichen Ergebnisse und die aktuelle und perspektivische gesellschaftliche Relevanz des von ihnen entwickelten Verfahrensprinzips (das künftig u. a. auch auf der Basis weiterer zu gewinnender Grundlagenerkenntnisse durchaus noch verbesserungsfähig ist) neue Anstrengungen, um eine industrielle Nutzung ihrer Erkenntnisse durchzusetzen. Die entscheidende Voraussetzung bestand darin, einen Industriepartner zu finden, der materielltechnisch dazu in der Lage und ökonomisch daran interessiert war. Nur die industrielle Produktion und landwirtschaftliche Anwendung des neuen Düngemittels konnte weitere Fortschritte im Durchsetzungsprozeß bringen. Dadurch, daß die wissenschaftlichen Erkenntnisse auf diesem Wege zur Voraussetzung weiterer nützlicher Arbeiten in der Industrie und Landwirtschaft werden, bewähren sie sich und erhalten eine reale Bewertung ihrer gesellschaftlichen Wirksamkeit. Nur auf diesem Weg kann sich zeigen, wie vorteilhaft die Produktion von Tribophos T ist und wie es auf den Ertrag in der Landwirtschaft tatsächlich wirkt. Derartig motiviert, gelang es den Wissenschaftlern durch Nutzung eigener Kontakte und mit Unterstützung des bisherigen Auftraggebers aus der Düngemittelindustrie, einen kleineren Industriebetrieb aus einem anderen Industriezweig als Partner für eine relativ kurzfristige technisch-ökonomische Realisierung zu gewinnen. Damit konnte das neue Verfahren in ein weiteres wichtiges Stadium seiner Bewertung und Durchsetzung treten. Der Industrieproduzent legte dabei besonders solche Kriterien wie die Kosten zur Herstellung von Tribophos T, den Investitionsaufwand zu seiner Produktionsaufnahme, erzielbarer Preis, Warenproduktion, Gewinn u. a. der Bewertung des Verfahrens und seines Produkts zugrunde.

Durch Nutzung von dort bereits vorhandenen, durch Rekonstruktionsmaßnahmen frei gewordenen Anlagen sowie durch Konstruktion, Bau und Neuanschaffung kleinerer Zusatzgeräte und der Granulierungsvorrichtung konnten die Voraussetzungen für die Produktion einer zunächst kleinen Menge von Tribophos T pro Jahr mit relativ geringem Investitionsaufwand geschaffen werden. Der neue Industriepartner konnte durch die Produktionsübernahme den Auslastungsgrad seiner Grundfonds erhöhen und gleichzeitig eine zusätzliche Steigerung seiner Warenproduktion erreichen.

Dieser kleine Betrieb trägt aber auch alle Risiken, die mit der Einführung des neuen Verfahrens sowie mit der perspektivisch noch nicht eindeutigen Absatzlage von Tribophos T verbunden sind, zumal er weder über solche großen Produktions- und Forschungskapazitäten noch über die entsprechend erfahrenen Kader auf diesem Gebiet verfügt.

Auch an diesem Beispiel zeigte sich, wie wichtig die Unterstützung der Wissenschaftler im Prozeß der Verfahrenseinführung und -beherrschung ist. Bedingt durch die Besonderheiten des Standorts des Industriebetriebes hätte die Beseitigung der beim Tribophos-T-Verfahren auftretenden Schadstoffe entsprechend den Umweltschutzanforderungen nach bisher bekannten Methoden nur mit einem Mehraufwand gesichert werden können. Dies hätte sowohl zusätzliche Investitionen als auch Zeit gekostet, die die industrielle Erprobung des Verfahrens verzögert hätte. Das Bearbeiterkollektiv des Akademieinstituts hat sich auch diesem Problem gestellt und mit Unterstützung seiner Partner eine neue inzwischen patentierte Lösung zur Schadstoffemission entwickelt, die ohne größeren Aufwand schnell realisierbar war.

Dieses Beispiel veranschaulicht die Richtigkeit einer von L. I. Breshnew auf dem XXVI. Parteitag der KPdSU im Zusammenhang mit der stärkeren Konzentration der Wissenschaft auf die Lösung volkswirtschaftlicher Schlüsselfragen erhobenen Forderung auch für die Verhältnisse der DDR. Danach „muß auch die Wissenschaft selbst ein ständiger ‚Unruhestifter‘ sein, indem sie zeigt, in welchen Abschnitten sich Stagnation und Rückstand abzeichnen, wo der moderne Wissensstand Möglichkeit bietet, rascher und erfolgreicher voranzuschreiten".[48]

Eine in dieser Durchsetzungsphase komplizierte Situation ergab sich im Zusammenhang mit der Festlegung der Standards und des Preises für das neue Düngemittel. Die Landwirtschaft als Abnehmer war an solchen Standards für Tribophos T interessiert (z. B. Korngröße und Druckfestigkeit der Granalie), die einen möglichst hohen Gebrauchswert in der Anwendung aufweisen, u. a. in bezug auf die Ausbringungstechnologie sowie die Transport- und Lagerfähigkeit des Düngemittels. Die daraus erwachsende Konsequenz für die Preisbildung war für den Düngemittelverbraucher in diesem konkreten Fall nicht so relevant, da die Düngemittelpreise stark subventioniert werden. Der Produzent hingegen war darauf bedacht, daß die festgelegten Standards nicht zu unvertretbaren Mehraufwendungen und überhöhtem Produktionsverbrauch im Herstellungsprozeß von Tribophos T führten. Es gelang schließlich nicht zuletzt dank überzeugender Forschungsergebnisse, die das Akademieinstitut in Zusammenarbeit mit landwirtschaftswissenschaftlichen Forschungseinrichtungen gewonnen hatte (z. B. Aufdeckung von Zusammenhängen zwischen Standardforderungen und solchen Parametern wie Löslichkeit und Startwirkung des neuen Düngemittels), eine solche Standardfestlegung zu erreichen, die sowohl unter gebrauchswertmäßigem als auch unter wertmäßigem Gesichtspunkt den Anforderungen entspricht.

Nachdem auch diese wichtigen ökonomischen Probleme gelöst worden waren, stand der weiteren Vorbereitung und Aufnahme der Versuchsproduktion von Tribophos T nichts mehr im Wege, die seit dem II. Quartal 1980 läuft. Der Durchsetzungsprozeß des neuen Verfahrens und seines Produktes wird dann abgeschlossen sein, wenn das neue Düngemittel der Landwirtschaft wirklich den kalkulierten Nutzen bringt und der Düngemittelindustrie damit ein solcher Absatz gesichert wird, der eine Produktion von Tribophos T in größerem Umfang ökonomisch rechtfertigt.

In diesem Zusammenhang soll auf einen Faktor hingewiesen werden, der den gesamten Prozeß der Erzeugnis- und Verfahrensentwicklung von der Grundlagenforschung bis zur Sicherung der breiten Nutzung der Neuerungen in der Volkswirtschaft wesentlich beeinflußt: die ökonomische Stimulierung

[48] XXVI. Parteitag der KPdSU. Rechenschaftsbericht des ZK der KPdSU und die nächsten Aufgaben der Partei in der Innen- und Außenpolitik, Berichterstatter: L. I. Breshnew, Berlin 1981, S. 58.

von Neuerungsprozessen. Besondere Bedeutung kommt dabei den Kennziffern zu, nach denen die Leistungen der Kombinate und Betriebe bewertet werden. Durch die 1980 eingeführte komplexe Anwendung der Kennziffern „Industrielle Warenproduktion", „Nettoproduktion" und „Grundmaterialkosten je 100 Mark Warenproduktion" wird die Möglichkeit zur Lösung einer ganzen Reihe von Problemen geschaffen, die bisher die Leistungsentwicklung belastet haben. „Das betrifft insbesondere die Tatsache, daß es bisher möglich war, eine hohe Leistungsentwicklung auf der Grundlage der Kennziffer ‚Industrielle Warenproduktion' auszuweisen, die nicht auf der Schaffung eines größeren materiellen Produkts, sondern auf einem erhöhten Materialverbrauch oder aufgeblähter Kooperation beruhte. Dem wird jetzt durch die Kennziffer ‚Nettoproduktion' ein Riegel vorgeschoben."[49]

Durch diese Leistungsbewertung werden Verbraucher und Produzent gleichermaßen darauf orientiert, stärker gesamtgesellschaftliche Effektivitätserfordernisse bei der Sicherung ihrer spezifischen Reproduktionsbedingungen zu berücksichtigen. Wenn im konkreten Fall von Tribophos T der Vergleich mit bisherigen Erzeugnissen und Verfahren einen geringeren Aufwand an Material, Investkosten, Lager- und Transportkosten sowie Arbeitskräftebedarf bei zumindest gleichem Gebrauchswert für den Verbraucher verspricht, so bietet die komplexe Anwendung der drei genannten Kennziffern, verbunden mit weiteren qualitativen Kriterien der Leistungsbewertung wie Steigerung der Arbeitsproduktivität, Kostensenkung, Anteil der Erzeugnisse mit dem Gütezeichen Q, jetzt eine größere Chance der Durchsetzung als bisher. So dürfte es für den Düngemittelproduzenten immer wichtiger werden, wie sich der Weltmarktpreis für Phosphaterze entwickelt und wie man billige und phosphaterzärmere Produkte aufbereiten kann.

In diesem Zusammenhang verdient ein Hinweis von V. Trapesnikov in Auswertung sowjetischer Erfahrungen Beachtung, wonach die Änderung ökonomischer Regelungen im volkswirtschaftlichen Maßstab nicht automatisch von heute auf morgen ein günstigeres Klima für die Hervorbringung und Realisierung wissenschaftlich-technischer Neuerungen mit sich bringt, sondern es sich dabei um einen komplizierten Prozeß der Umwandlung der Reproduktionsbedingungen in produzierenden Einheiten handelt, der auch neue progressive Haltungen zur Wissenschaft und Technik in den Köpfen der Menschen entwickeln muß.[50]

[49] G. Mittag, Aus dem Schlußwort auf dem Erfahrungsaustausch des Zentralkomitees der SED mit den Generaldirektoren und den Parteiorganisationen des ZK der Kombinate vom 19. bis 21. März 1980 in Gera, a. a. O., S. 61/62.

[50] Vgl. V. Trapesnikov, Stimuly progressa, in: Pravda vom 20. März 1980, S. 5.

Fallstudie Parex: Intensivierung durch Vervollkommnung bestehender Verfahren

Der Parex-Prozeß ist ein in der DDR entwickeltes adsorptives Trennverfahren zur Gewinnung von Normalparaffinen mittlerer Kettenlänge (C_{10}–C_{18}; sogenannte n-Paraffine) aus Erdöl. Das Verfahrensprinzip besteht darin, daß aus dem im Erdöldestillat enthaltenen Gemisch verschiedener Kohlenwasserstoffe nur die n-Paraffine (wegen ihres kleinen Molekülquerschnittes) in der Lage sind, in die Poren des Festkörpers Zeolith einzudringen, während die größeren Aromaten, Isoparaffine u. a. dazu nicht in der Lage sind. Die n-Paraffine werden aus dem Gemisch „herausgesiebt"; daher werden die Zeolithey auch Molekularsiebe genannt. Dieses Prinzip geht auf Arbeiten von R. M. Barrer (FRS London) zurück, der bereits in den 40er Jahren entdeckte, daß Zeolithe zur selektiven Adsorption eingesetzt werden können. Er untersuchte natürliche Zeolithe und stellte fest, daß sie Gasmoleküle einer bestimmten Größe adsorbieren und andere nicht.[51] Die systematische Untersuchung der Festkörper- und auch adsorptiven Eigenschaften der Zeolithey durch die Schule von Barrer förderte die Entwicklung maßgeblich und führte zur Synthese von Zeolithen. Sie schuf damit die Voraussetzung, diese im großtechnischen Maßstab einsetzen zu können. Die erste Produktionsanlage auf der Basis selektiver Trennprozesse wurde 1962 in den USA in Betrieb genommen, seither sind international verschiedene Varianten dieses Verfahrensprinzips entwickelt worden (Iso-Siv-Verfahren, Molex-Verfahren, Verfahren der British-Petroleum Co. Ltd., TSF-Verfahren, Parex-Verfahren). Sie unterscheiden sich im wesentlichen nur durch den Phasenzustand des Prozesses (Flüssig- oder Dampfphase) und durch die verschiedenen Ausführungsformen der Desorption. Dabei befinden sich die Gasphaseverfahren in der Überzahl. Mit den Grundlagen des Parex-Verfahrens lag im Jahre 1964 im Kombinat Leuna-Werke „Walter Ulbricht" ein dort entwickeltes Verfahrensprinzip vor, mit dem eine Lizenznahme auf diesem Gebiet vermieden und Möglichkeiten für die Entwicklung eigener leistungsfähiger Anlagen geschaffen werden konnten.

Das Zentralinstitut für physikalische Chemie der Akademie der Wissenschaften der DDR wirkte bereits damals mit seinen Forschungen unterstützend bei der Verfahrensentwicklung mit. Dieser Prozeß wurde noch gefördert durch die Übersiedlung von Forschungskadern des Kombinats' Leuna-Werke an das Akademieinstitut. Für die technische Anwendung der ersten Variante des Parex-Verfahrens ergaben sich damals noch einige Nachteile[52] (mangelnde Nutzung der Adsorptionskapazität der Molekularsiebe,

[51] R. M. Barrer, Diffusion in and through solids, Cambridge 1951.

[52] Vgl. K. Wehner/J. Welker/G. Seidel, Normalparaffine mittlerer Kettenlänge und ihre Gewinnung nach dem weiterentwickelten Parex-Verfahren, in: Chemische Technik, 9/1969, S. 549.

niedrige Adsorptionsbelastung und hoher Molekularsiebbedarf, starker Leistungsabfall der Molekularsiebe und durch häufige Regeneration Senkung ihrer Lebensdauer, hoher Energie- und Investaufwand für die Abtrennung des Desorptionsmittels n-Pentan durch Destillation), so daß in Leuna und im genannten Akademieinstitut (seit 1966 auf Vertragsbasis) an der Weiterentwicklung des Parex-Verfahrens gearbeitet wurde. Durch die Auffindung einer neuen Desorptionsmittelkombination konnten die bisher gebräuchliche Technologie der n-Paraffingewinnung weiterentwickelt und die obengenannten Nachteile überwunden werden. Damit lag ein technologisch vorteilhaftes und wirtschaftliches Verfahrensprinzip für die DDR vor.

Die erste Parex-Anlage wurde Ende der 60er Jahre im Petrolchemischen Kombinat (PCK) Schwedt errichtet und war auf eine Leistung von 60 kt im Jahr projektiert. Inzwischen bringt sie durch vielfältige Rationalisierungsmaßnahmen am realen Prozeß bereits nahezu 100 kt, Experten halten eine weitere Steigerung für möglich, und nach 1985 sollen 120 kt erreicht werden.[53] Die DDR beherrscht als einziges Land im RGW dieses Verfahrensprinzip technologisch und anlagentechnisch. Eine Anlage wurde in Bulgarien errichtet. Zwei Anlagen mit einer Kapazität von 120 kt wurden bereits in die UdSSR exportiert und sind dort in Betrieb genommen, weitere sind im Aufbau befindlich. Die Realisierung des gesamten Exportvorhabens würde bedeuten, daß dann ein Drittel der Weltproduktion an n-Paraffinen nach dem Parex-Verfahren erzeugt wird.[54] Für die UdSSR sind diese Anlagen nicht nur wegen der n-Paraffine (etwa $^1/_5$ der Einsatzmenge) wichtig, sondern auch wegen des anfallenden hochwertigen Dieselkraftstoffes ($^4/_5$ der Einsatzmenge). Dieser Kraftstoff ist auf Grund seines niedrigen Stockpunktes bei extrem niedrigen Temperaturen einsetzbar und spielt demzufolge in den Kälteregionen der UdSSR und in der Arktis eine bedeutende Rolle.

Langjährige Untersuchungen im Rahmen der Grundlagenforschung zur Selektivadsorption an Festkörpern im Zentralinstitut für physikalische Chemie und das unmittelbare technisch-ökonomische Interesse des erdölverarbeitenden Kombinats an einer effektiven n-Paraffingewinnung bildeten die Ausgangspunkte der Aufgabenstellung für die Forschung des Instituts, sich schwerpunktmäßig mit Problemen der Beherrschung der Adsorptions- und Desorptionsprozesse des Parex-Verfahrens zu beschäftigen. So war es möglich, ausgehend von den Ergebnissen der Grundlagenforschung, die unmittelbar an der technisch-technologischen Realisierbarkeit orientierten Fragestellungen zu bearbeiten.

Mit Inbetriebnahme der ersten Anlage zeigte sich, daß das Molekularsieb

[53] Vgl. W. Frohn, Höher veredeln ist vorrangiges volkswirtschaftliches Gebot, in: 13. Tagung des ZK der SED, Berlin 1980, S. 136.

[54] Vgl. G. Seidel/J. Welker/W. Ermischer/K. Wehner, Zum Entwicklungsstand der Gewinnung von n-Paraffinen mittlerer Kettenlänge nach dem Parex-Verfahren, in: Chemische Technik, 8/1979, S. 405.

aus dem Chemischen Kombinat (CK) Bitterfeld, Betriebsteil Wolfen einen Leistungsabfall mit zunehmender Einsatzdauer zu verzeichnen hatte und nach einem Jahr nicht mehr rationell arbeitete. Die Frage war also zu beantworten, wie dieser Leistungsabfall des Molekularsiebs zu erklären ist. Im Kombinat Leuna-Werke, PCK Schwedt sowie in einigen weiteren Chemiebetrieben und im Akademieinstitut wurde an diesem Problem gearbeitet, ohne daß zunächst strukturelle Veränderungen am Zeolith gefunden werden konnten. Das Bearbeiterkollektiv aus dem Akademieinstitut wandte gemeinsam mit Physikern der KMU Leipzig eine dort entwickelte Methode zur OH-Gruppen-Bestimmung auf der inneren und äußeren Oberfläche von Festkörpern in bezug auf das NaMgA-Molsieb an. Es wurde festgestellt, daß sich die Zahl der OH-Gruppen auf den Festkörperteilchen des gealterten Molsiebs mit zunehmender Einsatzdauer um 100 % erhöht. Im Institut wurde daraufhin die Hypothese aufgestellt, daß der Kapazitätsabfall des Molsiebs eintritt, weil der Zugang zum kristallinen Hohlraum mit der Zeit durch eine OH-Gruppen-Veränderung kinetisch versperrt wird. Der Wassergehalt im Prozeß spielt also eine entscheidende Rolle, weil durch dessen Einwirkung OH-Gruppen gebildet werden. Damit ergab sich die Frage, ob das Molekularsieb so modifiziert werden kann, daß es beständig gegenüber Wasserdampf ist. Gibt es zeolithische Molekularsiebe, die gegenüber der Einwirkung von Wasserdampf bei hohen Temperaturen stabil sind? Es stellte sich heraus, daß durch den Einsatz eines Molekularsiebs vom Typ NaCaA anstelle des NaMgA eine Verbesserung zu erwarten ist.

Einige Zeit später (1978) wurde durch den Anlagennutzer PCK Schwedt ein den Anforderungen entsprechendes NaCaA-Molsieb aus den USA importiert und eingesetzt. Es arbeitet bisher ohne wesentlichen Leistungsabfall. Ein Molsieb gleicher Qualität benötigten wir in der DDR auch für die Sicherung des Exports unserer Anlagen in die SU. Im CK Bitterfeld und im Institut arbeitet man z. Z. daran, die Voraussetzungen für eine technologische Lösung zur Herstellung eines den Anforderungen entsprechenden NaCaA-Zeolithen zu schaffen.

Ein weiterer Weg zur besseren Beherrschung des Parex-Prozesses wurde mit Hilfe der Modellierung gesucht. Ende der 60er Jahre wurde vom PCK Schwedt die Aufgabe gestellt, das Parex-Verfahren mit dem Ziel der Optimierung physikalisch-mathematisch zu modellieren. Daraufhin wurde eine größere Zahl von Mitarbeitern des Zentralinstituts für physikalische Chemie und des Zentralinstituts für Mathematik und Mechanik mit der Erarbeitung des Modells beauftragt. Es war ein komplexes System von Differentialgleichungen aufzustellen und zu prüfen, das den Transport von Stoffen in der Gasphase und im Festkörper, die Desorption, Impulsübertragungen, Wärmeübertragungen usw. beschreibt. Das heißt, es war vom Mikrogeschehen auf das Makrogeschehen im Prozeßablauf der Anlage zu folgern mittels Berechnung am Modell. Eingangsdaten für die Berechnungen waren Labordaten.

Das Modell war 1971 fertiggestellt, und da die Anlage zu diesem Zeitpunkt bereits lief, konnten reale Prozeßdaten gemessen und zur Berechnungsgrundlage genommen werden. Die Berechnungen mit dem Modell erbrachten Aussagen über den Einfluß veränderbarer Parameter auf den Prozeßablauf und damit Möglichkeiten zur Erschließung von Reserven. Der besondere Nutzen des Modells erweist sich jedoch gegenwärtig um so mehr, als es z. B. darum geht, die erforderlichen Parameter des Verfahrens und der Anlagen bei einer Vergrößerung der Kapazität und bei veränderten Einsatzprodukten vorauszuberechnen. Mit dem Modell können also Optimierungsberechnungen durchgeführt und solche Fragen beantwortet werden wie z. B.: sind zur Erhöhung der Durchsatzmenge 3 Adsorber gleicher Größe günstig oder erhöht man die Adsorbergröße? Sind lange schmale oder kurze dicke Adsorber vorteilhafter? Ist eine hohe Ammoniakkonzentration oder eine geringe günstiger?

Ausgehend von den praktischen Anforderungen im Zusammenhang mit der Verfahrensbeherrschung und seiner ständigen Verbesserung wurden am Zentralinstitut für physikalische Chemie die Grundlagenforschungen in drei Richtungen vertieft:

– *Forschungen zur Theorie der Adsorption*

In das erwähnte Modell gehen Isothermengleichungen ein, mit deren Hilfe man die Zahl der adsorbierten Moleküle bei konstanter Temperatur in Abhängigkeit vom Druck berechnen kann. Etwa 100 Isothermengleichungen sind bekannt, aber keine ließ sich zur exakten Beschreibung der Adsorption an Zeolithen verwenden. Damit stand die Aufgabe, neue physikalisch begründete Isothermengleichungen zu entwickeln. Dies gelang durch Anwendung von Erkenntnissen aus dem Gebiet der statistischen Thermodynamik. Ein entsprechendes Gleichungssystem wurde gefunden, das alle Probleme der genannten Art bei n-Paraffinen und anderen unpolaren Molekülen überhaupt löst. Die theoretischen Ansätze wurden auch auf die Berechnung von Adsorptionsgleichgewichten unpolarer Moleküle erweitert. Die praktische Ausgangsfrage, wie man das Gleichgewichtsverhalten im Modell beschreibt, führte zu einer international beachteten Vertiefung der Theorie der Adsorption. Hier bestimmen die Theoretiker des Akademieinstituts die Weltspitze mit. Dafür sprechen erfolgreiche Plenarvorträge des Institutsdirektors Prof. Dr. W. Schirmer auf internationalen Zeolithkongressen zum Problem der Adsorptionsthermodynamik und die Annahme von 4 Vorträgen aus dem Zentralinstitut für physikalische Chemie für den Weltkongreß über Zeolith 1980 in Neapel.

– *Grundlagenuntersuchungen zur Adsorptionskinetik*, die ebenfalls einen hohen Stand erreicht haben. Das Problem wurde gemeinsam mit Physikern der Karl-Marx-Universität Leipzig mit Hilfe einer neuen Methode bearbeitet. Es geht darum, den geschwindigkeitsbestimmenden Schritt im Adsorptionsprozeß zu messen und zu berechnen. Die Bedeutung dieser Arbeiten geht über das Parex-Verfahren hinaus.

– *Ausdehnung der Untersuchungen von langkettigen n-Paraffinen* (C_{10}–C_{18}) *auf kurzkettige, wie Methan, n-Butan, n-Hexan u. a.*

Damit bestehen die Grundlagen für die Ausarbeitung weiterer Trennverfahren der petrolchemischen Industrie. So sind zum Beispiel zur Zeit in den Parex-Paraffinen noch geringe Mengen Aromaten enthalten. Wenn aus den Paraffinen Futtermittel hergestellt werden sollen, würden die Aromaten stören. Gegenwärtig entfernt man die störenden Aromaten durch Zusatz von hochkonzentrierter Schwefelsäure. Die Aromaten werden dabei verharzt und in weiteren Verarbeitungsprozessen als Teerprodukte aufgearbeitet, wobei die Schwefelsäure zum Teil zurückgewonnen wird. Das Zentralinstitut für physikalische Chemie strebt auf Grund seiner Erkenntnisse an, ein Verfahren zur Abtrennung der Aromaten zu entwickeln. Im PCK Schwedt gibt es für diese Nachraffinationsprobleme ebenfalls einen Lösungsvorschlag, der auf Adsorptionsvorgängen basiert. Beide Partner streben eine Kombination ihrer Forschungsergebnisse zur erfolgversprechenden Lösung an. Von 1975 bis 1979 wurde im Akademieinstitut daran gearbeitet, eine andere Nebenlinie in der Forschung zur Adsorptionsproblematik zu erschließen. Es ging darum, aus n-Paraffinen n-Olefine zu gewinnen und auf dieser Basis Waschmittel herzustellen, die wirksamer und umweltfreundlicher sind. Für die DDR ist eine derartige Olefingewinnung durch Dehydrierung der Parex-Paraffine rationell. Dieses katalytische Verfahren hat aber den Nachteil, daß nur 20 % Olefinausbeute bei 80 % verbleibenden Paraffinen erreicht wird. Gemeinsam mit dem Kombinat Leuna hat das Akademieinstitut 4 Jahre daran gearbeitet, ein neues Trennverfahren zu entwickeln. Nach der ursprünglichen Planung sollte mit dem Bau der ersten Olefin-Paraffin-Trennungsanlage etwa im Zeitraum 1983–1985 begonnen werden. Dieser Termin für die technische Realisierung des Verfahrens mußte jedoch noch weiter verschoben werden. Schließlich wurde im Rahmen der internationalen sozialistischen Arbeitsteilung der RGW-Länder beschlossen, daß die Verfahrensentwicklung an anderer Stelle weitergeführt wird. Daraufhin stellte Leuna die entsprechenden Arbeiten ein und gab dem Akademieinstitut die Empfehlung, dies auch zu tun.

Auch an diesem Beispiel wird deutlich, daß die erfolgreiche Erarbeitung und Nutzung von Spitzenleistungen ein abgestimmtes Vorgehen von Akademie- und Industrieforschung erfordert und vor allem eine rechtzeitige Schaffung der technisch-ökonomischen Realisierungsbedingungen voraussetzt.

Der Überblick der Arbeiten des Zentralinstituts für physikalische Chemie zur Adsorptionsproblematik zeigt, daß viele seiner Forschungsaktivitäten auf diesem Gebiet durch unmittelbare praktische Erfordernisse, die aus der Verfahrensbeherrschung resultieren, ausgelöst wurden und mit dem Industriepartner vertraglich gebunden waren. Die Forschungen im Akademieinstitut spiegeln somit jeweils praktische Bedürfnisse der Volkswirtschaft wider.

Diese enge Kopplung der Forschung an die laufenden Probleme der praktischen Verfahrensentwicklung und -beherrschung im Produktionsprozeß brachte aber auch die Gefahr einer partiellen Diskontinuität in die Bearbeitung spezieller Probleme am Akademieinstitut. Hinzu kommt, daß das Verfahren selbst nicht von diesem Institut entwickelt worden war, sondern in Leuna. Leuna und der Verfahrensanwender Schwedt hatten durch ihre detailliertere Kenntnis des Verfahrens und durch die praktischen Erfahrungen aus dem Anlagenbetrieb erhebliche Vorteile bei der gemeinsamen Suche nach praktischen Lösungen gegenüber dem Akademieinstitut. So fand z. B. Leuna die Lösung, statt n-Pentan als Desorptionsmittel ein Gemisch einzusetzen. Damit ergab sich für das Institut die Aufgabe, alle bisherigen Forschungen zu n-Pentan auf das neue Desorptionsmittel umzuorientieren.

Am Akademieinstitut wurden zwar Berechnungen zur Ermittlung der optimalen Fahrweise der Parex-Anlage durchgeführt (Schaltvarianten für das Verhältnis von Adsorptions- und Desorptionsphase, Füllmenge der Adsorber u. ä.), die letztlich praktikablen Lösungen wurden jedoch Schritt für Schritt durch praktische Versuche an der Anlage selbst vom Anwender Schwedt gefunden.

Am Beispiel der Entwicklung des Parex-Verfahrens wird deutlich, welche Potenzen für die Intensivierung in der ständigen Vervollkommnung vorhandener Verfahren besonders dann liegen, wenn es sich um eine eigene Entwicklung und nicht um einen lizensierten Nachbau oder eine Kopie handelt. Aus der Sicht sowjetischer Erfahrungen wendet sich V. Trapesnikov entschieden gegen den Weg des bloßen Kopierens. Wer diesen Weg geht, muß sich darüber klar sein, „daß Kopieren die offenkundige Planung eines Rückstandes von 5–8 Jahren bedeutet. Das Muster des ausländischen Erzeugnisses, das der Kopie zugrunde liegt, hat sich in der Regel bereits in der Serienproduktion ausreichend bewährt. Der Prozeß eigener technisch-ökonomischer Beherrschung der Produktion solcher kopierten Erzeugnisse ist vielstufig, aufwendig und erfordert Jahre.“[55]

Eine Eigenentwicklung gibt, wie das Beispiel zeigt, die Möglichkeit, ein direktes Zusammenspiel zwischen Verfahrensentwickler, Verfahrensanwender und Einrichtungen der Grundlagenforschung zur Effektivierung des Verfahrens zu entwickeln. Am Parex-Verfahren wird deutlich, wie wichtig es ist, die Lösung der Forschungsprobleme, die sich aus der Beherrschung und Verbesserung des Verfahrens ergeben, rechtzeitig arbeitsteilig entsprechend der Kompetenz und dem verfügbaren Potential in Angriff zu nehmen.

Mit der Kombinatsentwicklung wird die an diesem Fallbeispiel sichtbare Kooperation und Arbeitsteilung zwischen Akademie- und Industrieforschung weiter vertieft. Die Industrieforschung befaßt sich vor allem mit den Problemen, die mit der Anwendung und Weiterentwicklung neuer Erzeugnisse

[55] V. Trapesnikov, Stimuly progressa, a. a. O., S. 5.

und Verfahren zusammenhängen, während es zunehmend zur Aufgabe der Akademie wird, längerfristigen Vorlauf auf Forschungsgebieten zu erarbeiten, die mit Profillinien ganzer Industriezweige oder der Volkswirtschaft insgesamt korrespondieren. In dem Maße, in dem große Kombinate eigene, zweigspezifische Grundlagenforschung entwickeln, erhöht sich die Verantwortung der Akademie- und Hochschulforschung für den disziplinären Vorlauf. Der Präsident der AdW der DDR, der in seinem Diskussionsbeitrag auf dem X. Parteitag diesen Zusammenhang herausarbeitete, wies darauf hin, daß Industrie-, Hochschul- und Akademieforschung ihren eigenen Charakter bewahren müssen, wenn sie stärker zusammenwachsen.[56]

Auf dieser Basis wird sich der am Beispiel des Parex-Verfahrens angedeutete Prozeß der wechselseitigen Anregung vorwärtsdrängender Problemstellungen zwischen Kombinats- und Akademieforschung weiter vertiefen.

1.3. Probleme des Zusammenwirkens von Akademie-, Hochschul- und Industrieforschung

Der ökonomische Zwang, die Möglichkeiten neuer Prinziplösungen schneller und umfassender auszuschöpfen, stellt die Industrie in zunehmendem Maße vor die Notwendigkeit, über eigene Potentiale der Grundlagenforschung zu verfügen und sie zu hoher Leistungsfähigkeit zu führen. Diese Notwendigkeit steht vor der sozialistischen wie auch vor der kapitalistischen Industrie. Die damit verbundenen Probleme werden freilich in beiden Gesellschaftsordnungen auf jeweils spezifische Weise gelöst.

So wird ein kapitalistischer Konzern durch die Konkurrenz gezwungen, sich in wachsendem Maße Ergebnisse der Grundlagenforschung nutzbar zu machen und durch die Einführung neuer Verfahren und die Produktion neuer Erzeugnisse seinen Profit zu sichern. Der heutige Kapitalist ist jedoch in einer anderen Lage als der im 19. Jahrhundert, von dem Marx noch sagte, daß die Methoden und wissenschaftlichen Fortschritte, die er als Agenten dem Produktionsprozeß mit stärkerer oder schwächerer Wirksamkeit einverleibt, ihm nichts kosten.[57] Die Erzielung neuer Erkenntnisse – und besonders naturwissenschaftlicher Grundlagenerkenntnisse – ist heute zu einem materiell, technisch, finanziell und personell höchst aufwendigen Unternehmen geworden. Die Notwendigkeit, Grundlagenforschung selbst zu betreiben und damit auch finanzieren zu müssen, treibt den Konzern deshalb zwangsläufig in den Konflikt zwischen der Einsicht in diese Notwendigkeit und seinem ökonomischen Interesse an einer ständigen Profitsteigerung bei geringstmöglichen eigenen Aufwendungen und Risiken.

[56] W. Scheler, Unsere Wissenschaft für Frieden und Sozialismus, in: Neues Deutschland vom 13. April 1981, S. 6/7.

[57] Vgl. K. Marx, Das Kapital, Zweiter Band, a. a. O., S. 366.

Es zeichnet sich im Ergebnis aller durch Wirtschaftskrisen verursachten Schwankungen die Tendenz ab, daß die Konzerne zwar in gewissem Maße eigene Potenzen für Grundlagenforschung als notwendig erachten und sie auch realisieren, die Hauptlast der Grundlagenforschung aber staatlich finanzierten Forschungsinstituten und den Hochschulen überlassen und möglichst effektive Formen der Abschöpfung der Ergebnisse entwickeln.

Nach Auffassung vieler Unternehmer ist es bei dem wachsenden Konkurrenzkampf vom Standpunkt der Sicherung des Absatzmarktes ungefährlicher und weniger risikoreich, geringfügige Verbesserungen an bewährten und sicheren Produkten vorzunehmen, als durchgreifende Neuerungen mit Hilfe von Forschung und Entwicklung selbst zu erarbeiten und sie in die Produktion zu überführen.[58] Absatzmärkte und ein schneller Rückfluß des Aufwandes für Forschung und Entwicklung scheinen ihnen auf diesem Wege eher gesichert.[59] Besonders in Krisenzeiten, wenn das Absatzrisiko steigt, zeigen die Unternehmen wenig Bereitschaft, das hohe Forschungsrisiko gerade für Grundlagenforschung und für langfristig angelegte Anwendungsforschungen zu tragen. Sie fordern in diesen Zeiten verstärkt, daß die staatlichen Forschungseinrichtungen, insbesondere die Universitäten, den Vorlauf auf grundlegenden Forschungsgebieten erarbeiten. Die Konzerne selbst sind dann bemüht, die Mittel für solche Forschungen zu reduzieren, ziehen die Kader aus den Forschungsabteilungen ab und orientieren sich schwerpunktmäßig auf sogenannte defensive Forschung. Selbst in einem der größten amerikanischen Chemieunternehmen, dem Du-Pont-Konzern, wird nach dieser Taktik verfahren. Nach der dort herrschenden Auffassung ist ein kurzfristiger Forschungs- und Entwicklungsplan (F/E-Plan) zur Produktionsverbesserung weniger kapitalintensiv und besitzt hohe Erfolgswahrscheinlichkeiten auf dem Markt. Etwa 75 % aller Aufwendungen des Unternehmens entfallen auf laufende Produktionsverbesserungen. Gleichzeitig jedoch konzentriert man sich auf ganz wenige ausgewählte langfristige Forschungen von Grundlagencharakter. Damit versetzen sie sich in die Lage, bereits in frühen Phasen des Aufschwungs kurzfristig mit neuen Erzeugnissen auf dem Markt auftreten zu können.[60]

Dieses Bild gibt durchaus nicht nur einen Einzelfall wieder. Es widerspiegelt die in kapitalistischen Unternehmerkreisen vorherrschende Auffassung, Grundlagenforschung sei in erster Linie Aufgabe der Universitäten.

[58] Vgl. Review of industrial innovation urged, in: Chemical and Engineering News, (Easton, USA) 9/1978, S. 18/19; F. Press, Towards new national policies to increase industrial innovation, in: Research Management, (New York) 4/1978, S. 10–13.

[59] Vgl. E. P. Schonfeld, Some trends in R and D, in: Industrial Research, (New York) 1/1978, S. 50/51.

[60] Du Pont shifts R and D toward established lines, in: Chemical and Engineering News, (Easton, USA) 40/1977, S. 10.

Die Ergebnisse einer Befragung von 60 Vertretern von Unternehmen aus 16 der größten Industriezweige der USA verdeutlichen dies recht eindrucksvoll. 80 % der Befragten meinten, eine Erhöhung des Anteils der Grundlagenforschung aus eigenen Mitteln der Industrie sei nicht erforderlich, da die Forschungen an den Hochschulen durchgeführt werden müßten. Dieser Auffassung entspricht auch die Realität; zur Zeit werden 75 % der Grundlagenforschungen an den Hochschulen und nur 15 % der Grundlagenforschungen in der Industrie durchgeführt.[61]

Das ist auch verständlich: Die Bedürfnisse, die auf dem Markt als Nachfrage unmittelbar wirksam sind, orientieren sich an den Produkten, die im Angebot sind, und können als Wunsch nach *Verbesserungen*, nicht nach neuen Prinziplösungen verstanden werden. Sie wirken deshalb *nicht* als Triebkräfte der Grundlagenforschung. Der Konzern hat also nur insofern unmittelbares Interesse an Grundlagenforschung, als er über ihre Ergebnisse zu verfügen trachtet, nicht aber an den Problemen der Grundlagenforschung, deren Lösung aufwendig und zudem noch unsicher ist. Es bedarf daher immer erst des Mangels an Grundlagenforschung, der sich ökonomisch und damit politisch auswirken muß, um auf die Notwendigkeit ihrer Förderung mit dem nötigen Nachdruck hinzuweisen. So häuften sich in der zweiten Hälfte der 70er Jahre in den USA die Stimmen, die das geringe Tempo und das Niveau der Grundlagenforschung beklagen. Als Symptome für diesen Zustand wurden z. B. genannt:

– der Verlust führender Positionen auf dem Weltmarkt bzw. die wachsenden Schwierigkeiten, konkurrenzfähig zu bleiben und führende Positionen zu halten;[62]

– Verringerung der Anzahl und des Tempos der Entwicklung neuer Erzeugnisse und Verfahren;[63]

– das wachsende Defizit in der Handelsbilanz der USA;[64]

– die Zahl der Patente ist in ihrer Entwicklung rückläufig.

1971–1976 verringerte sich die Zahl der Patente von USA-Bürgern um 21 %, während die Zahl der von Ausländern in den USA angemeldeten Patente im gleichen Zeitraum um 16 % angestiegen ist und im Jahre 1976 etwa 37 % von der Gesamtzahl aller in den USA angemeldeten Patente ausmachte;[65]

61 Vgl. R and D: The future looks diven ahead, in: Science News (Washington), 1/1978, S. 5/6; F. H. Healey, Industry's needs for basic research, in: Research Management (New York), 1/1978, S. 12–16.

62 Vgl. R and D: The future looks diven ahead, a. a. O., S. 4/5.

63 Vgl. F. Press, Towards new national policies to increase industrial innovation a. a. O., S. 10–13; Innovation and private investment in R and D. A statement by the American Chemical Society, in: Chemical and Engineering News (Easton, USA), 8/1979, S. 36–38, 40–44.

64 Vgl. Innovation and private investment, in: R and D, a. a. O., S. 37/38.

65 R and D, The future looks diven ahead, a. a. O., S. 12.

– die Zahl der Beschäftigten in der Industrieforschung ist von 1973–1977 zurückgegangen, während der Anteil der Wissenschaftler, die in der Forschung und Entwicklung in den USA tätig sind, stabil blieb.[66]

Einer der Vorzüge des Sozialismus besteht darin, die systembedingten Schranken des Kapitalismus bei der Förderung der Grundlagenforschung überwinden zu können. Im Beschluß des Politbüros des ZK der SED über die „Aufgaben der Universitäten und Hochschulen in der entwickelten sozialistischen Gesellschaft" vom 18. 3. 1980 wird mit Bezug auf die besondere Verantwortung der Kombinate gefordert, „daß Resultate der Grundlagen- und angewandten Forschung der Universitäten und Hochschulen ohne Verzug in die Produktion überführt werden. Dabei sind die mit der Bildung der Kombinate entstandenen neuen Bedingungen für eine wirksame und komplexe Zusammenarbeit der Universitäten und Hochschulen mit der Produktion voll auszuschöpfen. Es geht darum, die Durchgängigkeit von der Grundlagenforschung über die Entwicklung, Konstruktion und Technologie bis zur Produktion grundlegend zu verbessern."[67]

Der Annäherungsprozeß zwischen der Akademie der Wissenschaften, den Universitäten und Hochschulen einerseits und den Kombinaten andererseits hat vielfältige Formen, deren gemeinsamer Inhalt im wesentlichen darin besteht, daß Akademie und Hochschulen ihre anwendungsorientierten Potentiale ausbauen, während die Kombinate vor der Aufgabe stehen, durch den Aufbau der industriezweigspezifischen Grundlagenforschung den Anschluß an die Arbeit von Akademie und Hochschulen herzustellen. Der Ausbau anwendungsorientierter Potentiale in Akademie und Hochschulen ist jedoch begrenzt: zum einen durch die materiellen Mittel für Technika, Experimentalbetriebe u. ä., zum anderen durch die notwendige Konzentration auf langfristige Vorlaufforschung. Größte Aufmerksamkeit verdient daher der Auf- und Ausbau zweigspezifischer Grundlagenforschung in der Industrie, die sich immer deutlicher als das entscheidende Kettenglied in der Zusammenarbeit mit der Akademie und Hochschulforschung erweist. Bezogen auf vorliegende Ergebnisse der Grundlagenforschung außerhalb der Industrie können jene Kader, die sich anwendungsorientiert mit Grundlagenforschung in der Industrie befassen, am besten deren Nutzungsmöglichkeiten für die Produktion einschätzen. Andererseits besteht ein wesentlicher Effekt der Tätigkeit von Grundlagenforschern in der Industrie darin, Erfordernisse der Produktion in Probleme der Grundlagenforschung außerhalb der Industrie transformieren zu können.

Als ein Problem der Entwicklung der Grundlagenforschung in den Kombinaten zeichnet sich ab, daß derartige Forschungen nicht in der gleichen Weise

66 The number of scientists and engineers, in: Industrial Research and Development (New York), 1/1979, S. 21.

67 Die Aufgaben der Universitäten und Hochschulen in der entwickelten sozialistischen Gesellschaft, in: Neues Deutschland vom 20. März 1980, S. 4.

in den ökonomischen Prozeß der Kombinate eingegliedert werden können wie die Anwendungsforschung und Entwicklung und daß ihr Nutzen für die Produktion in der Regel nicht unmittelbar ausweisbar ist. Die Generaldirektoren der Kombinate sind jedoch verpflichtet, der Grundlagenforschung die gebührende Aufmerksamkeit zu widmen und ihre Wirksamkeit zu erhöhen. Dies schließt ein, daß sie sich mit ihren Spezifika und den in ihr angewandten Arbeitsweisen vertraut machen.

Es handelt sich zumeist um längerfristige Forschungen, die nicht selten über einen Fünfjahrplan hinausreichen. Der ökonomische Nutzen naturwissenschaftlich-technischer Grundlagenforschung ist in den wenigsten Fällen unmittelbar nachweisbar, und ihre materiell-technische Basis erfordert einen ständig wachsenden Aufwand. Ohne Kommunikation mit den führenden Fachleuten auf dem jeweiligen Gebiet in der DDR kann das erforderliche Niveau nicht erreicht werden.

Von der Grundlagenforschung werden Resultate erwartet, die Beiträge zu neuen Prinziplösungen darstellen. Je intensiver an solchen Ergebnissen im Kombinat gearbeitet wird, um so größer sind auch die Chancen – wir wiesen schon darauf hin –, die in der Welt bereits vorhandenen wissenschaftlichen Erkenntnisse effektiv in der Produktion zu nutzen. Die Beherrschung dieses Zusammenhangs ist unabdingbar für die Weiterentwicklung unserer Volkswirtschaft. Es ist deshalb eine Aufgabe von größter praktischer Bedeutung, die Forschungspotentiale der Kombinate so zu proportionieren, daß die Erforschung neuer technischer Wirkprinzipien in der Grundlagenforschung und die Ausschöpfung der Möglichkeiten schon bekannter Prinziplösungen in der Anwendungsforschung einander wirksam ergänzen.

Bisherige Erfahrungen sprechen dafür, daß sich der weitere Auf- und Ausbau der zweigspezifischen Grundlagenforschung in den Kombinaten in folgenden Richtungen vollziehen wird:

Erstens wird sich immer deutlicher die Spezifik der Grundlagenforschung in den Kombinaten gegenüber der Grundlagenforschung in den jeweiligen Partnereinrichtungen der Akademie der Wissenschaften, der Universitäten und Hochschulen herausbilden. Bei allen Unterschieden in den einzelnen Kombinaten zeichnet sich als wesentliches Charakteristikum von Grundlagenforschung in Kombinaten die *Konzentration auf technologische Grundlagenforschung,* auf Vorlaufforschung für Verfahren und Technologien im jeweiligen Kombinat ab. Das ist Grundlagenforschung, die im unmittelbaren Kontakt mit dem Produktionsprozeß vor Ort in ständiger Auswertung der bei der Entwicklung von Verfahren und Technologien auftretenden Probleme und gemachten Erfahrungen erfolgen muß. Gute Erfolge dabei hat z. B. das Werkzeugmaschinenkombinat „Fritz Heckert“, Karl-Marx-Stadt, wie Generaldirektor R. Winter auf dem Erfahrungsaustausch des ZK der SED 1980 berichtete: „Als das Kombinat gebildet wurde, erfolgte die technologische Forschung in wissenschaftlich-technischen Einrichtungen wie dem Forschungszentrum des Werkzeugmaschinenbaues. Jetzt haben wir das grundsätzlich geändert. In allen Produktionsbetrieben unseres Kombinats gibt es auch eine beachtliche technologische Forschungsarbeit. In diesem Jahr setzen wir auf diesem Gebiet über 20 Prozent der Forschungs- und Entwicklungsmittel ein. Mit den daraus erzielten Ergebnissen der technologischen Forschung werden im Kombinat mehr als 30 Prozent der geplanten Grundarbeitszeiteinsparung realisiert."[68]

Zweitens setzt sich immer mehr die Erkenntnis durch, daß der Aufbau der Grundlagenforschung in einem Kombinat nicht erst dann erfolgen sollte, wenn Anwendungsforschung, Entwicklung und Konstruktion voll ausgebaut sind, da Mängel in der Entwicklung oder technologischen Vorbereitung in nicht geringem Maße auf das Fehlen der entsprechenden Erkenntnisvoraussetzungen zurückzuführen sind. Um Entwicklungszeiten für Erzeugnisse und Verfahren wesentlich zu verkürzen, bedarf es in vielen Fällen weniger einer Verstärkung des Entwicklungspotentials als der Förderung jenes Potentials, das sich mit den Voraussetzungen für die Entwicklung befaßt.

Drittens zeichnet sich ab, daß die Wirksamkeit von Grundlagenforschung in den Kombinaten nicht so sehr durch die Quantität, sondern durch hohe Qualität bestimmt wird. Als entscheidend erweist sich die *richtige Auswahl von Kadern* für die Grundlagenforschung in den Kombinaten. Die besten Erfahrungen werden dort gemacht, wo in der Grundlagenforschung tätige Kader zugleich über große Erfahrungen auch in der Anwendungsforschung oder Entwicklung verfügen. Als unabdingbar muß weiter angesehen werden, daß die Zusammenarbeit der Kombinate mit der Akademie der Wissenschaften, den Universitäten und Hochschulen sich besonders auf die Potentiale der Grundlagenforschung in den Kombinaten konzentriert und daß der erforderliche Kaderaustausch gerade dort erfolgt.

2. Historischer Exkurs: Zum Wechselverhältnis von Physik und Elektroindustrie in Berlin bis zum Beginn des 20. Jahrhunderts

2.1. Einleitung

Die Elektroindustrie ist nicht der einzige Industriezweig, in dem die Wissenschaft bereits im vorigen Jahrhundert als eine mächtige Potenz der Produktivkraftentwicklung wirksam wurde. Die Wissenschaftsintensität der chemischen Industrie war vielleicht noch ausgeprägter. Was die Elektroindustrie jedoch vor allen anderen Zweigen auszeichnete, war ihr Ursprung aus wissenschaft-

[68] Mit der Kraft der Kombinate für weiteren hohen Leistungsanstieg, a. a. O., S. 119.

lichen Vorleistungen. In allen anderen Zweigen, die im 19. Jahrhundert existierten, gab es eine ausgeprägte vorwissenschaftliche gewerbliche Tradition, in die die Wissenschaft umgestaltend eindrang; das traf auch für die chemische Industrie zu. Insofern bietet die Elektroindustrie dem Historiker des 19. Jahrhunderts eine einzigartige Gelegenheit, die Entfaltung der produktiven Potenzen der Wissenschaft sozusagen „in reiner Form" zu verfolgen.

Damit ist die Aussagekraft dieses Gegenstandes jedoch noch keineswegs erschöpft. Die technologische Möglichkeit einer bestimmten Industrie ist eine zwar notwendige, aber keineswegs hinreichende Bedingung für ihre Realisierung in der Entwicklung eines entsprechenden Industriezweiges. Damit sie realisiert wird, müssen gesellschaftliche Bedürfnisse nach den Produkten dieses Zweiges vorhanden oder zu erzeugen sein, und die Befriedigung dieser Bedürfnisse muß schließlich auf eine Weise möglich sein, die den ökonomischen Interessen der Besitzer der entscheidenden Produktionsmittel entspricht. Die Beschäftigung mit dem Werden der Elektroindustrie erlaubt daher auch einen Einblick in die Integration des wissenschaftlich-technischen Fortschritts in die Produktionsverhältnisse des Kapitalismus. Es wäre zu fragen, welchen Bedürfnissen die Möglichkeit der technischen Erzeugung elektrischen Stromes und seiner Anwendung zur Erzielung verschiedenartiger Effekte entsprach bzw. welche Bedürfnisse diese Möglichkeit ins Leben riefen. Weiterhin wäre die Frage zu stellen, wie die Erzeugung und Anwendung von Elektroenergie zur Profitbildung genutzt wurde und welche Stimuli die kapitalistischen Produktionsverhältnisse hervorbringen mußten, damit die Elektroindustrie als ein Mittel der Profitmaximierung entwickelt werden konnte. Letzteres ist aber gleichbedeutend mit der Entfaltung spezifischer sozialökonomischer Triebkräfte der wissenschaftlichen und technischen Tätigkeit.

Die Verbindung und Durchdringung von wissenschaftlicher, technisch-technologischer und ökonomischer Entwicklung war im Fall der Elektroindustrie besonders eng. Die besonderen Bedingungen dieses Zweiges lassen den zu jener Zeit auf der Basis der Verhältnisse des reifen Industriekapitalismus historisch erstmalig möglich gewordenen Grad der Integration dieser Komponenten der gesellschaftlichen Entwicklung sehr plastisch hervortreten. Es erwies sich nämlich, daß die Profitmöglichkeiten des neuen Zweiges im vormonopolistischen Stadium der kapitalistischen Produktionsverhältnisse nur mangelhaft genutzt werden konnten. Wenn daher von den Stimuli der kapitalistischen Produktionsverhältnisse für diese Richtung des wissenschaftlich-technischen Fortschritts die Rede war, so ist damit nicht etwa eine äußere Aktion der als unverändert vorausgesetzten Produktionsverhältnisse unterstellt, sondern vielmehr deren Selbstveränderung, die den Entwicklungsraum der Produktivkräfte ungeachtet aller parasitären Tendenzen im ganzen beträchtlich erweitert. Daß der große Aufschwung der Elektroindustrie in den 80er und 90er Jahren einsetzte, hatte natürlich wissenschaftlich-technische Voraussetzungen, ohne deren Vorhandensein die starken ökonomischen Triebkräfte bevorzugt nicht diese, sondern andere industrielle Entwicklungsrichtungen stimuliert hätten; da diese Voraussetzungen aber bestanden, war das Aufblühen der Elektroindustrie gesetzmäßig mit dem Übergang des Kapitalismus in sein monopolistisches Stadium verbunden. Die Gesetzmäßigkeit dieses Zusammenhangs beruht unseres Erachtens darauf, daß – bereits auf der technologischen Ebene – die Entwicklung der Elektroindustrie nur als Moment einer wesentlichen Zunahme des Vergesellschaftungsgrades der Produktivkräfte möglich war; das wird weiter unten noch auszuführen sein. Die expandierende Elektroindustrie der Jahrzehnte zwischen 1880 und 1910 war eine Arena intensiver Monopolisierungsprozesse. Sie war deshalb ein wesentlicher Untersuchungsgegenstand in Lenins Imperialismusanalyse. Lenin urteilte mit aller Entschiedenheit so: „Am typischsten für die neuesten Fortschritte der Technik, für den Kapitalismus am Ende des 19. und am Anfang des 20. Jahrhunderts ist die Elektroindustrie.“[1] Bernal sah die Besonderheit der Elektroindustrie darin, daß sie „im Gegensatz zu den älteren Industriezweigen von Anfang an monopolistischen und wissenschaftlichen Charakter trug“[2].

Doch auch damit sind die Einsichten in das Phänomen des wissenschaftlich-technischen Fortschritts, die ein entwicklungsgeschichtliches Studium der Elektroindustrie zu vermitteln vermag, noch nicht erschöpft. Die hier zu betrachtenden Prozesse zeigen nämlich nicht nur den *generellen* inneren Zusammenhang von Gesellschaftsordnung und wissenschaftlich-technischem Fortschritt; sie verdeutlichen darüber hinaus auch, wie sich dieser Zusammenhang unter differenzierten Bedingungen innerhalb ein und derselben Gesellschaftsordnung unterschiedlich gestalten kann. Die Zentren der Entwicklung der Elektroindustrie in dem zur Debatte stehenden Zeitraum waren im Weltmaßstab die USA und Deutschland. Die stürmische Entwicklung der Elektroindustrie war einer der Faktoren (wenn auch damals nicht der hauptsächliche), die Deutschland – bekanntlich kein klassisches Land des Industriekapitals – zu einer gegenüber seinen europäischen Konkurrenten überlegenen Wirtschaftsdynamik verhalfen und es vor dem ersten Weltkrieg zur stärksten Wirtschaftsmacht in Europa werden ließen. Baudis und Nussbaum zeigen, daß der prozentuale Zuwachs der Industrieproduktion in Deutschland in der Periode des Übergangs zum Monopolkapitalismus und in der Anfangsphase des Imperialismus von Zyklus zu Zyklus größer wurde, also eine fortschreitende Zunahme der Wirtschaftsdynamik vorlag, in der die Krisen seit 1890 „nur relativ kurzzeitige Einbrüche im Rahmen eines sehr steilen Auf-

[1] W. I. Lenin, Der Imperialismus als höchstes Stadium des Kapitalismus, in: Werke, Bd. 22, Berlin 1960, S. 250.

[2] J. D. Bernal, Die Wissenschaft in der Geschichte, Berlin 1961, S. 402.

wärtstrends“ waren.[3] Während der prozentuale Zuwachs im Zyklus von 1867–75 noch 38 % betragen hatte, machte er im Zyklus 1902–14 bereits 48 % aus.[4] Auf diese Weise überholte Deutschland zwischen 1900 und 1910 das englische Produktionsniveau und rückte nach den USA an die zweite Stelle in der Weltindustrieproduktion.

Diese schnelle Veränderung der Position Deutschlands in der kapitalistischen Weltwirtschaft vor dem ersten Weltkrieg ist um so erstaunlicher, als Deutschland unter den großen Nationen des europäischen Industriekapitalismus ein ausgesprochener „Spätentwickler“ war. Für die wichtigsten Industriezweige (bei weitem nicht für alle Zweige) in Deutschland kann man um 1870 gerade erst vom Abschluß der industriellen Revolution sprechen; das deutsche Kapital konnte sich weder auf ein globales Kolonialimperium wie das englische noch auf einen entfalteten Kapitalexport wie das französische stützen.[5] Offenkundig hat der deutsche Kapitalismus einen Weg gefunden, die relativen Nachteile der wirtschaftlichen Spätentwicklung in Vorteile umzumünzen. Dieser Kontext muß bei der Beschäftigung mit der Geschichte der deutschen Elektroindustrie beachtet werden.

Etwas allgemeiner könnte man das so ausdrücken: Die Existenzbedingungen einer Gesellschaftsordnung bilden zu jeder Zeit eine Menge möglicher Zustände, von denen einige in verschiedenen Ländern und Regionen realisiert werden und die für Richtungen und Dynamik des Fortschritts der Produktivkräfte im allgemeinen und des wissenschaftlich-technischen Fortschritts im besonderen nicht gleichwertig sind. Im Kapitalismus vollzieht weitgehend der spontane Ablauf des Geschichtsprozesses die „Wahl“ zwischen den möglichen Zuständen. Zur höheren Stufe an Freiheit, die die Gesellschaft im Sozialismus erreicht, gehört ihre zunehmende Fähigkeit, über die Bedingungen ihrer Existenz zu disponieren und damit zwischen gleichermaßen möglichen Zuständen bewußt zu wählen. Entscheidend ist hier jedoch nicht, daß die verschiedenen möglichen Zustände auch tatsächlich in verschiedenen Ländern nebeneinander realisiert sind, sondern vielmehr, daß ein und derselben Gesellschaft die Erkenntnis, über Variable zu verfügen, die Entscheidung für die jeweils entwicklungsgünstigsten „Werte“ dieser Variablen ermöglicht. Obwohl sich die Wege der „Auswahl“ möglicher Zustände im Kapitalismus und im Sozialismus grundsätzlich unterscheiden, hat doch die Beschäftigung mit in verschiedenen Ländern in der Geschichte des Kapitalismus nebeneinander realisierten Zuständen, die für den Zusammenhang von

[3] D. Baudis/H. Nussbaum, Wirtschaft und Staat in Deutschland vom Ende des 19. Jahrhunderts bis 1918/19, Berlin 1978, S. 61.

[4] Vgl. ebenda, S. 55.

S. Richter/R. Sonnemann, Zur Problematik des Übergangs vom vormonopolistischen Kapitalismus zum Imperialismus in Deutschland, in: Jahrbuch für Wirtschaftsgeschichte 1963, Teil 2, Berlin 1963, S. 46/47.

wissenschaftlich-technischem Fortschritt und sozialökonomischen Verhältnissen nicht gleichwertig sind, eine über die Analyse dieser Gesellschaft hinausgehende Bedeutung.

Es würde ein umfangreiches und zudem durch die Quellenlage stark erschwertes Forschungsprogramm erforderlich machen, wollte man die Geschichte der deutschen Elektroindustrie in diesem Rahmen untersuchen. Im folgenden können nur einige Momente dieses Zusammenhangs behandelt werden. Die Darstellung hebt die Beziehungen von Elektroindustrie und Physik hervor und konzentriert sich dabei zeitlich auf den Abschnitt von 1870 bis zum ersten Weltkrieg und territorial auf die Stadt Berlin, die damals sowohl das führende Zentrum der deutschen Elektroindustrie als auch ein bedeutendes Zentrum der physikalischen Wissenschaft war. Insofern führt die Beschränkung auf Berlin hier nicht auf lokale Details, sondern auf das für die Entwicklung in Deutschland Wesentliche.

2.2. *Grundlinien der Entwicklung der Elektrizitätslehre in den ersten Jahrzehnten des 19. Jahrhunderts*

Die Elektrizitätslehre als Bestandteil der Physik entstand nicht als Reaktion auf bestimmte technische Bedürfnisse. Sie konnte auf solche Bedürfnisse erst reagieren bzw. Bedürfnisse dieser Art aktiv initiieren, nachdem ein Minimum an exakten Kenntnissen über die Eigenschaften und Effekte des elektrischen Stromes vorhanden war. Für die Periode bis etwa 1840, in der dieses Minimum akkumuliert wurde, ist die Entwicklung der Elektrizitätslehre im allgemeinen nicht mit konkreten industriellen Erfordernissen und ökonomischen Interessen verknüpft.

Das bedeutet nicht, daß die frühe Entwicklung der Elektrizitätslehre vom Aufstieg der Bourgeoisie als Klasse unabhängig gewesen wäre. Es war jedoch eher deren weltanschaulich motivierter Erkenntnisoptimismus, ihr Streben nach universeller rationaler Erklärung aller erfahrbaren Phänomene, die die Erforschung der Elektrizität in den ersten Jahrzehnten des vorigen Jahrhunderts vorantrieben. Lange Zeit galten die elektrischen Phänomene – im wesentlichen waren elektrostatische Erscheinungen bekannt – als Kuriositäten, die sich in das geltende Naturbild schlecht einfügten. Um die Wende zum 19. Jahrhundert war es möglich geworden, elektrische Ströme zu erzeugen und deren Eigenschaften zu studieren. Es stellte sich schnell heraus, daß die fließende Elektrizität vielfältig mit Erscheinungen verbunden war, die anderen Ressorts der Naturwissenschaft zugeordnet waren; sie konnte aus ihnen erzeugt werden und sie umgekehrt wiederum hervorbringen. Die philosophische Überzeugung von der Einheit der Natur, die wichtigen Entdeckungen in der Elektrizitätslehre sogar als ein bewußtes Motiv zugrunde lag, verband die traditionelle Version von der Universalität der mechanischen

Gesetze mehr und mehr mit dem Gedanken des wechselseitigen Übergangs qualitativ unterschiedlicher Naturerscheinungen ineinander.

Bereits die Initialentdeckung der neuen Entwicklung – die chemische Spannungsquelle – brachte Elektrizität und Chemie miteinander in Verbindung. Volta, der 1800 die „Voltasche Säule" schuf, hatte als Vertreter der sogenannten Metallkontakttheorie den chemischen Ursprung des in den galvanischen Elementen erzeugten Stromes noch nicht erkannt, aber J. W. Ritter, zugleich experimentierender Naturforscher und aktiver Verfechter der Naturphilosophie, wies wenige Jahre später nach, daß die galvanische Elektrizität auf chemischen Reaktionen beruht. Hier knüpfte der englische Gelehrte H. Davy mit seinen Elektrolyseexperimenten an, die zusammen mit den Arbeiten anderer Wissenschaftler den Weg zur Elektrochemie eröffneten[6]; 1807 gelang ihm die elektrolytische Darstellung von Kalium aus einer Ätzkalischmelze.

Eine noch folgenreichere Verknüpfung der Elektrizitätslehre mit einem traditionell ganz andersartigen Gebiet wurde mit der Entdeckung des Elektromagnetismus eingeleitet. Oersted fand 1820 die Ablenkung eines Magneten in der Nähe eines stromdurchflossenen Leiters; kurz darauf wiesen Ampère, Biot, Savart, Seebeck und andere zahlreiche weitere Zusammenhänge zwischen Elektrizität und Magnetismus nach. Von Sturgeon, Henry, Ampère und anderen wurden Spule und Elektromagnet entwickelt. Nachdem bereits vorher die Rotation eines Stromleiters um einen Magneten beobachtet worden war, zeigte Faraday schließlich im Jahre 1831, wie in einem Rotationsapparat auf der Basis der elektromagnetischen Induktion kontinuierlich ein stationärer Strom erzeugt werden konnte.

Als ein dritter, wesentlicher Zusammenhang zwischen Elektrizität und anderen Naturerscheinungen, die damals das Interesse der Physiker fanden, wären noch die optischen Effekte des elektrischen Stromes zu nennen. Der elektrische Funke war schon seit langem bekannt; nachdem in den galvanischen Elementen eine relativ konstante Stromquelle vorhanden war, konnte Davy 1812 auch den ersten Lichtbogen erzeugen.

Der Integration der Elektrizität in die Vielfalt der damals bekannten Erscheinungen der anorganischen Natur entsprach der Nachweis der Identität der „Elektrizitätsformen" unabhängig von ihrer Quelle. 1832 konnte Faraday zeigen, daß die verschiedenen „Elektrizitäten" – unabhängig davon, ob sie aus der Elektrisiermaschine oder aus der Voltaschen Säule stammten, ob es sich um tierische Elektrizität, um Thermoelektrizität oder um durch magnetoelektrische Induktion erzeugte Elektrizität handelte – tatsächlich ein und dieselbe Erscheinung sind.

[6] Vgl. W. Schreier, Zur Herausbildung der Elektrotechnik – ein Beitrag über Wechselwirkungen zwischen Elektrizitätslehre und elektrotechnischer Produktion zwischen 1800 und 1890, in: NTM-Schriftenreihe für Geschichte der Naturwissenschaften, Technik und Medizin, 2/1977, S. 74.

Das war ungefähr das qualitative Minimum, das bekannt sein mußte, ehe die Elektrizität technisch interessant werden konnte. Damit aber ihre technische Verwertung real möglich wurde, mußten zudem mindestens einige wichtige Zusammenhänge der Elektrizität auch quantitativ bekannt sein. Dies wurde durch die Tatsache begünstigt, daß der Mensch keine spezifischen Sinnesorgane besitzt, die elektrische oder magnetische „Reize" aufnehmen können. Jede primäre Information über die Elektrizität ist daher indirekt, über die Erzeugung sinnlich wahrnehmbarer Effekte vermittelt. Folgerichtig ging die Untersuchung der Elektrizität von Anfang an mit der Entwicklung von Nachweisgeräten einher, die, um ihre Angaben vergleichbar zu machen, nach Möglichkeit zugleich Meßgeräte sein mußten. Die Evolution einer internen Experimentaltechnik erleichterte die spätere Erzeugung „äußerer" technischer Wirkungen mit Hilfe der Elektrizitätslehre außerordentlich, denn mit der qualitativen und quantitativen Kenntnis eines Effektes stand prinzipiell zugleich eine technologische Lösung für seinen Nachweis und seine Reproduktion zur Verfügung. Das erste elektrische Meßgerät, das Elektroskop, stammte noch aus der Zeit der Reibungselektrizität. Die Entdekkung des Elektromagnetismus ermöglichte das Galvanometer, das von J. S. Ch. Schweigger unter dem Namen „Multiplikator" entwickelt wurde usw.

Der Einsatz von Meßgeräten mit der Entwicklung entsprechender Meßmethoden verhalf zur Entdeckung einiger wichtiger quantitativer gesetzmäßiger Zusammenhänge. Das Coulombsche Gesetz, das den Zusammenhang zwischen verschiedenen Ladungen ausdrückte und damit die Bestimmung des Begriffs „Ladungsmenge" gestattete, war bereits seit 1788 bekannt. Ritter fand einen Zusammenhang zwischen Stromstärke, Spannung und Gesamtleitwert. Über das von Ritter erzielte Resultat ging G. S. Ohm hinaus, dem 1827 die Entdeckung des nach ihm benannten Gesetzes gelang. Dieses Gesetz, das auf der Basis von Untersuchungen der sogenannten galvanischen Kette (einem einfachen Stromkreis aus Voltaschem Element, Widerstand und Meßgerät) formuliert wurde, ermöglichte erstmalig Aussagen über das Verhalten eines Stromkreises und seiner Bauelemente. Indes dauerte es mehr als ein Jahrzehnt, bis die Entdeckung Ohms unter den Physikern Beachtung fand und ihre Bedeutung allgemein anerkannt wurde.

Nachdem das Voltasche Element einmal geschaffen war, vollzog sich die lawinenartige Entwicklung der Elektrizitätslehre in den ersten Jahrzehnten des 19. Jahrhunderts mit einer gewissen Zwangsläufigkeit. Diese Entdeckung beseitigte den Engpaß, der das Interesse der Wissenschaftler daran gehindert hatte, die Kenntnis von der Elektrizität auf das Gesamtniveau des Wissens von der anorganischen Natur zu heben. Die vor Volta verfügbaren elektrischen Ströme – etwa als Funken aus der Leidener Flasche – hatten gerade ausgereicht, das Phänomen der fließenden Elektrizität überhaupt zu erkennen. So entwickelte sich die Elektrizitätslehre (als Elektrodynamik) bis etwa 1840 zu einem relativ selbständigen Gebiet der physikalischen Wissenschaft mit eigenen Grundbegriffen, Geräten, Meß- und Experimentalmethoden und formulierten Gesetzen, insbesondere solchen, die quantitative Beziehungen zwischen meßbaren Größen zum Ausdruck brachten. Damit war sie maßgeblich am Übergang von der mechanischen Physik (denn noch im 18. Jahrhundert war die Mechanik der einzige entwickelte Zweig der Physik und erhob infolgedessen Anspruch auf die Einbeziehung sämtlicher physikalischer Erscheinungen in ihre Domäne) in die eigentliche Physik beteiligt, die sich im 19. Jahrhundert als ein Verband von Mechanik, Optik, Thermodynamik und Elektrodynamik herausbildete.[7] Das gilt ungeachtet dessen, daß ein einheitliches theoretisches Verständnis des Elektromagnetismus in dieser Zeit noch nicht erzielt werden konnte, obwohl intensiv nach einer Erklärung für die Kraftwirkungen zwischen stromdurchflossenen Leitern gesucht wurde und Ampère 1823 – noch unter Voraussetzung des Fernwirkungsprinzips – sein elektromagnetisches Grundgesetz formulierte, wobei er auch erstmalig den Begriff „Elektrodynamik" benutzte. Bekanntlich gelang nach umfangreichen Vorleistungen Faradays erst J. C. Maxwell zwischen 1860 und 1870 der Aufbau einer einheitlichen mathematischen Theorie des Elektromagnetismus, der klassischen Elektrodynamik.

Um 1840 hatte die Elektrizitätslehre also zwar noch keine fundamentale Theorie, aber dennoch die prinzipielle Reife für technische Anwendungen erreicht. Das bedeutet jedoch nicht, daß man ihre Schlußfolgerungen wie ein fertiges Werkzeug unverändert für technische Zwecke hätte nutzen können. Sie war als Wissenschaftsgebiet nunmehr genügend ausgereift, um in das Wechselspiel der Entwicklung technischer Bedürfnisse und ökonomischer Interessen einbezogen werden zu können; in diesem Prozeß erzeugte die aufkeimende Einsicht in ihre potentielle Anwendungsfähigkeit veränderte Forschungsinteressen, die ihrerseits erst zu unmittelbar technisch realisierbaren Lösungen führten.

2.3. Wissenschaft und Produktion in der Entwicklung der Berliner Elektroindustrie bis etwa 1870

Die ersten wesentlichen Schritte der Elektroindustrie beruhten auf der Entwicklung und Nutzung der Schwachstromtechnik zur Anlage von Telegraphieverbindungen und zur Produktion der dafür erforderlichen Ausrüstungen. Auf dieser technologischen Basis erlebte auch die Berliner Elektroindustrie ihre erste Blütezeit.

[7] Zum Gesamtprozeß der Neuorientierung der Physik unter dem komplexen Einfluß der industriellen Revolution in der ersten Hälfte des 19. Jahrhunderts vgl. W. Schreier, Zu Problemen der Wechselwirkungen zwischen Physik und Produktion im 19. Jahrhundert, in: K. Lärmer (Hrsg.), Studien zur Geschichte der Produktivkräfte – Deutschland zur Zeit der industriellen Revolution, Berlin 1979, S. 125–153.

2.3.1. Voraussetzungen für die Entstehung der Elektroindustrie

Ehe die Vorgänge selbst skizziert werden, sollen zumindest drei Voraussetzungen Erwähnung finden, die uns wesentlich zu sein scheinen:

1. Das wissenschaftliche Klima in Berlin und die Lage der Physik an der Berliner Universität

Die erfolgreiche Entwicklung der Elektroindustrie als „wissenschaftlicher" Industrie war an lokale wissenschaftliche Voraussetzungen gebunden: das Vorhandensein von Wissenschaftlern, die imstande waren, die internationale Entwicklung des Gebietes zu verfolgen (die Entwicklung der Elektrizitätslehre hatte schon damals eine solche Dynamik im Weltmaßstab erreicht, daß es sehr leicht möglich war, den Anschluß zu verlieren) und aktiv an ihr teilzunehmen; ein geistiges „Klima", das nicht allein der naturwissenschaftlichen Forschung überhaupt, sondern auch ihrer Orientierung auf praktische Nutzanwendung günstig war; eine gewisse Neigung und Fähigkeit der Physiker, in ihren Forschungsorientierungen die von den entstehenden technischen Bedürfnissen ausgehenden Herausforderungen aufzunehmen. Im Jahre 1810 wurde im Gefolge der von Freiherrn von Stein initiierten Reformen die alte Idee der Gründung einer preußischen Zentraluniversität in Berlin verwirklicht. Die Pflege der Wissenschaft auf einem international herausragenden Niveau – nach dem Niedergang der Berliner Akademie für Preußen um so dringlicher – erschien der aufstrebenden Bourgeoisie als ein wesentliches Mittel ihrer ideologischen Formierung. Zugleich hatte auch die mit der industriellen Revolution in England kräftig neubelebte baconische Idee von der Nützlichkeit der Wissenschaft für die Beherrschung der Natur und die Entwicklung der Produktion ihre Auswirkungen; anfangs traten sie nur in geringem Maße in Erscheinung und waren vom neuhumanistischen Bildungsideal mit seiner starken Betonung der Geisteswissenschaften überdeckt, doch mit dem Aufschwung der Industrie in Preußen machten sie sich mehr und mehr geltend. Eine entscheidende Rolle spielte dabei A. v. Humboldt, der 1827 nach Berlin zurückgekehrt war; anknüpfend an die positiven Momente des mathematisch-naturwissenschaftlich orientierten und praxiszugewandten französischen Wissenschaftsbetriebes setzte er sich in seinen berühmten Kosmos-Vorträgen in der Berliner Singakademie öffentlich für eine sachgerechtere Einschätzung des „Naturstudiums" ein, das den „materiellen Reichtum in einer sorgfältigen Benutzung der Naturkräfte begründet" und „unmittelbar auf das Gewerbe"[8] einwirkt. Für die preußische Krone gewann neben der traditionellen Funktion der Universitäten, Kader für Verwaltung, Lehre, Kirche und Gesundheitswesen auszubilden, das Vor-

[8] A. v. Humboldt, Kosmos. Entwurf einer physischen Weltbeschreibung, Stuttgart – Tübingen 1845–63, Bd. 1, S. 37/38.

handensein eines nationalen Zentrums erstklassiger Wissenschaft zunehmend die Bedeutung eines außenpolitischen Prestigefaktors; dabei war die politische Aufwertung des nationalen Beitrages zum internationalen Erkenntnisfortschritt offenkundig dem Aufstieg der kapitalistischen Produktionsweise geschuldet. Mathematische und naturwissenschaftliche Fächer gehörten von vornherein zur Ausstattung der Berliner Universität, wobei an die Traditionen und Voraussetzungen der Medizinischen Lehranstalt, der Berliner Bau- und Bergakademie, der Charité, des Botanischen Gartens und des Naturalienkabinetts angeknüpft werden konnte. Auch die Physik war mit einem eigenen Lehrstuhl vertreten, doch gab es weder eine brauchbare Lehrmittelsammlung noch ein physikalisches Laboratorium, so daß die Professoren (Tourte, Fischer, Erman, Dove) gezwungen waren, sich auf eine mehr oder minder gute „Tafelphysik“ zu beschränken. Diese Situation kam zweifellos der damals an der Berliner Universität vorherrschenden naturphilosophischen Strömung entgegen, die „die zergliedernde, rechnende und wägende Naturforschung für ein untergeordnetes, ja widerliches Geschäft“ erklärte. Auch die anwendungsorientierten technisch-naturwissenschaftlichen Fächer wurden von der Universität weitestgehend ferngehalten und weiterhin der Bau- und Gewerbeakademie überlassen. Indes darf man die Wirkung des neuhumanistischen Bildungsideals und seiner Institutionalisierung auf die Entwicklung der Naturwissenschaft im allgemeinen und der Physik im besonderen nicht einseitig negativ werten. Sie war eher widersprüchlich, wobei aus heutiger Sicht ihre Nachteile leichter als ihre Vorteile zu erkennen sind. Zum einen wirkte sich die von der Sprachwissenschaft ausgehende Arbeitsweise, in den sogenannten Seminaren die universitäre Ausbildung mit strenger systematischer Forschung zu verbinden, über die Belebung der Mathematik indirekt auch auf die Entwicklung einer forschungsorientierten und mathematisch anspruchsvollen Universitätsphysik aus. Das Wirken solcher Gelehrter wie P. Steiner und G. P. Lejeune-Dirichlet (beide waren auf Initiative von A. v. Humboldt berufen worden), C. G. J. Jacobi und J. Plücker verhalf der Berliner Mathematik schon in der ersten Hälfte des 19. Jahrhunderts zu Weltruhm. Zum anderen dürfte – obwohl dieser Einfluß schwerer faßbar ist – der Vorlauf der Geisteswissenschaften in den Naturwissenschaften die Orientierung auf fundamentale Theorien mit großer Erklärungspotenz verstärkt haben. Die innovatorische Fähigkeit der naturwissenschaftlichen Forschung ist unseres Erachtens weitgehend davon abhängig, inwieweit bei der Orientierung auf die Praxis die dialektische Spannung von Fundamental- und Detailuntersuchung gewahrt bleibt. Der Übergang zur Erzeugung technisch anwendungsfähiger Resultate verlangt naturgemäß eine starke Ausdehnung der Detailforschung; der damit einhergehende Wandel der Forschungsinteressen kann leicht zu einem pragmatischen Abbau der Fundamentalität führen. Die Verbindung der Orientierungen auf Fundamentalität und auf mathematisches Niveau sicherte der

Physik in Deutschland objektiv im internationalen Maßstab Vorteile und bereitete ihren späteren Aufstieg zur Weltspitze vor; dabei kam es eben auf diese Verbindung an – „Fundamentalismus“ ohne Mathematik hätte die Physik nicht genügend aus der Naturphilosophie herausgeführt; Mathematisierung allein hätte die Physik leicht auf formalistische Nebengleise abgleiten lassen können. Das Fruchtbarwerden dieser Verbindung hing nun wesentlich davon ab, inwieweit die physikalische Forschung eine experimentelle Basis erhielt und Sensibilität für praktische Möglichkeiten erwarb.

Dieser Prozeß setzte in Berlin, zunächst zögernd, in den 30er Jahren des vorigen Jahrhunderts ein. Nicht unwichtig war dabei die naturwissenschaftliche Fundierung der Medizin, die mit der Berufung von J. Müller (1832) einen großen Aufschwung nahm; damit erhielten die „reinen“ Grundlagendisziplinen der Naturwissenschaft einen „angewandten“ Bezug, der die Einstellung auf ähnliche Bezüge zu anderen Sphären erleichterte. Um den Aufbau einer experimentellen Basis für die Berliner Physik erwarb sich G. Magnus unvergängliche Verdienste. Er kam 1834 als Privatdozent an die Universität und setzte beim vorgesetzten Ministerium einen besonderen Fonds für die Anschaffung einer Lehrmittelsammlung und die Einrichtung eines speziellen Physikkabinetts durch. Da er aus einer begüterten Berliner Kaufmannsfamilie stammte, konnte er wichtige Teile der Sammlung aus eigenen Mitteln finanzieren.[9] 1842 erwarb er ein Haus am Kupfergraben (das heutige Magnus-Haus), in dem ein Laboratorium, ein Hörsaal und eine Bibliothek untergebracht wurden. Insgesamt waren zu Beginn der 40er Jahre die aktuell vorhandenen Voraussetzungen für die Berliner Physik, die Entwicklung der Elektroindustrie zu stimulieren, noch sehr bescheiden. Der Start des neuen Industriezweiges bedurfte daher weitblickender Persönlichkeiten, welche Einsicht in die technischen Bedürfnisse und Möglichkeiten mit der Fähigkeit zur Bewertung der Entwicklungstendenzen verbanden, die die Elektrizitätslehre im internationalen Maßstab aufwies.

2. Erweiterung der Kommunikationsbedürfnisse

Mit der Entfaltung der industriellen Revolution vertieft sich die territoriale Arbeitsteilung; die inneren und äußeren Märkte entwickeln sich. Das Bedürfnis nach Kommunikation über den lokalen Rahmen hinaus ist ein sehr stark wirksames generelles Bedürfnis der bürgerlichen Gesellschaft, das von allen ihren Ebenen – von den Produktivkräften und Produktionsverhältnissen bis zum politischen und ideologischen Überbau – zugleich ausgeht. Ein derart generalisiertes Bedürfnis bemächtigt sich jeder möglichen technischen Realisierungsform, sofern sie sich ökonomisch akzeptabel gestalten läßt. Die Entwicklung der Kommunikation („Verkehrsform“) ist daher ein

[9] Vgl. H. Kant, Entscheidende Impulse für die Entwicklung der Berliner Physik – Gustav Magnus zum 175. Geburtstag, in: Physik in der Schule, 5/1977, S. 187.

integrales Moment der Geschichte der kapitalistischen Produktionsweise. Dazu gehört als eine ihrer Komponenten der Austausch von Nachrichten, der den Transport von Personen und Gütern begleitet und ihm gegenüber zugleich eine gewisse Selbständigkeit gewinnt.

Das Bedürfnis nach schneller und zuverlässiger Nachrichtenübermittlung wuchs vor allem mit der Ausdehnung der Waren- und Geldzirkulation und mit der Modernisierung des Militärwesens. Nicht nur die Sicherung und Koordinierung der Handelstransporte – gewissermaßen die technologische Seite der Zirkulation –, sondern auch die Information über die wechselnde Marktlage, Börsennotierungen usw. hingen von der Qualität der Nachrichtenübermittlung ab. Die Schaffung des Zollvereins 1834, der die Wirtschaftsbeziehungen in Deutschland erleichterte, stimulierte folgerichtig auch das Bedürfnis nach leistungsfähigen Nachrichtenverbindungen. Im Militärwesen war die Nachrichtenübermittlung über optische Telegraphie bekannt. Teilweise waren bereits stationäre Linien über große Entfernungen in Betrieb; 1830 hatte Preußen nach französischem Muster eine solche Linie von Berlin nach Koblenz eingerichtet, und weitere Linien folgten. Der große Betriebsaufwand und die Langsamkeit der Übermittlung schränkten jedoch Zuverlässigkeit und Nutzungsmöglichkeit außerordentlich ein. Ganz akut wurde die Notwendigkeit, die Leistungsgrenzen der bisherigen optisch-mechanischen Systeme der Nachrichtenübermittlung zu überschreiten, mit der raschen Ausdehnung des Eisenbahnverkehrs, denn hier hatte die Nachrichtenübertragung insbesondere sicherheitstechnische Funktionen zu erfüllen. Nachdem von Berlin zu anderen wichtigen Städten ab 1826 tägliche Schnellpostverbindungen eingerichtet worden waren, begann der Aufbau der von Berlin ausgehenden Eisenbahnstrecken mit der Eröffnung der Linie Berlin – Potsdam im Jahre 1838. In den 40er Jahren wurden auch die Linien nach Stettin, Hamburg und Dresden in Betrieb genommen. Die Problematik verbesserter Nachrichtensysteme als generelles Bedürfnis war also in den 30er und 40er Jahren im allgemeinen Bewußtsein gegenwärtig. Es war deshalb naheliegend, daß die erste technologische Nutzung der Elektrizitätslehre – in einer Situation, in der irgendein praktischer Nutzen des Gebietes überhaupt noch kaum absehbar war – gerade einem solchen Bedürfnis von extremer Allgemeingültigkeit entsprach; hinzu kam natürlich, daß die Telegraphie ein Anwendungsgebiet war, für das (in gewissen Grenzen) die relativ geringe Leistungsfähigkeit der damals verfügbaren Stromquellen ausreichte.

3. *Der Maschinenbau in Berlin*

Eine nicht unwesentlich begünstigende Voraussetzung war schließlich das Vorhandensein eines entwickelten Maschinenbaus mit einer technisch erfahrenen Arbeiterschaft. Zu Beginn des Jahrhunderts war in der preußischen Hauptstadt Berlin vor allem die Textilindustrie entwickelt, wobei der Manufakturbetrieb dominierte. Allmählich bildeten sich auch Unternehmen anderer Branchen, und es erfolgte nach und nach der Übergang von der manufakturellen zur maschinellen Betriebsweise. „Das durch die industrielle Revolution in zahlreichen Produktionszweigen beginnende schnelle Wachstum zentralisierter kapitalistischer Fabrik- und Industriebetriebe, in denen konstantes fixes Kapital einen beträchtlichen Umfang erlangte, löste zwangsläufig eine große Nachfrage nach Werkzeugmaschinen, Kraftmaschinen, Apparaturen usw. aus.“ [10] Hinzu kam der Bedarf für Schiffahrt, Eisenbahn usw. So entstand bereits 1815 in Berlin die Freudsche Maschinenbauanstalt, der bald andere ähnliche Unternehmen folgten; diese Betriebe waren zwar zunächst sehr klein, konstituierten aber einen neuen Industriezweig. 1852 bestanden in Berlin 30 Maschinenbaubetriebe mit zusammen 893 Beschäftigten; 1861 waren bereits 67 Betriebe mit 5313 Beschäftigten tätig.[11] Nur reichlich 7 % aller Maschinenbaubetriebe hatten 1860 Belegschaften von mehr als 200 Personen.[12] Ein wichtiger Indikator für die Produktivitätsentwicklung in dieser Branche war ihre energetische Ausstattung: Bei insgesamt stark zunehmender Anzahl der Dampfmaschinen in Berlin wuchs auch der auf die Maschinenbau- und Metallbetriebe entfallende Anteil; in diesem Zweig waren 1837 erst 5 von insgesamt 30 (also ein Sechstel), 1875 aber schon 343 von insgesamt 1055 Dampfmaschinen (also etwa ein Drittel) installiert.[13]

2.3.2. Die Herausbildung der Elektroindustrie in Berlin

Die über den Elektromagnetismus gewonnenen Erkenntnisse ließen auf dem Hintergrund des allgemeinen Bedürfnisses nach verbesserter Nachrichtenübermittlung früh die Idee des elektrischen Telegraphen aufkommen. W. Ritschie, P. L. Schilling von Canstatt und W. Weber entwickelten bereits um 1830 eine praktisch nutzbare Anordnung. Ohne detaillierte wissenschaftliche Aufklärung der Eigenschaften von einfachen und verzweigten Stromkreisen und des Aufbaus von Schaltungen war jedoch an eine großtechnische Nutzung nicht zu denken. Dazu war eine gewisse Umorientierung der Forschungsinteressen vonnöten, die bis dahin vorwiegend den Grundlagenfragen nach der Natur der Elektrizität gegolten hatten. Die erforderliche neue Richtung war in der Arbeit G. S. Ohms vorgeprägt, und man kann vermuten, daß die Aktualität des Problems der elektrischen Telegraphie zur allgemeinen Durchsetzung des Ohmschen Gesetzes um 1840 beigetragen hat. Auf seiner

[10] L. Baar, Die Berliner Industrie in der industriellen Revolution, Berlin 1966, S. 87.

[11] Vgl. ebenda, S. 89.

[12] Vgl. ebenda, S. 98.

[13] Vgl. ebenda, S. 113; vgl. auch W. Gerlach, Die Entwicklung der Physik der Elektrizität im 19. Jahrhundert, in: W. Treue/K. Mauel (Hrsg.), Naturwissenschaft, Technik und Wirtschaft im 19. Jahrhundert, Teil 2, Göttingen 1976, S. 416 bis 449.

Grundlage wurden meßtechnische Anwendungen wie die Poggendorffsche Kompensationsmethode (1841) und die Wheatstonesche Brückenschaltung (1843) konstruiert. Bei der Berechnung des Durchgangs eines elektrischen Stromes durch eine Ebene formulierte Kirchhoff 1845 die nach ihm benannten Gesetze der Stromverzweigung, eine Konsequenz aus dem Ohmschen Gesetz.

Von dieser Art war das wissenschaftliche Rüstzeug, auf dem technisch sichere Lösungen des Telegraphieproblems aufbauen mußten. An dieser Nahtstelle zwischen Physik und Technik spielte die Persönlichkeit von W. Siemens eine entscheidende Rolle. Als aktivem Artillerieoffizier war ihm die Notwendigkeit einer guten Nachrichtenübermittlung bekannt. Seit Anfang der 40er Jahre befaßte er sich mit elektrischer Telegraphie und war sich auch des internationalen Konkurrenzdruckes bewußt, der für Preußen zu einer zugleich schnellen und tragfähigen Lösung drängte. In den USA hatte S. Morse 1838 einen leistungsfähigen Telegraphen entwickelt; auf seiner Grundlage wurde 1844 eine Telegraphenlinie in den USA eingerichtet, die ab April 1845 als erste Telegraphenverbindung der Welt auch öffentlichen Zwecken diente. Morse drang mit seiner Erfindung auch auf den europäischen Kontinent vor und nahm eine mit dem von ihm entwickelten Schreibtelegraphen ausgerüstete Linie zwischen Hamburg und Cuxhafen im Oktober 1848 in Betrieb. In England wurde 1840 ein von Wheatstone geschaffener Zeigertelegraph patentiert, der gegenüber dem Schreibtelegraphen eine Reihe bedienungstechnischer Vorteile aufwies.

Siemens sah im lebendigen Kontakt mit der fortschreitenden Forschung und darüber hinaus in der aktiven Teilnahme an ihr das notwendige Fundament für progressive technische Lösungen. Er arbeitete in der 1845 gegründeten Physikalischen Gesellschaft mit, und viel später, in seinen „Lebenserinnerungen", bekannte er: „Meine Liebe gehört stets der Wissenschaft als solcher, während meine Arbeiten und Leistungen meist auf dem Gebiet der Technik liegen."[14] Im Jahre 1845 lernte er auch einen Wheatstoneschen Zeigertelegraphen kennen und beschäftigte sich eingehend mit ihm; dabei gelangen ihm eine Reihe von Verbesserungen, auf die er im Oktober 1847 ein preußisches Patent erhielt.

Spätestens damals faßte Siemens den Entschluß, die Arbeit an der elektrischen Telegraphie zu seiner Lebensaufgabe zu machen. Das geht aus einem Brief an seinen Bruder aus dem Jahre 1846 hervor, in dem er schrieb: „... Ich bin jetzt ziemlich entschlossen, mir eine feste Laufbahn durch die Telegraphie zu bilden, sei es bei oder außer dem Militär. Die Telegraphie wird eine eigene Branche der wissenschaftlichen Technik werden, und ich fühle mich einigermaßen berufen, organisierend in ihr aufzutreten, da sie, meiner Überzeugung nach, noch in ihrer ersten Kindheit liegt ..."[15]

[14] W. v. Siemens, Lebenserinnerungen, Berlin 1908, S. 34.

[15] Zit. nach: S. v. Weiher/M. Goetzeler, Weg und Wirken der Siemens-Werke

Gemeinsam mit dem Universitätsmechaniker J. G. Halske, den er aus der Physikalischen Gesellschaft kannte, gründete W. Siemens am 1. Oktober 1847 die „Telegraphenbauanstalt von Siemens & Halske“, die Keimzelle eines der beiden großen Elektromonopole. Bis hinein in die 80er Jahre dominierte das Unternehmen unter den deutschen Elektrofirmen absolut. Für die Schwachstromtechnik hatte es in Deutschland nahezu ein Monopol.[16] Die Gründung war maßgeblich für die Entwicklung der Elektrotechnik als „wissenschaftliche Technik“, wie Siemens in seiner Antrittsrede vor der Berliner Akademie der Wissenschaften im Jahre 1874 seine „Berufstätigkeit“ bezeichnete: „Meine Aufgaben wurden mir gewöhnlich durch meine Berufstätigkeit vorgeschrieben, indes die Ausfüllung wissenschaftlicher Lücken, auf die ich stieß, sich als ein technisches Bedürfnis erwies.“[17] In einer Person verband Siemens die Interessen des Wissenschaftlers, des Technikers und des kapitalistischen Unternehmers. Eine solche Verbindung kam in der Aufstiegsphase der kapitalistischen Großindustrie gelegentlich vor, aber sie war keineswegs häufig. Für die Durchsetzung der Elektrotechnik als eines fundamental neuen Gebietes war sie außerordentlich günstig. Alle wesentlichen Neuentwicklungen der Firma in den ersten zwei Jahrzehnten ihres Bestehens gehen auf Siemens selbst zurück, der Unternehmer, angewandter Physiker, Techniker und Entwicklungsingenieur in einer Person war (vgl. Tab. 1).

Bis gegen 1870 war das Unternehmen überwiegend mit elektrischer Telegraphie befaßt. In dieser Periode handelte es sich zunächst um die technische und technologische Ausreifung ein und desselben Prinzips, die auf dem Gebiet der Elektrizitätslehre keine grundsätzlich neuen Erkenntnisse verlangte. Der Betrieb dehnte sich mit zunehmendem Absatz stetig, aber in bescheidenen Grenzen aus – von 18 Mitarbeitern im Jahre 1848 auf 192 Mitarbeiter im Jahre 1867[18]; zur richtigen Bewertung der Größenordnung sei vermerkt, daß die Berliner Maschinenbaufirma Borsig 1855 bereits rund 1900 Mitarbeiter beschäftigte. Unter dem Personal von Siemens & Halske befanden sich jeweils 10–14 „Beamte“, unter ihnen jedoch (soweit aus den verfügbaren Unterlagen zu ersehen ist) niemand, der direkt mit technischer Entwicklungsarbeit als Beruf befaßt war.

Nach der Einberufung der ersten deutschen Nationalversammlung erhielt

im Fortschritt der Elektrotechnik 1847–1972, in: Tradition, Achtes Beiheft, München 1972, S. 9.

[16] Vgl. H. Mottek/W. Becker/A. Schröter, Wirtschaftsgeschichte Deutschlands, Ein Grundriß, Bd. III, 2. Aufl., Berlin 1975, S. 84.

[17] Chr. Kirsten/H.-G. Körber, Physiker über Physiker II, Berlin 1979, S. 107.

[18] Vgl. J. Kocka, Industrielle Angestelltenschaft in frühindustrieller Zeit – Status, Funktion, Begriff. Das Beispiel der „Privatbeamten“ der Firma Siemens & Halske 1847–1867, in: O. Büsch (Hrsg.), Untersuchungen zur Geschichte der frühen Industrialisierung, vornehmlich im Wirtschaftsraum Berlin/Brandenburg, Berlin (West) 1971, S. 328.

Tabelle 1: Wissenschaftlich-technische Arbeiten bei Siemens & Halske*

Die nachfolgende Tabelle gibt einen Überblick über Arbeiten, die bis etwa 1890 bei Siemens & Halske durchgeführt wurden und die vor allem auch wissenschaftliche Fragestellungen berücksichtigten. (Auswahl)

Name	Jahr	Thema	Bemerkungen
Werner Siemens	1842	preußisches Patent zur galvanischen Vergoldung	
	1846 bis 1849	Arbeiten zur nahtlosen Kabelisolierung mit Guttapercha	wichtige Voraussetzung für Telegraphenkabelverlegung
	1850	brit. Patentschrift über elektrische Telegraphen	physiko-chem. Vorgänge an Kontaktstellen
	1857	über elektrostatische Induktion und Verzögerung des Stroms in Flaschendrähten	im Zusammenhang mit Ladungserscheinungen an Telegraphendrähten; dabei führte Siemens genaue Kapazitätsmessungen durch (die gleiche Arbeit enthält den Entwurf einer Ozonapparatur, die ca. 30 Jahre später technische Verwendung fand)
	1860	Vorschlag zu einem reproduzierbaren Widerstandsmaß	fundamentale Bedeutung für die Präzision elektrischer Messungen; (erste praktische Nutzung bereits bei der Kabelverlegung Suez – Aden 1859); Hinweis auf Kontaktwiderstände
	1864	Entdeckung der dielektrischen Erwärmung	
	1866	Bewegungsgesetze der Gase in Röhren	angeregt durch den Aufbau einer Rohrpostanlage in Berlin
	1874	Arbeiten zu Telegraphenkabelverlegungen	Berechnung der auftretenden mechan. Kräfte (Anhaltspunkte für Wirtschaftlichkeit)
	1875 bis 1877	Lichtempfindlichkeit des Selens	wichtiger Beitrag zur Fotoleitfähigkeit von Halbleitern (er erkennt auch die Gleichrichterwirkung)
gemeinsam mit Fröhlich	1875	Messungen zur Fortpflanzungsgeschwindigkeit der Elektrizität in Tele-	praktisch ein Beitrag zur Bestätigung der Maxwellschen Theorie

Name	Jahr	Thema	Bemerkungen
		graphenleitungen mittels des von ihm 1845 entwickelten Chronoskops	
	1878	über Telephonie (elektrodynamisches Telephon)	enthält grundlegende Erkenntnisse zur Akustik (Prinzip heute im Lautsprecher genutzt)
	1884	Beiträge zur Theorie des Magnetismus	Grundlage für die spätere Theorie von Kapp und J. u. E. Hopkinson über die magnetischen Verhältnisse in Dynamomaschinen
William Siemens (England)	1860	elektrisches Widerstandsthermometer	1871 folgte eine Abhandlung über die Temperaturabhängigkeit des Widerstandes; Hinweise auf Nutzung von Platinthermometern zur Temperaturmessung an Öfen
	1882	Energiehaushalt der Sonne	
	1883	Abhängigkeit der Strahlung von der Temperatur	technischer Bezug: Glühlampe
Frischen	1877	Selenphotometer	Vorarbeit von Werner Siemens 1875
Fröhlich	1876	Formel für die Temperaturabhängigkeit der Leitfähigkeit des Selens	
	1879	Stromstärkeverluste in Kabeln verschiedener Länge	Bestätigung einer Theorie von Kirchhoff
	1887	über Schwingungen an Telephonmembranen	grundlegend für das elektrische Meßwesen (zeitlicher Verlauf elektrischer Vorgänge)
Wilhelm Siemens (Sohn von Werner S.)	1883	über die Beleuchtung durch Glühlicht	

* zusammengestellt nach Angaben in:
W. Siemens, Wissenschaftliche und Technische Arbeiten, Bd. 1, Berlin 1889, Bd. 2, Berlin 1891;
H. Pieper, Werner von Siemens und die elektrotechnische Fachliteratur, Teil II, in: Technikgeschichte (Düsseldorf) 4/1974;
F. Trendelenburg, Aus der Geschichte der Forschung in Hause Siemens. Düsseldorf 1975 (Technikgeschichte in Einzeldarstellungen Nr. 31).

die Firma Siemens & Halske den Auftrag, eine Telegraphenlinie von Berlin nach Frankfurt am Main zu bauen. Diese Linie, die zur Proklamierung der Kaiserwahl am 28. März 1849 eingeweiht wurde, war mit rund 500 km die damals längste in Europa. Der Erfolg brachte der Firma den Staatsauftrag, das preußische Telegraphennetz aufzubauen; da jedoch wegen des vorgegebenen Kostenlimits Kabelmaterial unzureichender Qualität verwendet werden mußte und eine zu geringe Verlegungstiefe vorgeschrieben war, traten Störungen im Betrieb auf, so daß es zu einem Zerwürfnis mit der preußischen Telegraphenbehörde kam.

Zwar hatte der Betrieb zu dieser Zeit bereits einen Auftrag der Stadt Berlin zur Anlage eines elektrischen Feuermeldenetzes mit Untergrundkabeln, doch war die Auftragslage nach 1852 längere Zeit kritisch. Siemens gelang es insbesondere, einige bedeutende Auslandsgeschäfte mit dem russischen Staat abzuschließen, die dem Betrieb in einigen Fällen sogar das Überleben sicherten.

2.4. Der Monopolisierungsprozeß in der deutschen Elektroindustrie und das Verhältnis von Wissenschaft, Technik und Ökonomie

Bekanntlich begann in den 70er Jahren in den industriell entwickelten Ländern die Herausbildung des Monopolkapitals. Für Deutschland waren die Reichsgründung und die von Frankreich nach dem verlorenen Krieg zu leistenden Kontributionen außerordentlich günstige Startvoraussetzungen dieses Prozesses. Allerdings waren erst die 80er Jahre die eigentlichen „Gründerjahre" der Elektroindustrie, und wenn wir die Zeit um 1870 als Periodisierungseinschnitt wählen, dann könnte diesem Gedanken der Vorwurf einer simplen Übertragung der allgemeinen Periodisierung der kapitalistischen Produktionsweise auf die spezielle Periodisierung der Elektroindustrie gemacht werden. Für die von uns gewählte Periodisierungsmarke spricht jedoch nicht einfach die zeitliche Koinzidenz mit dem allgemeinen Einsetzen des Übergangs zum Monopolkapitalismus, sondern die Tatsache, daß in dieser Zeit die Herausbildung der Starkstromtechnik als technologischer Grundlage der Monopolisierung in der Elektroindustrie begann. Damit war aber die Phase der extensiven Vervollkommnung eines bekannten Prinzips zu Ende: neue Herausforderungen an die Physik traten auf den Plan. Dem entsprach der mit der Berufung von H. v. Helmholtz nach Berlin im Jahre 1871 eingeleitete entscheidende qualitative Aufschwung der Berliner Physik.

2.4.1. Die Entwicklung der Starkstromtechnik und ihr Platz im System der Produktivkräfte

1866 entdeckte W. Siemens das dynamoelektrische Prinzip und legte damit den Grundstein für die Entwicklung der Starkstromtechnik. In der Geschichte dieses Prinzips haben auch andere Wissenschaftler und Erfinder eine wichtige Rolle gespielt, aber Siemens dürfte als erster seine große Bedeutung erkannt haben.[19] Als Mittel der technischen Realisierung des Prinzips erfand er den Doppel-T-Anker und auf dieser Grundlage den Dynamo. Man kann nun mit Bernal fragen, warum diese Erfindung, gemessen am Heranreifen ihrer Kenntnisvoraussetzungen in der Elektrizitätslehre, erst so spät gemacht worden ist: „Die Erzeugung von Elektrizität mit Hilfe mechanischer Arbeit und ihrer Anwendung zur Energieübertragung war nach Faradays Entdeckung der elektromagnetischen Induktion und seiner Vorführung des Generators im Jahre 1831 in den Bereich des Möglichen gerückt. Die Gründe, warum diese Entdeckung fünfzig Jahre nicht angewendet wurde, waren ... in der Hauptsache nicht technischer, sondern ökonomischer Natur.“[20]

Der Dynamo war eine Erfindung von genereller Bedeutung. Sein Bedürfnisbezug bestand nicht in irgendeiner spezifischen Anwendung des elektrischen Stromes, sondern in seiner Bereitstellung für beliebige Anwendungszwecke. Der von Siemens anläßlich seiner Erfindung für die Berliner Akademie verfaßte und von Magnus vorgelegte Beitrag schloß mit den Worten: „Der Technik sind gegenwärtig die Mittel gegeben, elektrische Ströme von unbegrenzter Stärke auf billige und bequeme Weise überall da zu erzeugen, wo Arbeitskraft disponibel ist. Diese Tatsache wird deshalb auf mehreren Gebieten derselben von wesentlicher Bedeutung werden.“[21] Ein durchgreifender technischer Fortschritt (unter der selbstverständlichen Voraussetzung, daß ihn die vorangegangene Entwicklung von Wissenschaft und Technik überhaupt ermöglicht) erfolgt im Kapitalismus nur, wenn sie den Verwertungsbedürfnissen des Kapitals entspricht. Aus technischem Interesse hätte die Dynamomaschine gewiß auch früher erfunden werden können, doch es ist fraglich, ob sie dann einen ganzen Industriezweig begründet hätte oder nicht vielmehr am Rande der technischen Entwicklung geblieben wäre. Man kann daher voraussetzen, daß die Entwicklung der kapitalistischen Produk-

[19] Vgl. O. Mohr, Die Entstehung der Dynamomaschine, Geschichtliche Einzeldarstellungen der Elektrotechnik, Bd. 5, Berlin 1941.

[20] J. D. Bernal, Die Wissenschaft in der Geschichte, a. a. O., S. 401.

[21] W. Siemens, Über die Umwandlung der Arbeitskraft in elektrischen Strom ohne Anwendung permanenter Magnete, in: W. Siemens, Wissenschaftliche und Technische Arbeiten, Bd. 1, Berlin 1889, S. 210, sowie Bd. 2, Berlin 1891, S. 234–236.

tionsweise ursächliche Bedeutung für die Aktualisierung der Produktivkraftfunktion hatte, die in der Elektrizitätslehre bereits latent angelegt war.

Die Herausbildung einer Vielzahl in profitablen Produktionen nutzbarer Anwendungsgebiete des elektrischen Stromes, die einen erhöhten Bedarf an Elektroenergie hätten bedingen können, war vor dem Nachweis der technischen Möglichkeit, in weiten Grenzen Strom beliebiger Stärke in beliebiger Quantität herzustellen, kaum denkbar. Andererseits wurden die Verwertungsbedürfnisse des Kapitals von diesem Problem nur berührt, wenn die Begrenztheit des Elektrizitätsaufkommens aus den bisher verfügbaren Quellen die Möglichkeit der Profitsicherung sichtlich begrenzte. Es liegt daher nahe, die Entwicklung des Widerspruchs zwischen Stromaufkommen und Strombedarf, als dessen Lösung die Starkstromtechnik auftrat, in der bereits kapitalistischen Schwachstromtechnik selbst zu suchen.

Im Zusammenwirken mit ihrer englischen Firma unter William Siemens baute Siemens & Halske (unter Nutzung auch ihrer Verbindungen durch das Rußlandgeschäft) die Indo-Europäische Telegraphenlinie durch Rußland, das Schwarze Meer, den Kaukasus und Persien. Bei so großen Entfernungen erwiesen sich die Batterien, die bisher als einzige brauchbare Stromquelle zur Verfügung standen, zunehmend als problematisch. Es ist anzunehmen, daß diese Schwierigkeiten Siemens dazu angeregt haben, nach einer grundsätzlich neuen Lösung zu suchen, die die Leistungsgrenzen der bisherigen Stromquellen ein für allemal überwinden konnte. Das war eine der in der Geschichte nicht so häufigen Situationen, in der die Verbindung der Positionen des Kapitalisten, des Technikers und des Wissenschaftlers in ein und derselben Persönlichkeit entscheidend dafür war, eine neue Richtung des wissenschaftlich-technischen Fortschritts zu eröffnen.

Die 70er Jahre waren für die Entwicklung der Starkstromtechnik noch weitgehend eine experimentelle Phase, in der es darauf ankam, neben der weiteren technischen Vervollkommnung der Dynamomaschine die vielfältigen Anwendungsmöglichkeiten des Starkstroms zu erproben und zu demonstrieren. Es ist bemerkenswert, daß die stabile Produktion auf dem gut eingeführten Gebiet der Nachrichtentechnik bei steigendem Absatz die Finanzierung der Entwicklung der neuen Technik ermöglichte; ein Teil des aus etablierten Produktionen stammenden Profits wurde also bei Siemens & Halske bereits bewußt abgezweigt, um den Start prinzipiell neuer Produktionen vorzubereiten.

Die kontinuierliche Entwicklung auf dem Gebiet der elektrischen drahtgebundenen Nachrichtentechnik konnte sich auf die weiter zunehmende Vergesellschaftung der Produktion und die außerordentlich schnelle Ausdehnung der Verkehrsverbindungen stützen. Damit wurde die Gründung weiterer Telegraphenbauanstalten angeregt, so daß sich für Siemens & Halske auch im Inland allmählich ein spürbarer Konkurrenzdruck ergab. 1876 bestanden nach zeitgenössischen Angaben von Wiedfeldt in Berlin noch 11 weitere Telegraphenbauanstalten mit rund 180 Mitarbeitern;[22] in diesem Jahr errichtete die Firma Siemens & Halske übrigens eine eigene Kabelfabrik. Ein wichtiger Zweig der Nachrichtentechnik war die Signal- und Sicherungstechnik für das Eisenbahnwesen; zu diesem Zweck entstand nach der Konzeption von C. Frischen 1870 bei Siemens & Halske der erste Eisenbahn-Streckenblock.

1877 kam die Fernsprecherproduktion hinzu. Hier befand sich Deutschland im Nachtrab gegenüber den USA. E. Rathenau, der spätere Begründer der AEG, hatte 1876 bei einer Studienreise durch Amerika das Telephon kennengelernt und versucht, auch in Deutschland dafür Interesse zu wecken. Dabei war er entschlossen, „nicht eine Telephonfabrik zu begründen, sondern dem Nachrichtenwesen durch Einführung von Fernsprechapparaten im Zusammenhang mit zentralen Vermittlungsämtern einen neuen bequemen Weg zu schaffen“[23]. Die Reichspost hatte jedoch zunächst kein Interesse an dieser neuen Form der Nachrichtenverbindung und schätzte den Bedarf anfangs auch völlig falsch ein, aber 1877 gelang es Siemens, mit dem inzwischen von der Sache überzeugten Reichspostminister Stephan ins Geschäft zu kommen.

Am 6. November 1877 schrieb er an seinen Bruder Carl: „Werde wohl nächstens ein Telephonpatent beantragen. Wir sind mitten in den Versuchen und ich glaube, wir werden Bell sehr bald übertreffen.“ Dabei sprach er auch aus, daß eine Chance verpaßt worden ist, als die Arbeiten von Ph. Reis von der Industrie in Deutschland unbeachtet blieben: „Wir Esel haben zwar das Wunder des deutlichen Verstehens auf 60 Fuß und mehr Entfernung angestaunt, aber die Sache nicht verfolgt, auch nicht dann, als Reis es elektrisch zu machen versuchte!“[24] Auf der Grundlage des von Siemens entwickelten verbesserten Apparates wurde bald darauf in Berlin der Fernsprechverkehr aufgenommen. Im Januar 1881 ging das erste Berliner handvermittelnde Fernsprechamt in Betrieb. Dieser Zweig der Elektrotechnik wuchs stetig, jedoch nicht spektakulär weiter. 1895 waren in Berliner Betrieben der Sparte Telegraphie/Telephonie/Signalanlagen 1405 Personen beschäftigt; das waren zu dieser Zeit noch reichlich 12 % aller Beschäftigten der Berliner Elektroindustrie.[25] Nach E. v. Halle gab es Ende 1899 in Deutschland 23700 Telegraphenanstalten (d. h. eine auf 2283 Einwohner) und ein Netz von 128500 km Länge; in 13200 Orten bestanden 229400 Fernsprechstellen, wobei Berlin mit mehr als 40000 Sprechstellen und 68000 km Anschluß-

[22] Vgl. O. Wiedfeldt, Statistische Studien zur Entwicklungsgeschichte der Berliner Industrie von 1720 bis 1890, in: Staats- und sozialwissenschaftliche Forschungen, hg. von G. Schmoller, Bd. 16, H. 2, Leipzig 1898, S. 268.

[23] A. Fürst, Emil Rathenau – Der Mann und sein Werk, Berlin-Charlottenburg 1915, S. 19.

[24] W. Brill, Werner Siemens und das Telephon, in: Siemens-Zeitschrift, Berlin (West), 10/1961, S. 739.

[25] Vgl. P. Czada, Die Berliner Elektroindustrie in der Weimarer Zeit, Berlin (West) 1969.

leitungen das größte Fernsprechzentrum der Welt war.[26] 1903 hatte die Anzahl der Orte mit Fernsprechanstalten bereits auf 20821 zugenommen, und 1904 entfiel eine Fernsprechanstalt auf 23,5 km^2 und 2448 Einwohner.[27]

Die eigentlich revolutionäre Entwicklung in der Elektroindustrie vollzog sich in den letzten beiden Jahrzehnten des Jahrhunderts jedoch, wie bereits erwähnt, auf dem Gebiet der Starkstromtechnik. Nach dem Erprobungs- und Einführungsstadium, in dem sich das neue Gebiet als experimenteller Zweig auf dem Hintergrund der Schwachstromtechnik entwickelte, wuchs es so explosiv, daß es den älteren Zweig bald in den Schatten stellte. Wie Riesser angibt, entfielen von der auf 228,7 Millionen Mark veranschlagten Gesamtproduktion der deutschen elektrotechnischen Industrie im Jahre 1898 mehr als 93 % auf die Schwachstromtechnik.[28]

Der erste Applikationsbereich, den die Möglichkeit der ökonomisch akzeptablen Umwandlung mechanischer in elektrische Energie erschloß, war die elektrische Beleuchtung. Diese Anwendung entsprach einem sehr allgemeinen Bedürfnis, das vor allem ein Resultat des mit der kapitalistischen Industrialisierung stürmisch fortschreitenden Urbanisierungsprozesses war. Allerdings trafen die Bemühungen um die Einführung der elektrischen Beleuchtung nicht auf unbesetztes Terrain, sondern mußten sich gegen heftige Konkurrenz der Gasbeleuchtung durchsetzen, die sich nach 1860 beschleunigt ausgebreitet hatte; die daraus erwachsenen Zwänge trugen nicht wenig zur Perfektionierung der technischen Lösungen bei.

Die Firma Siemens & Halske war in den 70er und frühen 80er Jahren, obwohl noch hauptsächlich mit Schwachstromtechnik befaßt, durchaus schon in der Starkstromtechnik engagiert. Intensiv wurde an der Vervollkommnung der Dynamomaschinen gearbeitet, die in den 70er Jahren vor allem schon im Bergbau und im Hüttenwesen Anwendung fanden. F. v. Hefner-Alteneck entwickelte 1872 den Siemensschen Doppel-T-Anker zum Trommelanker weiter; das war ein entscheidender Schritt zum Einsatz der Dynamomaschine als leistungsfähigen und wirtschaftlichen Generator und Motor. Die erste Trommelankermaschine wurde bereits im Sommer 1872 nach Rußland verkauft, und 1873 wurde ein Modell auf der Wiener Weltausstellung gezeigt.

1879 wurde auf der Berliner Gewerbeausstellung eine selbstregulierende Differentialbogenlampe vorgeführt, die Hefner-Alteneck entworfen hatte. Diese Beleuchtungsform, bei der mehrere Bogenlampen von einer Stromquelle aus versorgt und reguliert werden konnten, wurde zunächst auf der sogenannten Kaiserpassage „Unter den Linden“ und 1882 auch in der

26 Vgl. E. v. Halle, Die deutsche Volkswirtschaft an der Jahrhundertwende, Berlin 1902, S. 72/73.

27 Vgl. J. Riesser, Zur Entwicklungsgeschichte der deutschen Großbanken mit besonderer Rücksicht auf die Konzentrationsbestrebungen, 2. verm. und verb. Aufl., Jena 1906, S. 89.

28 Ebenda, S. 81.

Leipziger Straße und auf dem Potsdamer Platz in Berlin eingeführt. Den schon erwähnten E. Rathenau begeisterten diese ersten Beleuchtungsversuche, und er entwarf Pläne für Städtebeleuchtung in großem Stil, für deren Realisierung die Bogenlampe jedoch noch wenig geeignet war. Als Edisons Glühlampe auf der Pariser Elektrizitätsausstellung 1881 vorgeführt wurde, erkannte Rathenau sofort die Chance, die sich nun für seine Beleuchtungspläne bot. 1882 erwarb er von der Pariser „Compagnie Continentale Edison", die die Interessen der Edison-Gesellschaft für Europa vertrat, Lizenzen auf die Edison-Patente. Es gelang ihm, ein Bankkonsortium zu bilden und mit dem bereitgestellten Kapital zunächst eine Studiengesellschaft zu gründen. Da bei Siemens & Halske die Bedeutung der Glühbirne ebenfalls erkannt worden war, kam es zwischen diesem etablierten Unternehmen und der „Studiengesellschaft" zu einer Art Kartellvereinbarung, die es schließlich ermöglichte, die letztere im März 1883 in die „Deutsche Edison-Gesellschaft für angewandte Elektrizität" umzuwandeln, deren erster Direktor E. Rathenau wurde. Unter seiner Leitung baute das neue Unternehmen das Beleuchtungsgeschäft in großem Stil auf. Um die elektrische Beleuchtung zu popularisieren, wurden zunächst in der Berliner Innenstadt mehrere Restaurants und Geschäfte mit Glühlampen ausgestattet, die von im gleichen Häuserblock untergebrachten kleinen Blockstationen versorgt wurden. 1884 wurde zwischen der Deutschen Edison-Gesellschaft und der Stadt Berlin ein Vertrag über die Beleuchtung der Innenstadt abgeschlossen; zu ihrer Versorgung gründete Rathenau im gleichen Jahr eine neue Aktiengesellschaft unter dem Namen „Städtische Elektrizitätswerke" und begann mit dem Bau von zwei Kraftwerken in der Markgrafenstraße und der Mauerstraße.[29]

1887 erwarb die Deutsche Edison-Gesellschaft gemeinsam mit Siemens & Halske auf der Grundlage eines veränderten Kartellvertrages die Glühlampenpatente, löste ihre Bindungen zu den amerikanischen und französischen Edison-Gesellschaften und nahm die Bezeichnung „Allgemeine Elektrizitäts-Gesellschaft" (AEG) an.[30] Über den Patenterwerb urteilten Mottek, Becker und Schröter: „Dieser Ankauf bildete gewissermaßen die wichtigste Investition für die neue Gesellschaft."[31] Mit der Verbreitung der elektrischen Beleuchtung ging ein entsprechend anschwellender Bedarf an Leitungsmaterial, Isolatoren, Transformatoren, Schaltern und anderem Zu-

[29] Vgl. C. Matschoss, Geschichtliche Entwicklung der Berliner Elektrizitätswerke von ihrer Begründung bis zur Übernahme durch die Stadt, Beiträge zur Geschichte der Technik und Industrie, (Berlin), Bd. 7 (1915/16), S. 9.

[30] Umfangreiches Material zur Geschichte der AEG ist zusammengetragen in: E. Koebel-Tusk, AEG. Energie – Profit – Verbrechen, hg. von P. Heß, Berlin 1958.

[31] H. Mottek/W. Becker/A. Schröter, Wirtschaftsgeschichte Deutschlands, a. a. O., S. 94.

behör einher, der zur Diversifizierung der Produktionssortimente in der Elektroindustrie beitrug. So erwarb die AEG 1888 die Weddingsche Maschinenfabrik, um hier Dynamomaschinen, Akkumulatoren, Leitungs- und Isoliermaterial zu produzieren.

Hinzu kamen weitere Anwendungen des elektrischen Stromes, die von der Elektroindustrie erprobt und initiiert wurden. Die wichtigsten sollen hier noch kurz erwähnt werden:

a) *Verwendung des Elektromotors zum Antrieb von Fahrzeugen*

W. Siemens konstruierte eine elektrische Lokomotive, die 1879 auf der Berliner Gewerbeausstellung gezeigt wurde, und plante bereits 1880 für Berlin die Anlage von Hochbahnen. 1881 nahm die erste elektrische Straßenbahn in Berlin zwischen Groß-Lichterfelde und Kadettenanstalt den Dauerbetrieb auf. In den 90er Jahren befaßte sich auch die AEG mit der Elektrifizierung der Pferdebahnen, sowohl in Berlin als auch in anderen deutschen Städten.

Siemens hatte jedoch auch weiterreichende Pläne: den Bau elektrisch betriebener Autos und Busse. Bereits 1847 hatte er in einem Brief den Gedanken geäußert: „Wenn ich mal Muße und Geld habe, will ich mir eine elektromagnetische Droschke bauen.“ [32] 1882 führte er entsprechende Versuche durch. Ein O-Bus wurde im Anschluß an die Einweihung der neuen elektrischen Eisenbahnlinie Charlottenburg–Spandauer Block vorgeführt: „Nach Beendigung der Einweihung begab sich die Mehrzahl der Teilnehmer nach Wilmersdorf . . ., wo durch Herrn Werner Siemens und Herrn Frischen die Vorführung eines elektrischen Wagens auf freier Chaussee ohne Schienenverbindung stattfand: die ‚Elektromote‘.“ [33] Das Problem eines betriebssicheren Oberleitungsstromabnehmers für O-Bus und Straßenbahn wurde durch den 1889 von W. Reichel entwickelten Bügelstromabnehmer gelöst. Dennoch konnte sich gegen die Konkurrenz der Automobile mit Verbrennungsmotor (Daimler und Benz hatten ihre Konstruktion 1885/86 vorgeführt) der Elektroantrieb zunächst nur auf dem Gebiet des schienengebundenen Nahverkehrs durchsetzen.

b) *Entwicklung der elektrochemischen Industrie*

Die Geschichte dieses interessanten Zweiges als Bindeglied der beiden damals „wissenschaftsintensivsten“ Industrien, der chemischen und der Elektroindustrie, kann hier nicht näher verfolgt werden. Der hohe Stromverbrauch in den elektrochemischen Werken stimulierte die Entwicklung leistungsfähiger Stromerzeuger und Energieübertragungssysteme. Dabei waren die

[32] Zit. nach: S. v. Weiher, 75 Jahre O-Bus, in: Siemens-Zeitschrift, Berlin (West), 8/1957, S. 280.

[33] Zit. nach: H. Pieper, Werner von Siemens und die elektrotechnische Fachliteratur, Teil II, a. a. O., S. 286.

bedeutenden Elektrounternehmen selbst aktiv in der Anlage elektrochemischer Betriebe. So rief die AEG in der Schweiz die Aluminium-Industrie AG ins Leben und gründete die elektrochemischen Werke in Bitterfeld.

Auch weitere, weniger bedeutende Versuche wurden unternommen, neue Anwendungsgebiete des elektrischen Stromes zu erschließen. So befaßte sich Siemens auch mit elektrisch angetriebenen Aufzügen und trug darüber 1880 im Elektrotechnischen Verein vor. Die Firma zeigte einen Prototyp auf einer Ausstellung in Mannheim. Siemens ließ sich diese Entwicklung jedoch nicht patentieren, und so gilt heute vielfach der Amerikaner Baxter (1887) als Erfinder.

Der wichtigste Effekt der Starkstromtechnik für die Entwicklung des Produktivkräftesystems wurde in der hier zu behandelnden Periode jedoch erst vorbereitet: die massenhafte Anwendung des Elektromotors zum Antrieb von Produktionsinstrumenten, insbesondere von Werkzeugmaschinen. Die energetische Ausstattung der Produktion ist bekanntlich ein wesentlicher Indikator für den Fortschritt der Produktivkräfte. Nach einer Berechnung von E. v. Halle verwendeten im Jahre 1895 in Deutschland 164500 Betriebe (4,5 % aller Betriebe) technische Antriebsmittel mit einer Gesamtleistung von 3,5 Millionen PS, die der Arbeit von 82 Millionen Menschen entsprach; vier Fünftel davon waren Dampfmaschinen. Allein von 1895–98 stieg die PS-Zahl um 40 %.[34] Mottek, Becker und Schröter kommen zu dem Schluß, daß sich in Deutschland in Bergbau, Industrie und Handwerk die PS-Zahl je Produktionseinheit in den zwanzig Jahren zwischen 1875 und 1895 nahezu verdoppelt hat.[35] Auch im letzten Drittel des Jahrhunderts stiegen das Leistungsvermögen und vor allem die Anzahl der eingesetzten Dampfmaschinen ständig an. Weil aber nur große Leistungseinheiten ökonomisch betrieben werden konnten, waren Maschinensysteme nur durch die Verteilung der Antriebsenergie, die von einer zentralen Dampfmaschine erzeugt wurde, über ein System von Transmissionen möglich. Das behinderte die technologische Gestaltung der Produktion und der Produktionsstätten nach dem Fertigungsprinzip und hemmte den weiteren Fortschritt der Arbeitsteilung. Schließlich wurde, je umfangreicher die Transmissionen wurden, ein immer größerer Teil der erzeugten Energie durch das Übertragungssystem selbst verbraucht, ohne der Bearbeitung des eigentlichen Arbeitsgegenstandes zugute zu kommen. Die mit dem Prozeß der Arbeitsteilung verbundene Entwicklung der Arbeitsmaschinen, die in immer höher integrierten Systemen aus immer stärker spezialisierten Einheiten auftraten, führte in der Übergangsphase zum Imperialismus zu einem technologischen Widerspruch

[34] Vgl. E. v. Halle, Die deutsche Volkswirtschaft an der Jahrhundertwende, a. a. O., S. 48.

[35] H. Mottek/W. Becker/A. Schröter, Wirtschaftsgeschichte Deutschlands, a. a. O., S. 28.

in der materiell-technischen Basis: Das Prinzip des Dampfantriebes selbst wurde zum entscheidenden Hindernis für die Höherentwicklung der Produktivkräfte in vielen wichtigen Zweigen. „Unter diesen Bedingungen war es nahezu ausgeschlossen, den Übergang von der Einzel- und Serienfertigung zur Massenproduktion zu vollziehen.“[36] Diesen Widerspruch löste der Elektromotor. Es ist dabei kennzeichnend für die ökonomische Trägheit des Innovationsprozesses, daß noch bis in die 20er Jahre auch beim Einsatz von Elektromotoren der dem alten Fabriksystem entlehnte Gruppenantrieb vorherrschte, ehe sich der bedeutend flexiblere Elektroantrieb für die Werkzeugmaschinen durchsetzen konnte.

So verlangt die richtige Einschätzung der produktiven Bedeutung des dynamoelektrischen Prinzips einen erheblich weiteren Zeithorizont, der bis in die 20er und 30er Jahre unseres Jahrhunderts reicht. Die vorliegende Studie erfaßt nur ein Fragment jenes Entwicklungsabschnitts der Produktivkräfte, in dem der angedeutete technologische Widerspruch entstand, sich verschärfte und gelöst wurde. Es ist aber der Gesamtzusammenhang der Bewegung dieses Widerspruchs, der die Bedeutung des dynamoelektrischen Prinzips und der von ihm ausgehenden Arbeiten als Entwicklungsfaktor der Produktion definiert. Eine Erweiterung des Zeitraumes der Betrachtung über die in diesem Beitrag berücksichtigte Periode hinaus könnte daher möglicherweise auch zu vertieften Aufschlüssen über das innere Verhältnis von Wissenschaft und Produktion im frühen Imperialismus führen.

2.4.2. Produktionsaufschwung und Monopolbildung in der Elektroindustrie. Ökonomische Stimuli der Innovation

Das ökonomische Zentrum des Übergangs zum Imperialismus war, wie Lenin gezeigt hat, die Konzentration des Kapitals zum Monopol. Die technologische Basis dieses Prozesses war die Konzentration der Produktion, die mit der weiteren Elementarisierung der Operationen, ihrer Unifizierung, Standardisierung und massenhaften Wiederholung einherging. Damit wurden günstige Bedingungen für den rationalen Entwurf neuer technologischer Lösungen auf der Basis wissenschaftlicher Kenntnisse und ihre praktische Realisierung geschaffen, wie sie niemals zuvor in der Geschichte bestanden hatte. Das von Marx gefundene Gesetz der Bildung und des tendenziellen Falls der Durchschnittsprofitrate, das für die ganze kapitalistische Produktionsweise gilt, begründet die enge Korrelation zwischen exzeptionell hoher Arbeitsproduktivität und überdurchschnittlichen Profiten (die allerdings keinesfalls eine automatische, in jedem einzelnen Fall zwangsläufig eintretende Folgebeziehung bedeutet) und damit die Triebkraftfunktion des Kapitalverhält-

[36] Ebenda, S. 29.

nisses für die Produktivitätssteigerung. Wissenschaftlich fundierte Innovationen können sprunghafte Produktivitätssteigerungen erbringen und werden entsprechend von den kapitalistischen Produktionsverhältnissen stimuliert. Ihre Einführung fordert jedoch in der Regel, besonders bei Innovationen von größerer Bedeutung, einen erheblichen Schwellenaufwand an Kapital, vor allem deshalb, weil viel fixes Kapital ausgelegt werden muß, das erst in langen Zyklen zurückfließt. Inwieweit also Innovationen praktisch durchgesetzt werden können und damit real stimuliert werden, hängt – ganz gleich, wie hoch die Produktivitätssteigerung ist, die dadurch bewirkt werden könnte – zunächst einmal davon ab, ob das erforderliche Startkapital überhaupt aufgebracht werden kann (wobei selbstverständlich die Größenordnung der ins Auge gefaßten Innovation auf die Investitionsbereitschaft der potentiellen Kapitalgeber zurückwirkt). Da die Möglichkeiten, größere Kapitalien für aussichtsreich erscheinende Zwecke schnell aufzubringen, mit der Herausbildung des Finanzkapitals wesentlich steigen, erhöht sich die Reichweite der ökonomischen Stimulierung des wissenschaftlich-technischen Fortschritts im Imperialismus, verglichen mit dem vormonopolistischen Kapitalismus, ganz beträchtlich.

Die repressive Tendenz zur Hemmung der Produktivkräfte, die dem Kapital gleichfalls objektiv eigen ist, trat in der hier zu betrachtenden Zeit im Rahmen der Elektroindustrie so weit hinter der Tendenz zur Förderung des Fortschritts der Produktivkräfte zurück, daß wir hier nicht auf sie eingehen müssen. Im größeren Rahmen der ganzen Volkswirtschaft trat sie hingegen durchaus spürbar in Erscheinung. Der Trend, die kurz- und mittelfristig profitabelsten Richtungen der Produktivitätserhöhung unabhängig von den Proportionalitätserfordernissen der gesamten Volkswirtschaft einseitig zu bevorzugen, äußerte sich in einer starken Disproportionierung des technischen Fortschritts nach Zweigen; damit wurden bereits in der Zeit des stärksten Wirtschaftsaufschwungs des deutschen Monopolkapitals Voraussetzungen für den später zunehmenden Rückstand gegenüber den USA geschaffen.[37] Daß der Fortschritt der Elektrotechnik so durchgehend stimuliert wurde, lag unseres Erachtens darin, daß die Elektroindustrie, indem sie Mechanismen zur Entwicklung und Bedienung der im vorhergehenden Unterabschnitt genannten Bedürfnisse aufbaute, stets ein beträchtliches Maß kurz- und mittelfristiger Profitsteigerung ermöglichte, ungeachtet ihrer Bedeutung für die fernere Perspektive.

Die Monopolisierung setzte in den verschiedenen Industriezweigen zu unterschiedlichen Zeiten ein. In Deutschland war es der Komplex der Kohle-Eisen-Stahl-Industrie, der auf diesem Weg voranging und der es zuerst vermochte, die Nachteile der wirtschaftlichen Spätentwicklung in Vorteile zu

[37] D. Baudis/H. Nussbaum, Wirtschaft und Staat in Deutschland vom Ende des 19. Jahrhunderts bis 1918/19, a. a. O., S. 59.

verkehren. Die deutsche Produktionsmittelproduktion war „fast vom ersten Tag ihrer machtvollen Entfaltung an der Monopolbildung stärker ausgesetzt als die anderen Länder, in denen sich die Schwerindustrie bereits in einer Zeit zu entwickeln begonnen hatte, als von Monopolbildung noch nicht gesprochen werden konnte... Kohle – Eisen – Stahl betraten das Stadium des Imperialismus weit stärker durchmonopolisiert als etwa in England und Frankreich ..."[38] Der schwerindustrielle Vorlauf war zugleich eine Voraussetzung für den forcierten Aufbau so ausrüstungsintensiver Zweige wie der chemischen und der Elektroindustrie, die damals die vordere Front des wissenschaftlich-technischen Fortschritts verkörperten.

Solange die Elektrotechnik noch ausschließlich Schwachstromtechnik war, bot die entsprechende Industrie das eigentümliche Bild eines Gewerbes, das in seinen Produkten den neuesten Stand wissenschaftlicher Erkenntnis materialisierte und in seiner Arbeitsweise zugleich noch stark manufakturelle Züge trug. Erst in den 70er Jahren wurde bei Siemens & Halske der Übergang von der manufakturartigen Fertigung abgeschlossen: 1872 wurde in der Markgrafenstraße eine Abteilung mit Werkzeugmaschinen in Betrieb genommen, die größere Serien einzelner Bauteile für Gerätefertigungen herstellte; zugleich wurde dafür der Akkordlohn eingeführt.

Die Starkstromtechnik schuf technologische Bedingungen, die die Konzentration der Produktion sehr begünstigten. Von den Stromerzeugern über die Verteilernetze zu den vielfältigen Anwendungen der Elektrizität entstanden vielgliedrige technologische Systeme, die auch entsprechende ökonomische Zusammenhänge zwischen ihren Gliedern erforderten. Ein damit verbundenes monopolisierungsförderndes Moment war der hohe Anlagenaufwand in der elektrotechnischen Industrie. Kubitschek weist darauf hin, daß die Elektroenergie nur dann billiger als Dampfkraft war, wenn sie in entsprechend großen Einheiten erzeugt wurde. Anlagen in der Preisklasse einer normalen Dampfmaschine waren nicht rentabel, und daraus ergab sich unausweichlich die Tendenz zu kapitalaufwendigen großen Überlandzentralen mit entsprechend ausgedehntem Einzugsbereich.[39] Die Firma Siemens & Halske entwickelte sich mit dem Vordringen der Starkstromtechnik zum Großunternehmen, und die AEG begann ihren Weg sofort als kapitalistisches Monopol. Ein Indikator dafür ist die Zunahme der Beschäftigungszahlen beider Unternehmen (siehe Tab. 2).

Die Geschichte der AEG war von Anfang an ein Teil der Genesis des deutschen Finanzkapitals, der für den Imperialismus charakteristischen Verschmelzung von Bank- und Industriekapital, die zu einer einzigartigen

[38] J. Kuczynski, Zur Soziologie des imperialistischen Deutschland, in: Jahrbuch für Wirtschaftsgeschichte 1962, Teil II, Berlin 1962, S. 58/59.

[39] Vgl. H. Kubitschek, Zu Tendenzen des staatsmonopolistischen Kapitalismus in Deutschland vor dem ersten Weltkrieg, in: Jahrbuch für Wirtschaftsgeschichte 1963, Teil II, Berlin 1963, S. 121/122.

Tabelle 2

Jahr	Beschäftigte Siemens & Halske	AEG
1870	334	–
1880	800	–
1885	1100	–
1890	3350	2000
1895	4072	5100

Konzentration wirtschaftlicher (und politischer) Macht führte, aber auch einen hochwirksamen Mechanismus zur ökonomischen Stimulierung und Sicherstellung grundlegender Innovationen darstellte. Wir hatten bereits erwähnt, daß E. Rathenau seine „Studiengesellschaft" mit Hilfe eines Bankenkonsortiums gründete und daß die „Deutsche Edison-Gesellschaft" auf der Basis einer Erweiterung dieses Konsortiums als eine Aktiengesellschaft entstand. Rathenau stand dem Direktorium vor, dem als technischer Experte auch noch der Ingenieur Oscar von Miller angehörte, der 1882 in München die erste deutsche Elektrizitätsausstellung organisiert hatte. (Rathenau hatte mit seiner Studiengesellschaft die elektrische Beleuchtung dieser Ausstellung übernommen.) Das Bankenkonsortium begnügte sich jedoch nicht mit der Bereitstellung von Kapital, sondern entsandte mit Felix Deutsch einen eigenen Vertreter in das Direktorium, um die Entwicklung des Unternehmens direkt zu kontrollieren und zu beeinflussen. Wir hatten auch schon darauf verwiesen, daß Rathenau die „Städtischen Elektrizitätswerke" in Berlin 1884 als eine neue Aktiengesellschaft gründete; so konnte dieses Projekt unabhängig von den Akkumulationsmöglichkeiten in Angriff genommen werden, die in den bereits bestehenden Betrieben der Deutschen Edison-Gesellschaft erwirtschaftet worden waren. Treffend bemerkt Hautsch: „Die Rathenau-Gesellschaft hat nicht nur auf technologischem Gebiet Neues hervorgebracht, sie hat auch ‚Pionierleistungen' bei der Herausbildung des Finanzkapitals vollbracht."[40]

Dieser Mechanismus, der die Interessen der Realisation des grundlegenden Produktionsverhältnisses mit den Erfordernissen des wissenschaftlich-technischen Fortschritts partiell zur Deckung bringt, verdient größte Aufmerksamkeit. Er ist die eigentümliche kapitalistische Form, für *Teile* der Produktion, die besonders profitträchtige Richtungen des wissenschaftlich-technischen Fortschritts verkörpern, Entwicklungsressourcen des *Ganzen* der gesellschaftlichen Produktion zu mobilisieren, die über die inneren Ressourcen der Teile hinausgehen. Der partielle Prozeß wird so über das Maß der Möglich-

[40] G. Hautsch, Das Imperium AEG-Telefunken Frankfurt a. M. 1979, S. 10.

keiten hinaus beschleunigt, die die eigene Entwicklung des Unternehmens bzw. des Zweiges bislang geschaffen hat.

Die darin verwirklichte Wechselbeziehung zwischen Produktivkräften und Produktionsverhältnissen läßt sich folgendermaßen kennzeichnen. Einerseits wird in dem zum Monopol entwickelten Kapitalverhältnis „auch der Prozeß der technischen Erfindungen und Vervollkommnungen vergesellschaftet“[41]. Andererseits wird der technische Fortschritt – also eine Entwicklung im System der Produktivkräfte – zum Mittel, noch vor seiner eigentlichen Realisierung Sonderprofite abzuwerfen, die in Formen wie dem „Gründergewinn“ bei der Bildung von Aktiengesellschaften oder dem Spekulationsgewinn bei der Emission von Aktien weit über ihrem Nennwert in Erscheinung treten. Zur Benutzung des Kapitalkredites schreibt Hilferding, der sich in der marxistischen Periode seines Schaffens ausführlich mit diesem Problemkreis befaßt hatte: „Indem sie erlaubt, die Stufenleiter der Produktion auszudehnen, die Produktivkraft der Arbeit zu steigern, gewährt sie zunächst den Kapitalisten, die den Kredit zuerst oder in größerem Umfang als andere anwenden können, Extraprofit, um im weiteren Verlauf der Entwicklung durch Fortschreiten zur höheren Zusammensetzung des Kapitals, die mit der Ausdehnung der Produktion meist verbunden ist, die Profitrate zu senken. Die Erhöhung des Unternehmergewinns der einzelnen Kapitalisten treibt diese zu immer stärkerer Inanspruchnahme des Kredits. Zugleich wächst durch die Zusammenfassung alles Geldkapitals in den Banken die Möglichkeit der Inanspruchnahme.“[42]

Auf diese Weise verändert sich die Stellung der Banken zur Industrie. Die Großbanken – in Personalunion mit den Industrieunternehmen – können auf die Unternehmensführung in einem solchen Grade Einfluß nehmen, daß sie die entscheidenden Richtungen des technischen Fortschritts selektieren und durch konzentrierte Kapitalbereitstellung ermöglichen. Lenin bestimmte diese Funktion des Finanzkapitals so: „Selbstverständlich können die Milliardenunternehmungen der Großbanken auch den technischen Fortschritt mit Mitteln fördern, mit denen sich die früheren in keiner Weise vergleichen lassen.“[43] J. Riesser – ein zeitgenössischer Kenner des Bankwesens, auf den sich Lenin in seiner Imperialismusanalyse mehrfach bezieht – sah bereits sehr genau den direkten Eingriff der Banken in die Geschicke der Industrieunternehmen. Danach müssen die Banken „versuchen, sich über die Gesamtlage der auf ihre Förderung in erster Linie angewiesenen Geschäftszweige der Industrie und des Handels jederzeit einen umfassenden und ge-

[41] W. I. Lenin, Der Imperialismus als höchstes Stadium des Kapitalismus, a. a. O., S. 209.

[42] R. Hilferding, Das Finanzkapital. Eine Studie über die jüngste Entwicklung des Kapitalismus, Berlin 1955, S. 115.

[43] W. I. Lenin, Der Imperialismus als höchstes Stadium des Kapitalismus, a. a. O., S. 228.

nauen Überblick zu verschaffen, um notwendige Bedürfnisse von unwichtigen Vergrößerungs- und Expansionsgelüsten unterscheiden und um einschreiten oder doch zurückhaltend und restringierend wirken zu können, wo die Formen und der Umfang des in Anspruch genommenen Kredits eine ungesunde Entwicklung befürchten lassen."[44] Das klingt wie eine Verallgemeinerung aus der Geschichte der deutschen Elektroindustrie, und in der Tat hat sich Riesser (in einer Studie über die Großbanken!) ausführlich mit diesem progressiven Zweig befaßt, während konventionelle Wirtschaftsübersichten aus der gleichen Zeit die Elektroindustrie oft nur sehr am Rande erwähnen.

Mit der Monopolisierung in der Elektroindustrie war das Bestreben nach Ausschaltung oder Reduzierung der Konkurrenz verbunden, wobei das juristische System des Staates über die Institution des Patents wie in anderen Industriezweigen eine wesentliche Rolle spielte. Für die Frühphase der Monopolbildung war der patentrechtliche Schutz der Glühlampe als die charakteristische Initialerfindung (Edison-Patente) ausschlaggebend; er bestimmte auch den Inhalt der bereits weiter oben erwähnten Kartellvereinbarung zwischen Rathenaus Deutscher Edison-Gesellschaft und Siemens & Halske. Dazu kann man eine aufschlußreiche Passage aus einem Brief anführen, den W. Siemens im November 1882 an seinen Bruder William schrieb: „Wir sind hier in einer recht unerquicklichen Situation. Die Edisonleute sind der Ansicht, daß ihre Patente ihnen für Glühlampen in Deutschland das Monopol sichern, und sind entschlossen, alle Fabrikanten und Anwender von Glühlichtern anzugreifen ... Wenn wir nach erfolgter Warnung mit Fabrikation und Installation fortfahren, so setzen wir uns großen Entschädigungsansprüchen aus. Stellen wir dagegen bis zur Entscheidung die Glühlampenfabrikation und -anwendung ein, so verlieren wir in dem folgenden Jahr das ganze Geschäft an die Edison-Gesellschaft, welche dann fest im Sattel sitzt ..." Im März 1883 teilte Siemens dann seinem Bruder mit: „Ich glaube, es würde überhaupt jetzt die richtige Politik sein, mit Edison Frieden in der ganzen Welt zu machen. Das wird uns zusammen zu Beherrschern der Elektrotechnik machen!"[45] Die Kartellverträge, die die Überführung der Rathenauschen „Studiengesellschaft" in die Deutsche Edison-Gesellschaft ermöglichten, sprachen nun auch Siemens & Halske Lizenzen auf die Edison-Patente zu. Andererseits verzichtete Siemens & Halske auf das Recht, öffentliche Kraftzentralen zu bauen, während die Deutsche Edison-Gesellschaft alle benötigten Kabel und Maschinen von Siemens & Halske bezog.

Die Entwicklungschancen der Starkstromtechnik inspirierten in den 80er

[44] J. Riesser, Zur Entwicklungsgeschichte der deutschen Großbanken mit besonderer Rücksicht auf die Konzentrationsbestrebungen, a. a. O., S. 5/6.
[45] Zit. nach: E. Koebel-Tusk, AEG. Energie – Profit – Verbrechen, a. a. O., S. 10.

Jahren jedoch weitere Unternehmer, elektrotechnische Firmen zu gründen. Die veränderte Konkurrenzsituation zwang 1887 zu einer Änderung der Kartellverträge; das wiederum war verbunden mit der Umwandlung der Deutschen Edison-Gesellschaft in die AEG. Das Verhältnis zwischen Siemens & Halske und der AEG während der nächsten Jahrzehnte war das zwischen etwa gleich starken Monopolen; es war geprägt einerseits durch starken Konkurrenzkampf, andererseits durch ein Zusammengehen gegen alle weiteren Konkurrenten. Dabei wechselten die Beziehungen zwischen den beiden „Elektrogiganten" je nach der allgemeinen Wirtschaftslage und der spezifischen Situation des Zweiges.

Faktisch vollzog sich der Konzentrationsprozeß in der deutschen Elektroindustrie in zwei großen Schüben. Der erste war durch die Gründung der Deutschen Edison-Gesellschaft und ihre Kartellverträge mit Siemens & Halske gekennzeichnet. Der zweite wurde durch die breite Streuung neuer Kapitalanlagen auf dem Gebiet der Elektrotechnik Ende der 80er und in den 90er Jahren vorbereitet. Das Glühlampenmonopol konnte nicht länger aufrechterhalten werden, und es kam 1894 zur Lösung des Kartellabkommen zwischen den beiden zweigbeherrschenden Unternehmen. Mottek, Becker und Schröter nennen diese Periode treffend die „Gründerzeit" des Zweiges.[46] Das neue Gebiet, das sich technisch schnell entwickelte, erschien als eine ebenso sichere wie profitversprechende Anlagesphäre. Riesser schildert aus der Sicht dieser Zeit eindrucksvoll die überhitzte Atmosphäre: „In den 90er Jahren, bis zur Krisis des Jahres 1900, herrschte innerhalb der Elektrizitätsindustrie, die sich in der kürzesten Zeit nicht nur im Inland, sondern auch in der Welt die angesehenste Stellung zu erringen gewußt hat, eine fieberhafte Tätigkeit und eine kaum übersehbare Fülle, geradezu ein Chaos, von Unternehmungs- und Finanzierungsformen."[47] Dabei gab es „kaum eine Betriebs- oder Finanzierungsform, die nicht auf dem Gebiet der Elektrizitätsindustrie in den 90er Jahren angewandt worden wäre"[48]. Der Autor zählt nun die diversen Konsortien, Tochter- und Trustgesellschaften, reinen Betriebs- und Fabrikationsgesellschaften, Finanzierungsinstitute usw. auf und bemerkt: „... Kapitalerhöhungen und -reduktionen, stille Beteiligungen und Kommanditierungen, Emissionen und freihändige Verkäufe, Fusionierungen, Gewinngemeinschaften, Aktienkäufe, Separationen und Zusammenlegungen, selbständige oder konsortionelle Unternehmertätigkeit im Auslande, Konventionen, Syndikate und Kartelle im In- und Auslande, kurz, alles findet sich auf diesem Gebiet derart zusammen, daß der Außenstehende in manchen Jahren wohl den Eindruck gewinnen konnte, daß hier noch weit mehr

[46] Vgl. H. Mottek/W. Becker/A. Schröter, Wirtschaftsgeschichte Deutschlands, a. a. O., S. 94.

[47] J. Riesser, Zur Entwicklungsgeschichte der deutschen Großbanken mit besonderer Rücksicht auf die Konzentrationsbestrebungen, a. a. O., S. 81.

[48] Ebenda, S. 82.

Papier als Licht und Kraft fabriziert wurde."[49] Bis zum Jahre 1900 hatten sich als „*vorläufiges* Gärungsprodukt dieses ganzen Prozesses" 7 Gruppen mit insgesamt 27 Einzelgesellschaften herausgebildet.[50]

Wir treffen hier wiederum auf die Aktiengesellschaft als eine ausgezeichnete Form, in der sich die Dialektik von Konzentration und Streuung des Kapitals verwirklicht. In dem Jahrzehnt nach der Gründung der Deutschen Edison-Gesellschaft nahmen auch sechs weitere Spitzenfirmen der Elektroindustrie die Form von Aktiengesellschaften an, und im Jahre 1897 waren selbst die Brüder Siemens gezwungen, ihrem Unternehmen den Status einer Aktiengesellschaft (wenn auch unter Beibehaltung des Familiencharakters) zu geben.[51] Nach dem scharfsinnigen Urteil Riessers ist die Aktiengesellschaft „die schärfste und sicherste und deshalb bevorzugte Waffe, welche die kapitalistische Wirtschaftsordnung zur Durchführung ihrer Konzentrationstendenzen zur Verfügung hat". Sie übt „eine ungemein starke *Attraktionskraft auf verfügbare Kapitalien* aus ... Die Leichtigkeit der Kapitalbeschaffung aber ruft naturgemäß wieder die Tendenz zur Kapitalvergrößerung hervor ..."[52] Allein zwischen 1896 und 1907 wuchs das Kapital aller in der Elektrotechnik und Stromerzeugung angesiedelten deutschen Aktiengesellschaften von 240 auf 1186 Millionen Mark und verfünffachte sich damit nahezu.[53] In den Konjunkturperioden wurde das Kapital der großen Gesellschaften mehrfach aufgestockt, wobei die Aktien oft weit über ihrem Nennwert abgegeben und große Spekulationsgewinne erzielt wurden. Hier tat sich wiederum die AEG hervor, deren Aktienkapital sich zwischen 1883 und 1900 verzwölffachte: dabei erhöhte sich der Dividendensatz auf nahezu das Vierfache (von 4 auf 15 %).[54] J. Kuczynski berichtet zudem über aufschlußreiche Details, wie die geschäftlichen Beziehungen zwischen der AEG und den Großbanken durch persönliche Beziehungen ergänzt wurden.[55] Wir können davon ausgehen, daß den beiden Spitzenkonzernen der deutschen Elektroindustrie über ihre Verflechtung mit den Banken im ganzen betrachteten Zeitraum für Innovation und Expansion weit mehr Kapital zur Verfügung stand, als die Kapitalisierung des in den eigenen Unternehmen erzielten Profits unmittelbar ergeben hätte.

Die überschäumende Gründungsaktivität der 90er Jahre führte dazu, daß

[49] Ebenda, S. 82.

[50] Ebenda, S. 83.

[51] Vgl. E. Koebel-Tusk, AEG. Energie – Profit – Verbrechen, a. a. O., S. 11/12.

[52] J. Riesser, Zur Entwicklungsgeschichte der deutschen Großbanken mit besonderer Rücksicht auf die Konzentrationsbestrebungen, a. a. O., S. 176.

[53] Vgl. D. Baudis/H. Nussbaum, Wirtschaft und Staat in Deutschland vom Ende des 19. Jahrhunderts bis 1918/19, a. a. O., S. 50.

[54] Vgl. E. Koebel-Tusk, AEG. Energie – Profit – Verbrechen, a. a. O., S. 20.

[55] J. Kuczynski, Zur Soziologie des imperialistischen Deutschlands, a. a. O., S. 65.

die deutsche Elektroindustrie von der zyklischen Krise des Jahres 1900 besonders nachhaltig betroffen wurde. Krisen sind im Kapitalismus vielfach Perioden verstärkter technologischer Innovation; dabei sind die kapitalstärksten Unternehmen privilegiert, und sie können sich gegenüber ihren schwächeren Konkurrenten angesichts der schwierigen Marktlage viel leichter durchsetzen als in Konjunkturperioden, so daß Krisen zugleich zu Vehikeln der Kapitalkonzentration werden. Die Krise der Jahrhundertwende löste den zweiten, radikalen und diesmal endgültigen Konzentrationsschub in der deutschen Elektroindustrie aus. Die Periode der entfalteten Konkurrenz war in diesem Industriezweig also außerordentlich kurz. Diese Tatsache kann sicher nicht unabhängig von der Eigenart des technischen Fortschritts gedeutet werden, der hier in Zusammenhang mit der hohen Rentabilitätsschwelle für die Anlagen zur Stromerzeugung und -verteilung zu einer raschen Entstehung zentralisierter Systeme drängte.

Die weitere Konzentration des Kapitals vollzog sich im wesentlichen dadurch, daß sich AEG und Siemens & Halske ihre bis dahin stärksten Konkurrenten anlagerten und sich selbst als absolut zweigbeherrschende Unternehmen profilierten. Dabei diversifizierten die ihnen angehörenden Fabrikationsgesellschaften ihr Sortiment über den eigentlich elektrotechnischen Bereich hinaus. Dieser Prozeß, der insgesamt nur ein Jahrzehnt in Anspruch nahm und in der Herausbildung neuer Formen der Zusammenarbeit zwischen diesen beiden großen Gruppen im Rahmen ihrer fortdauernden Konkurrenz abschloß, wird auch von Lenin dargestellt.[56]

Baudis und Nussbaum geben an, daß die Siemens-Gruppe und die AEG-Gruppe zusammen schon 1907 (also noch vor der Angliederung der Konzerne Bergmann-Elektrizitätswerke AG und Felten-Guilleaume-Lahmeyer) schätzungsweise 75 % der gesamten elektrotechnischen Produktion erbrachten.[57] Während die beiden Konzerne 1895 insgesamt rund 50 % aller Beschäftigten der deutschen Elektroindustrie stellten, waren es 1913 bereits rund 75 %.[58] Zu diesem rasanten Konzentrationsprozeß vergleiche man das aufschlußreiche zeitgenössische Urteil Riessers: „Die mit der nationalen und internationalen Konkurrenz in immer stärkerem Maße fortschreitende *Notwendigkeit der Verminderung der Produktionskosten* erheischt in der Industrie, in welcher die Ausnutzung moderner Erfindungen und Entdeckungen eine große Rolle spielt, eine um so stärkere *Vermehrung der Produktionsmenge*, als diese Ausnutzung erst bei hohen Produktionsziffern wirtschaftlich rationell wird.“[59]

[56] Vgl. W. I. Lenin, Der Imperialismus als höchstes Stadium des Kapitalismus, a. a. O., S. 250/251.

[57] Vgl. D. Baudis/H. Nussbaum, Wirtschaft und Staat in Deutschland vom Ende des 19. Jahrhunderts bis 1918/19, a. a. O., S. 81.

[58] Vgl. G. Hautsch, Das Imperium AEG-Telefunken, a. a. O., S. 13.

[59] J. Riesser, Zur Entwicklungsgeschichte der deutschen Großbanken mit besonderer Rücksicht auf die Konzentrationsbestrebungen, a. a. O., S. 218.

Selbstverständlich hatten die Großbanken am Konzentrationsschub in der Elektroindustrie einen besonderen Anteil. AEG und Siemens konnten ihre großen Kapitalreserven einsetzen, um ihre Konkurrenten aus dem Sattel zu heben. Für die Finanzgesellschaften der verschiedenen Gruppen der Elektroindustrie weist die Statistik des Jahres 1900 schroffe Unterschiede in den Raten des Reingewinns und der Dividende aus.[60] Lenin notierte: „Die Banken, die damals schon fest genug mit der Industrie verwachsen waren, beschleunigten und vertieften während dieser Krise in höchstem Grade den Untergang verhältnismäßig kleiner Unternehmungen und ihre Aufsaugung durch große."[61] Für das Finanzkapital war dabei charakteristisch, daß die Konzentration des Kapitals in schnellerem Tempo und in größerem Umfang vor sich ging als die Konzentration der Produktion. Die Banken waren aus Gründen der Risikoverteilung bestrebt, mit vielen Industriebetrieben Verbindungen zu unterhalten; entsprechend verhielten sich die Industrieunternehmen gegenüber den Banken.[62] Schließlich waren die Großbanken auch untereinander durch Beteiligungen verbunden. Welcher Stand hier bereits um die Jahrhundertwende erreicht war, läßt sich wiederum aus dem Buch von Riesser entnehmen.[63] Er gibt für 15 Unternehmen der Elektroindustrie die Beteiligung von Banken im Aufsichtsrat an. Danach waren im Durchschnitt in jedem Aufsichtsrat 3 Banken vertreten; das Maximum weist die AEG mit Vertretungen von 7 Banken im Aufsichtsrat aus. Signifikant für den Grad der Kapitalverflechtung ist der Umstand, daß die Deutsche Bank bei 8, die Berliner Handelsgesellschaft bei 7, die Disconto-Gesellschaft und die Nationalbank für Deutschland bei je 4, die Darmstädter Bank und die Mitteldeutsche Kreditbank bei je 3 und der A. Schaaffhausensche Bankverein und die Dresdner Bank schließlich bei je 2 Elektrofirmen im Aufsichtsrat vertreten waren.

Erwähnt sei schließlich noch, daß über die Integration mit den Großbanken auch die Auslandsbeziehungen der deutschen Elektroindustrie forciert wurden. Diese Verbindungen dienten einerseits dazu, für die Expansion der deutschen Unternehmen zusätzliches Kapital aus dem Ausland herauszuziehen, und andererseits waren sie Hebel des Waren- und auch des Kapitalexports.[64]

[60] Vgl. E. Koebel-Tusk, AEG. Energie – Profit – Verbrechen, a. a. O., S. 22/23.
[61] W. I. Lenin, Der Imperialismus als höchstes Stadium des Kapitalismus, a. a. O., S. 250.
[62] Vgl. D. Baudis/H. Nussbaum, Wirtschaft und Staat in Deutschland vom Ende des 19. Jahrhunderts bis 1918/19, a. a. O., S. 90.
[63] Vgl. J. Riesser, Zur Entwicklungsgeschichte der deutschen Großbanken mit besonderer Rücksicht auf die Konzentrationsbestrebungen, a. a. O., S. 314/315.
[64] Näheres dazu siehe: E. Koebel-Tusk, AEG. Energie – Profit – Verbrechen, a. a. O., S. 19–22; B. Ischchanian, Die ausländischen Elemente in der russischen Volkswirtschaft, Berlin 1913, S. 239/240.

2.4.3. Die Herausbildung eines Funktionsmechanismus der Wechselwirkung von Forschung und Produktion

Die skizzierten makroökonomischen Bedingungen des wissenschaftlich-technischen Fortschritts boten den nötigen Raum für die produktive Wirksamkeit der Wissenschaft. In diesem Raum konnte sich der Mechanismus dieser Wirkung mit seiner institutionellen Gliederung und seiner spezifischen Funktionsweise entfalten. Der Kern dieses Vorgangs bestand darin, daß ein für diese Zeit modernes und kreatives Wissenschaftssystem, in dem nicht mehr das traditionelle Übergewicht der Lehre bestand, sondern umgekehrt die Lehre nach Kriterien der grundlagenorientierten Forschung gestaltet wurde, Bedingungen erhielt, unter denen es seine praktische Macht als Entwicklungspotenz der Industrie betätigen konnte. Auf die Genese dieses Wissenschaftssystems kann hier – bis auf die Andeutungen in den einleitenden Teilen des Beitrages – nicht eingegangen werden. Wichtig ist jedoch, daß die Orientierung dieses Systems auf die industrielle Praxis ohne jede pragmatische Einengung erfolgte. Im Gegenteil – unter Verhältnissen, die die relative Selbständigkeit der Grundlagenorientierung in der Forschung unangetastet ließen, erwies sich der Mechanismus der produktiven Wirkung der Wissenschaft zugleich als ein sehr wirksamer Mechanismus der Wechselwirkung, über den die Möglichkeiten des wissenschaftlichen Erkennens bis in seine fundamentalen Sphären erweitert reproduziert werden. Das im Zusammenhang mit der Elektroindustrie interessanteste Beispiel dafür wird im letzten Abschnitt dieses Kapitels kurz skizziert.

Hier sollen zunächst einige Tatsachen zusammengestellt werden, die den Mechanismus der wissenschaftlichen und technischen Innovationsvorbereitung für die Elektroindustrie selbst betreffen. Es sind nicht mehr als Bausteine; ein ganzheitliches Bild lassen die bisherigen Untersuchungen noch nicht zu; besonders mangelt es an Daten, die über die Entwicklungsarbeiten in den Elektrofirmen selbst authentische Auskunft geben.

Das institutionelle Muster der Wechselwirkung von Forschung und Produktion, Dimension der „produzierenden Institutionen“

Die Herausbildung eines effektiven Funktionsmechanismus der Wechselwirkung von Wissenschaft und Produktion verhalf einem objektiven Erfordernis zum Durchbruch, das für die Physik selbst ebenso wie für die Elektroindustrie zukunftsbestimmend war. Daher ist es gerechtfertigt, bei der Beschreibung des hier zu erörternden institutionellen Musters einen sehr weiten Rahmen zu wählen und uns nicht auf die technisch orientierten Einrichtungen zu beschränken, sondern mit der Hochschulphysik zu beginnen.[65]

[65] Für die allgemeinen Angaben zu den hier behandelten Institutionen, die im Text quellenmäßig nicht ausführlicher belegt werden, vgl. u. a. M. Lenz,

Die Physik an der Berliner Universität

Mit der Etablierung der deutschen Bourgeoisie als Klasse, der Festigung ihrer ökonomischen Macht und dem politischen Kompromiß mit dem Junkertum nach der Niederlage der Revolution von 1848 fanden Naturwissenschaft und Technik zunehmende Wertschätzung als Mittel des Kampfes um die ökonomische Vormachtstellung in Europa. Diese ökonomisch und politisch bedingte Wandlung der Wertkonstellation schuf ein Klima, das seit Mitte des Jahrhunderts, besonders in seinem letzten Drittel, einen außerordentlichen Aufschwung der Naturwissenschaften an der Berliner Universität ermöglichte.

Auf dem Gebiet der Physik ist die Durchsetzung moderner Arbeitsweisen und ihrer materiell-technischen Voraussetzungen in vielem der Initiative und Beharrlichkeit von G. Magnus zu danken. Im Juli 1862 stellte er den Antrag auf Einrichtung eines physikalischen Laboratoriums für Studierende der Universität nach dem Vorbild der damals bereits an den Universitäten Göttingen und Heidelberg existierenden Anstalten. Zunächst stellte er für diesen Zweck die entsprechenden Räumlichkeiten seines eigenen Wohnhauses gegen eine geringe Miete zur Verfügung, und mit dem Sommersemester 1863 begann in Berlin erstmals der reguläre Laboratoriumsunterricht für Studenten. Die Verhandlungen um den dringend erforderlichen Bau eines modernen physikalischen Instituts zogen sich indes bis zum Tode von Magnus im Jahre 1870 hin. Erst sein Nachfolger H. v. Helmholtz konnte diese Forderung durchsetzen. Seine Berufung nach Berlin im Jahre 1871 war nicht zuletzt an die Maßgabe gebunden, daß die Behörden das überfällige Versprechen zur Errichtung eines physikalischen Instituts in Kürze einlösten. Einen gewissen Einfluß hatte darauf zweifellos auch die Tatsache, daß es A. v. Hofmann bereits vorher gelungen war, den Neubau eines chemischen Instituts an der Berliner Universität durchzusetzen, das 1868 seiner Bestimmung übergeben werden konnte. Helmholtz knüpfte an die von Magnus in die Wege geleiteten Veränderungen an und führte die Reform der physikalischen Lehre und Forschung an der Berliner Universität weiter. Zunächst eröffnete er in 6 Räumen des Ostflügels der Universität ein physikalisches Laboratorium, dessen

Geschichte der Königlichen Friedrich-Wilhelms-Universität zu Berlin, Halle a. d. Saale 1910 (insbesondere Bd. 3); Chronik der Königlichen Technischen Hochschule zu Berlin 1799–1899, Berlin 1899; G. Buchheim, Die Gründungsgeschichte der Physikalisch-Technischen Reichsanstalt von 1872–1887, Dissertation, TU Dresden 1977; Tätigkeitsberichte der Physikalisch-Technischen Reichanstalt, veröffentlicht in den entsprechenden Jahrgängen der Zeitschrift für Instrumentenkunde, Berlin; H. Kant/D. Hoffmann, Die Physik in Berlin von der Universitätsgründung bis zur Jahrhundertwende – Institutionalisierung, Hauptarbeitsgebiete, Wechselwirkungen mit der Industrie, in: Berliner wissenschaftshistorische Kolloquien III Die Entwicklung Berlins als Wissenschaftszentrum (1870 bis 1930), Beiträge einer Kolloquienreihe – Teil I, Berlin 1981, S. 129–176 (ADW der DDR, ITW, Kolloquien, H. 24).

Grundstock die testamentarisch von Magnus übereigneten Apparaturen sowie seine reichhaltige Bibliothek bildeten. Hier entfaltete sich eine rege Forschungstätigkeit, vorzugsweise auf dem Gebiet der physiologischen Optik und der Elektrizitätslehre. Zeitweilig arbeiteten bis zu 15 Praktikanten in den beengten Räumlichkeiten; dabei lag die Zahl der Bewerber für diese Arbeitsplätze beträchtlich höher und stieg mit den Jahren noch an. Die Bemühungen um einen Institutsneubau dauerten an. Nach mannigfachen Abänderungen wurde das Generalprojekt im Frühjahr 1873 endgültig bestätigt; nach fünfjähriger Bauzeit wurde der Neubau am Reichstagsufer bezogen. Damit verfügte die Berliner Universität nicht nur über den bedeutendsten Physiker Deutschlands, sondern zugleich auch über das größte und schönste physikalische Institut. Auch die materiellen Bedingungen waren an diesem Institut im Vergleich zu denen anderer deutscher Universitäten ungleich günstiger; sein Etat wurde von etwa 1000 Talern 1871 auf etwa 27000 Taler 1878 aufgestockt. Neben den entsprechenden Hilfskräften hatte das Institut drei, ab 1880 sogar vier bezahlte Assistentenstellen; an den anderen Universitäten bestand zumeist nur eine derartige Planstelle.

Damit hatte die Berliner Physik eine angemessene Basis für solide Grundlagenforschung. Wichtig war auch die strukturelle Einstellung darauf: Ab 1875 wurde auf Initiative von Helmholtz ein eigenständiger Lehrstuhl für theoretische Physik eingerichtet, den G. Kirchhoff wahrnahm; ab 1889 vertrat M. Planck dieses Gebiet sogar mit einem speziellen Institut. Damit wurde die theoretische Physik, die an anderen Universitäten meist in geringem Ansehen stand und von Extraordinarien vertreten wurde, in Berlin erstmalig als eigenständiges Fach institutionalisiert. Diesem Beispiel folgten Jahre später die Universitäten Göttingen und München.

Unter der Leitung von A. Kundt, dem Nachfolger von Helmholtz, wurde die Laborkapazität des Instituts erneut erweitert. Die notwendig gewordenen Vergrößerungsarbeiten verband Kundt mit einer grundsätzlichen Neugestaltung des Laboratoriumsbetriebes. So richtete er ein physikalisches Anfängerpraktikum für Studierende aller Naturwissenschaften ein. Zugleich stellte er auch selbständig arbeitenden Gelehrten, die mit den reichhaltigen Mitteln des Berliner physikalischen Instituts spezielle Untersuchungen ausführen wollten, Arbeitsplätze zur Verfügung.

Die Physikalisch-Technische Reichsanstalt

Es ist ein bemerkenswertes Beispiel einer frühzeitigen institutionellen Reaktion auf den gestiegenen Physikbedarf der industriellen Praxis, daß etwa zur gleichen Zeit wie das physikalische Institut der Universität eine besondere Institution der angewandten Physik angeregt wurde – die 1887 gegründete Physikalisch-Technische Reichsanstalt (im folgenden PTR), deren erster Präsident H. v. Helmholtz war. Der Gründung war eine mehr als fünfzehnjährige Vorgeschichte vorangegangen, die die wechselseitige Verknüpfung von wissenschaftlichen und technischen und staatlichen Interessen deutlich werden ließ. Ursprünglich war nur die Errichtung eines „Lehrinstituts zur Hebung des Niveaus der präzisionsmechanischen Gewerbe“ beabsichtigt. In den 80er Jahren fand dieser Plan jedoch eine wesentliche Erweiterung. Inzwischen hatten nämlich die elektromechanische und die optische Industrie gerade in Deutschland einen solchen Aufschwung genommen, daß dadurch wissenschaftliche und technische Untersuchungen teils erfordert, teils angeregt wurden, deren weitere Verfolgung jedoch die Möglichkeiten und auch die Interessen der Industrie überstieg, so daß auch hier eine staatliche Förderung notwendig erschien. Da insbesondere die Vertreter der wirtschaftlich und wissenschaftlich sehr leistungsfähigen deutschen Elektroindustrie ihre Vorstellungen in das Zentrum des öffentlichen Interesses zu rücken wußten, wurde das Projekt ausgearbeitet, statt eines preußischen Instituts zur Hebung der Präzisionsmechanik ein Reichsinstitut zu gründen, das sich in den Dienst der gesamten physikalischen Technik stellen sollte. W. v. Siemens führte in einer Denkschrift aus dem Jahre 1884 über den Nutzen der geplanten Institution aus: „Fast ohne Ausnahme sind es neue naturwissenschaftliche Entdeckungen, oft sehr unscheinbarer Art, welche ... wichtige Industriezweige neu erschaffen oder neu beleben. Ob die Aufdeckung einer neuen naturwissenschaftlichen Tatsache technisch verwertbar ist, ergibt sich in der Regel erst nach ihrer vollständigen systematischen Bearbeitung, d. h. oft erst nach längerer Zeit. Darum darf der wissenschaftliche Fortschritt nicht von materiellen Interessen abhängig gemacht werden ... Die Begünstigung der naturwissenschaftlichen Forschung ist daher in eminenten Fragen eine Forderung der materiellen Interessen des Landes.“[66]

Die Anstalt war in zwei großen Abteilungen organisiert. Die erste, stärker auf gezielte Grundlagenforschung orientierte Abteilung, der der Präsident der Anstalt selbst vorstand, sollte solche physikalischen Untersuchungen und Messungen ausführen, „welche in erster Linie die Lösung wissenschaftlicher Probleme von großer Tragweite und Wichtigkeit in theoretischer und technischer Richtung bezwecken und einen größeren Aufwand an instrumentaler Ausrüstung, Materialverbrauch, Arbeitszeit ... erfordern, als in der Regel von Privatleuten und Unterrichtsanstalten aufgeboten werden kann.“[67]

Die zweite, unter der Leitung eines eigenen Direktors stehende Abteilung hatte die Aufgabe, die Ergebnisse der Forschung auch nach der technischen Seite hin weiterzubilden und für die Präzisionstechnik nutzbar zu machen; insbesondere oblag ihr die Prüfung und Beglaubigung aller physikalischen

[66] W. Siemens, Über die Bedeutung und die Ziele einer zu begründenden physikalisch-technischen Reichsanstalt, in: Wissenschaftliche und technische Arbeiten, Bd. 2, Berlin 1891. S. 576.

[67] J. Stark (Hrsg.), Forschung und Prüfung, Leipzig 1937, S. 15.

Meßgeräte. In den ersten Jahren nach der Gründung waren die Arbeitsmöglichkeiten der Anstalt noch eingeschränkt; 1890 wurde für sie in Charlottenburg jedoch ein eigener Gebäudekomplex fertiggestellt.

Elektrotechnik und Physik an der Technischen Hochschule Charlottenburg

Im letzten Drittel des Jahrhunderts entwickelte sich nicht allein die Orientierung der Physik auf die Technik; im Rahmen der Verselbständigung der technischen Wissenschaften etablierte sich auch die Elektrotechnik als eine spezielle technikwissenschaftliche Disziplin. Im Jahre 1879 ging aus der Bauakademie und der Gewerbeakademie die Technische Hochschule Berlin-Charlottenburg hervor. 1883 wurde hier mit dem Aufbau eines elektrotechnischen Laboratoriums begonnen; die vorgesetzten Ministerien bewilligten dafür 27000 Reichsmark. Im Wintersemester 1884 konnte in diesem Laboratorium für „eine nicht zu große Anzahl von Studierenden" mit Übungen begonnen werden. 1883 wurde auf Initiative von W. v. Siemens an der Hochschule auch ein Lehrstuhl für Elektrotechnik errichtet; das ist ein sehr deutlicher Hinweis dafür, daß hinter der disziplinären Etablierung der Elektrotechnik handfeste ökonomische Interessen der Elektroindustrie standen, die in diesen Jahren dringend gut ausgebildete Kader benötigte.

Auch später hat die Berliner Elektroindustrie den weiteren Ausbau des elektrotechnischen Laboratoriums mit finanziellen und materiellen Zuwendungen unterstützt. Aus einem Brief von A. Slaby, der den Lehrstuhl für Elektrotechnik als erster innehatte, geht beispielsweise hervor, daß „der Generaldirektor der AEG, Herr Rathenau, dem elektrotechnischen Laboratorium der TH zwei wertvolle Akkumulatorenbatterien ... großzügigerweise überlassen hat. Die Unterrichtsmittel für Elektrotechnik haben dadurch eine respektierliche Bereicherung erfahren, welche durch den zur Verfügung stehenden Fonds nicht hätte bestritten werden können."[68] Einem Brief von F. Althoff, der als Ministerialbeamter im preußischen Kultusministerium für die Hochschulen verantwortlich war, entnehmen wir, daß viele elektrotechnische Firmen und namentlich „auch die AEG von jeher der Entwicklung des elektrotechnischen Instituts der Hochschule die lebhafteste Anteilnahme entgegengebracht und dasselbe im Laufe der Jahre durch zahlreiche Schenkungen von Lehrmitteln zu fördern gewußt haben"[69]. In einem Brief aus dem Jahre 1898 wurde eine größere Schenkung einer Gruppe deutscher Firmen (Siemens & Halske, AEG, Union-Elektrizitäts-Gesellschaft Berlin, Akkumulatorenfabrik AG Hagen Berlin u. a.) näher aufgeschlüsselt (unter anderem Motoren, Transformatoren, Akkumulatoren), die „dem jüngst erweiterten

[68] Zentrales Staatsarchiv der DDR (im folgenden ZStA) Merseburg, Rep. 76 V s, Sekt. 4, Tit. X., Nr. 20, Bl. 190.

[69] ZStA Merseburg, Nachlaß Althoff A I, Nr. 175, Bl. 10.

elektrischen Institute zugedacht ist und einen Gesamtwert von 61865 Mark repräsentiert."[70]

Die Technische Hochschule Berlin-Charlottenburg war so aufgebaut, daß die Verbindung der einzelnen technischen Fächer mit der Physik gesichert blieb. Für die Elektrotechnik, die in ihren Grundlagen von der physikalischen Erkenntnis abhängig war, hatte das unzweifelhaft eine besonders große Bedeutung. Es gab eine Fachabteilung allgemeine Wissenschaften, zu der auch ein physikalisches Institut gehörte. Dieses Institut war aus der von den Physikprofessoren der Gewerbeakademie Schubarth, Dove und Quincke angelegten physikalischen Sammlung hervorgegangen. Da die Ansprüche der Technikerausbildung an die Physik rasch zunahmen, wurde auch das physikalische Institut bald personell erweitert; so wurde eine zweite Dozentenstelle für Experimentalphysik und physikalische Übungen eingerichtet, auf die Rubens berufen wurde. Anfang der 90er Jahre erfolgte eine Neuausausrüstung des Instituts, die neben vergrößerter Ausbildungskapazität auch verbesserte Forschungsmöglichkeiten mit sich brachte.

Die Elektrotechnik als Ausbildungsfach erfuhr so in den letzten beiden Jahrzehnten des 19. Jahrhunderts einen bedeutenden Aufschwung; dadurch wurde ein Zustrom an wissenschaftlich ausgebildeten Kadern für die Elektroindustrie in beachtlicher Größenordnung gesichert. Im Jahre 1903 hörten bereits 3398 Studenten, von denen 618 immatrikuliert waren, Vorlesungen an der TH. Davon frequentierten 1689 die Maschinenbauabteilung; zu dieser gehörte auch das elektrotechnische Institut, an dessen Arbeit sich 288 Studenten beteiligten. Gelehrt wurden in diesem Jahr unter anderem Experimentalphysik und physikalische Übungen, Elektromechanik, physikalische Maßbestimmungen, magnetische und elektrische Maßeinheiten und Meßmethoden, physikalische Grundlagen der Elektrotechnik, elektrotechnisches Laboratorium sowie Elektrotechnik für Chemiker.[71]

Die Forschungs- und Entwicklungskapazität der Elektrofirmen

Das folgende Glied des institutionellen Ensembles betrifft die Kapazitäten für Forschungs- und Entwicklungsarbeiten in den Elektrofirmen selbst, die sich damals herauszubilden begannen. Darüber ist bisher wenig bekannt. Die Entdeckung des dynamoelektrischen Prinzips bildet offenbar jenen Einschnitt in der Firmengeschichte von Siemens & Halske und im weiteren Sinne in der Geschichte der deutschen Elektroindustrie überhaupt, von dem an allmählich Kapazitäten für wissenschaftlich-technische Entwicklungsarbeiten aufgebaut werden mußten. Die Größenordnungen, in denen dies geschah, sind freilich nicht mit den aus dem 20. Jahrhundert vertrauten vergleichbar; zunächst handelte es sich um einzelne Mitarbeiter. Längere Zeit lag die wissenschaft-

[70] ZStA Merseburg, Nachlaß Althoff A I, Nr. 175, Bl. 12.

[71] Eine aufgeschlüsselte Aufstellung befindet sich in Tabelle 3 (vgl. S. 104).

Tabelle 3

Lehrprogramm der TH Charlottenburg (Stundenzahlen)

	Sommersemester 1903	Wintersemester 1903
Prof. Slaby:		
– Elektromechanik	330	335
– Ausgewählte Kapitel der Elektromechanik	75	
– Elektrotechnisches Laboratorium	199	353
Dr. Grunmach:		
– Magnetische und elektrische Maßeinheiten und Meßmethoden	3	7
– Physikalische Meßbestimmungen	123	179
Dr. Kalischer:		
– Physikalische Grundlagen der Elektrotechnik	10	6
Dr. Fröhlich:		
– Elektrotechnik für Chemiker	keine Angaben	
Zum Vergleich noch die Physikvorlesungen:		
Prof. Paalzow:		
– Experimentalphysik	140	203
– Physikalische Übungen	123	112
Prof. Rubens:		
– Experimentalphysik	301	284
– Physikalische Übungen	168	156

lich-technische Betreuung der Firma Siemens & Halske im wesentlichen allein in den Händen von W. Siemens. Gelegentlich wurden allerdings bereits andere Wissenschaftler zur Mitarbeit herangezogen, so zwischen 1858 und 1864 der Physiker Dr. E. Esselbach, ein Schüler von Weber und Helmholtz,[72] doch erst mit dem Eintritt des Telegrapheningenieurs C. Frischen 1869 kann mit Sicherheit davon gesprochen werden, daß nun Entwicklungsarbeiten

72 1858 führte Esselbach für das Unternehmen Kabelmessungen durch. Über seine sonstigen Beziehungen zur Firma ist uns nichts Näheres bekannt. Ein anderer Wissenschaftler, Dahms, beschäftigte sich 1868 im Siemensschen Laboratorium mit Untersuchungen zur Bestimmung der Siemensschen Widerstandseinheit. (Er schrieb darüber eine Dissertation, die an der Universität Rostock verteidigt wurde.)

auch von anderen Mitarbeitern vorgenommen wurden. F. v. Hefner-Alteneck, der nach einem Technikstudium in München und Zürich 1867 als Zeichner in das Unternehmen eintrat, entwickelte sich in der Folgezeit zu einem bekannten Elektrotechniker, auf den wichtige Erfindungen (so der bereits erwähnte Trommelanker für die Dynamomaschine) zurückgehen. Nach 1870 wurden weitere Techniker und Wissenschaftler für Entwicklungsarbeiten eingestellt, unter ihnen 1873 der Physiker Dr. O. Fröhlich. So kam es zur Gründung des „Physikalisch-Chemischen Laboratoriums" von Siemens & Halske, einer der ersten Industrieforschungseinrichtungen überhaupt.[73] Um 1890 bestand in der Markgrafenstraße ein Laboratorium unter Leitung von W. Siemens, dessen wichtigste Mitarbeiter O. Fröhlich und G. Erlwein waren. Zugleich unterhielt Siemens in seiner Villa in Charlottenburg ein Privatlabor. Nach dem Tode von Siemens übernahmen Fröhlich und Erlwein die Leitung getrennter Laboratoriumsteile. Ab 1890 wurde in Charlottenburg ein Laboratorium für Starkstromtechnik unter Leitung des Mathematikers und Physikers E. A. Budde aufgebaut. Über die Gesamtzahl der Wissenschaftler, Techniker und Hilfskräfte in diesen Laboratorien ist nichts bekannt.

Über das innerbetriebliche Forschungs- und Entwicklungspotential der AEG im Untersuchungszeitraum konnten bisher keine Angaben gefunden werden. Zwar ist sicher, daß von Mitarbeitern der Firma wichtige Erfindungen gemacht wurden – so führte der Elektrotechniker M. v. Dolivo-Dobrovolski das Drehstromprinzip zur technischen Reife und entwickelte 1890 den Drehstrommotor[74] –, doch es muß noch geklärt werden, ob das Unternehmen damals bereits über eigene Stellen und Laboratorien für Forschungs- und Entwicklungsarbeiten verfügte.

Zu erwähnen ist noch eine weitere institutionelle Differenzierung, die zwar nicht mehr zur eigentlichen Sphäre der Forschungs- und Entwicklungsarbeit gehörte, wohl aber für die praktische Durchsetzung wissenschaftlich-technischer Neuerungen bedeutsam war. Mit der Starkstromtechnik entstand für die Elektroindustrie nicht nur technisch, sondern auch kommerziell eine neue Situation; es wurden Anstrengungen erforderlich, um die Bedürfnisse der potentiellen Konsumenten aktiv auf die neuartigen Erzeugnisse und Leistungen auszurichten. Die bis dahin dominierenden Telegraphen und Signalanlagen gelangten, wie Weiher bemerkt, „ausnahmslos an Behörden, bei denen eine Werbung im kommerziellen Sinn schon deshalb entfiel, weil Siemens der einzige große Elektrofabrikant war. Die vielfältigen Möglichkeiten der Starkstromtechnik jedoch erforderten den Aufbau eines Vertriebsapparates, der die Anlagen von Siemens & Halske nicht nur empfehlen und

[73] Vgl. F. Trendelenburg, a. a. O.; H. Pieper, Werner von Siemens und die elektrotechnische Fachliteratur, a. a. O.

[74] Zur Problematik der Anwendung dieser Erfindung, vgl. F. Hillebrand, Zur Geschichte des Drehstroms, in: Elektrotechnische Zeitschrift-A, 13/14/1959.

installieren, sondern sie auch sachkundig warten konnte"[75]. Dazu wurden zunächst Firmen und Geschäftsleute in Deutschland und im Ausland verpflichtet, die möglichst auf verwandten Gebieten tätig waren. Als die technischen Probleme komplizierter wurden, begann das Unternehmen nach 1890 mit dem Aufbau eigener technischer Büros.

Dieser kurze Abriß verdeutlicht bereits (ungeachtet der zahlreichen Lücken in den Daten, die mit Hilfe der bisher ausgewerteten Quellen nicht geschlossen werden konnten), daß innerhalb eines sehr kurzen Zeitraums – der ganze Prozeß beschränkte sich im Grunde auf zwei bis drei Jahrzehnte – ein institutionelles Netz entstand, das eine effektive Verknüpfung zwischen der physikalischen Grundlagenforschung und dem Innovationsgeschehen in der Elektroindustrie gewährleistete. Es erscheint uns bemerkenswert, daß es in diesem Netz keine prinzipiellen Lücken gab und daß sich seine Glieder im wesentlichen simultan (zeitliche Verschiebungen in der Größenordnung eines Jahrzehnts dürften bei Prozessen dieser Art kaum ins Gewicht fallen, zumal die Durchsetzungsprozesse für die Gründung der verschiedenen Institutionen bei der Ministerialbürokratie unterschiedlich lange dauerten) herausbildeten. Das könnte die Annahme nahelegen, daß wir es hier nicht mit unabhängigen Institutionalisierungsvorgängen, sondern mit einem ganzheitlichen Strukturbildungsprozeß zu tun haben; dieser Prozeß hat selbstverständlich historisch gewordene Einrichtungen subsumiert, aber in seinem Ablauf und erst recht nach seinem Abschluß lassen sich die einzelnen institutionellen Elemente nicht anders als in Beziehung untereinander begreifen.

2.4.4. Das institutionelle Muster der Wechselwirkung von Forschung und Produktion. Dimension der kommunikativen Medien

Allerdings haben die bisherigen Ausführungen nur eine Strukturdimension des institutionellen Netzes der Wechselbeziehung von Wissenschaft und Elektroindustrie skizziert: die Dimension der professionellen Arbeitsteilung, der „produzierenden Institutionen", in denen unmittelbar Forschungs- und Entwicklungsergebnisse erzeugt wurden. Die Funktionsweise der Wechselbeziehung wäre jedoch nicht zu verstehen ohne die Erwähnung einer zweiten Dimension: der Kommunikation der Fachleute unabhängig von ihrer professionellen Fixierung und den Institutionen, die diese Kommunikation gewährleisten. Das sind insbesondere Fachzeitschriften und wissenschaftliche bzw. technische Gesellschaften. Hier soll nur noch kurz auf die Gesellschaften eingegangen werden, in denen der unmittelbare fachliche Austausch erfolgte; eine vollständige Darstellung des Kommunikationsnetzes muß einer späteren Gelegenheit vorbehalten bleiben.

[75] S. v. Weiher, Berlins Weg zur Elektropolis, a. a. O., S. 88/89.

Die Physikalische Gesellschaft

Die Berliner Physik verfügte schon seit 1845 über eine entsprechende Organisationsform – die „Physikalische Gesellschaft zu Berlin"; die Initiative zu ihrer Gründung ging von den jüngeren Teilnehmern des von G. Magnus 1843 für Kollegen und Schüler eingerichteten „Physikalischen Kolloquiums" aus. Die Zusammenkünfte der Gesellschaft, die etwa 15mal im Jahr stattfanden, wurden bald zu einem bedeutenden Forum des physikalischen Gedankenaustausches in Deutschland. Mindestens seit Ende der 60er Jahre weisen die Programme eine beträchtliche Anzahl technischer bzw. technikorientierter Themen aus (vgl. Übersicht der Vortragsthemen S. 113–117).

Der Elektrotechnische Verein

1879 wurde in Berlin der Elektrotechnische Verein gegründet, vor allem auf Initiative von W. Siemens und Generalpostmeister H. Stephan;[76] das war ein weiterer Indikator für die um diese Zeit erfolgende Etablierung der Elektrotechnik als technikwissenschaftliche Disziplin. 1880 zählte der Verein bereits 1504 Mitglieder, darunter 328 Berliner. Der rasche Anstieg der Mitgliederzahl dokumentiert die Aktualität des Bedürfnisses, dem mit der Gründung entsprochen wurde. Die Mitgliedschaft setzte sich aus Vertretern der Wissenschaft, der Industrie und der an der Anwendung der Elektrotechnik unmittelbar interessierten Teile des Staatsapparates (vor allem Post, Eisenbahn, Militär) zusammen. Zugleich mit der Gründung des Vereins wurde auch eine Fachzeitschrift ins Leben gerufen, die von K. E. Zetzsche redigierte „Elektrotechnische Zeitschrift". Der Verein wurde von einem Vorstand geleitet, dessen erster Vorsitzender W. Siemens war. Daneben hatte der Verein einen wissenschaftlich-technischen Ausschuß aus 30 Mitgliedern (davon 15 aus Berlin) mit den Gruppen[77]

1. für Telegraphie und elektrisches Signalwesen;
2. für elektrische Maschinen und deren Anwendungen;
3. für sonstige technische Anwendungen der Elektrizität;
4. für die Angelegenheiten der Vereinszeitschrift.

Der Elektrotechnische Verein war nicht nur selbst Ausdruck des Prozesses der disziplinären Etablierung der Elektrotechnik, sondern wirkte auch auf

[76] Von Siemens angeregt, versandte Stephan – der als Generalpostmeister direkt an der Entwicklung und Anwendung der Nachrichtentechnik interessiert war – im Dezember 1879 ein Rundschreiben, in dem es hieß: „Die staunenswerten Fortschritte der Elektrotechnik und die wachsende Ausdehnung ihrer Anwendung haben den Wunsch nach einer dauernden Vereinigung der auf diesem Gebiet wissenschaftlich, gewerblich und verwaltend tätigen Kräfte angeregt." Zitiert nach: E. Naglo (Hrsg.), Die ersten fünfundzwanzig Jahre des elektrotechnischen Vereins, Berlin 1904, S. 9.

[77] Ebenda, S. 34.

die anderen Komponenten dieses Prozesses fördernd ein. Dazu schrieb W. Siemens in seinen Erinnerungen: „Die Bildung des Berliner Vereins ist als die Geburt der Elektrotechnik als gesonderten Zweiges der Technik zu betrachten; der Name Elektrotechnik selbst tritt im Titel des Vereins zum ersten Male auf. Durch Annahme der später von mir beantragten Resolution, die Regierung zu ersuchen, an allen technischen Hochschulen Professuren der Elektrotechnik zu errichten, damit die jüngeren Techniker Gelegenheit erhielten, den Nutzen kennenzulernen, den die Elektrotechnik ihrem Spezialfach bringen könnte, hat der Verein sich um die schnelle Entwicklung der Elektrotechnik in allen ihren Zweigen sehr verdient gemacht, denn der Resolution wurde fast überall Folge geleistet."[78]

Vorbild für die Gründung des Elektrotechnischen Vereins war eine ähnliche Vereinigung in England. Seine erfolgreiche Arbeit regte wiederum die Schaffung ähnlicher Vereine in anderen deutschen Städten an, von denen die Elektrotechnischen Vereine von Dresden, Frankfurt a. M., Köln und München überregionale Bedeutung erlangten. Der Berliner Verein wurde auch Keimzelle für den 1894 gegründeten Verband Deutscher Elektrotechniker (der zweitgrößten wissenschaftlich-technischen Vereinigung in Deutschland nach dem 1856 in Berlin gebildeten VDI), der um die Jahrhundertwende 15 Vereine und über 3000 Mitglieder umfaßte. Die Elektrotechnische Zeitschrift (1890 mit dem 1879 gegründeten und in München verlegten „Zentralblatt für Elektrotechnik" vereinigt) wurde ab 1894 zugleich auch das Organ dieses Verbandes.

2.4.5. Die Funktionsweise der Wechselwirkung von Forschung und Produktion in der Elektroindustrie

Von den 80er Jahren bis zum ersten Weltkrieg sind der phänomenale, weltweit nur noch mit der Entwicklung in den USA vergleichbare Aufschwung der deutschen Elektroindustrie und das Vordringen der physikalischen Forschung in Deutschland zur Weltspitze unbestreitbare Tatsache. Es kann nicht allein auf den Zufall individueller Extrembegabungen zurückgeführt werden, daß die beiden Magistralen der Physik des 20. Jahrhunderts, die Quantentheorie und die Relativitätstheorie, von deutschen Wissenschaftlern eröffnet wurden; vielmehr wird man die Antwort in einer für jene Entwicklungsstufen des Kapitalismus besonders günstigen gesellschaftlichen Daseinsweise der Wissenschaft suchen müssen, die natürlich alle gesellschaftlichen Verhältnisse der Wissenschaft einschließt — insbesondere ihr Verhältnis zur Sphäre der industriellen Produktion. Im folgenden werden wir dafür noch einige signifikante Tatsachen anführen; eine relativ vollständige historische Argu-

[78] W. v. Siemens, Lebenserinnerungen, Berlin 1916, S. 279/280.

mentation, die insbesondere den eingehenden Vergleich mit den zeitgenössischen Wissenschaftssystemen der anderen kapitalistischen Industrieländer einschließen müßte, kann erst in späteren Untersuchungen erarbeitet werden.

Grundmerkmale der Funktion des institutionellen Netzes

Wir haben gesehen, daß sich für die Wechselwirkung von Grundlagenphysik und Elektroindustrie schnell und verhältnismäßig unkompliziert (die Querelen um die Bewilligung von Fonds, die an einigen Stellen angedeutet wurden, waren für jene Zeit trotz allem nicht übermäßig groß) ein komplettes institutionelles Netz herausbildete. Gleichsam „selbstlernend" erwarb dieses Netz eine Funktionsqualität, die kaum höher gewesen sein könnte, wäre dieses Netz als ganzes das Ergebnis rationalen planenden Entwurfs gewesen. Drei einander ergänzende Züge seiner Funktionsweise fallen ins Auge:

1. Jedes institutionelle Glied funktionierte komplementär, d. h. es war mit einer Seite seiner Tätigkeit dem systematischen Erkenntnisgewinn und mit der anderen der praktischen Innovation zugewendet,

2. Die Barrieren zwischen den Institutionen waren niedrig und konnten von den Individuen leicht überwunden werden; zumindest bei den hervorragenden Wissenschaftlern war, wenn man es so ausdrücken darf, „institutionelle Multivalenz" üblich.

3. Die beiden Strukturdimensionen des institutionellen Netzes – die professionelle und die außerprofessionell-kommunikative – wirkten zweckmäßig zusammen; dieses Zusammenwirken trug seinerseits zur Herabsetzung der Barrieren zwischen den Institutionen bei.

Selbstverständlich steht außer jedem Zweifel, daß dieser nahezu optimal funktionierende Mechanismus nur möglich war, weil seine Arbeitsweise und seine Ergebnisse den spezifischen Profitinteressen der Elektroindustrie und den allgemeinen Interessen der deutschen Bourgeoisie als Klasse auf gesamtstaatlicher Ebene entgegenkamen. Es ist eben ein Charakteristikum jener frühen Phase des deutschen Imperialismus, daß sich naturwissenschaftlicher Erkenntnisfortschritt, technischer Progreß zumindest in den avancierten Zweigen der Industrie, Profitinteresse der Monopolisten jener Zweige und allgemeines politisch-militärisches Klasseninteresse der Bourgeoisie wechselseitig weit mehr förderten als hemmten. Eben deshalb lassen sich unseres Erachtens bestimmte formelle Merkmale der Funktionsweise des Institutionennetzes auch über die Grenzen jener unwiederholbaren historisch-gesellschaftlichen Konstellation hinaus diskutieren und prüfen.

Die funktionelle Komplementarität der Institutionen

Das erste dieser Merkmale hatten wir als funktionelle Komplementarität der institutionellen Elemente bezeichnet. Obwohl jede der Institutionen nach ihrem Gesamtprofil einen bestimmten Platz in der Kette Grundlagenerkenntnis–praktische Innovation innehatte, trat doch in der Funktionsweise einer jeden von ihnen, konkretisiert nach ihrer generellen Position, der Widerspruch von Wissensvermehrung und Innovationsvorbereitung in Erscheinung. Unseres Erachtens ist es von größter Bedeutung, diesen Widerspruch in der Arbeit einer wissenschaftlichen Institution voll zur Geltung kommen zu lassen und nicht zu versuchen, die dialektische Einheit beider Seiten, die ihre relative Selbständigkeit gegeneinander voraussetzt, durch die Reduktion der einen auf die andere zu ersetzen.

Etwa die gleiche Universalität, die Siemens auf der Seite der Technik verkörperte, vertrat Helmholtz auf der Seite der Grundlagenphysik. Er beherrschte die Physik von der Theorie über das Experiment bis hin zu den technischen Anwendungen gleichermaßen souverän und prägte dieses Vermögen auch der Arbeitsweise des von ihm geleiteten Universitätsinstituts auf. Das Schwergewicht der in den 70er und 80er Jahren am physikalischen Institut ausgeführten Arbeiten lag auf dem Gebiet der Elektrizität. Ein hoher Prozentsatz der in Berlin angefertigten physikalischen Dissertationen behandelte Themen aus der Elektrizitätslehre.[79]

Auch Helmholtz selbst befaßte sich in dieser Zeit zunehmend mit Untersuchungen zur Elektrodynamik. Sie waren zwar vor allem auf die Lösung grundsätzlicher theoretischer und methodischer Fragen gerichtet, sparten aber auch sehr viel „praktischere" Probleme nicht aus. So machte auf ihn die Erfindung des Telefons einen großen Eindruck, und schon kurze Zeit später legte er der Akademie am 11. 7. 1878 eine Arbeit über „Telephon und Klangfarbe" vor.[80] Im Zusammenhang mit seinen Arbeiten zum elektrischen Maßsystem beschäftigte er sich auch mit dem Problem der Herstellung exakter elektrischer Meßapparate für wissenschaftliche und praktische Zwecke.

Das physikalische Institut der Universität – und diese Arbeitsweise setzte sich auch unter den Nachfolgern von Helmholtz fort – nahm die Anregungen aus der Praxis der Elektrotechnik strikt grundlagenorientiert auf und unterlag nicht der Versuchung, die auf fundamentale theoretische Lösungen gerichtete physikalische Forschung durch die Arbeit an speziellen technischen Anwendungen zu ersetzen. Dadurch konnte es eine international führende Position auf dem Gebiet der Elektrizitätslehre erringen und Forschungswege erschließen, die später zu tiefgreifenden Umwälzungen in Technik und Praxis führen sollten. Zwei dieser Richtungen, die die Technik des 20. Jahrhunderts maßgeblich beeinflußt haben, sollen hier erwähnt werden. Die erste ist die *Elektronenphysik*, deren technischer Ausbau Jahrzehnte später weitgehend in Berliner Industrieinstituten erfolgte. Helmholtz' erster Praktikant, E. Goldstein, begann auf Anregung seines Lehrers in den 70er Jahren mit

[79] Vgl. V. May, Jugendobjekt zur Geschichte der Physik, in: Humboldt-Universität, 33, 34 (1977/78), S. 10.

[80] H. v. Helmholtz, Telephon und Klangfarbe, in: Annalen der Physik (Leipzig), Jg. 5 (1878), S. 448.

Untersuchungen über die elektrischen Entladungsvorgänge in verdünnten Gasen. Diese Arbeiten galten damals nicht als zukunftsträchtig, und lange Zeit war Helmholtz der einzige, bei dem Goldstein Rückhalt und Unterstützung fand. Indes führten diese Untersuchungen zu einem intensiven Studium der Kathodenstrahlung, die einerseits die Brücke zur Entdeckung des Elektrons durch J. J. Thomson schlug, andererseits aber auch direkter Anknüpfungspunkt jener elektronenoptischen Arbeiten war, in deren Verlauf Berliner Industriephysiker in den 30er Jahren unseres Jahrhunderts die ersten Elektronenmikroskope entwickelten.

Die zweite Richtung waren die Arbeiten zur Bestätigung der Maxwellschen *Elektrodynamik* und zur Entwicklung ihrer Konsequenzen. Helmholtz war einer der ersten deutschen Physiker, die die neue Theorie aufnahmen. Er regte seinen Schüler H. Hertz, dessen wissenschaftliche Laufbahn am physikalischen Institut der Berliner Universität begann, zu jenen Arbeiten an, die schließlich mit der Entdeckung der elektromagnetischen Wellen den experimentellen Nachweis der Maxwellschen Elektrodynamik brachten und damit auch zur Grundlage der späteren Entwicklung von drahtloser Telegraphie und Funktechnik wurden. Ein weiterer Helmholtz-Schüler, L. Boltzmann, führte umfangreiche Arbeiten zur Bestimmung der Dielektrizitätskonstante von Gasen durch und konnte so die von der Maxwellschen Theorie geforderte Beziehung zwischen Brechungsindex und Dielektrizitätskonstante nachweisen. Es sei auch erwähnt, daß A. A. Michelson die ersten Vorversuche zu seinem klassisch gewordenen Experiment in den Jahren 1880–81 als Praktikant am Helmholtz-Institut anstellte.

In der Physikalisch-Technischen Reichsanstalt fand die funktionelle Komplementarität der Arbeit sogar einen direkten institutionellen Ausdruck in Gestalt der bereits erwähnten Gliederung in zwei Abteilungen. Diese Gliederung erlaubte eine breit angelegte physikalische Grundlagenforschung; damit konnte die Anstalt sowohl zum Zentrum des metrologischen Prüfungswesens als auch zum führenden physikalisch-technischen Institut Deutschlands werden. Bindeglied zwischen beiden Abteilungen und damit zwischen beiden Orientierungen war die Arbeit an einem vereinheitlichten System der Maßeinheiten physikalischer Größen, die naturgemäß die Entwicklung und Vervollkommnung von Präzisionsmeßgeräten und entsprechenden Meßprozeduren einschloß; selbstverständlich gab es hier auch Berührungspunkte mit der Tätigkeit des physikalischen Instituts der Universität. Schon in den ersten Jahren ihrer Existenz, als die Anstalt noch kein eigenes Domizil hatte und vorrangig mit der Organisation des technischen Prüfungswesens befaßt war, wurden in beschränktem Umfang thermometrische Fundamentaluntersuchungen sowie Arbeiten über die Ausdehnung von Glas, von Metallen sowie von Wasser und Quecksilber durchgeführt. Diese Untersuchungen hatten den Zweck, eine genaue, in ihrem ganzen Verlauf festgelegte Temperaturskala aufzustellen und auf dieser Grundlage Methoden und Geräte zur

Temperaturmessung auszubilden. Anregend wirkte auf diese Arbeiten das Aufblühen der deutschen Thermometerfabrikation, deren internationales Ansehen unter anderem durch die Einführung eines internationalen Beglaubigungsverfahrens so stieg, daß beispielsweise die Ausfuhr ärztlicher Thermometer zwischen 1885 und 1890 auf das Dreifache zunahm.

Weiterhin wurden präzisionsmechanische Arbeiten in Angriff genommen, die direkt den Wünschen und Bedürfnissen von Industrie und Technik entsprachen. Dabei ist insbesondere die Einführung und Beglaubigung einheitlicher Schraubengewinde zu nennen. Die von der Reichsanstalt vorgeschlagenen Gewinde wurden 1892 international akzeptiert und für den deutschen Sprachraum verbindlich erklärt. Diese Standardisierungsleistung erbrachte beträchtliche technologische und ökonomische Vorteile, nicht nur für die Produktion, sondern auch für das Reparatur- und Instandhaltungswesen. Ein direkter Einfluß der Stahl- und der Elektroindustrie ist bei der Aufnahme von Untersuchungen über den Einfluß der Härte des Stahls auf seine Magnetisierung nachweisbar.

Nach dem Umzug in ihre eigenen Dienstgebäude wurden die Arbeiten zur technischen Realisierung und Reproduktion der elektrischen Maßeinheiten in Angriff genommen, deren Dringlichkeit einer der wichtigsten Gründe für die Errichtung der Reichsanstalt war. Zunächst wurde in relativ kurzer Zeit die Einheit für den elektrischen Widerstand, das Ohm, nach einem Vorschlag von Siemens durch Herstellung von Quecksilberwiderständen verwirklicht. Diese waren jedoch viel zu unbequem im Gebrauch; daher wurden umfassende Versuche über die elektrischen Eigenschaften der Metalle und ihrer Legierungen unternommen, um praktisch nutzbare Einheitswiderstände in Gestalt von Drähten und Blechen zu schaffen. Auf diesem Wege wurden spezielle Legierungen entwickelt. Sie ermöglichten die Konstruktion von Meßwiderständen, die in viele Länder ausgeführt wurden. Die Untersuchungen über die Einheiten der Spannung und der Stromstärke veranschaulichen das arbeitsteilige Zusammenwirken zwischen den beiden Abteilungen der Reichsanstalt. Als praktisches Maß für das Ampère war diejenige Stromstärke festgelegt worden, die aus einer definierten Silbersalzlösung in einer bestimmten Zeit eine gewisse Silbermenge abscheidet. Die erste Abteilung hatte die Aufgabe, die Prinzipmethoden zur absoluten Bestimmung der Stromstärke und zur Wägung des Silberniederschlags zu finden. Zur Absolutmessung eines Stromes wurde ein Dynamometer nach einer Idee von Helmholtz konstruiert. Die anderen Experimente wurden mit einem Silbervoltmeter durchgeführt; sie erbrachten unter anderem den Nachweis, daß sich im Vakuum mehr Silber niederschlägt als im luftgefüllten Raum. Die zweite Abteilung hatte auf dieser Grundlage praktische Meßmethoden auszuarbeiten, die in der Industrie und in den gewerblichen Werkstätten zuverlässige Messungen vorzunehmen gestatteten. Zugleich wurden Apparate konstruiert, die für den Betriebstechniker leicht handhabbar waren.

Das Zusammenspiel der beiden Abteilungen erfaßte auch weitere Arbeitsgebiete, auf die wir hier nicht näher eingehen können — so Untersuchungen über die magnetischen Eigenschaften verschiedener Materialien, sacharimetrische Polarisationsuntersuchungen usw. Auf die optischen und photometrischen Arbeiten der Reichsanstalt kommen wir im letzten Abschnitt dieses Kapitels zurück.

Auch in der Entwicklung der disziplinär etablierten Elektrotechnik läßt sich die Doppelorientierung verfolgen. Das physikalische Institut an der Technischen Hochschule Charlottenburg war keinesfalls nur ein Hilfsorgan für die Technikerausbildung. Hier wurden auch eigenständige Forschungsaufgaben bearbeitet, insbesondere solche, die zur Elektrizitätslehre und zur Elektroindustrie in Beziehung standen.

Entsprechendes läßt sich auch für die beiden weiter oben erwähnten Gesellschaften sagen. Die im folgenden wiedergegebene Auswahl von Vortragsthemen der Berliner Pysikalischen Gesellschaft beweist, daß in ihr regelmäßig Gegenstände diskutiert wurden, die von Bedeutung für die Technik oder gar direkt technischer Natur waren. Aus der Liste ist auch ersichtlich, daß die beiden technologischen Etappen in der Entwicklung der Berliner Elektroindustrie ihre direkte Widerspiegelung in der Tätigkeit der Gesellschaft fanden. Bis zur Mitte der 70er Jahre betrafen die der Elektrotechnik zugewandten Vortragsthemen fast ausschließlich Probleme aus dem Bereich der Telegraphie; in den folgenden Jahren wurden sie parallel zur einsetzenden Elektrifizierung und dem damit verbundenen Strukturwandel in der Elektroindustrie beinahe gänzlich von Problemen der Starkstromtechnik verdrängt.

Vortragsthemen der Physikalischen Gesellschaft (Auswahl)
(Die Zusammenstellung erfolgte nach Protokollen der Gesellschaft)

1869

16. 4. W. Siemens: Über die neueste Construction der elektrodynamischen Maschinen und einige andere elektrische Apparate

1870

21. 10. Brix: Über Telegraphenstörungen durch Nordlichter

1871

21. 4. Brix: Telegraphische Notizen

1873

28. 2. Jaite: Über Telegraphie

17. 10. Röber: Über die Verhältnisse der Stromintensitäten in einer Telegraphenleitung

12. 12. Du Bois-Reymond: Über ein neues Galvanometer

1874

9. 1. Rüdorff: Über das Bunsensche Photometer
20. 2. Röber: Über Grammes magneto-elektrische Maschine
6. 3. Fröhlich: Über das Cappilargalvanometer

1875

8. 1. Fröhlich: Über eine neüe magneto-elektrische Maschine
12. 2. Glan: Über ein neues Photometer und Versuche mit demselben
17. 12. Fröhlich: Über Erdströme bei unterseeischen Kabeln

1876

21. 1. Obach: Über einen Regulator für die elektrische Lampe
3. 11. Paalzow: Bericht über die in London ausgestellten wissenschaftlichen Apparate

1877

5. 1. Fröhlich: Über die Einwirkung des elektrischen Stromes in einem Telegraphendraht auf den nebenliegenden
9. 11. Fröhlich: Über die Telephone
7. 12. Oberbeck: Über die Induktion von Magnetismus in Eisen

1878

19. 3. Lüdtge: Über ein verbessertes Telephon
26. 4. Lüdtge: Über den Phonograph
24. 5. Fröhlich: Verzögerungen auf unterseeischen Kabeln
7. 6. Fröhlich: Über Messungen der Telegraphenströme
25. 10. Fröhlich: Über elektrische Beleuchtung
Paalzow: Über eine besondere Construction der Wheatstoneschen Brücke
8. 11. Lüdtge: Über das Megaphon
Aron: Über eine Kabelsonde
Aron: Über die Gefährlichkeit der Einleitung von Kabel in Pulvermagazinen
6. 12. Lüdtge: Das Universal-Telephon

1879

10. 1. Fröhlich: Über die Fortpflanzung der Electricität in Kabeln
24. 1. Aron: Theorie des Microphons
21. 2. Lüdtge: Über das Microphon
24. 10. Fröhlich: Über Multiplikation des elektrischen Stroms

1880

6. 2. Helmholtz: Über elektromagnetische Maschinen von constanter Geschwindigkeit
19. 3. Fröhlich: Über Isolationsmessungen mittels Ladungsverlust

1881

7. 1. Fröhlich: Über dynamoelektrische Maschinen und elektrische Kraftübertragung

29. 4. Röber: Über das Bellsche Photophon
18. 6. Fröhlich: Über elektrische Eisenbahnen
18. 11. Helmholtz: Bericht über die Verhandlungen im Pariser Congress über die elektrischen Einheiten

1882

17. 2. Christiani: zeigte eine von Hrn. Mechaniker Dörffel construierte Glühlichtlampe mit Platinspirale
31. 3. Fröhlich: referierte über Untersuchungen über dynamoelektrische Maschinen, deren Resultat im wesentlichen in der elektrotechnischen Zeitschrift Februar- und Märzheft 1882 veröffentlicht sind
17. 11. Helmholtz: Bericht über die Tätigkeit der internationalen elektrischen Commission in Paris

1884

21. 3. Fröhlich: Über eine Verallgemeinerung des Satzes der Wheatstone'schen Brücke
9. 5. Helmholtz: Über die Beschlüsse der internationalen Conferenz für elektrische Maßeinheiten in Paris
27. 6. Neesen: Über die Regulierungssysteme für den Strom elektrischer Maschinen
7. 11. Neesen: Bericht über den Inhalt der in den letzten Jahren erteilten Deutschen Reichs-Patente auf Apparate zur Messung des elektrischen Stromes

1885

9. 1. Neesen: Bericht über die in den vergangenen Jahren erteilten Patente auf galvanische und Thermo-Batterien

1886

22. 1. König: Über einige neue Photometer
Fröhlich: Über seine Theorie der dynamo-elektrischen Maschine
4. 6. Pringsheim: Eine neue Anwendung des Telephons zur Messung elektrischer Widerstände
3. 12. Weinstein: berichtet über Erdstrombeobachtungen in deutschen Telegraphenleitungen

1887

20. 5. Groses: Über den elektrischen Zustand der Magnete bei ihrer Magnetisierung

1888

17. 2. Börnstein: Ein neuer Elektrizitätszähler
19. 10. Kundt: demonstriert zwei von Hrn. W. v. Uljanin hergestellte Selenzellen
28. 12. Lummer: berichtet über Versuche, welche er mit Kr. E. Brodhun gemeinsam behufs Ersatz des Fettflecks im Bunsenschen Photometer durch eine rein optische Verkehrung vorgenommen habe

1889

8. 11. Pernet: Über den Edinsonschen Phonographen neuester Construction

1890

21. 2. Pringsheim: Über das Kirchhoffsche Gesetz und die Strahlung der Gase

21. 3. Brodhun: Über das Contrastphotometer; über electrische Glühlichter als Vergleichsquelle

18. 4. Köpsel: Über einen Apparat zur Eichung und Normalbestimmung der Torsionsgalvanometer von Siemens & Halske
Köpsel: Über eine neue Art von Widerständen für hohe Stromstärken

24. 10. Brodhun (nach gemeinsam mit Hrn. O. Lummer in der PTR angestellten Versuchen): Über Prüfung des Talbotschen Gesetzes.

21. 11. Rubens: Über Messung stehender elektrischer Wellen in Drähten

5. 12. Köpsel: Über einen Apparat zur Untersuchung der Magnetisierbarkeit von Eisensorten

1891

29. 5. Feussner: Über den Widerstand der Legierungen von Nickel und Kupfer

20. 11. A. Du Bois-Reymond: Über den elektrischen Drehstrom

4. 12. Wolff: Über die Haltbarkeit einer Accumulatoren-Batterie

1894

5. 1. Lummer (nach gemeinsam mit Hrn. E. Brodhun angestellten Versuchen): Über die Prüfung der Siemensschen Platinlichteinheiten; über die Herstellung der Violle – Lichteinheit auf elektrischem Wege

2. 3. Du Bois: Über einen Ringelectromagneten zur Erzeugung intensiver Felder

16. 11. Rubens: Bericht nach gemeinsam mit den Hrn. W. und E. Rathenau angestellten Versuchen über die Ferntelegraphie ohne Draht

1895

22. 3. Rubens: Ein neues Galvanometer für Gleichstrom und Wechselstrom

26. 4. Pringsheim: Über die Elektrizitätsleitung erhitzter Gase

14. 6. Kurlbaum: Über die neue Platinlichteinheit der PTR (nach gem. mit Herrn Lummer angestellten Versuchen)

28. 6. Du Bois: Über magnetische Tragkraft (nach Versuchen mit Hrn. E. Tayler Jones)

1896

4. 1. Feier des 50jährigen Stiftungsfestes der Physikalischen Gesellschaft zu Berlin am 4. 1.:
Orlich: Einige Versuche mit Wechselströmen
Aschkinass: demonstriert eine mehr empfindliche Methode zum Nachweis elektrischer Schwingungen

Aron: Demonstration seiner Quecksilberbogenlampe
Fröhlich: zeigte an einem Modell die Vorkehrung, welche zum Schutze physikalischer Institute gegen die magnetische Einwirkung elektrischer Straßenbahnen getroffen wurden
Aron: hatte drei von ihm construierte Elektrizitätszähler ausgestellt
17. 11. Fröhlich: Über den Schutz physikalischer Institute gegen elektrische Bahnen
23. 3. Orlich: Eine Methode zur objectiven Demonstration der Phasen von Wechselströmen mittels zweier Vibrationsgalvanometer
1. 5. Du Bois: (nach gemeinsam mit Hrn. E. Tayler Jones gemachten Versuchen): Über Magnetisierung und Hysterese verschiedener Stahl- und Eisensorten

1897
8. 1. Kohlrausch: Über elektrische Widerstandsbestimmung
Bose: On a complete Apparatus for Investigation on electromagnetic Radiations
14. 5. Lummer: Über Graugluth und Rotgluth
22. 10. Warburg: Am 12. 10. vor 50 Jahren wurde die Firma Siemens & Halske gegründet (verliest das Glückwunschschreiben)
17. 12. Du Bois: Über magnetische Schirmwirkung

1898
7. 1. Du Bois: vollendet seine Mitteilung über magnetische Schirmwirkungen
4. 2. Pringsheim: Über gemeinsam mit Hrn. O. Lummer angestellte Versuche betreffend die Abhängigkeit der Strahlung eines schwarzen Körpers von der Temperatur
4. 3. Kurlbaum: Über quantitative Bestimmung der Strahlung des schwarzen Körpers
Budde: Über die Dimensionen der elektrischen und magnetischen Einheiten
6. 5. Lummer: Über gemeinsam mit Hrn. F. Kurlbaum ausgeführte Versuche betreffend den elektrisch geglühten „schwarzen Körper" und seine Temperaturmessungen
20. 5. Strecker: Über die Marconische Funkentelegraphie

Es ist nun weiterhin auch von großem Interesse, daß die Physikalische Gesellschaft nicht allein die Entwicklung der „einheimischen" Elektrotechnik physikalisch begleitete. Vielmehr reflektierte sie aufmerksam und schnell die internationale Entwicklung auf diesem Gebiet und verstand sich so gewissermaßen als eine Einrichtung des wissenschaftlichen Technologietransfers. Wie rasch und wie vollständig diese Reaktion erfolgte, verdeutlicht die Übersicht in Tabelle 4.

Tabelle 4

Gegenstand	Entdeckungsjahr bzw. Jahr der praktischen Einführung	Vortrag in Physik. Gesellschaft
Telefon	1876 Bell	1877
Phonograph	1877/78 Edison	1878
Elektr. Beleuchtung	1877 erste elektrische Beleuchtung in Paris; 1879 Aufbau ähnlicher Anlagen auch in Berlin, München usw.	1878
Mikrophon	1878	1879
Photophon	1880 Bell	1881
Elektr. Eisenbahn	1879 Berliner Industrieausstellung; 1881 elektrische Straßenbahn in Lichterfelde	1881
Elektr. Kraftübertragung	1881 erste öffentliche Kraftstation Edisons in New York	1881
Drehstrom	1885 Tesla; 1889 Drehstrommotor	1891
Versuche mit Wechselstrom	erste umfangreichere Nutzung auf Weltausstellung 1893	1895/96
Drahtlose Telegraphie	1894 Beginn der Versuche von Marconi und Popow	1894
Marconische Funkentelegraphie	1896 Marconischer Funkensender	1898

Am meisten überrascht den Betrachter vielleicht die Tatsache, daß die erwähnte Komplementarität der Orientierungen auch im Elektrotechnischen Verein wirksam war. Während es für eine physikalische Gesellschaft nahezu selbstverständlich erscheint, der Vergegenständlichung des physikalischen Wissens in Technik und Technologie Beachtung zu schenken, bezeugt die Aufmerksamkeit für die Förderung der Wissenschaft über bloße Anwendungsfragen hinaus bei einer technischen Gesellschaft für die Verhältnisse des vorigen Jahrhunderts ein außergewöhnlich hohes Niveau. Über die Ziele des Vereins schrieb der Redakteur K. E. Zetzsche in der ersten Nummer der Elektrotechnischen Zeitschrift: „Indem er ein Vereinigungspunkt für die deutschen Elektrotechniker zur Förderung ihrer wissenschaftlichen, technischen und gewerblichen Interessen werden will, stellt er sich zugleich die Aufgabe, an der Fortentwicklung der technischen Anwendung der Elektritzität für das Leben rüstig mitzuarbeiten und die Fortbildung ihrer Kenntnisse durch Nutzbarmachung der technischen Einrichtungen und Erfahrungen für die Wissenschaft zu fordern." Weiter hob er hervor, daß die Tätigkeit des Elektrotechnischen Vereins „. . . das gesamte Gebiet der Elektrotechnik in seiner wissenschaftlichen Erforschung wie auch in seiner praktischen Anwendung in ihren Bereich zieht".[81] In der Tat hatte keine der bis dahin bestehenden Vereinigungen ein derart umfassendes Ziel formuliert. Nicht nur Technikwissenschaftler, sondern auch zahlreiche Physiker zählten zu den Mitgliedern des Elektrotechnischen Vereins – unter ihnen so bedeutende Gelehrte wie R. Clausius, H. v. Helmholtz, G. Kirchhoff, F. Kohlrausch und G. Wiedemann. In den Sitzungen des Vereins wurden stets 1 oder 2 größere Vorträge gehalten, die alle wichtigen Zweige der Elektrotechnik umfaßten und von den Grundlagen der elektrischen Meßtechnik bis zur Anwendung der Elektrizität für astronomische Zeitmessungen reichten. Diese Vorträge, von denen viele auch in der Elektrotechnischen Zeitschrift abgedruckt wurden, vermittelten den Elektrotechnikern modernstes Wissen aus erster Hand.

In der Arbeitsweise des Vereins war der Übergang von der Wissenschaft zur technischen Praxis keine Einbahnstraße. Der Verein initiierte eine Reihe fachwissenschaftlicher Untersuchungen und betreute sie unmittelbar durch Unterausschüsse oder Kommissionen, in denen die jeweils kompetentesten Wissenschaftler vertreten waren – teilweise als Vorsitzende. So entstand auf Anregung von W. Foerster nach 1881 ein „Erdstromkomitee", dessen Vorsitz G. Kirchhoff übernahm.[82] Es befaßte sich mit der Untersuchung von Erdstromerscheinungen an Telegraphenleitungen. Dabei stellte die Reichs-Telegraphen-Verwaltung Leitungen für Meßzwecke zur Verfügung, während spezielle Apparate für die Messungen von Siemens & Halske entwickelt und gebaut wurden. An den mehrjährigen Messungen war vor allem Weinstein beteiligt, der 1899 eine umfangreiche Arbeit dazu veröffentlichte. Auf Grund ständiger Anfragen an den Verein über die Anlage von Blitzableitern wurde 1885 unter Vorsitz von W. v. Bezold ein Unterausschuß zur Untersuchung der Blitzgefahr gebildet, dem auch Helmholtz und Siemens angehörten. Die Ergebnisse eingehender Beratungen über Ursachen und Größe der Blitzgefahr und über die Bedingungen für die Anlage von Blitzableitern wurde 1886 von C. L. Weber in der Schrift „Die Blitzgefahr" zusammengefaßt. Auch in den folgenden Jahren wurden weitere Untersuchungen in dieser Richtung angestellt. Der Lösung ähnlicher wissenschaftlich-praktischer Fragestellungen dienten schließlich auch einige vom Verein ausgeschriebene Preisaufgaben, die allerdings geringe Resonanz fanden. Aus der Sicht des Vereins war es das Ziel dieser Preisaufgaben, „zur Belebung des fachwissenschaftlichen Interesses an den Aufgaben der Elektrotechnik"[83] beizutragen.

[81] K. Zetzsche, Unser Ziel, in: Elektrotechnische Zeitschrift (Berlin), Jg. 1 (1880), S. 1.

[82] Vgl. E. Naglo (Hrsg.), Die ersten fünfundzwanzig Jahre des elektrotechnischen Vereins, a. a. O., S. 58.

[83] Ebenda, S. 137.

Es läßt sich also exemplarisch belegen, daß der Elektrotechnische Verein die Bestimmung wissenschaftlicher Fragestellungen zu dringlichen praktischen Problemen förderte und ihre Lösung und deren Nutzung über seine Gremien vermittelte. Der § 2 der Vereinssatzung betraf speziell die „Förderung fachwissenschaftlicher Untersuchungen". 1904 resümierte der damalige Vorsitzende des Berliner Vereins, der Ingenieur und Industrielle E. Naglo, die bisherigen Bemühungen: „Der Elektrotechnische Verein hatte sich in erster Linie die Entwicklung und Förderung der technischen Anwendung der Elektrizität zum Ziele gesetzt. Er hat hierzu vornehmlich die technische Wissenschaft gepflegt; dies zeigt am besten die große Zahl wissenschaftlicher und rein technischer Vorträge, welche im Verein gehalten wurden. Auch die Satzungen lassen klar erkennen, worin der Schwerpunkt der Vereinstätigkeit gesucht wurde."[84] Dabei haben wir uns hier nur auf solche wissenschaftlichen Untersuchungen bezogen, die direkt vom Verein betrieben wurden. Inwieweit der Elektrotechnische Verein Untersuchungen an der Universität oder an der Technischen Hochschule veranlaßt hat, kann noch nicht sicher angegeben werden; nach der bisherigen Kenntnis von den Themen und ihren Bearbeitern ist es aber sehr wahrscheinlich, daß ein solcher Einfluß bestanden hat.

Die andere Seite der Wirksamkeit des Vereins waren Beiträge, um günstige gesellschaftliche Durchsetzungsbedingungen für den wissenschaftlich-technischen Fortschritt zu schaffen, und zwar insbesondere solche, die von den einzelnen kapitalistischen Unternehmen wenig gewährleistet wurden. So legte der Verein großen Wert auf Ausstellungen, die die Möglichkeiten der Elektrotechnik propagieren sollten; in der Elektrotechnischen Zeitschrift und vor dem Verein wurde ausführlich über die großen internationalen elektrotechnischen Ausstellungen zwischen 1881 und 1896 berichtet, und er war auch in den entsprechenden Ausstellungsgremien vertreten. Ein weiteres Interessengebiet des Vereins war der Problemkreis der Berufsausbildung. Mitte der 80er Jahre war die Ausbildung von Hochschulkadern für die Elektroindustrie im wesentlichen sichergestellt, doch es mangelte an Ausbildungsmöglichkeiten für Facharbeiter und Meister (oder, wie es damals hieß, Unterbeamte, Werkmeister, Monteure und Laboratoriumsgehilfen). Der Elektrotechnische Verein setzte sich gegen Ende des Jahrhunderts dafür ein, an der städtischen Handwerkerschule in Berlin einen Kursus für Elektromonteure einzurichten, und unterstützte dieses Vorhaben selbst mit jährlich 1000 Mark. 1902 ging aus diesem Kursus die „Fachschule für Elektrotechnik an der I. Handwerkerschule" hervor.

Die gegenseitige Durchdringung der Institutionen

Die Tatsache, daß die Barrieren zwischen den Institutionen niedrig waren und ein flexibles, reibungsarmes Zusammenwirken kaum beeinträchtigten (oder, anders ausgedrückt, für die Herstellung eines effektiven problem-

[84] Ebenda, S. 140.

bezogenen Zusammenwirkens kaum ein besonderer Organisationsaufwand erforderlich war), hängt gewiß mit der bescheidenen absoluten Größe der professionellen Einrichtungen zusammen. Es erscheint uns jedoch nicht richtig, darin die entscheidende Ursache für diese Situation zu suchen. Diese ist eher darin zu suchen, daß die eben diskutierte funktionelle Komplementarität im Verhalten der Institutionen mehr oder minder vollständig auch von den Individuen realisiert wurde; sie war zwar gelegentlich — speziell in der Physikalisch-Technischen Reichsanstalt — in einer institutionellen Untergliederung fixiert, aber sie war nicht professionell verhärtet. Vielfach ist die simultane oder sukzessive Mitgliedschaft von Wissenschaftlern und Technikern in verschiedenen Institutionen des hier erörterten Netzes zu beobachten. Von geradezu programmatischer Bedeutung ist es, daß Helmholtz, geistiges Oberhaupt der Physik in Berlin, als erster Präsident die Leitung der Physikalisch-Technischen Reichsanstalt übernahm und seine Aktivitäten bis in den Elektrotechnischen Verein erstreckte, während umgekehrt Siemens als Nestor der Elektrotechnik bis in den akademischen Raum hinein wirksam wurde. Vielleicht erscheint diese Symbiose von Wissenschaft und technischer Praxis im Rückblick idealisiert; aber es ist sicher, daß auf diesem Gebiet die unfruchtbaren Extremhaltungen des „reinen" Wissenschaftlertums und des technischen Praktizismus wenig Boden hatten — und zwar, so möchten wir hinzufügen, nicht unabhängig von dem ökonomischen Umstand, daß eben diese Symbiose den profitgünstigsten Entwicklungsweg der Elektroindustrie sicherte.

Es ist anzunehmen, daß die universale Orientierung der Koryphäen für die jüngere Physiker- und Technikergeneration anregend gewesen ist, zumal Helmholtz in überdurchschnittlichem Maß schulbildend wirksam war. Dies veranschaulicht bereits die Liste der Assistenten, die unter der Leitung von Helmholtz am Physikalischen Institut der Berlin Universität arbeiteten: C. L. Weber (1871–72), P. Glan (1872–77), F. Neesen (1873–76), W. Giese (1877–80), E. Hagen (1878–84), H. Kayser (1878–85), H. Hertz (1880–82), A. König (1883–89), O. Lummer (1884–87), K. Dieterici (1885–90), E. Brodhun (1887–88).

Zu den Praktikanten, die an diesem Institut von Helmholtz angeleitet wurden, gehörten unter anderem L. Arons, F. Kurlbaum, A. Michelson und P. Pringsheim. In diesem Sinne übten in der Nachfolge von Helmholtz auch A. Kundt und E. Warburg auf den wissenschaftlichen Nachwuchs einen beträchtlichen Einfluß aus. Nur einige Tatsachen sollen die personelle Flexibilität und Mobilität innerhalb des Institutionennetzes illustrieren. So wurde F. Stenger, der Assistent bei A. Kundt war, Ende des Jahrhunderts zum etatsmäßigen Professor für Elektrotechnik an die Technische Hochschule Dresden berufen. E. Hagen ging nach seiner Assistenz bei Helmholtz ebenfalls nach Dresden als außerordentlicher Professor für angewandte Physik und Elektrotechnik und als Leiter des elektrotechnischen Labors. F. Neesen erhielt ein Extraordinariat an der Berliner Universität und wurde später Mitglied des Patentamtes. Unter den Praktikanten und Doktoranden des Berliner physikalischen Universitätsinstituts waren auch Persönlichkeiten, die sich später als Industriewissenschaftler profilierten – darunter O. Fröhlich (später im „Physikalisch-Chemischen Laboratorium" bei Siemens & Halske angestellt), E. L. Nichols (Mitarbeiter von Th. A. Edison) und W. Rathenau (Sohn des AEG-Chefs E. Rathenau). Viele der von Helmholtz betreuten jungen Wissenschaftler beschäftigten sich mit physikalischen Problemen, die für die Elektrotechnik relevant waren, oder direkt mit elektrotechnischen Fragen. L. Arons konstruierte im Jahre 1892 eine Quecksilberbogenlampe. E. Hagen veröffentlichte noch in seiner Berliner Zeit mehrere Arbeiten zum Problem der elektrischen Beleuchtung. F. Neesen beschäftigte sich intensiv mit Fragen des Blitzschutzes. Auch zu Beginn unseres Jahrhunderts spielte die Zuwendung zur Elektrotechnik in der Berliner Physik eine wesentliche Rolle. So entwickelte P. Drude erste Ansätze für ein elektronentheoretisches Verständnis der Leitfähigkeit von Metallen. A. Wehnelt entdeckte 1904 die Oxidkathode, die sowohl für Gasentladungs- als auch für Hochvakuumröhren von großer Wichtigkeit war.

Mit besonderer Leichtigkeit realisierte sich die Verknüpfung von Physik und Elektrotechnik in der Sphäre der kommunikativen Institutionen. Von den 36 Teilnehmern der konstituierenden Sitzung des Elektrotechnischen Vereins am 20. 12. 1879 kamen acht aus der Wissenschaft. Der nachfolgende Auszug aus der Mitgliederliste des Jahres 1880 gibt eine (unvollständige) Übersicht der Wissenschaftler, die dieser Organisation angehörten:

Berliner Mitglieder

Heinrich Bruns, Universität, Prof. Mathematik; W. Foerster, Sternwarte, Prof.; E. Hagen, Universität, Assistent am Physikalischen Institut; F. v. Hefner-Alteneck, Telegraphen-Ing., Firma Siemens; H. v. Helmholtz, Universität, Prof., Direktor des Physikalischen Instituts, Akademiemitglied; E. Kayser, Universität, Assistent am Physikalischen Institut; G. Kirchhoff, Universität, Prof. Theoretische Physik, Akademiemitglied; H. Munk, Universität, Prof. Physiologie, Akademiemitglied; F. Neesen, Universität, Prof.; A. Paalzow, Technische Hochschule Charlottenburg, Prof. Physik; W. Siemens, Fabrikbesitzer, Akademiemitglied; A. Slaby, Technische Hochschule Charlottenburg, Privat-Dozent, Elektromechanik; E. Wiebe, Technische Hochschule Charlottenburg, Rektor.

Auswärtige Mitglieder

R. Clausius, Universität Bonn, Prof., Korr. Akademiemitglied; F. Kohlrausch, Universität Würzburg, Prof., Korr. Akademiemitglied; N. A. Otto, Direktor Gasmotorenfabrik Deutz in Mühlheim/Rhein; E. Riecke, Universität Göttingen, Prof.; A. Töpler, Polytechnikum Dresden, Prof., Korr. Akademiemitglied; E. Warburg, Universität Freiburg i. Br., Prof.; G. Wiedemann, Universität Leipzig, Prof., Korr. Akademiemitglied.

Die folgende Übersicht gewährt zumindest einen schematischen Einblick in das Ausmaß der Aktivität der Wissenschaftler im Elektrotechnischen Verein.

Tabelle 5

Zahl von Vorträgen und Mitteilungen einzelner Mitglieder zwischen 1880 und 1904 im Elektrotechnischen Verein (insgesamt sprachen 255 Herren)

Aron	8	Kohlrausch	3
Berliner	1	Kronecker	3
von Bezold	1	Lahmeyer	3
Du Bois-Reymond	2	Lummer	1
Brix	2	Marckwald	1
Budde	3	Meissner	1
v. Dolivo-Dobrowolsky	25	v. Miller	5
Elsasser	12	Naglo	12
Foerster	23	Neesen	19
Frischen	15	Paalzow	1
Fröhlich	25	Siemens, Werner v.	24
Geissler	1	Siemens, Wilhelm v.	15
Görges	30	Slaby	5
Goldstein	1	von Stephan	20
Hallwachs	1	Töpler	2
v. Hefner-Alteneck	58	Voller	2
v. Helmholtz, H.	5	Wüllner	1
Klingenberg	2	Zetzsche	2

(Zusammengestellt nach E. Naglo, Die ersten fünfundzwanzig Jahre des elektrotechnischen Vereins, a. a. O.)

Zahlreiche der hier aufgeführten Referenten waren Wissenschaftler bzw. Techniker mit starkem wissenschaftlichem Interesse. Besonders ist hier auf die hohe Aktivität von Vertretern der industriellen Forschung und Entwicklung zu verweisen, so v. Dolivo-Dobrovolski, Frischen, Fröhlich und v. Hefner-Alteneck. Die Liste der Vorstands-, Ausschuß- und Ehrenmitglieder des Elektrotechnischen Vereins widerspiegelt eine gebührende Beachtung der Wissenschaft. Erstes Ehrenmitglied wurde 1884 der Göttinger Physiker W. Weber; ihm folgten 1890 Th. A. Edison und 1900 F. v. Hefner-Alteneck.

Aufschlußreich ist die Tatsache, daß zahlreiche Persönlichkeiten gleichzeitig sowohl der Physikalischen Gesellschaft als auch dem Elektrotechnischen Verein angehörten und in beiden Organisationen aktiv mitwirkten. Von den insgesamt 182 Mitgliedern, die die Berliner Physikalische Gesellschaft im Jahre 1880 zählte, waren 43 Herren (davon 17 Auswärtige) zugleich auch Angehörige des Elektrotechnischen Vereins. Die folgende Tabelle zeigt die Anzahl der Vorträge, die von einigen dieser Wissenschaftler in den ersten drei Jahren nach der Gründung des Elektrotechnischen Vereins in beiden Organisationen gehalten worden sind.

Tabelle 6

	Physik. Gesellschaft 1880	1881	1882	Elektrotechn. Verein 1880	1881	1882
Aron						2
Brix				1		1
Christiani		1	6			2
Du Bois-Reymond	1	1				
Fröhlich		2	1	3		1
Goldstein	2					
Helmholtz	4	3	3	1	1	
Neesen	5	3	3		4	4
Paalzow	1					1
Siemens				3	1	3
Summe	13	10	13	8	6	14
Gesamtzahl der in der Gesellschaft gehaltenen Vorträge	29	33	38	20	24	24

Die personelle Beweglichkeit, die „institutionelle Multivalenz“ der Personen, erleichterte die Reaktion auf ökonomische Anforderungen und Impulse. Die AEG wußte sich dieses kommunikativen Mechanismus gut zu bedienen. E. Rathenau war selbst kein bedeutender Erfinder, aber „kaum übersehbar groß ist die Zahl der Erfindungen, denen er zum Leben verholfen hat.[85] Edisons unsystematisch-empirischer Arbeitsweise gegenüber verhielt er sich kritisch. C. Matschoss urteilt: „Emil Rathenau erkannte die Mängel eines solchen gefühlsmäßigen Vorgehens auf den ersten Blick. Er war sich klar darüber, daß eine wirklich epochemachende Zentral-Station nicht auf dem Versuch und dem Zufall, sondern nur auf dem festen Boden der wissenschaftlichen Methodik aufgebaut sein müßte. Seine Einbildungskraft lebte nicht von dem Experiment, sondern von der Konstruktion.“[86] Rathenau war stets auf der Suche nach neuartigen technischen Prinziplösungen und inspirierte auch ihr Zustandekommen. Ebenso förderte die AEG unter seiner Leitung komplexe technische Entwicklungen, die sich nicht auf die Elektrotechnik im engeren Sinne beschränkten, sondern auch andere Industriezweige beeinflußten. Hinsichtlich der Forderung an den Maschinenbau, den Bedürfnissen der

[85] A. Fürst, Emil Rathenau – Der Mann und sein Werk, a. a. O., S. 6.

[86] F. Pinner, Emil Rathenau und das elektrische Zeitalter, Leipzig 1918, S. 130/131.

schnell fortschreitenden Elektroindustrie nachzukommen, soll Rathenau in einem Gespräch mit Slaby geäußert haben: „Zuvor haben wir den Maschinenbau für diese Leistungen zu erziehen.“[87] Über seine „technische Strategie“ bemerkte er: „Mit alten Mitteln habe ich niemals angefangen; wenn ich sah, daß die vorhandenen Mittel nicht mehr ausreichten, wartete ich, bis ich neue fand.“[88] Die Art und Weise, wie die AEG wissenschaftlich-technische Neuerungen initiierte, bedarf noch der Untersuchung.

Die wesentlichen Aussagen über das Zusammenwirken der beiden Strukturdimensionen des institutionellen Netzes waren implizit schon in den bisherigen Ausführungen enthalten; wir werden daher keine weiteren Fakten anführen. Die professionellen, „produzierenden“ Institutionen waren die entscheidenden Quellen, die die kommunikativen Medien mit sich stets erneuerndem Inhalt versahen und sie so in ihrer Funktion reproduzierten. Zugleich aber trugen die Medien der Kommunikation zur Reproduktion der produzierenden Instanzen bei, denn keine Forschungs- oder Entwicklungseinrichtung kann ohne fortdauernden Zustrom von Ideen arbeitsfähig bleiben. Die Physikalische Gesellschaft und der Elektrotechnische Verein, die durch die zahlreichen Doppelmitgliedschaften miteinander verzahnt waren, vermittelten so Anregungen zwischen Industrie und Forschung. Auch ohne ein ausgebautes Auftragssystem erfuhr die Forschung so die Determination durch die Entwicklungsbedürfnisse der Industrie und die Innovationsbereitschaft der Industrie wurde auch ohne eine fixierte Überführungsorganisation durch ein reichhaltiges Angebot wissenschaftlicher Ideen immer wieder herausgefordert. Da die beiden Gesellschaften nicht allein unpersönliche Zirkulation von Informationen über die Zeitschriften, sondern auch den unmittelbar persönlichen und dabei am wissenschaftlich-technischen Gegenstand orientierten Kontakt zwischen den Vertretern der verschiedenen Professionaleinrichtungen ermöglichten, wirkten sie dem Auftürmen von Barrieren zwischen diesen Einrichtungen entgegen. Zugleich vermittelten sie den intellektuellen „Stoffwechsel“ des Systems „Wissenschaft–Elektroindustrie“ mit der internationalen Arena; dabei beruhte die hohe Rezeptionsfähigkeit des Systems für internationale Entwicklungen (nach Tempo und Vollständigkeit) auf der hohen Eigenleistung, und beide Momente verstärkten sich wechselseitig.

87 Ebenda, S. 133.

88 Zit. nach: A. Fürst. Emil Rathenau – Der Mann und sein Werk, a. a. O., S. 10.

2.4.6. Die Ausdehnung der Wechselwirkung von Forschung und Produktion auf den Bereich der Fundamentalforschung: Zu den Entstehungsvoraussetzungen der Quantentheorie

Bisher wurden wichtige Abschnitte des Tätigkeitsprofils des Physikalischen Instituts der Berliner Universität und der Physikalisch-Technischen Reichsanstalt nicht erwähnt. Wir wollen dies hier nachholen, denn es bietet Belege dafür, daß sich im Fall der Elektroindustrie der Kreis der Wechselbeziehung von Wissenschaft und Produktion vollständig geschlossen hat. Bildlich ausgedrückt: Es erwies sich, daß nicht nur ein bestimmtes Organ der Wissenschaft (die angewandte Forschung), sondern ihr ganzer Organismus in die Wechselwirkung mit der industriellen Praxis einbezogen war und in ihr und durch sie evolutionierte. Niemanden wird es überraschen, daß angewandte Untersuchungen zur Bedienung technischer Bedürfnisse der Industrie durch die Lösung technischer Probleme selbst befruchtet und angeregt werden. Weit weniger evident ist, daß die Verbindung der Forschung mit der Entwicklung der industriellen Praxis zu Umwälzungen in den physikalischen Grundtheorien oder gar im physikalischen Weltbild führt.

Nachdem Maxwell die klassische Elektrodynamik geschaffen hatte und die statistische Grundlegung der Thermodynamik gelungen war, hatte das alte Problem der Einheit der Physik gegen Ende des 19. Jahrhunderts die Gestalt der Forderung angenommen, eine Synthese von Thermodynamik und Elektrodynamik zu erreichen. Das kritische Gebiet der Suche nach einer solchen Synthese war die Strahlungstheorie.[89] Bekanntlich enthielt die Plancksche Strahlungsformel, statt die Zusammenfassung der klassischen Physik in einer konsistenten Einheitstheorie zu vermitteln, den Keim der dialektischen Negation ihrer Grundlagen.

Hier ist nicht der Ort, eine kurzgefaßte Entstehungsgeschichte der Quantenphysik zu geben.[90] Wir wollen lediglich einige Argumente zugunsten des Standpunktes anführen, daß die Wechselbeziehung von Forschung und Industrie, deren institutioneller Mechanismus bereits skizziert worden ist, ein integrales Moment des Entstehungsprozesses der Quantentheorie war. Der starke Aufschwung der Beleuchtungstechnik in der zweiten Jahrhunderthälfte und die scharfe Konkurrenz zwischen Gaslicht und Glühlampe ließen Fortschritte auf dem Gebiet der Photometrie ökonomisch überaus dringlich erscheinen.[91] Die bis dahin verfügbaren Meßmethoden

[89] Vgl. H. G. Schöpf, Von Kirchhoff bis Planck, Berlin 1978.

[90] Vgl. R. Grabow: Zur Vorgeschichte der Planckschen Strahlungsgleichung, in: Physik in der Schule, 12 (1975), S. 521 (Teil 1); 1/2 (1976), S. 10 (Teil 2) und A. Herrmann, Frühgeschichte der Quantentheorie, Mosbach 1969.

[91] Vgl. D. B. Hermann/D. Hoffmann, Astrofotometrie und Lichttechnik in der 2. Hälfte des 19. Jahrhunderts, in: NTM-Schriftenreihe für Geschichte der Naturwissenschaften, Technik und Medizin, 1/1976, S. 94–104.

und Geräte waren sehr ungenau und beruhten nicht auf der Festlegung eines einheitlichen Lichtmaßes. Wie sich nachträglich feststellen ließ, wurden damals in der Gas- wie in der Elektroindustrie Lichtstärkeangaben gemacht, die einen Fehler bis zu 60 % aufwiesen. Der Deutsche Verein der Gas- und Wasserfachleute, der gesellschaftliche Interessenvertreter der Gasindustrie, wandte sich bald nach seiner Gründung an die Physikalisch-Technische Reichsanstalt mit dem Ersuchen um Aufnahme photometrischer Untersuchungen. Auch die Elektroindustrie war an solchen Untersuchungen brennend interessiert, sowohl zur Lösung spezifischer technischer Probleme des Industriezweiges als auch zum exakten Nachweis der Überlegenheit des elektrischen Lichtes gegenüber dem Gaslicht.

Die einschlägigen Arbeiten der Anstalt begannen mit der Entwicklung eines geeigneten Photometers, mit der Intention, daß „das Photometer so anwendbar und nützlich für den Gasconsumenten“[92] werden kann wie der Alkoholmeter für den Spiritusfabrikanten. Das von der Reichsanstalt konstruierte Photometer war um fast eine Größenordnung genauer als die bislang üblichen. Es fand in gas- und elektrotechnischen Kreisen sehr schnell eine weite Verbreitung und wurde auf der Industrieausstellung in Chicago mit einem Preis ausgezeichnet. Danach ging man daran, die Photometriermethodik generell zu verbessern und auch die anderen Geräte einem auf wissenschaftlichen Prinzipien begründeten Verfahren anzupassen. Insbesondere erfuhr die Photometerbank eine gründliche Durcharbeitung.

Auf diese Weise wurde das praktische Bedürfnis auf ein grundsätzliches Problem zurückgeführt. Es war nun notwendig, Untersuchungen hinsichtlich einer geeigneten Lichteinheit anzustellen, auf deren Leuchtkraft diejenige aller anderen Lichtquellen bezogen werden kann. Als technische Lichtmaße wurden in der deutschen Gasindustrie je nach Hersteller zwei unterschiedliche Kerzenarten benutzt; die Elektroindustrie besaß in der Hefnerlampe noch eine dritte. Allein aus diesem Grunde war die Konfusion in der Lichtmessung schon relativ groß. Die vergleichenden Untersuchungen der Reichsanstalt zeigten, daß von allen damals gebräuchlichen Lichteinheiten nur die Hefnerlampe den Ansprüchen der Technik voll gerecht wurde. Im Ergebnis dieser Arbeit nahmen die interessierten Kreise der Gasindustrie und der Elektroindustrie die Hefnerlampe als alleiniges Lichtmaß an, und die Physikalisch-Technische Reichsanstalt wurde beauftragt, dieses Maß auch amtlich zu beglaubigen. Der zweiten Abteilung der Anstalt fiel dabei die praktische Ausführung der Prüfungen von Gas-, Petroleum-, Glüh- und Bogenlampen zu, die mit dem Aufschwung der Beleuchtungstechnik im ausgehenden 19. Jahrhundert enorme Ausmaße erreichte. Bis zum Jahr 1906 (mit Schwerpunkt in den letzten zehn Jahren) wurden beispielsweise 1300 Hefnerlampen, 3500 elektrische Lampen, 1800 Lampen für Leucht-

[92] Vgl. Journal für Gasbeleuchtung, 1/1858, S. 154.

gas, Petroleum, Azetylen usw. geprüft, wobei zu den letzten beiden Posten Dauerprüfungen von über 400000 Brennstunden gehörten.[93] Die Festlegung eines einheitlichen Lichtmaßes und die damit verbundenen umfangreichen Untersuchungen an der Reichsanstalt brachten Deutschland den international führenden Platz auf dem Gebiet der Lichtmessung.

Soweit kann man diesen ganzen Komplex von Arbeiten als wissenschaftlich begründete Standardlösung eines technischen Problems ansehen. Wäre hier allein das technisch-industrielle Interesse im Spiel gewesen, so hätten die Untersuchungen der Anstalt wohl kaum in die revolutionäre Umgestaltung der Grundlagen der Physik eingegriffen. Indes war, wie wir gezeigt haben, die Orientierung auf den physikalischen Erkenntnisfortschritt und damit der enge Kontakt zum physikalischen Institut der Universität eine unabdingbare Komponente in der Tätigkeit der Reichsanstalt. Helmholtz und seine Schüler brachten das der Suche nach einer abschließenden theoretischen Synthese der klassischen Physik entsprechende Problembewußtsein mit in die Reichsanstalt, und so wurde jedes technische Problem in einen fundamentalen Erkenntnisrahmen gestellt; seine angestrebte Lösung wurde zugleich nach möglicher Praktikabilität und nach möglichem Erkenntniswert beurteilt.

Helmholtz hatte, wie wir bereits erwähnten, sehr schnell die Maxwellsche Elektrodynamik rezipiert und sich schon früh und erfolgreich mit Fragen der Thermodynamik befaßt. Er war einer der Forscher, die gegen Mitte des Jahrhunderts den Energieerhaltungssatz formulierten. Seine Anfang 1882 der Akademie vorgelegte Untersuchung „Die Thermodynamik chemischer Vorgänge“, die übrigens in der Entwicklung der Physikochemie zu einer selbständigen Disziplin eine beachtliche Rolle gespielt hat, gehört zu seinen berühmtesten Arbeiten. In dem wesentlich von Helmholtz geprägten geistigen Klima der Berliner Physik war die Beschäftigung mit der Aufstellung einer einheitlichen Strahlungstheorie als einem Fundamentalproblem hochaktuell. So untersuchten Rubens und Kurlbaum von der Technischen Hochschule Charlottenburg das ultrarote Spektralgebiet; Anlaß für diese Forschungen war zunächst der Gedanke, daß die Brücke zwischen Optik und Elektrizitätslehre nicht nur von der Seite der Elektrodynamik, sondern zugleich auch von der Seite der Optik geschlagen werden mußte.

O. Lummer, ein Helmholtz-Schüler, folgte seinem Lehrer 1887 an die neugegründete Physikalisch-Technische Reichsanstalt und wurde dort mit den bereits genannten photometrischen Problemen konfrontiert. Auf ihn geht auch die Konstruktion eines Photometers (Lummer-Brodhun-Würfel, 1889) zurück. Vor allem sind seine Arbeiten zur experimentellen

[93] Vgl. E. Warburg, Die PTR in Charlottenburg, in: Internationale Wochenschrift für Wissenschaft, Kunst und Technik (München), 1/1907, S. 546.

Realisierung eines Maximalstrahlers (schwarzer Körper) zu erwähnen. Gemeinsam mit Pringsheim gelang ihm die Aufstellung der Strahlungskurve eines solchen schwarzen Körpers. Diese Untersuchungen hingen unzweifelhaft mit den technischen Problemen zusammen, die an der Physikalisch-Technischen Reichsanstalt zu lösen waren. In einer gemeinsamen Arbeit von O. Lummer und W. Wien heißt es, daß es eines wirklichen schwarzen Strahlers „bedarf, wenn man das Emissionsvermögen der seltenen Erden (Zirkon, Thoriumoxyd, a. u.) ... untersuchen will".[94] Das Emissionsvermögen seltener Erden war aber gerade deshalb von Interesse, weil die Glühkörper von Gaslampen aus solchen Stoffen bestanden.

Die Physiker an der Reichsanstalt identifizierten die technischen Probleme, die ihnen durch die Bedürfnisse der Industrie nahegelegt wurden, als Spezialfälle fundamentaler Probleme. Sie konnten es deshalb tun, weil das Bezugssystem, in dem sie diese identifizierten, von den Entwicklungserfordernissen der physikalischen Theorie gebildet wurde. Deshalb gaben sie sich auch nicht mit Ad-hoc-Lösungen zufrieden, die allein das technische Bedürfnis befriedigten, ohne das dahinterstehende fundamentale Problem zu lösen, obwohl sie es keineswegs verschmähten, zunächst für praktische Zwecke spezielle Lösungen zu liefern, wie es im Fall der Photometrie der Fall war. Wie stark dieser Geist die Tätigkeit der Reichsanstalt bestimmte, belegt die folgende Passage aus ihrem Tätigkeitsbericht für das Jahr 1900: „Die optischen Arbeiten haben das Ziel, die grundlegenden Gesetze der Wärme- und Lichtstrahlung festzulegen. Im Anschluß daran sollen die Probleme der Leucht- und Heiztechnik gelöst werden, soweit sie sich durch Strahlungsversuche angreifen lassen ... Die Versuche sollen in der Weise erweitert werden, daß man die Emission mit der des schwarzen Körpers vergleicht, hierdurch das Reflexionsvermögen der glühenden Substanzen erhält und so ein Urteil über die Ökonomie der Lichtquellen gewinnt."[95] Eben aus dieser Haltung heraus begnügte sich die PTR nicht mit dem praktischen Erfolg, die Verwendung der Hefnerlampe als Lichtmaß für technische Zwecke begründet und durchgesetzt zu haben. Vielmehr bemühte sie sich darum, ein Lichtmaß herzustellen, das den weitgehenden Anforderungen der physikalischen Strahlungstheorie genügen und eine empirische Entscheidung zwischen verschiedenen Approximationen des Strahlungsgesetzes, die in den unterschiedlichen Strahlungsformeln vorlagen, ermöglichen konnte. Dabei war von vornherein unterstellt, daß eine präzisere Theorie bessere technische Anwendungen ermöglichen würde. So wurden Arbeiten zum Anschluß eines praktisch handhabbaren Lichtmaßes an eine genauere physikalische Lichteinheit in Angriff genommen,

94 W. Wien/O. Lummer, Methode zur Prüfung des Strahlungsgesetzes absolut schwarzer Körper, in: Annalen der Physik (Leipzig), Jg. 56 (1895), S. 54.

95 Tätigkeitsbericht der PTR für das Jahr 1900, in: Zeitschrift für Instrumentenkunde (Berlin), Jg. 20 (1902), S. 147.

die schließlich zu den epochemachenden Untersuchungen der Anstalt über die Strahlung eines schwarzen Körpers und damit zur Aufstellung des Planckschen Strahlungsgesetzes hinüberleiteten.

Selbstverständlich gab es keinerlei automatischen Übergang von den präziseren Strahlungsmessungen zur Quantentheorie. Es bedurfte des Genies M. Plancks, um in erstaunlich kurzer Zeit die theoretischen Konsequenzen aus den kritischen Resultaten zu ziehen – und auch er hat bekanntlich lange gezögert, das Hinausgehen über den begrifflichen Rahmen der klassischen Physik als unwiderruflich anzuerkennen. Man darf wohl behaupten, daß in Planck die auf Fundamentalität und theoretische Vereinheitlichung gerichtete Sicht der Wissenschaft lebendig war, die Helmholtz zum Credo der Berliner Physik gemacht hatte. Als Planck im Jahre 1889 berufen wurde, galt er bereits als einer der besten Kenner der Thermodynamik in Deutschland. In den nachfolgenden Jahrzehnten hat er sie in Berlin umfassend gepflegt. Es ist interessant und bezeugt vielleicht auch den anregenden Einfluß, den die Atmosphäre der Berliner Physik auf Planck ausübte, daß er in den ersten Jahren daneben auch Probleme aus dem Umkreis der Elektrodynamik behandelt hat. So schrieb er neben seinen fundamentalen Arbeiten zur Elektrolyttheorie auch Untersuchungen „Zur Theorie der Thermoelektrizität in metallischen Leitern" (1889) oder über elektrisch Schwingungen (1897). In den folgenden Jahren befaßten sich Planck, der als einer der ersten die zentrale Stellung der Thermodyamik im Gesamtgebäude der Physik erkannt hatte, und seine Schüler (wie beispielsweise Zermelo) damit, die unterschiedlichsten Gebiete – von Aggregatzustandsänderungen bis zur Lösungstheorie – thermodynamisch durchzuarbeiten. Auch die physikalische Fundierung der Chemie durch die Thermodynamik wurde von Planck entscheidend angeregt und insbesondere von Berliner Forschern, wie van't Hoff, Nernst und später Haber, fortgeführt. Diese Richtung seiner theoretischen Interessen leitete Planck schließlich zur Theorie der Wärmestrahlung und von dort zur Aufstellung seiner Quantenhypothese.

Die Versuche mit den experimentellen Maximalstrahlern gestatteten den Nachweis, daß das 1895 von W. Wien (ebenfalls an der Physikalisch-Technischen Reichsanstalt) aufgestellte Strahlungsgesetz bei höheren Temperaturen und langen Wellen die wirklichen Verhältnisse nicht mehr adäquat abbildet. Durch W. Wien wurde Planck auch auf die Problematik der Strahlungstheorie aufmerksam gemacht; dabei dürften die Sitzungen der Physikalischen Gesellschaft eine entscheidende Rolle gespielt haben, denn Wien hat dort über seine Forschungen vorgetragen. Allerdings hat Planck die direkten Anregungen zur Aufstellung seines Strahlungsgesetzes nicht diesen Untersuchungen, sondern den Arbeiten von Rubens und Kurlbaum entnommen.

Wir konnten hier nur einige Momente der komplizierten Entdeckungsgeschichte der Quatentheorie erwähnen. Sie veranschaulichen jedoch, daß diese Entdeckung in ihrer Genese eng mit der Gesamtgeschichte der Berliner Physik im letzten Dezennium des vergangenen Jahrhunderts verbunden ist; objektiv war sie eine einzigartige Gemeinschaftsarbeit, zu der *alle* bedeutenden Physikinstitutionen Berlins in irgendeiner Form Beiträge lieferten und in die die Entwicklungsbedürfnisse wichtiger progressiver Industriezweige, durch ein geeignetes Institutionennetz vermittelt, maßgeblich eingegriffen haben.

Damit soll keineswegs behauptet werden, daß jede fundamentale Entwicklung in der Physik durch eine solche direkte Wechselwirkung mit dem Fortschritt der industriellen Produktivkräfte gekoppelt ist. Die andere große Säule der modernen Physik, die Relativitätstheorie, ist offenbar nach einem anderen Mechanismus entstanden. Die Tatsache aber, daß überhaupt fundamentale Entwicklungen in der Physik mit dem Entwicklungsprozeß der Industrieproduktion in einer Weise verbunden sind, in der jede Seite als notwendiges Moment der Reproduktion der anderen fungiert, bezeugt das Eintreten einer Situation, in der das Entwicklungsverhältnis von Wissenschaft und Produktion voll ausgeprägt ist. Wissenschaft und Produktion werden in ihrer Totalität füreinander zu aktuellen Entwicklungsbedingungen. Geschichtlich entstand diese Situation innerhalb des Entwicklungsprozesses der kapitalistischen Gesellschaftsordnung gegen Ende des 19. Jahrhunderts und war mit ihrem Übergang in ihr imperialistisches Stadium verbunden.

2.5. Bezug zu aktuellen Fragen

Wir haben dieses Kapitel mit einem historischen Exkurs abgeschlossen, der an einem signifikanten Beispiel die primäre Herausbildung eines entfalteten unmittelbaren Entwicklungsverhältnisses von Wissenschaft und Produktion in der Geschichte des Kapitalismus veranschaulicht. In unserer Zeit, etwa ein Jahrhundert danach, sind solche Studien von aktuellem Interesse, denn auf dem Boden einer neuen Gesellschaftsordnung sind wir dabei, die Wechselbeziehungen von Wissenschaft und Produktion auf ein höheres Niveau zu heben; unsere Ausführungen über das Verhältnis von Kombinats- und Akademieforschung haben darüber Auskunft gegeben. Wie verhalten wir uns in dieser Situation zur Geschichte?

Die erste Bedingung dafür, aus der Geschichte zu lernen, besteht darin, den qualitativen Unterschied von Vergangenheit und Gegenwart stets im Blick zu behalten, keine oberflächlichen Analogien zuzulassen und nicht den Schwierigkeiten unserer aktuellen Aufgaben, deren wir uns voll bewußt sind, weil wir mitten in ihnen stehen, ein vereinfachtes Bild der Vergangenheit gegenüberzustellen, in dem nur noch die Hauptlinie erhalten geblieben ist und viele Details und Zickzackbewegungen in Vergessenheit geraten sind. Wir haben im Fall des hier diskutierten Beispiels also den prinzipiellen Unterschied der Gesellschaftsordnung und den enormen Niveauabstand in Wissenschaft, Technik und Produktion zur heutigen Zeit zu beachten. Die Aufgaben, den wissenschaftlich-technischen Fortschritt heute zu meistern, sind nicht allein andere – sie sind vor allem unvergleichlich komplexer, und Lösungsformen, die Ende des 19. Jahrhunderts hocheffektiv waren, würden heute keinerlei positive Wirkung erbringen. Auch unter Berücksichtigung aller dieser Unterschiede sind die Vergleichsmöglichkeiten noch eingeschränkt: Der Kapitalismus brachte seine Formen der Wechselbeziehung von Wissenschaft und Produktion nach dem Abschluß der industriellen Revolution hervor, also auf dem Höhepunkt der dem Kapitalverhältnis adäquaten technologischen Produktionsweise. Die kommunistische Gesellschaftsordnung, deren erste Stufe der Sozialismus darstellt, befindet sich hingegen erst in einem relativ frühen Stadium der wissenschaftlich-technischen Revolution, aus der die ihren Verhältnissen adäquate technologische Produktionsweise hervorgeht.

Wir sahen, daß die Kontributionen Frankreichs nach 1871 den Aufschwung von Wissenschaft und Technik im kapitalistischen Deutschland wesentlich erleichterten – doch eben auf der Grundlage eines Krieges mit allen seinen tragischen Folgen für die Menschen und auf Kosten des französischen Volkes. Wir sahen weiter, daß die Mobilisierung zusätzlicher Entwicklungsressourcen für die Elektroindustrie durch das Finanzkapital von großer Bedeutung für die stürmische wissenschaftlich-technische Entwicklung in diesem Zweig war – doch diese Umverteilung war ein Moment der Gesamtaktion des deutschen Monopolkapitals, das systematisch auf einen Weltkrieg hinarbeitete. Dieser Typ von Quellen des wissenschaftlich-technischen Fortschritts ist dem Sozialismus zutiefst fremd.

Das führt uns zu der Konsequenz, daß wir auf der Basis unserer Gesellschaft unseren eigenen Standpunkt über Wesen, Richtungen und Triebkräfte des wissenschaftlich-technischen Fortschritts haben müssen, um aus der Geschichte der Wissenschaft in der vorsozialistischen Gesellschaft progressives Erbe für uns abheben zu können. Aus der Sicht unserer wissenschaftspolitischen Aufgaben von heute ist der historische Exkurs geschrieben worden. Dies vorausgesetzt, finden wir im Gegenstand unserer historischen Untersuchung einige Züge, die sich soweit verallgemeinernd ausdrücken lassen, daß ein Vergleich mit aktuellen Intensivierungsaufgaben möglich und anregend wird. Diese Züge sind bereits im Text expliziert worden. Wir wollen hier nochmals die folgenden hervorheben, die auch den aus aktuellen Analysen und Überlegungen gewonnenen Konsequenzen entsprechen:

1. Wissenschaftsgebiete bedürfen, damit ihre innovativen Potenzen für die materielle Produktion sichtbar werden, eines bestimmten minimalen Reifegrades. Es muß stets eine ausreichende Zahl solcher Gebiete oder Richtungen geben, die die potentiellen Möglichkeiten künftigen wissenschaftlich-technischen Fortschritts verkörpern, und sie müssen die Bedingungen für ihre

Entwicklung bis zu einem Reifegrad erhalten, auf dem sie für die eventuelle Realisierung dieser Möglichkeiten in Frage kommen.

2. Neue Möglichkeiten des wissenschaftlich-technischen Fortschritts realisieren sich nur dann, wenn sie starken ökonomischen Interessen entsprechen. Das ist besonders dann der Fall, wenn sie als Lösung tiefgehender Entwicklungswidersprüche im System der bestehenden Produktivkräfte auftreten. Daher beginnen wirksame Wege der Innovation damit, daß vorhandene oder entsprechende Widersprüche der laufenden Produktion aus der Sicht neuer wissenschaftlicher Ideen analysiert werden.

3. Je fundamentaler die Ideen sind, die in einer solchen Analyse eingesetzt werden und sich in ihr weiterentwickeln, um so gewichtiger ist der zu erwartende Beitrag zum weiteren wissenschaftlich-technischen Fortschritt. Deshalb darf die dialektische Spannung zwischen Fundamental- und Detailforschung im Verhältnis von Wissenschaft und Produktion nicht pragmatisch nivelliert, sondern muß im Gegenteil voll ausgebaut werden.

4. Dazu gehört ein gut proportioniertes Netz unterschiedlich profilierter Institutionen, die zwischen Grundlagenforschung und Produktion vermitteln. Die Barrieren zwischen diesen Institutionen müssen so niedrig wie möglich gehalten und mit Hilfe informeller Kommunikationsformen zusätzlich reduziert werden, damit die Migration von Ergebnissen, Ideen, Anforderungen und Personen innerhalb dieses ganzen Komplexes leicht möglich ist. Eine einzige Lücke im Netz der institutionellen Vermittlungen setzt die Effektivität des ganzen Netzes so stark herab, daß die mit dem Fehlen des betreffenden Elements verbundene Einsparung den Nachteil in keiner Weise kompensiert.

Die spontane Einstellung dieser Bedingungen im untersuchten Zeitraum erfolgte nur im Vergleich mit der früheren Geschichte schnell und reibungslos. Die Zeiträume, die erforderlich waren, um notwendige Institutionen und Organisationsregelungen wirklich durchzusetzen (in der Größenordnung von 5–15 Jahren), wären für uns heute in keiner Weise tolerierbar. Auch deshalb ist die bewußte, planmäßige Durchsetzung notwendiger struktureller und funktioneller Veränderungen im Potential von Wissenschaft und Produktion ihrer spontanen Einstellung zeitökonomisch prinzipiell überlegen.

KAPITEL II

Die Potentialdynamik in der Wissenschaft der DDR

1. Wissenschaftspolitische und -theoretische Grundlagen der Untersuchung des Wissenschaftspotentials

1.1. Die Erforschung des Wissenschaftspotentials – eine aktuelle Aufgabe

Der weitere wirtschaftliche und soziale Fortschritt unserer Gesellschaft wird wesentlich durch die Leistungsfähigkeit der Wissenschaft vermittelt. Dazu gehört ihr Erkenntnisniveau ebenso wie ihr Vermögen, aus den verfügbaren Erkenntnissen den größtmöglichen Nutzen für die gesellschaftliche Praxis zu gewinnen. Im Vordergrund steht dabei die Wirksamkeit in der Sphäre der materiellen Produktion, dem Fundament des gesamten gesellschaftlichen Lebens. Dazu führte Erich Honecker auf dem X. Parteitag der SED aus: „Das langfristige stabile Wirtschaftswachstum in der DDR kann nur von der Beschleunigung des wissenschaftlich-technischen Fortschritts getragen werden. Das bedingt noch größere schöpferische Resultate unserer Forschung und Entwicklung. Andererseits sind vorliegende wissenschaftliche Erkenntnisse schneller und wesentlich breiter zu nutzen. Unsere Republik braucht Lösungen von hoher wirtschaftlicher Ergiebigkeit. Die Kräfte sind auf neue Erzeugnisse und Verfahren zu konzentrieren, von denen tiefe ökonomische Wirkungen ausgehen."[1]

Wir können uns nicht damit begnügen, die Leistungen der Wissenschaft allein in Proportionen zu den wachsenden Aufwendungen für ihren Betrieb zu steigern. Bereits vor jeder genaueren Analyse ist einsichtig, daß eine Entwicklung, bei der die durch Anwendung wissenschaftlicher Ergebnisse in der materiellen Produktion erzielte Einsparung an lebendiger und vergegenständlicher Arbeit wieder aufgezehrt wird durch den Aufwand, der für die Erzeugung der betreffenden wissenschaftlichen Resultate erbracht werden muß, ökonomisch nicht akzeptabel wäre. Deshalb sind in der politischen Orientierung der SED auf die Erhöhung der Leistungsfähigkeit der Wissenschaft zwei Seiten organisch miteinander verbunden – nämlich die Forderung, die Wirksamkeit der Wissenschaft für den gesellschaftlichen Fortschritt entschieden anzuheben, und zweitens die Forderung, die Ergiebigkeit der für die Wissenschaft eingesetzten gesellschaftlichen Aufwen-

[1] Bericht des Zentralkomitees der Sozialistischen Einheitspartei Deutschlands an den X. Parteitag der SED, Berichterstatter: Genosse Erich Honecker, Berlin 1981, S. 51.

dungen (Ressourcen) zu steigern. Dieser zweite Gesichtspunkt ist das Leitmotiv dieses Kapitels. Seine Dringlichkeit wird in vielen politischen Dokumenten der SED hervorgehoben. So sprach G. Mittag auf dem 11. Plenum des ZK der SED davon, daß in der Nutzung des in jüngster Zeit stark angewachsenen Forschungs- und Entwicklungs(FE)-Potentials der Kombinate „noch weitgehend unausgeschöpfte Reserven“[2] liegen. Vor dem 12. Plenum forderte Inge Lange im Rechenschaftsbericht des Politbüros die staatlichen Leiter und die Parteiorganisationen auf, „gestützt auf gründliche Analysen, die Unterschiede im schöpferischen Leistungsniveau von Forschung und Technik zu überwinden und die Erfahrungen der fortgeschrittenen Kombinate überall zu nutzen“[3]. Diese Aufgabe ist ohne gründliche theoretische Kenntnisse jedoch nicht zu lösen, so daß die weitere Erforschung des Wissenschaftspotentials zunehmende Aktualität gewinnt.

Es ist unbestreitbar, daß es nicht möglich ist, auf die Dauer weiterhin die für die Wissenschaft aufgewandten Anteile der gesellschaftlichen Ressourcen in einem Tempo zu steigern, das das Zuwachstempo des Ertrages der gesellschaftlichen Gesamtarbeit bei weitem übersteigt. Es wäre unseres Erachtens jedoch verfehlt, würden wir in erster Linie daraus die Notwendigkeit ableiten, für eine zunehmend größere Ergiebigkeit der Wissenschaftsaufwendungen Sorge zu tragen. Obwohl eine raelistische Politik selbstverständlich den objektiven Beschränkungen der Ressourcen Rechnung tragen muß, handelt es sich bei dieser Orientierung um wesentlich mehr als um eine bloße Reaktion auf die relative Begrenztheit der für die Wissenschaft zu mobiliesierenden Aufwendungen. Das grundlegende Gesetz der Ökonomie der Zeit, dem das gesellschaftliche Eigentum an den Produktionsmitteln qualitativ neue Wirkungsbedingungen sichert, gilt in der sozialistischen Gesellschaftsordnung in einem noch weit höheren Grade als in den vorhergehenden Formationen. Es fordert, jede Stunde aufgewandter gesellschaftlicher Arbeitszeit im einfachen Sinn dieses Wortes immer wertvoller zu machen, in ihr mehr gesellschaftlichen Reichtum zu schaffen und zugleich das Leben des arbeitenden Menschen zu bereichern. Das Bemühen um wachsende Ergiebigkeit der eingesetzten Ressourcen ist eine unverzichtbare Reproduktionsbedingung der sozialistischen Produktionsweise. Für die Gesamtheit dieser Bestrebungen hat sich in unserem Sprachgebrauch der Terminus „Intensivierung“ durchgesetzt. Ihre Notwendigkeit wird durch Situationen relativer Ressourcenverknappung nicht hervorgebracht, wohl aber verschärft. Sie gilt ausdrücklich für jeden Bereich, in dem gesellschaftliche Ressourcen verausgabt werden, und damit auch für die Wissenschaft.

Wir gehen davon aus, daß auch für die Wissenschaft – und besonders

[2] G. Mittag, Mit politischem Kampfgeist für eine höhere Effektivität, a. a. O., S. 137.

[3] I. Lange, Hohes Tempo bei Wissenschaft und Technik, in: 12. Tagung des ZK der SED, Berlin 1980, S. 41.

für den Bereich der Forschungs- und Entwicklungsarbeit, auf den wir uns in unseren Ausführungen konzentrieren – das Gesetz der Steigerung der Produktivität und Effektivität der Arbeit ähnlich wie in der materiellen Produktion gilt. Diese Annahme stützt sich auf die marxistisch-leninistische Erkenntnis, daß die Fähigkeit des Menschen, Neues zu erkennen und für die gesellschaftliche Praxis nutzbar zu machen, keine unveränderliche Naturanlage, sondern Funktion des allgemeinen Entwicklungsstandes und der konkreten Bedingungen der Gesellschaft und damit selbst entwicklungsfähig ist.

Die sich hieraus ergebenden Fragen führen uns zur Problematik des *Wissenschaftspotentials.* Mit der Zusammensetzung, der Struktur, der Dynamik, der Wirkungsweise, der Nutzung des Wissenschaftspotentials im Sozialismus und mit der bewußten Lenkung seiner Entwicklung werden sich die weiteren Ausführungen befassen. Die bisherige Entwicklung des Potentialsbegriffs in der Wissenschaftsforschung ist unmittelbar mit der Suche nach Wegen verbunden, wie die Ergiebigkeit des Ressourceneinsatzes für die Wissenschaft gesteigert werden kann. Wir wollen keine formelle Definition des Potentialbegriffs an den Anfang stellen, sondern im weiteren den Gebrauch dieses Begriffs in dem Maße präzisieren, wie es die Verfolgung des Grundproblems der Intensivierung verlangt.

In dem heute verfügbaren Wissenschaftspotential sind gewaltige gesellschaftliche Anstrengungen verkörpert. Auf einer viele Jahrhunderte umfassenden geschichtlichen Entwicklung der Wissenschaft aufbauend, haben in der DDR unter der Führung von Partei und Regierung Hunderttausende von Forschern, Ingenieuren, Neueren, wissenschaftsleitenden Kadern und wissenschaftlich-technischen Kräften eine jahrzehntelange Arbeit zum Aufbau eines qualifizierten Potentials geleistet, die heute mehr und mehr zum Tragen kommt. Es bedarf jedoch großer Anstrengungen, dieses Potential effektiv zu nutzen. Hier gibt es keinen Automatismus, keinen Selbstlauf; die Erfahrung hat gezeigt, daß das Verhältnis von Aufwand und Ergebnis im FE-Bereich sehr kompliziert und vielschichtig vermittelt ist.[4]

An dieser Stelle ist es zweckmäßig, eine erste Annäherung an den Begriff des Wissenschaftspotentials einzuführen, ein Vorverständnis, das die weiteren Überlegungen orientiert. Als Wissenschaftspotentiale betrachten wir *gesellschaftliche Ressourcen, bewertet hinsichtlich ihrer Fähigkeit, wissenschaftliche Leistungen hervorzubringen.* Um die Darstellung in überschaubaren Grenzen zu halten, werden wir den Begriff der wissenschaftlichen Leistung in diesem Abschnitt voraussetzen, obwohl auch mit ihm schwierige Dis-

[4] In diesem Zusammenhang sind die Komplikationen aufschlußreich, die in einigen kapitalistischen Industrieländern infolge der ungenügenden Beachtung dieser Vermittlungen auftraten. Vgl. Großbritannien und die EWG, in: DWI-Forschungshefte, 4/1970, S. 37.

kussionsfragen verbunden sind. Die vorgeschlagene Bestimmung erlaubt schon eine erste und sehr wichtige Differenzierung: Wissenschaftspotentiale sind nicht einfach mit Wissenschaftsaufwendungen identisch. Ein und dieselbe Menge von Wissenschaftsaufwendungen – gleich, ob im Wert- oder im Naturalausdruck gekennzeichnet – kann in Abhängigkeit von der Art und Weise des Einsatzes ganz unterschiedliche Niveaus des wissenschaftlichen Leistungsvermögens verkörpern. Die Aufwendungen sind gleichsam der „Rohstoff", aus dem Potential gebildet wird, doch sie sind noch nicht das Potential selbst. Diese Unterscheidung verweist auf den Prozeß der Transformation gesellschaftlicher Aufwendungen in funktionsfähiges Wissenschaftspotential – einen Prozeß, von dessen Effektivität die Leistungsfähigkeit der Wissenschaft entscheidend abhängt. Das Wissenschaftspotential ist ein durch lebendige wissenschaftliche Arbeit in ständiger Funktion erhaltenes gesellschaftliches Teilsystem, das entsprechend seinen inneren und äußeren Funktionszusammenhängen eine bestimmte gesellschaftliche Wirksamkeit entwickelt.

Drei methodologische Gesichtspunkte sollen bei der Beschäftigung mit dem Wissenschaftspotential unseres Landes im folgenden besonders berücksichtigt werden:

1. *Die Funktionsbeziehungen zwischen den Elementen*

Während in den früheren Untersuchungen zum Wissenschaftspotential dessen Aufgliederung in Elemente oder Komponenten im Vordergrund stand, um zunächst eine verläßliche Analysebasis zu schaffen, sollen hier auch die Funktionsbeziehungen zwischen den Elementen herausgearbeitet werden. Damit wollen wir uns der Einschätzung des Leistungsvermögens annähern, das Wissenschaftspotentiale als Ganzheiten aufweisen und das sich nicht auf die Summe ihrer Teile zurückführen läßt.

2. *Die gesellschaftlichen Bedingungen als leistungsbeeinflussende Faktoren*

Die Bedingungen, unter denen Wissenschaftspotentiale wirksam werden und die, so weit und so gut sie bekannt und praktisch verfügbar sind, in der Leitungstätigkeit bewußt gestaltet bzw. ausgenutzt werden können, sollen möglichst weitgehend berücksichtigt werden. Hier liegen bedeutende Reserven für die Erhöhung der Leistungsfähigkeit des Potentials. Grundsätzlich ist damit zu rechnen, daß die gesellschaftlichen Bedingungen leistungsbeeinflussende Faktoren für das Wissenschaftspotential sind. Da der Mensch mit seinen schöpferischen Fähigkeiten in jedem Fall das Zentrum des Potentials bildet, wäre es kaum begründet, einem gegebenen Wissenschaftspotential eine feste Höchstkapazität zuzuschreiben. Vielmehr sollte davon ausgegangen werden, daß ein Wissenschaftspotential keine fixierte obere Leistungsgrenze hat und daß es daher stets aussichtsreich ist, nach Bedingungen zu suchen, unter denen sein Leistungsvermögen weiter erhöht werden könnte.

3. *Die Entwicklung der Leistungsfähigkeit des Potentials*

Die Ausschöpfung des vorhandenen Leistungsvermögens des Wissenschaftspotentials soll in engem Zusammenhang mit der Höherentwicklung seiner Leistungsfähigkeit betrachtet werden. Dies ist möglich, weil wissenschaftliche Arbeit, in der neue wissenschaftliche Resultate erzeugt werden, immer auch zugleich ihr eigenes Potential reproduziert. Denn jedes wissenschaftliche Ergebnis kann unter geeigneten Bedingungen zur Voraussetzung für die Erzeugung weiterer Ergebnisse werden. Das gilt bereits für die unmittelbare, ideelle Daseinsweise neuer Erkenntnisse, die als Wissensbestände oder in operativer Wendung als Methoden wiederum in das Wissenschaftspotential eingehen. Der Inhalt der Aussage, daß die Aktion des Wissenschaftspotentials zum Mittel seiner Reprodukiton wird, bleibt jedoch nicht auf diesen unmittelbaren Zusammenhang beschränkt. Durch das „Umschlagen" in Geräte und Verfahren der experimentellen Forschung bereichert das neue Wissen fortwährend die Möglichkeiten der Wissenschaft, die Wirklichkeit immer tiefer zu erschließen. Die Umsetzung der Erkenntnisse in praktisches Handeln schließlich gestaltet das materielle Leben der Gesellschaft um und wird so zur Quelle neuer Erkenntnisbedürfnisse und Erkenntnismöglichkeiten. Vom Standpunkt des Wissenschaftspotentials kann man diesem „Praktischwerden" der Erkenntnis auch eine etwas andere Interpretation geben: Durch seine Aktion erweitert das Wissenschaftspotential ständig seine Möglichkeit, die von der gesellschaftlichen Praxis ausgehenden Determinationswirkungen aufzunehmen und sich damit erweitert zu reproduzieren. Das Wissenschaftspotential ist in seiner Funktion also ständig mit sich selbst rückgekoppelt, sowohl unmittelbar als auch vermittelt über die gesellschaftliche Praxis. Dieser Mechanismus seiner Reproduktion und Selbstvervollkommnung kann in sehr unterschiedlichem Maße effektiv sein. Wir werden daher die Bedingungen zu beachten haben, unter denen er als Quelle intensiv erweiterter Reproduktion des Wissenschaftspotentials wirksam werden kann. Dabei ist freilich bereits hier einschränkend zu bemerken, daß diese wichtigen dynamischen Zusammenhänge bislang noch ungenügend erforscht sind; hier zeichnet sich ein weites Feld für künftige Untersuchungen ab.

1.2. Der theoretische Rahmen der Untersuchung des Wissenschaftspotentials

Eingangs sei in aller Kürze der theoretische Rahmen dargestellt, in dem sich unsere Ausführungen über das Wissenschaftspotential der DDR bewegen werden. Hinsichtlich ihrer Ausstattung mit Kadern, Geräten und Anlagen hat die Wissenschaft heute den Umfang eines mittleren Industriezweiges. Sie weist eine tiefgegliederte und weitverzweigte Struktur auf. Das Potential der Wissenschaft im nationalen (und erst recht im internationalen) Maßstab stellt ein kompliziertes System dar, und die Frage, mit welchem theoretischen Ansatz wir hoffen können, dieses System adäquat abzubilden, ist keineswegs trivial. Die Abhängigkeit vom theoretischen Ansatz ist so weitgehend, daß wir ohne Bezugnahme auf diesen nicht einmal imstande sind, das Wissenschaftspotential als empirisches Untersuchungsobjekt zu bestimmen. In der Tat: je nachdem, was wir unter der Wissenschaft selbst verstehen, werden wir nicht nur die Faktoren der Leistungsentwicklung ihres Potentials, sondern auch den Inhalt des Potentialbegriffs unterschiedlich beurteilen.

Im vorigen Abschnitt haben wir bemerkt, daß wir das Wissenschaftspotential als ein gesellschaftliches Teilsystem auffassen wollen. Diese Betrachtungsweise bringt zwei dialektisch miteinander verbundene Momente in Zusammenhang.

1. Sie geht vom gesellschaftlichen Wesen der Wissenschaft aus. Das ist – unabhängig von den verschiedenen möglichen Wegen seiner wissenschaftstheoretischen Konkretisierung – ein unabdingbares Postulat des Marxismus-Leninismus. Methodologisch bedeutet es, daß es nicht zulässig ist, zunächst die Wissenschaft und ihr Potential „an sich" zu bestimmen und dann die Beziehungen zur Gesellschaft herzustellen. Vielmehr muß mit dem Bild des gesellschaftlichen Gesamtzusammenhanges begonnen werden, aus dem dann die Wissenschaft und ihr Potential methodisch auszugliedern sind. Wird der Begriff des Wissenschaftspotentials auf diesem Wege begründet, so sind ihm von vornherein funktionelle Bestimmungen im Rahmen eines umfassenderen Ganzen eigen. Die Funktion, die sie im Entwicklungsprozeß der Gesellschaft spielt, ist für die Wissenschaft nicht attributiv, sondern substantiell und damit konstitutiv. Sie kann diese Funktion wohl unter verschiedenen historischen Bedingungen in unterschiedlichem Grade realisieren, aber sie kann sie nicht aufgeben, ohne gleichzeitig aufzuhören, Wissenschaft zu sein.

Der historische Materialismus hat gezeigt, daß die geistige Produktion – und damit die Wissenschaft – im Zusammenhang mit der materiellen Produktion der Gesellschaft konkret-geschichtlich bestimmt ist.[5] Die entscheidende säkulare Wandlung in der Wechselbeziehung von materieller und geistiger Produktion besteht in der tendenziellen „Verwandlung des Produktionsprozesses aus dem einfachen Arbeitsprozeß in einen wissenschaftlichen Prozeß, der die Naturgewalten seinem Dienst unterwirft und sie im Dienst der menschlichen Bedürfnisse wirken läßt".[6] Im Kapitalismus setzte diese Wandlung ein: „Der Produktion wissenschaftlichen Charakter zu geben daher die Tendenz des Kapitals ..."[7] Marx hat diesen Vorgang nicht nur diagnostiziert, sondern auch seine historische Tendenz erkannt. Damit konnte er die Entfaltung der produktiven Rolle der Wissenschaft über die Grenzen ihrer vereinseitigten, antagonistischen Erscheinungsform im Kapitalismus hinaus verfolgen und ihr Hinüberwachsen in ihre voll entfaltete, den Gesamtprozeß der gesellschaftlichen Entwicklung durchdringende soziale

[5] Vgl. K. Marx, Theorien über den Mehrwert. Erster Teil, in: MEW, Bd. 26. 1., Berlin 1974, S. 256.

[6] K. Marx, Grundrisse der Kritik der politischen Ökonomie, a. a. O., S. 588.

[7] Ebenda, S. 586/587.

Funktion im Kommunismus voraussehen. In unserer Gesellschaft werden zielstrebig jene Bedingungen geschaffen und vervollkommnet, unter denen die Wissenschaft ihre soziale Funktion allseitig entwickeln kann.[8] Für die Potentialstudien ergibt sich daraus die Notwendigkeit, ihren Gegenstand in organischem Zusammenhang mit dem gesellschaftlichen Gesamtpotential und insbesondere mit dem Potential der materiellen Produktion zu betrachten.

2. Unser Ansatz läßt sich zugleich von einem bestimmten Prinzip der Unterscheidung der Wissenschaft vom Gesellschaftsganzen und damit auch des Wissenschaftspotentials vom gesellschaftlichen Gesamtpotential leiten. Dieses Prinzip zieht einen Schnitt zwischen den wissenschaftlichen und den außerwissenschaftlichen Leistungen der gesellschaftlichen Arbeit und damit auch zwischen den Potentialen, auf deren Aktion diese Leistungen zurückzuführen sind. Dieser Schnitt ist nicht starr und schließt keine gegenseitige Isolierung der verschiedenen Bereiche der Gesellschaft ein. Nichtsdestoweniger trägt er prinzipiellen Charakter, denn zum einen erscheinen solche nicht eindeutig zuordenbare Bereiche nun als Übergänge zwischen unterschiedenen Phänomenen und nicht etwa als etwas Drittes, und zum anderen wird die Einheit der Bereiche hier als Einwirkung unterschiedlicher Sphären aufeinander erfaßt und in Gestalt von Abhängigkeiten, Wirkungen, funktionellen Zuordnungen und Austauschprozessen beschreibbar.

Damit bewegen wir uns auf *einer* der legitimen und zugleich notwendigen Ebenen in der Untersuchung der Gesellschaft – ihrer Auffassung als Ensemble funktionell unterschiedener und zugleich integrierter Tätigkeitsbereiche. Der Begriff des Wissenschaftspotentials, wie wir ihn verwenden, setzt also voraus, daß das Wissenschaftspotential eine echte Teilmenge des gesellschaftlichen Gesamtpotentials ist.

Damit ist eine methodologische Abstraktion angegeben, die eine bestimmte Untersuchungsebene erschließt.[9] Auf dieser Untersuchungsebene lassen sich keineswegs alle für die Erforschung der Gesellschaft im ganzen und der Wissenschaft im einzelnen relevanten Fragen bearbeiten. Wir haben damit auch in der Wissenschaftsforschung eine bestimmte „Etage" vor uns, deren begriffliche Architektur zu berücksichtigen ist, wenn in ihr erfolgreich gearbeitet werden soll.

Mit der geschilderten methodologischen Position ist verbunden, daß gesellschaftliche Erscheinungen, die zum Wissenschaftpotential zählen, von solchen unterschieden werden, die nicht zu diesem gerechnet werden können. Relativ zum Wissenschaftspotential gibt es folglich innere und äußere Faktoren; auch Erscheinungen, die nicht strikt in die eine oder andere Klasse gehören, entziehen sich dieser Untersuchung nicht, sondern

[8] Vgl. G. Kröber/H. Laitko, Wissenschaft als soziale Kraft, Berlin 1976.

[9] V. Ž. Kelle/J. Ja. Koval'zon, Važnejšie aspekty metodologii social'no-filosofskogo issledovanija, in: Voprosy filosofii (Moskva), 7/1980, S. 116–129.

werden in Beziehung auf sie als Übergänge zwischen Innerem und Äußerem bestimmt.

Wir vertreten also den Standpunkt, daß die Leistungsfähigkeit des Wissenschaftspotentials, ihre Realisierung in Ergebnissen und ihre Höherentwicklung aus dem komplexen Zusammenwirken inner- und außerwissenschaftlicher Faktoren der Gesellschaft zu verstehen ist. Von der Gestaltung dieses Zusammenwirkens hängt sowohl der Realisierungsgrad des Leistungsvermögens als auch die Dynamik seiner Steigerung ab. Verabsolutierungen des Verhältnisses beider Faktorengruppen, wie sie in der wissenschaftstheoretischen Literatur unter die Kategorien „Internalismus" und „Externalismus" eingeordnet werden [10], sind für die Potentialanalyse nicht brauchbar, weil sie die Wirklichkeit über das als begriffliche Idealisierung zulässige Maß hinaus verzerren. Als eine externalistische Verzerrung betrachten wir auch die Modellierung des Verhältnisses von Produktion und Wissenschaft als Auftraggeber-Auftragnehmer-Beziehung mit der Unterstellung, daß die Funktions- und Entwicklungsziele der Wissenschaft außerhalb ihrer selbst entstehen und ihr extern vorgegeben werden. Diese Ansicht würde zu nicht weniger gravierenden Fehleinschätzungen führen als das traditionelle bürgerliche Vorurteil, die Wissenschaftsentwicklung hinge allein von inneren Faktoren ab, und äußere Einflüsse könnten bestenfalls das Entwicklungstempo beeinflussen.

Gerade die untauglichen einseitigen Modelle veranschaulichen instruktiv, wie eng die Ergebnisse von Analysen der Wissenschaftsentwicklung und die Wirksamkeit der darauf gegründeten Empfehlungen für die Wissenschaftsleitung mit der wissenschaftstheoretischen Vorgabe zusammenhängen. Je wesentlicher strategische Entscheidungen für die Tätigkeit der einzelnen Basiseinheiten des wissenschaftlichen Arbeitsprozesses sind, um so wichtiger wird die theoretische Einsicht in den Gesamtprozeß. Die Frage, welche theoretische Darstellungsweise angemessen ist, um Zusammensetzung, Struktur und Dynamik des Wissenschaftspotentials zu erfassen, hat daher große praktische Bedeutung. Es geht um einen theoretischen Rahmen, innerhalb dessen die relevanten Grundprozesse möglichst tiefgehend, zuverlässig und praxiswirksam analysiert werden können.

Der von uns gewählte Rahmen ermöglicht, wie bereits angeführt, die Unterscheidung von wissenschaftsinternen und wissenschaftsexternen Faktoren und die Erklärung der zu untersuchenden Erscheinungen und Prozesse aus dem Zusammenwirken beider Faktorengruppen. Das Zentrum der wissenschaftsexternen Faktoren bildet die gesellschaftliche Praxis,

10 Zur prinzipiellen Kritik dieser Extreme vgl. S. R. Mikulinskij, Internalism-Externalism Controversa as a Phony Problem, in: Human Implications of Scientific Advance, Proceedings of the XVth International Congress of the History of Science, Edinburgh 10.–15. August 1977, Ed. by E. G. Forbes, Edinburgh 1978, S. 88–101.

insbesondere die Praxis der materiellen Produktion. Beide Gruppen müssen als aktive Partner ihrer Wechselwirkung erfaßt werden.[11] Ihr Zusammenhang kann nicht so dargestellt werden, daß die eine Seite allein als Ursache, die andere allein als Wirkung gilt. Ihre Determination ist wechselseitig, wobei der historische Materialismus von der Anerkennung des Primats der Praxis ausgeht. Es ist kompliziert, ein Modell zu schaffen, daß die Anerkennung dieses Primats der Praxis gegenüber der Wissenschaft und die Anerkennung der wechselseitigen Abhängigkeit beider Seiten in ihrem inneren Zusammenhang expliziert. Als statische Näherung ist ein derartiges Modell überhaupt nicht konsistent möglich. Geeignet ist nur ein Modell, das beide Seiten in ihrer Dynamik zyklisch zusammenschließt – also ein Reproduktionsmodell. Darin erscheinen Wissenschaft und Praxis füreinander als Reproduktionsbedingungen, als Zustände in einem ganzheitlichen Zyklus. Das Primat der Praxis in diesem zyklischen Zusammenhang beruht darauf, daß sie prinzipiell etwas anderes und mehr ist als das Wissen, das in ihr vergegenständlicht ist – und damit der dialektische Gegenpol des Entwicklungswiderspruchs, in dem Wissenschaft evolutioniert. Die berühmte Lenin-Stelle „Die Praxis ist höher als die (theoretische) Erkenntnis, denn sie hat nicht nur die Würde des Allgemeinen, sondern auch der unmittelbaren Wirklichkeit"[12] bietet einen wichtigen philosophischen Ausgangspunkt für die wissenschaftstheoretische Modellbildung – was selbstverständlich nicht bedeutet, daß jede wissenschaftstheoretische Konstruktion, die sich darauf stützt, allein schon durch ihren Ausgangspunkt gerechtfertigt wäre.

Wie bestimmen wir nun das Wissenschaftspotential als ein soziales Teilsystem? Weiter oben haben wir uns darüber verständigt, daß ein Potential durch die Klasse seiner *möglichen* Wirkungen, nämlich die wissenschaftlichen Leistungen, definiert wird. Diese Wirkungen sind ein Systemeffekt, entspringen der Verhaltensweise des Potentials als Ganzheit. Folgerichtig ist nun zu fragen, wie Systeme aufgebaut sein müssen, damit sie derartige Wirkungen zeitigen. Wir gelangen damit zur *substantiellen* Bestimmung (Element-Struktur-Darstellung) des Potentials. Diese Seite des Problems ist in der Literatur bereits vielfältig behandelt worden.[13] Wissenschaftspotentiale sind stets Ganzheiten aus personellen und sachlichen Komponenten; für verschiedene Arten und Zustände von Wissenschaftspotentialen sind die Elementen und Relationen entsprechend detaillierter zu bestimmen. Das ist an dieser Stelle nicht unsere Aufgabe. Für die Gesamtheit der in der Wissenschaft Tätigen hat sich in den letzten Jahren der Terminus

[11] Vgl. Struktur und Dynamik des Kaderpotentials in der Wissenschaft, a. a. O., Teil I, S. 85–92.

[12] W. I. Lenin, Philosophische Hefte, in: Werke, Bd. 38, Berlin 1964, S. 204.

[13] Vgl. G. M. Dobrov, Potential der Wissenschaft, Berlin 1971; G. M. Dobrov, Wissenschaft. Grundlagen ihrer Organisation und Leitung, Berlin 1980.

„Wissenschaftliches Kaderpotential" eingebürgert; der Kern der sachlichen Komponenten des Wissenschaftspotentials wird als materiell-technische Basis der Wissenschaft (der Forschung) bezeichnet. Die Bildung von Wissenschaftspotential ist der Prozeß der Transformation von gesellschaftlichen Aufwendungen in funktionsfähige Potentialelemente; dieser Prozeß ist oft langwierig und überschreitet – wie bei der Rekrutierung neuer Kader für das Wissenschaftspotential – vielfach die Grenzen eines Fünfjahrplanzeitraums.

An dieser Stelle sei ausdrücklich auf den Unterschied zwischen der Potentialuntersuchung und der Erforschung von Wissenschaftlerpersönlichkeiten und ihren Wechselbeziehungen im Kollektiv verwiesen. Ein Spezifikum der Potentialforschung ist die Betrachtung der Wissenschaft unter ihrem gesellschaftlichen Makroaspekt. Die Persönlichkeit erscheint hier als aktives Element des Potentials, nicht aber in ihrer unwiederholbaren Individualität. Damit kann die Potentialforschung die persönlichkeitszentrierte philosophische, psychologische und historisch-biographische Wissenschaftsforschung nicht ersetzen. Wohl aber liefert sie für diese eine unentbehrliche Grundlage, denn sie erschließt Systemzusammenhänge, in denen die Wissenschaftlerpersönlichkeit schöpferisch wirksam wird.

Für die erste Verständigung haben wir ein sehr abstraktes Denkschema unterstellt: das Wissenschaftspotential *einer* gegebenen Gesellschaft im ganzen. Hier ist die Unterscheidung von inneren und äußeren Faktoren einfach – alle für dieses Potential äußeren Faktoren sind zugleich auch außerwissenschaftliche. Auch die substantielle Bestimmung (als ein auf bestimmte Weise zusammengesetztes und strukturiertes System) und die funktionelle oder relationale Bestimmung (als ein System, das wissenschaftliche Leistungen zu vollbringen vermag) des Wissenschaftspotentials lassen sich unproblematisch vereinbaren. Wenn wir aber das nationale Wissenschaftspotential der DDR zu analysieren haben, dann treten auch die Wissenschaftspotentiale anderer Länder als relevante äußere Faktoren auf. Unsere Ausgangsbestimmungen gestatten uns, den Terminus „Potential" im Plural zu gebrauchen und jedes System, das zur Erzeugung wissenschaftlicher Resultate imstande ist, als ein Wissenschaftspotential zu betrachten. Es hängt dann von der Aggregationsstufe des Bezugssystems der möglichen wissenschaftlichen Leistungen ab, ob wir ein Untersuchungsobjekt als *ein* Wissenschaftspotential oder als eine *Mannigfaltigkeit* von Wissenschaftspotentialen aufzufassen haben.

Je kleiner die betrachteten Wissenschaftspotentiale werden, um so mehr andere Wissenschaftspotentiale treten relativ zu dem ersteren als relevante äußere Faktoren auf. Zweckmäßige Wechselbeziehungen mit anderen Wissenschaftspotentialen werden zu entscheidenden Funktionsbedingungen. Für das Wissenschaftspotential der DDR ist der arbeitsteilige Zusammenschluß mit den Potentialen der anderen sozialistischen Länder unerläßlich und eine entscheidende Bedingung seiner zunehmend intensiven Entwicklung, die darüber hinaus durch den Kontakt mit den wichtigsten Entwicklungslinien der Wissenschaft in den kapitalistischen Industrieländern weiter gefördert werden kann. Kooperationsfähigkeit und Rezeptionsvermögen werden so zu maßgeblichen Leistungscharakteristika der Wissenschaftspotentiale. Zugleich tritt mit der Verkleinerung des Maßstabs der betrachteten Potentiale auch der Widerspruch zwischen ihrer substantiellen und ihrer funktionellen (relationalen) Bestimmung, der im abstrakten Schema noch latent war, entfaltet in Erscheinung. Bei konkreten Potentialen kann sich die funktionelle Bestimmung nicht darauf beschränken, daß sie zur Erzeugung wissenschaftlicher Leistungen schlechthin befähigt sind. Hier geht es um spezifische Arten von Leistungen, die durch entsprechende Zielstellungen zu bestimmen sind. Da zumindest die Forschungsleistungen, die zentrale Kategorie der wissenschaftlichen Leistungen, in mehr oder minder hohem Grade schöpferisch sind, reicht keine noch so genaue Bestimmung solcher Zielstellungen aus, um das ihr adäquate Potential unzweideutig und erschöpfend zu bestimmen. Andererseits können auch vom Standpunkt eines gegebenen Potentials keine eindeutigen Aussagen über die Forschungsziele getroffen werden, die mit diesem Potential mit Sicherheit erreicht werden können. Vielmehr verfügt jedes Potential in einem gegebenen Zustand über ein ganzes Spektrum von Möglichkeiten, verschiedenartigen wissenschaftlichen Aufgaben mit dieser oder jener Wahrscheinlichkeit gerecht zu werden. Dieser flexible, nichteindeutige, dialektisch widersprüchliche Zusammenhang von Zielen (Funktionen, Erfordernissen) und Möglichkeiten kennzeichnet die Wissenschaftspotentiale als *aktive* Systeme im gesellschaftlichen Determinationszusammenhang. Diese Aktivität betrifft nicht nur das Momentanverhalten der Potentiale gegenüber Anforderungen, sondern auch ihre Selbstevolution. So evolutioniert auch das *Wirkungsspektrum,* zu dem ein Wissenschaftspotential befähigt ist, und es treten leistungsbestimmende Langzeiteffekte auf, die die Wirkungsgröße eines eingespielten Potentials prägen; diese Effekte sind zum Zeitpunkt der primären Bildung der betreffenden Potentiale in der Regel noch gar nicht abzusehen – sie sind zu dieser Zeit auch noch nicht eindeutig präformiert, sondern echtes Resultat von Entwicklung. Bei der Bildung eines Wissenschaftspotentials müssen daher Anpassungs- und Entwicklungsfähigkeit von vornherein einkalkuliert werden; das Potential muß so beschaffen sein, daß es sich lernend an unterschiedliche Zielsituationen adaptieren kann, ohne daß es etwa möglich wäre, das Spektrum der möglichen Ziele von vornherein anzugeben. Charakteristische Beispiele für solche lernfähigen Potentiale mit einem großen Reservoir adaptiver Möglichkeiten sind wissenschaftliche Institute; es ist sehr wichtig – und alles andere als trivial –, bei der Planung der laufenden Arbeit solcher Einrichtungen darauf zu achten, daß das Entwicklungsvermögen ihres Potentials nicht abgebaut, sondern im Gegenteil erweitert reproduziert wird. Die Vermutung, daß sich ein Potential nur deshalb verändert, weil es eine andere wissenschaftliche Aufgabe in Angriff nimmt, ist unzutreffend, und es ist unangebracht, sie als ideale Norm für die Leitung der Potentialentwicklung zu nehmen, weil die daraus folgenden wissenschaftsorganisatorischen Konsequenzen die Anpassungs- und Entwicklungsfähigkeit der betreffenden Potentiale unzweifelhaft beeinträchtigen würden.

Die Charakteristik der Wissenschaftspotentiale als aktive soziale Systeme legt es also nahe, das Verhältnis zwischen den Zielen wissenschaftlicher Arbeit und der Potentialdynamik als einen Entwicklungswiderspruch zu interpretieren. Die normale Bewegungsform dieses Widerspruchs wollen wir als Ziel-Potential-Iteration bezeichnen; beide Seiten durchdringen einander und gestalten sich wechselseitig mehr oder minder tiefgreifend um, bis als Lösung ein durch die Aktion des Potentials geschaffenes wissenschaftliches Ergebnis vorliegt. Zugleich ist es jedoch auch real möglich, daß der Prozeß anormal verläuft und die angestrebte Ziel-Potential-Iteration mißlingt.

Die Einheit von Eigenaktivität und Determiniertheit der Wissenschaftspotentiale läßt sich schließlich in einem Reproduktionsmodell zum Ausdruck bringen. Darin erscheinen die Wissenschaftspotentiale einerseits als Elemente des gesellschaftlichen Reproduktionsprozesses (der seinerseits in verschiedenen Schichten von der Reproduktion der Volkswirtschaft bis zur Reproduktion der sozialen Beziehungen gekennzeichnet werden kann), in dem und durch den sie selbst reproduziert werden; vom Standpunkt der Wissenschaftspotentiale bildet der volkswirtschaftliche Reproduktionsprozeß einen *äußeren* Reproduktionszusammenhang, der jedoch nur deshalb existieren kann, weil fortwährend Äußeres in Inneres übergeht und umgekehrt. Andererseits erscheinen die Wissenschaftspotentiale auch als selbstreproduzierende Systeme, deren frühere Zustände mit den späteren durch einen *inneren* Reproduktionszusammenhang vermittelt sind. Der innere Reproduktionszusammenhang ist wiederum in den äußeren eingeschlossen und fungiert als dessen Vermittlung. Die „Transfers" von Ressourcen (Leistungen) und Erfordernissen, über die dieser Einschluß gewährleistet wird, sind durch Nichteindeutigkeit (relative Bestimmtheit) und sehr unterschiedliche Übergangszeiten gekennzeichnet; um diese Differenzierung (Kurz-, Mittel-, und Langzeiteffekte) auszudrücken, kann man sich der Kombination von Reproduktionszyklen unterschiedlicher Zeitdauer bedienen. Was sich aus der Sicht des gesellschaftlichen Reproduktionsprozesses als Input-Output-Übergang darstellt, ist für das Wissenschaftspotential eine komplizierte Folge von Prozessen der Assimilation der eintretenden Ressourcen und Erfordernisse, der Ziel-Potential-Iteration, der Umsetzung der vorhandenen Leistungsfähigkeit in reale Leistungen und der Übertragung dieser Leistungen als Wirkungen an die nachfolgenden Glieder des Reproduktionszusammenhangs. Dabei muß einem gegebenen Potential ein *Wirkungs-*

spektrum zugeschrieben werden. Von der Existenz eines Spektrums unterschiedlicher und vermutlich auch nicht gleichwahrscheinlicher Möglichkeiten für die Aktion ein und desselben Potentials war bereits weiter oben die Rede; hieraus erklärt sich das Moment des „Potentiellen“ bei der Bestimmung eines Wissenschaftspotentials. Ein Wissenschaftspotential realisiert im allgemeinen jedoch auch aktuell relativ gleichzeitig ein Spektrum unterschiedlicher Leistungen vom Forschungsergebnis bis zu wissenschaftlichen Dienstleistungen, und jedes dieser Resultate ist hinsichtlich der von ihm ausgehenden Wirkungen potentiell multivalent. Zugleich ist diese Aktionsfolge für das Wissenschaftspotential selbst Teil seines inneren Reproduktionszusammenhanges, als dessen Resultante sich die Entwicklung des Potentials ergibt.

Es ist anzunehmen, daß die Korrelation von inneren und äußeren Reproduktionszusammenhängen, ihre inhaltliche und zeitliche Abstimmung aufeinander, für die Leistungsfähigkeit und die Wirksamkeit der Wissenschaftspotentiale eine Schlüsselrolle spielt. Vom Niveau der inneren Reproduktionszyklen hängt ab, inwieweit und in welcher Qualität die Wissenschaft praktischen Erfordernissen nachkommen und so als niveaubestimmendes Moment des gesellschaftlichen Reproduktionsprozesses fungieren kann. Bietet der gesellschaftliche Reproduktionsprozeß unzulängliche Bedingungen für die Entfaltung der Aktivität der Wissenschaftspotentiale, so hat das ein sich reproduzierendes Mittelmaß auf der Seite der Wissenschaftsleistungen zur Folge. Ist das Wissenschaftspotential unzureichend entwickelt, so resultiert eine Vergeudung von technischen Mitteln und Arbeitsleistungen, die die Gesellschaft aufbringt. Entwickelte Forderungen an die Wissenschaft, die aus produktiven gesellschaftlichen Bedürfnissen resultieren, werden hingegen zu hohen wissenschaftlichen Leistungen führen, wenn sie auf ein aufnahmebereites Potential treffen. Leistungsstarke wissenschaftliche Einrichtungen bringen ihrerseits Resultate hervor, die der Bedürfnisentwicklung und der technologischen Innovation starke Impulse vermitteln. Leider können wir zur Zeit über die Beschaffenheit der inneren und äußeren Reproduktionszusammenhänge der Wissenschaftspotentiale und ihre Korrelation nur qualitative Aussage machen. Die empirische Forschung nähert sich diesen hochkomplexen Zusammenhängen erst nach und nach. Nichtsdestoweniger geben auch solche qualitativen Aussagen unseres Erachtens nützliche Hinweise auf Gesichtspunkte, die in der Leitungstätigkeit Beachtung finden sollten.

Damit schließen wir die Skizze des theoretischen Hintergrundes ab, auf dem in den folgenden Teilen dieses Kapitels Probleme der Beschaffenheit, der Gestaltung und der Entwicklungsperspektive des Wissenschaftspotentials in der DDR erörtert werden sollen. An den Stellen, die es erforderlich machen, werden wir jedoch im weiteren Text auf die Präzierung der theoretischen Positionen explizit zurückkommen.

2. Analyse wichtiger Wachstums- und Entwicklungsprozesse sowie -probleme des Wissenschaftspotentials in der DDR

Wir beginnen unsere Untersuchung der Wachstums- und Entwicklungsprozesse des Wissenschaftspotentials der DDR mit einer quantitativen Analyse des Wachstums der für Forschung und Entwicklung (FE) eingesetzten Ressourcen, um so die Konturen des realen Objekts „FE-Potential der DDR" zu skizzieren und eine erste Vorstellung von seiner Größenordnung und Dynamik zu vermitteln. Diese quantitative Darstellung und mathematische Modellierung des Wachstums von FE-Ressourcen liefert uns ein zwar notwendiges, jedoch nur äußerliches Bild, das kaum über die reale Leistungsfähigkeit des Wissenschaftspotentials Aussagen gestattet. In den darauf folgenden Abschnitten wird daher die konzeptionelle und empirische Basis der Analyse vorwiegend durch qualitative Gesichtspunkte erweitert, indem einige markante Tendenzen, Probleme und Ergebnisse der Entwicklung des FE-Potentials in der DDR während der 70er Jahre vorgestellt werden. Als empirische Basis benutzen wir insbesondere Ergebnisse statistischer Erhebungen und anderer Leitungsunterlagen sowie Resultate von Untersuchungen, die vom ITW durchgeführt worden sind.[14] Mittel der Ökonomie und der Soziologie, in geringem Umfang auch solche der Psychologie und anderer Disziplinen, werden herangezogen, um ein wissenschaftstheoretisch fundiertes integratives Bild zu schaffen. Leitmotiv sind dabei die grundlegenden Entwicklungsprobleme unserer Wissenschaftspolitik. Entsprechend ist es die erklärte Absicht der Analyse, begründete Hinweise für die Potentialgestaltung in den beiden bevorstehenden Jahrzehnten zu gewinnen. Wesentliche Veränderungen im FE-Potential haben oft langfristigen Charakter. Die Prozesse der 70er Jahre sind daher unter zwei Gesichtspunkten zu betrachten: Zum einen haben hier wichtige

[14] Es handelt sich hier insbesondere um Ergebnisse der empirisch-statistischen Analyse des Forschungspotentials „Arbeits- und Lebensbedingungen in der Wissenschaft", die nachfolgend im Text und in den Fußnoten kurz als „EAF" bezeichnet wird. Die entsprechende Erhebung mit einem standardisierten Fragebogen wurde von einem Themenkollektiv des ITW an der AdW der DDR unter Leitung von H. Meyer in den Jahren 1978–1980 durchgeführt und erfaßte insgesamt ca. 2000 FE-Beschäftigte aus allen Bereichen. Die z. Z. vorliegenden Auswertungsergebnisse beziehen sich auf die 1. Stufe dieser Erhebung; diese erfaßte 1103 FE-Beschäftigte, darunter 785 Hochschulkader, in ca. 150 FE-Kollektiven, insbesondere im Bereich der AdW der DDR. Zugleich wurde auf der Basis des hier verwendeten Fragebogens im Rahmen der RGW-Zusammenarbeit eine „Vergleichende Untersuchung zur Struktur und Dynamik des wissenschaftlichen Kaderpotentials in europäischen RGW-Ländern" durchgeführt.

Impulse des vorhergehenden Jahrzehnts nachgewirkt; zum anderen wurden in dieser Zeit entscheidende Voraussetzungen geschaffen, die in den folgenden Jahrzehnten weiterwirken und teilweise erst ihre volle Wirksamkeit erreichen werden.

2.1. Das logistische Wachstumsmodell der in der DDR für Forschung und Entwicklung eingesetzten Ressourcen

Es ist unmittelbar einsichtig, daß die Zahl der in einem Lande in Forschung und Entwicklung tätigen Kader und die Höhe der finanziellen Aufwendungen dieses Landes für Wissenschaft und Technik nicht unbegrenzt wachsen können. Der quantitative Wert beider Kennziffern kann ein bestimmtes Maß nicht überschreiten, das durch die bilanzierten Proportionen zwischen den verschiedenen Bereichen des gesellschaftlichen Lebens bestimmt ist und wesentlich vom jeweiligen Produktionsniveau der Volkswirtschaft abhängt. Theoretische Gründe[15] sprechen dafür, daß das Wachstum beider Parameter im langfristigen Verlauf einer logistischen Kurve folgt, die – vereinfacht gesagt – exponentiell anhebt, sodann in lineares Wachstum übergeht und in einer logarithmischen Phase ausläuft, indem sie sich asymptotisch einer oberen Grenze nähert. Es ist für Trendeinschätzungen des Wachstums eines nationalen Wissenschaftspotentials nicht unerheblich, festzustellen, in welchem Stadium des logischen Wachstumsverlaufs sich der betreffende Parameter des Potentials befindet. Von besonderem Interesse ist dabei, wie sich zuverlässig feststellen läßt, ob der Wendepunkt der logistischen Wachstumskurve bereits durchschritten wurde, ob also für Trendextrapolationen exponentielles, lineares oder logarithmisches Wachstum angesetzt werden sollte.

Solche Aussagen können unter bestimmten Voraussetzungen mittels dynamischer exponentieller Modellierung der entsprechenden Datenreihe gewonnen werden. Die von uns durchgeführte Analyse des Wachstumsverlaufs der Zahl der in Forschung und Entwicklung tätigen Kader und der Aufwendungen für Wissenschaft und Technik in der DDR liefert folgendes Bild.

Wachstum der Anzahl der Beschäftigten für Forschung und Entwicklung

Laut Angaben der Staatlichen Zentralverwaltung für Statistik verfügte die DDR in den Jahren 1965–1979 über folgende Beschäftigte für Forschung und Entwicklung (Tabelle 7):

[15] Vgl. D. J. de Solla Price, Science since Babylon, New Haven 1961; D. J. de Solla Price, Little Science – Big Science, New York 1963; G. M. Dobrov, Wissenschaftswissenschaft, Berlin 1970, S. 240–247.

Tabelle 7

	Beschäftigte für Forschung u. Entwicklung (VbE)	davon HSK	FSK
1965	83.065	16.010	21.104
1966	90.054	19.048	23.000
1967	97.183	21.730	25.093
1968	102.025	23.382	25.517
1969	113.053	27.563	28.679
1970	123.396	31.845	32.216
1971	133.868	35.080	35.077
1972	139.376	37.938	37.137
1973	146.731	41.564	38.747
1974	153.032	45.646	40.102
1975	158.573	49.961	40.875
1976	162.957	53.615	42.343
1977	169.868	57.246	44.127
1978	175.803	60.936	46.018
1979	179.401	63.645	46.842

Die graphische Darstellung dieser Werte wird in Abb. 1 gezeigt.

Die graphische Darstellung weist es so aus:

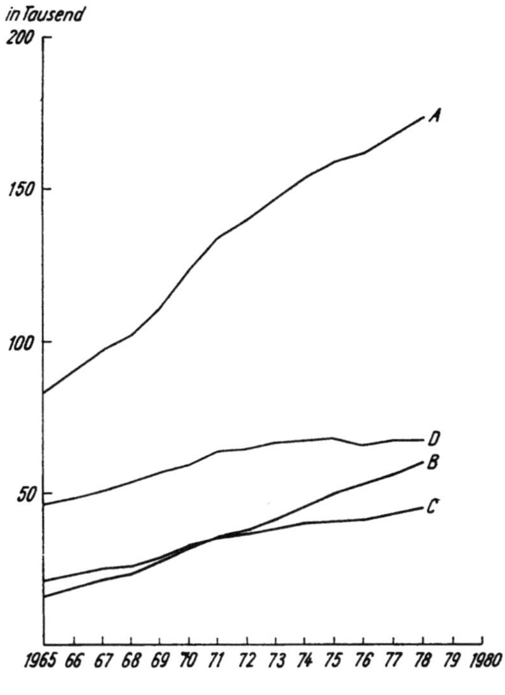

Abb. 1: Beschäftigte für Forschung und Entwicklung in der DDR (A – insgesamt, B – Anzahl der HSK, C – Anzahl FSK, D – Anzahl sonstiger)

Für die Beschäftigten für Forschung und Entwicklung insgesamt weist die dynamische exponentielle Modellierung der Daten aus, daß in der zweiten Hälfte der siebziger Jahre der Übergang aus der Phase exponentiellen Wachstums in die Phase linearen Wachstums erfolgte, der sich bereits seit 1971 anbahnte. Abb. 2 zeigt das kombinierte Modellbild, in dem von 1965 bis 1971 exponentiell und 1971 bis 1979 linear modelliert wurde. Die gute Übereinstimmung des Modells mit den realen Daten ist augenscheinlich.

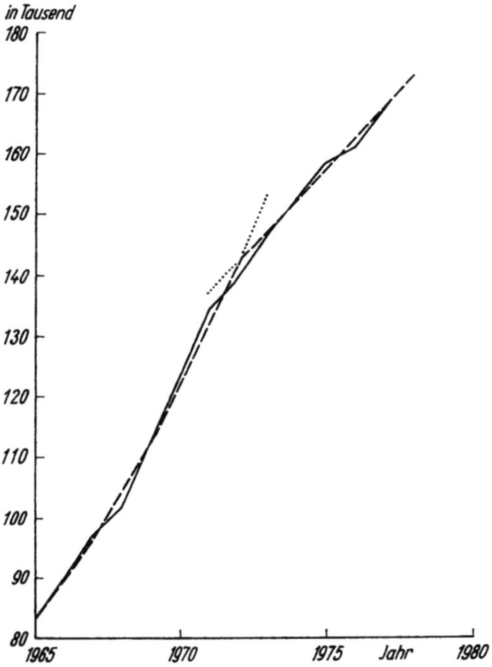

Abb. 2: Kombiniertes E- und L-Modell des Wachstums der Zahl der Beschäftigten für F/E in der DDR

Betrachtet man nur das Wachstum der Zahl der Hochschulkader für Forschung und Entwicklung, so ergibt die Analyse, daß von 1971 bis 1975 lineares Wachstum vorliegt und nach 1975 sich bereits der Übergang zu logarithmischem Wachstum anbahnen könnte.

Die analoge Analyse, durchgeführt für den Anteil der Fachschulkader an den Beschäftigten für Forschung und Entwicklung, gestattet die Aussage, daß in der ersten Hälfte der siebziger Jahre (1972–1976) lineares Wachstum vorliegt, für die Zeit nach 1976 aber noch keine eindeutige Aussage getroffen werden kann. Es ist insbesondere nicht ausgeschlossen, daß der Anteil der Fachschulkader an den Beschäftigten für Forschung und Entwicklung künftig noch einmal in einer Weise wachsen wird, die über lineares Wachstum hinausgeht.

Der Vollständigkeit halber sei noch auf den Anteil der Beschäftigten für Forschung und Entwicklung verwiesen, die weder Hoch- noch Fachschulkader sind. Für sie gilt, daß nach einem exponentiellen Anstieg in der zweiten Hälfte der sechziger Jahre ihre Zahl von 1973 bis 1978 nahezu konstant zwischen 66000 und 67000 liegt.

In Zusammenfassung dieser Ergebnisse lassen sich folgende Überlegungen anstellen:

1. Bis Anfang der siebziger Jahre liegt in allen Fällen exponentielles Wachstum vor, das für die in Forschung und Entwicklung beschäftigten Hochschulkader den steilsten Anstieg zeigt.

2. Um die Mitte der siebziger Jahre liegt in allen Fällen lineares Wachstum vor. Es spricht nichts dagegen, daß der lineare Trend anhalten wird. Faßt man den Zeitraum bis 1990 ins Auge, so ist es jedenfalls wahrscheinlicher, daß er durch lineares Wachstum gekennzeichnet sein wird als durch exponentielles in den Größenordnungen der sechziger Jahre. Allerdings ist nicht auszuschließen, daß in den achtziger Jahren bereits in dem einen oder anderen Falle logarithmisches Wachstum einsetzt.

3. Unterstellen wir mit einiger Wahrscheinlichkeit lineares Wachstum der analysierten Parameter bis 1990 in Größenordnungen, wie wir es in jedem der betrachteten Fälle seit 1975 beobachten, so würden sich im Jahre 1990 folgende Werte ergeben (vgl. Abb. 3):

Beschäftigte für Forschung und Entwicklung		ca. 230000
davon:	Hochschulkader	ca. 100000
	Fachschulkader	ca. 60000
	Beschäftigte in Forschung und Entwicklung ohne Hoch- oder Fachschulausbildung	ca. 70000

4. Die qualitative Zusammensetzung des Potentials der für Forschung und Entwicklung Beschäftigten würde sich dann wie folgt verändern (Tab. 8):

Tabelle 8

	Beschäftigte für Forschung und Entwicklung	Hochschulkader	Fachschulkader	Beschäftigte ohne Hoch- oder Fachschulausbildung
1965	83 154 =100 %	16 038 =19,3 %	21 118 =25,4 %	45 998 =55,3 %
1975	158 718 =100 %	50 024 =31,5 %	40 902 =25,8 %	67 792 =42,7 %
1990	230 000 =100 %	100 000 =43,5 %	60 000 =26,1 %	70 000 =30,4 %

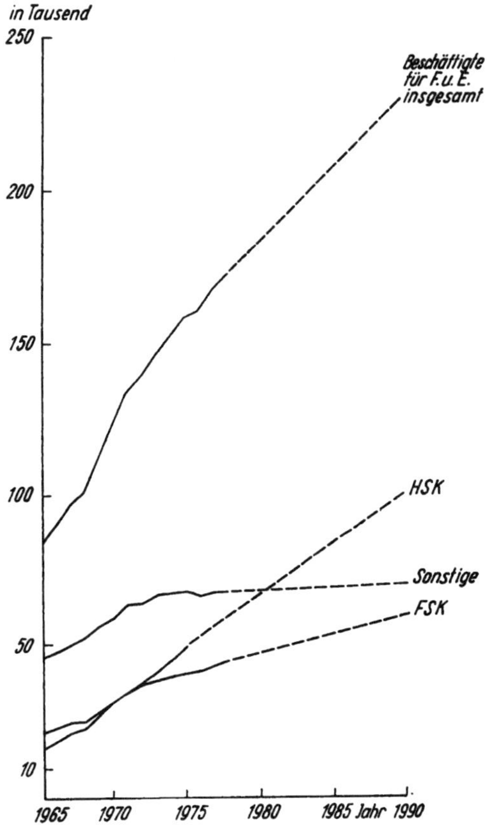

Abb. 3: Beschäftigte für Forschung und Entwicklung in der DDR. Linear extrapolierter Trend

Das bedeutet, daß der Anteil der Hochschulkader von 19,3 % 1965 über 31,5 % 1975 auf 43,5 % 1990 anwachsen würde, der Anteil der Fachschulkader mit 25,4 %, 25,8 % und 26,1 % sich nicht wesentlich ändern würde und der Anteil der in Forschung und Entwicklung Beschäftigten ohne Hoch- oder Fachschulausbildung von 55,3 % 1965 über 42,7 % 1975 auf 30,4 % 1990 zurückgehen würde. Einer Gesamterhöhung der Zahl der Beschäftigten für Forschung und Entwicklung um das 2,8fache entspräche eine Erhöhung des Anteils der Beschäftigten ohne Hoch- oder Fachschulausbildung um nur das 1,5fache, des Anteils der Fachschulkader in gleicher Proportion (also um das 2,8fache), dagegen des Anteils der Hochschulkader um das 6,2fache. Der extensiven Erweiterung des Gesamtpotentials seit 1965 um das 2,8fache stünde mit der Erhöhung der Zahl der Hochschulkader um das 6,2fache eine Veränderung der qualitativen Struktur des Potentials gegenüber, die – so könnte man schließen – einen Intensivierungsfaktor darstellt, der den Faktor der extensiven Erweiterung beträchtlich übertrifft. Natürlich ist dies ein Modell, das von zwei die Verhältnisse stark vereinfachenden Annahmen ausgeht:

Erstens wird angenommen, daß der lineare Trend von 1975 auf 1990 extrapoliert werden kann. Zwar weist unsere Analyse aus, daß um die Mitte der siebziger Jahre exponentielles Wachstum der Zahl der Beschäftigten für Forschung und Entwicklung in lineares übergeht. Eine exponentielle Prognose würde also mit Sicherheit viel zu hohe Werte liefern. Da die lineare Phase jedoch gerade erst eingeleitet wurde und es noch keine Anzeichen dafür gibt, daß die theoretisch unterstellte logistische Kurve ihren Wendepunkt – also die Mitte der linearen Phase – schon durchlaufen hat, kann auch ganz und gar noch nicht die Dauer der linearen Phase eingeschätzt werden. Es ist nicht ausgeschlossen, daß logarithmisches Wachstum der hier betrachteten Parameter bereits in den achtziger Jahren einsetzt. Dies hätte zur Folge, daß die prognostizierten Werte tiefer angesetzt werden müßten, als hier geschehen ist. Es dürfte deshalb richtiger sein, die angegebenen Werte für 1990 als Maximalwerte zu betrachten.

Zweitens werden bei einer solchen Trendextrapolation, wie wir sie vorgenommen haben, nicht explizit alle jene Bedingungen ins Kalkül gezogen, die auf das Wachstum der Zahl von Hoch- und Fachschulkadern überhaupt Einfluß haben (demographische Entwicklung, Zahl und Art der Bildungseinrichtungen, der Studienplätze, die Höhe der Bildungsausgaben etc.), den Ausbau der Forschungs- und Entwicklungseinrichtungen überhaupt betreffen oder mit möglichen Verschiebungen in der gesellschaftlichen Priorität perspektivischer Forschungsrichtungen und damit deren Bedarf an Kadern bestimmter Qualifikation zusammenhängen usw. Gewiß kann der bisherige Wachstumsverlauf als der aggregierte Ausdruck aller dieser Bedingungen aufgefaßt werden, wie sie sich bisher gestaltet haben, so daß z. B. der Übergang von exponentiellem zu linearem Wachstum die Veränderung dieser Bedingungen zumindest implizit doch widerspiegelt. Indes ist es gerade dieser Übergang von exponentiellem zu linearem Wachstum der Wissenschaftsparameter, in dem sich eben mehr ausdrückt als eine nur quantitative Veränderung der Dimensionen, in denen Wissenschaft in der Gesellschaft existiert und eine Rolle spielt. Wenn dieser Übergang den Eintritt der Wissenschaft in eine Phase ihrer Entwicklung markiert, in der die stets präsenten intensiven Komponenten der wissenschaftlichen Arbeit zu den entscheidenden Bedingungen des wissenschaftlich-technischen Fortschritts werden, dann stellt sich nicht nur die Frage, wieviel Beschäftigte für Forschung und Entwicklung wir etwa 1990 auf Grund gegenwärtiger Trendanalysen erwarten müßten. Wenn der Zuwachs an Beschäftigten für Forschung und Entwicklung einen (volkswirtschaftlichen *und* „innerwissenschaftlichen“) Intensivierungseffekt auslösen soll, dann muß z. B. auch gefragt werden, in welchen Forschungsrichtungen diese Kader zum Einsatz gelangen sollen, welche Forschungsrichtungen also heute als die perspektivreichen angesehen werden, für die Kader vorrangig auszubilden sind. Auch ist es für die Intensivierung von Forschung und Entwicklung nicht unerheblich, *welche* der ausgebildeten Hoch- und Fachschulkader in Forschung und Entwicklung tätig sein werden, wie ihr Qualifikationsniveau, ihre Eignung für Forschungsarbeit, ihre Einstellung zur wissenschaftlichen Arbeit, ihr Wissenschaftsverständnis usw. beschaffen sind.

Intensivierungseffekte in der Forschung sind Resultate vieler Faktoren und Bedingungen, die nicht immer in der gleichen Richtung und erst in ihrer optimalen Kombination – für die es kaum eine allgemeine Regel geben dürfte – das Leistungsniveau der Forschung zu erhöhen vermögen. Natürlich ist die Verbesserung der qualitativen Zusammensetzung des Potentials der Beschäftigten für Forschung und Entwicklung für sich genommen eine wichtige Bedingung intensiver Forschung. Sie kann aber unter Umständen auch in die entgegengesetzte Richtung wirken, wenn sich nämlich das Verhältnis von Hochschulkadern einerseits und anderen Beschäftigten für Forschung und Entwicklung andererseits so zugunsten der Hochschulkader verschiebt, daß für notwendig auszuführende Routine-, Hilfs- und Nebenarbeiten auch Hochschulkader herangezogen werden müßten, so daß deren schöpferischer Anteil am Forschungsprozeß zwangsläufig zurückginge. In dem oben angenommenen Falle des Wachstums des Potentials der Beschäftigten für Forschung und Entwicklung und der Veränderung seiner Struktur kämen 1990 auf einen Hochschulkader 1,3 andere Beschäftigte für Forschung und Entwicklung. Selbst wenn man in Rechnung stellt, daß dieser Wert ein Durchschnittswert ist und von Gebiet zu Gebiet und von Einrichtung zu Einrichtung variiert, ist nicht sicher, ob es sich dabei um ein optimales Verhältnis handelt oder ob nicht der Anteil insbesondere an qualifizierten Fachschulkadern höher liegen müßte. Letztere Frage resultiert nicht zuletzt aus dem ebenfalls zu erwartenden Niveauanstieg der technischen Ausrüstung der Forschung wie der materiell-technischen Basis der Forschung insgesamt. Schließlich muß in Rechnung gestellt werden, daß der Anstieg der finanziellen Mittel für Forschung und Entwicklung den Anstieg der Beschäftigtenzahl beträchtlich übersteigen würde. Der Vergleich des Anstiegs der Höhe der Ausgaben für Wissenschaft und Technik in der DDR ab 1955 (vgl. unsere folgende Analyse der Ausgaben für Wissenschaft und Technik in der DDR) mit dem Anstieg der Zahl der Beschäftigten für Forschung und Entwicklung seit 1965 weist ein doppelt so schnelles Wachstum der Ausgaben aus. Eine Erhöhung des Leistungsniveaus von Forschung und Entwicklung kann also nicht allein an der steigenden Zahl der Kader mit höherer Qualifikation gemessen werden. Diese ist eine notwendige, indes noch keine hinreichende Bedingung für Intensivierung der Forschung. Entscheidend bleibt immer, ob die Gesamtheit der Leistungen, die die Gesellschaft für Wissenschaft aufbringt und im Interesse ihrer weiteren Entwicklung aufbringen muß, durch die Gesamtheit der Leistungen, die die Wissenschaft für die Gesellschaft erbringt, stabil überkompensiert wird und somit intensiv erweiterte gesellschaftliche Reproduktion möglich bleibt und realisiert wird.

Drittens gilt es zu beachten, daß die Hypothese eines logistischen Wachstumsverlaufs der Datenreihe unter der Voraussetzung eines bestimmten Produktivitätsniveaus der Gesellschaft gilt. Mit dem Übergang auf wesentlich höheres und qualitativ anderes Produktivitätsniveau kann erwartet werden, daß eine neue logistische Wachstumskurve einsetzt, die dann alle Trendextrapolationen, welche auf der Grundlage früheren logistischen Wachstums vorgenommen wurde, gegenstandslos machen würde.

Wachstum der Ausgaben für Wissenschaft und Technik

Der Analyse des Wachstums der Ausgaben für Wissenschaft und Technik legen wir die von H.-D. Haustein veröffentlichten[16] und für die Jahre von 1965 bis 1979 durch Angaben der Staatlichen Zentralverwaltung für Statistik präzisierten und ergänzten Daten zugrunde, die in folgender Tabelle zusammengefaßt sind (Tab. 9):

Tabelle 9

Ausgaben für Wissenschaft und Technik in der DDR (in Mill. M)

1946	11	1957	767	1968	2656
1947	25	1958	960	1969	3249
1948	47	1959	1110	1970	4245
1949	74	1960	1300	1971	4649
1950	110	1961	1383	1972	4941
1951	157	1962	1420	1973	5070
1952	319	1963	1459	1974	5121
1953	430	1964	1686	1975	5275
1954	511	1965	1804	1976	5613
1955	652	1966	2170	1977	6097
1956	730	1967	2474	1978	6544
				1979	6924

Die exponentielle Modellierung des Gesamtverlaufs dieser Daten weist eine Phase von 1946 bis 1954 mit einem extrem hohen Anstieg und eine zweite, weniger steile, die 1955 beginnt und bis heute anhält, aus. Um zu prüfen, in welchem Stadium logistischen Wachstums die DDR in bezug auf die Ausgaben für Wissenschaft und Technik sich befindet, kann – wenn

[16] Vgl. H.-D. Haustein, Messung der volkswirtschaftlichen Intensivierung, Berlin 1976, S. 50.

sinnvolle Aussagen zustande kommen sollen – nur die Periode von 1955 an zugrunde gelegt werden.

Etwa ab 1973 liegt ein abgeschwächt exponentielles Wachstum der Ausgaben für Wissenschaft und Technik vor, das jedoch noch nicht als lineares identifiziert werden kann. Es ist nicht ausgeschlossen, daß das abgeschwächte exponentielle Wachstum in den nächsten Jahren noch eimal in verstärktes exponentielles Wachstum übergeht. Indes gibt es Anzeichen, daß ab 1976 bis 1977 der Beginn linearen Wachstums datieren könnte; diese Anzeichen sind jedoch vorerst so vage, daß der Schluß auf beginnendes lineares Wachstum nicht mit Sicherheit gezogen werden kann.

Wollte man eine Prognose über den weiteren Verlauf der Kurve bis Mitte der achtziger Jahre machen, so könnte man also mit einiger Wahrscheinlichkeit zumindest davon ausgehen, daß in den nächsten 5–6 Jahren kein unterlineares Wachstum eintreten wird. Vorläufig haben wir es noch mit abgeschwächt exponentiellem Wachstum zu tun, und es ist nicht sicher, ob noch kurze Phasen verstärkt exponentiellen Wachstums folgen werden. Als untere Grenze der zu erwartenden Realwerte kann jedoch lineares Wachstum angesetzt werden. Nimmt man dafür grob den Zuwachs von 1977 bis 1978 als Maßstab, so ergäbe sich für die Mitte der achtziger Jahre ein jährlicher Betrag der Ausgaben für Wissenschaft und Technik in der gesamten Volkswirtschaft der DDR von ca. 10 Mrd. Mark. Dieser Wert kann nach oben verschoben sein, wird aber kaum tiefer liegen dürfen, wenn eine normale Entwicklung von Wissenschaft und Technik gesichert sein soll.

2.2. Die FE-Ressourcen der DDR im volkswirtschaftlichen Maßstab und internationalen Vergleich

In den 60er Jahren war der anteilige Umfang der für Forschung und Entwicklung eingesetzten volkswirtschaftlichen Ressourcen – verglichen mit anderen industriell entwickelten Ländern – in der DDR noch relativ gering. In der ČSSR, einem nach sozialökonomischen Verhältnissen und Entwicklungsstand mit der DDR gut vergleichbaren Land, nahm der FE-Bereich 1965 bereits fast 2 % aller Berufstätigen und über 3 % des Nationaleinkommens in Anspruch; in der DDR waren es 1,1 % der Berufstätigen und 2 % des Nationaleinkommens.[17] Für diesen relativen Rückstand gab es historische Gründe. In der zweiten Hälfte der 60er Jahre waren die ökonomischen Voraussetzungen dafür herangereift, die Leistungsfähigkeit

[17] Vgl. W. Meske/K. Müller, Vergleichende Untersuchung zu Entwicklung und Struktur der Potentiale der Akademie der Wissenschaften der DDR und der Tschechoslowakischen Akademie der Wissenschaften, Berlin 1978, S. 55, (ITW der AdW der DDR, Studien und Forschungsberichte, H. 8).

der Wissenschaft in der DDR durch eine rasche Steigerung des Umfangs der dafür eingesetzten gesellschaftlichen Ressourcen zu erhöhen und insbesondere die FE-Basis auszubauen. Sehr schwierig war dabei die Sicherstellung eines hohen Anteils von Hochschulkadern. In dieser für das Wissenschaftspotential niveaubestimmenden Qualifikationsgruppe bestand in der DDR in den 60er Jahren ein beträchtliches Defizit; noch im Jahre 1970 waren von 100 Planstellen für Hochschulkader tatsächlich nur 62 mit solchen besetzt.[18]

Notwendige Voraussetzungen zur Erreichung der genannten Zielstellung waren deshalb der Ausbau des Oberschul- und des Hochschulwesens, die Erhöhung der jährlichen Zulassungen zum Studium und der verstärkte Einsatz von Absolventen in Forschung und Entwicklung. Hierbei zeigt sich sehr deutlich die untrennbare Verbindung von gesamtgesellschaftlichen und innerwissenschaftlichen Prozessen der Potentialentwicklung, aber auch die objektiv bedingte „Langzeitwirkung" bestimmter Maßnahmen, die u. a. dazu zwang, gerade für die Entwicklung der Wissenschaft immer mehr zur Ausarbeitung langfristiger Konzeptionen überzugehen.

Die in den 60er Jahren eingeleitete und vor allem durch weitreichende Ausbildungsmaßnahmen abgesicherte Orientierung auf den vorrangigen Auf- und Ausbau eines sowohl qualitativ wie quantitativ genügend starken FE-Kaderpotentials kam erst in den 70er Jahren in vollem Umfang zum Tragen. Sie wurde durch die auf die langfristige und planmäßige Förderung der Wissenschaft im Interesse des wissenschaftlich-technischen und gesellschaftlichen Fortschritts gerichtete Politik des VIII. und IX. Parteitages der SED bekräftigt und weitergeführt. Dadurch kam es in den 70er Jahren zu wesentlichen Veränderungen im Kaderpotential.

Die Anzahl der für FE eingesetzten Kader wurde sehr rasch erhöht. Im Zeitraum 1970–1980 wuchs die Anzahl der in diesem Bereich Tätigen um fast 60 Tsd. auf über 180 Tsd. oder ca. 150 %. Vom Gesamtzuwachs an Beschäftigten in der Volkswirtschaft, der in diesem Zeitraum ca. 350 Tsd. betrug, wurden ca. 17 % in FE eingesetzt. Dadurch veränderten sich auch die volkswirtschaftlichen Strukturen deutlich zugunsten von FE: Der Anteil der FE-Beschäftigten an den Berufstätigen erhöhte sich von 1,1 % 1965 über 1,6 % 1970 auf 2,0 % 1975 und beträgt gegenwärtig ca. 2,2 %.

Diese rasche (absolute und relative) Stärkung des FE-Kaderbestandes wurde vor allem durch den Einsatz von Hochschulkadern erreicht. Einen bedeutenden Teil dieses Zuwachses bildeten Hochschulabsolventen, die unmittelbar nach dem Studium in FE-Einrichtungen eingesetzt wurden. Der Anteil der Hoch- und Fachschulkader in der Volkswirtschaft der DDR

[18] Vgl. W. Wolter, Hochschulbildung und personelles Forschungspotential, in: Probleme der Analyse und Gestaltung des sozialistischen Forschungspotentials, Berlin 1975, S. 96 (ITW der AdW der DDR, Kolloquien, H. 12).

und auch im FE-Bereich ist kontinuierlich gestiegen; in Forschung und Entwicklung nahm er von 47 % im Jahre 1965 auf mehr als 50 % im Jahre 1970 und auf über 60 % in der Gegenwart zu. Dieser personelle Zuwachs, der auch einen entspechenden Zustrom an Fachschulkadern einschloß, erweiterte einerseits das Leistungsvermögen der Forschung in der DDR bedeutend und verbesserte zum anderen die Bedingungen für die Anwendung der Ergebnisse von Wissenschaft und Technik in allen Bereichen der Volkswirtschaft.

Insgesamt ist im Verlauf der 70er Jahre – vorerst rein quantitativ betrachtet – eine neue Situation entstanden. Die DDR ist infolge des hohen Zuwachstempos ihres wissenschaftlichen Kaderpotentials Ende der 70er Jahre hinsichtlich des Anteils der für FE eingesetzten Berufstätigen im Landesmaßstab in die internationale Spitzengruppe gelangt, wobei man die Exaktheit solcher Aussagen beim gegenwärtigen Stand der vorliegenden Daten und ihrer internationalen Vergleichbarkeit freilich vorsichtig beurteilen muß.[19]

So wichtig und wertvoll diese qualitativ neue Position im Weltmaßstab auch ist – man darf sie nicht überschätzen und hieraus unmittelbar auf eine „Spitzenposition" des FE-Potentials der DDR schließen. Solche Angaben sagen noch nichts über die Leistungsfähigkeit des Wissenschaftspotentials relativ zum Aufwand aus. Zudem ist auch der Anteil zu berücksichtigen, den die DDR im Gesamteinsatz von Kadern für FE im Weltmaßstab hat, denn die Ergebnisse von Wissenschaft und Technik haben in hohem Grade internationalen Charakter, und die Leistungsfähigkeit nationaler Potentiale kann letztlich nur am internationalen Spitzenniveau bewertet werden. Unsere vorläufigen Berechnungen zeigen, daß der Anteil der DDR am Kadereinsatz für Forschung und Entwicklung im Weltmaßstab in einer Größenordnung von 1–2 % liegen dürfte. Diese Ziffer ist beachtlich, wenn man sie mit dem Anteil der DDR an der Weltbevölkerung vergleicht, der weniger als 0,4 % beträgt. Da der Bevölkerungsanteil tendenziell weiter sinkt und künftig mit einem sprunghaften Anwachsen des FE-Potentials der heutigen Entwicklungsländer zu rechnen ist, wird schon die bloße Aufrechterhaltung des heutigen DDR-Anteils am FE-Kader-Weltpotential künftig zunehmende Anstrengungen fordern.

Für die inhaltliche Profilierung des FE-Potentials ergeben sich daraus zwei unausweichliche Konsequenzen:

Erstens müssen mit größter Sorgfalt jene Gebiete ausgewählt und mit leistungsstarken Potentialen versehen werden, auf denen die DDR mit guter Erfolgsaussicht Weltspitzenleistungen anstrebt.

[19] Vgl. W. Meske, Das Forschungspotential in der DDR – Merkmale, Strukturen, Tendenzen, AdW der DDR, FB Gesellschaftswissenschaften, Dissertation B, Berlin 1980, Kap. 1.

Zweitens muß das Kaderpotential unseres Landes generell und in erheblich größerem Umfang als bisher dazu befähigt werden, die sich beschleunigende Entwicklung der Wissenschaft im Weltmaßstab zu verfolgen und ihre Errungenschaften in dem für die eigenen Aufgaben notwendigen Maß anzueignen und aufzubereiten.

Das ist keine Ausnahmesituation. Heute gibt es in der Welt kein Land, das nicht davon ausgehen müßte, daß der größere Teil des wissenschaftlich-technischen Fortschritts außerhalb seiner Grenzen vollbracht wird. Die Anteile am FE-Kaderpotential der Welt betragen in der UdSSR und in den USA jeweils zwischen 20 und 30 %, bei wenigen weiteren Ländern zwischen 1 und 10 % und bei allen anderen Ländern weniger als 1 %. „Nur bei einzelnen Erzeugnissen ist es in einem Lande möglich, selbst das Spitzenniveau zu bestimmen. Das gilt generell für alle Länder ... Spitzenniveau bei ausgewählten Erzeugnissen und ein hohes technisch-ökonomisches Niveau bei der Mehrzahl aller Erzeugnisse sind die Grundlagen dafür", daß ein „Maximum der Gesamteffektivität der Volkswirtschaft in einem längeren Zeitraum" erreicht und gehalten werden kann.[20]

Die Wissenschaft der DDR muß daher bestrebt und befähigt sein, den weltweiten Erkenntnisfortschritt in seiner ganzen Breite zu verfolgen, möglichst rasch zu adaptieren und für die Entwicklung des wissenschaftlich-technischen Niveaus der Volkswirtschaft nutzbar zu machen. Zugleich müssen jene Gebiete mit allem erforderlichem Aufwand forciert werden, auf denen die Wissenschaft der DDR das internationale Schrittmaß des Erkenntnisfortschritts mitbestimmt bzw. mitbestimmen sollte. Die Wissenschaftskooperation mit der UdSSR und im RGW insgesamt gestattet uns dabei – vor allem in fondsintensiven Richtungen wie der Hochenergiephysik, der Kosmosforschung usw. – den Zugang zu einem breiteren Spektrum an Spitzengebieten, als wir erreichen könnten, wenn die DDR auf sich allein gestellt in den internationalen Wettstreit um die maximale Teilnahme am Fortschritt in Wissenschaft und Technik eintreten müßte. Wie wir diese großen Möglichkeiten jedoch nutzen, hängt allein von der Qualität unseres eigenen Wissenschaftspotentials ab. Dazu hob Erich Honecker im Rechenschaftsbericht des Zentralkomitees an den X. Parteitag der SED hervor: „Es muß alles getan werden, um auf neuen, aussichtsreichen Gebieten der Wissenschaft durch eigene Leistungen und im Rahmen der internationalen sozialistischen Wissenschaftskooperation so frühzeitig wie möglich mit der Forschungsarbeit zu beginnen. Gleichzeitig gilt es, die erforderlichen Schritte einzuleiten, um diese Ergebnisse künftig volkswirtschaftlich und gesellschaftlich zu nutzen. Dabei ist notwendig, die internationalen

[20] W. Marschall, Ökonomische Auswirkungen des technologischen Fortschritts im Reproduktionsprozeß – dargestellt am Beispiel der Mikroelektronik, in: Mitteilungen zu wissenschaftsökonomischen Untersuchungen, Nr. 52, Hochschule für Ökonomie, Berlin 1979, S. 81.

Entwicklungstrends stets gewissenhaft zu verfolgen und verantwortungsbewußt unsere realen Möglichkeiten einzuschätzen, um das Profil und die Qualität der Forschungsarbeit rechtzeitig auf die neuen Anforderungen einzustellen."[21]

Das genannte Prinzip der Unterscheidung und Differenzierung von Potentialen – Konzentration der Hauptkräfte auf sorgfältig ausgewählte Hauptrichtungen mit großer Relevanz für die wissenschaftlichen Möglichkeiten und die volkswirtschaftlichen Erfordernisse der DDR einerseits und thematisch breitgefächerte Kapazitäten zum Verfolgen und selektiven Rezipieren der internationalen Entwicklung andererseits – ist angesichts der oben geschilderten Voraussetzungen einleuchtend. Seine Verwirklichung ist jedoch mit schwierigen Problemen verbunden. Hier genügt eine bloße „Trendbeobachtung" nicht, um die internationale Entwicklung mit dem gebührenden Nutzen für die DDR zu verfolgen. Sie ist nur dann ergiebig, wenn sie auf dem Niveau schöpferischer Forschungsarbeit und damit aktiver Teilnahme wenigstens an einzelnen Aspekten der zu beobachtenden Entwicklungen erfolgt. Schon deshalb müssen die beiden hier unterschiedenen Typen von Potentialen eng aufeinander bezogen sein. In diesem Zusammenhang ist auch die Berücksichtigung der in kapitalistischen Ländern gewonnenen Erfahrungen von Interesse. H. Maier-Leibnitz, ehemaliger Präsident der „Deutschen Forschungsgemeinschaft" der BRD, bemerkte zu den Bedingungen für die erfolgreiche Rezeption internationaler Entwicklungen: „Im Konzert der internationalen Forschung muß man genug beitragen, um ein Partner zu sein. Man muß selbst genug bieten können, damit man von den anderen deren Ergebnisse erfährt. Dazu darf man nicht das anbieten, was man nicht oder nur schlecht kann. Sondern man muß beitragen, was man am besten kann, was man als einziger kann; das, wo die anderen einem folgen müssen, nicht das, wo man ihnen nachläuft ... Natürlich ruht jede Spitzenforschung auf dem Unterbau eines breiten Gebäudes; sie braucht eine breite Grundlage an Erfahrungen, Personen und Mitteln."[22] Die Beziehungen zwischen internationaler Forschungskooperation und nationalem Forschungspotential sind vielschichtig und haben ihre eigene Dialektik. Ein eigenes leistungsfähiges Potential ist unabdingbare Voraussetzung für die Kooperation, und diese wiederum ist ein Mittel zur besseren Nutzung und zunehmend intensiven Entwicklung des eigenen Potentials.[23]

[21] Bericht des Zentralkomitees der Sozialistischen Einheitspartei Deutschlands an den X. Parteitag der SED, a. a. O., S. 87/88.

[22] H. Maier-Leibnitz, Wie fördert man Spitzenforschung?, in: Umschau in Wissenschaft und Technik (Frankfurt/Main), 20/1979, S. 623/624. An gleicher Stelle schätzt der Autor den Anteil der BRD an der Forschung in der Welt auf 8 % und nennt das einen „vernünftigen Anteil".

[23] Vgl. A. Krause/W. Meske, Internationale sozialistische Forschungskooperation

Es gibt jedoch noch eine zweite Schwierigkeit, die mit der Verwirklichung des hier diskutierten Differenzierungsprinzips für die Potentialgestaltung verbunden ist, und sie ist möglicherweise noch größer als die erstgenannte. Das Spektrum der Spitzengebiete, die den konzentrierten Einsatz großer und hochleistungsfähiger Potentiale verlangen, bleibt nicht unverändert. Die Effektivität des Wissenschaftssystems der DDR wird nicht allein von seiner Fähigkeit bestimmt, solche Potentialkonzentrationen längerfristig durchzuhalten, sondern auch von seiner Manövrierfähigkeit bei notwendigen Umstellungen der Potentialgliederung. Die breitgefächerte Verfolgung der internationalen Entwicklung würde einen bedeutenden Teil ihrer Wirksamkeit einbüßen, wäre es nicht möglich, auf Gebieten, auf denen sich rasch zunehmende oder gänzlich unerwartete Chancen für die DDR abzeichnen, unverzüglich die eingesetzten Potentiale entscheidend aufzustocken. Die Erfahrung lehrt, daß dies in den frühesten Stadien geschehen muß, in denen sich die neuen Entwicklungen noch in den ersten Anfängen befinden – andernfalls ist es oft nicht zu vermeiden, Nachentwicklungen in Kauf zu nehmen, die sehr viel mehr an Aufwand kosten und sehr viel weniger Aussichten bieten, hier noch in die Weltspitze vorzustoßen. Es ist schon eine komplizierte Aufgabe, solche Potentiale kurzfristig zu formieren, wenn man aus einem großen Reservoir zusätzlich verfügbarer Kader schöpfen kann. Mit dem unvermeidlichen Rückgang der Zuwachsraten für das FE-Kaderpotential wird es immer weniger möglich sein, solche neuen Einheiten im wesentlichen aus dem noch nicht in bestehende Potentialstrukturen integrierten laufenden Kaderzuwachs aufzubauen. Sie werden vielmehr in erster Linie durch Umgruppierungen aus dem vorhandenen Potential entstehen müssen, schon um die rasche Leistungsfähigkeit zu erreichen. Gegenüber der Notwendigkeit solcher Umgruppierungen ist die Struktur des FE-Potentials – und dies gilt generell, nicht etwa nur für die DDR – unseres Erachtens sehr stark resistent, so daß die Überwindung der strukturellen Barrieren aufwendige und vor allem langwierige Prozesse erforderlich macht. Die Flexibilität, die Umstellungsfähigkeit des gesamten Wissenschaftspotentials des Landes (und damit auch seiner Einheiten) wird so zu einem zunehmend wichtigeren Merkmal seiner Leistungsfähigkeit. Es muß in die Lage versetzt werden, bei relevanten Verschiebungen der Gewichte im internationalen Wissenschaftsfortschritt die Prozesse des Hinüberwachsens von Rezeptionspotentialen in Spitzenpotentiale, aber auch umgekehrte Prozesse relativ leicht zu bewältigen.

In den 70er Jahren wurde der anteilige Bestand an FE-Kadern in der DDR auf ein international vergleichbares Niveau angehoben. Bei der Meisterung dieser Aufgabe waren komplizierte Widersprüche zu lösen, und die

und die Potentialentwicklung in der Grundlagenforschung, in: Die Technik, 12/1979, S. 651–654.

Forderung nach internationalen Spitzenleistungen war real nicht in größerem Umfang erfüllbar. Um in kurzer Zeit eine große Zahl an Hochschulabsolventen bereitstellen zu können, mußte an den Hochschulen die Forschungsarbeit der Lehrkräfte zugunsten der Lehrtätigkeit eingeschränkt werden. Die neugebildeten Forschungspotentiale bestanden vielfach aus noch unerfahrenen Mitarbeitern, und ihre Kader waren noch nicht aufeinander eingespielt. Entwicklungsfähige Wissenschaftler waren nicht selten genötigt, vom Standpunkt ihrer eigenen Entwicklung verfrüht zeitraubende Leitungsfunktionen in neugebildeten bzw. erweiterten Einrichtungen zu übernehmen. Das alles war unausweichlich, um in kurzer Zeit ein entwicklungsfähiges FE-Potential von ausreichendem Umfang zu schaffen. Diese Aufgabe ist heute im Bereich der Akademie- und Hochschulforschung im wesentlichen gelöst, und folgerichtig treten nun Probleme der Profilierung, Qualifizierung und differenzierten Entwicklung der Potentiale in den Vordergrund. In der Industrieforschung – insbesondere der sogenannten zweigspezifischen Grundlagenforschung – wird der quantitative Ausbau der Potentiale jedoch auch in den nächsten Jahren zügig fortgeführt werden müssen. Darüber hinaus sieht die vom X. Parteitag der SED beschlossene Direktive zum Fünfjahrplan 1981–85 für diesen Zeitraum einen Gesamtzuwachs an Forschungs- und Entwicklungspotential vor. Es heißt hier: „Das Forschungs- und Entwicklungspotential der Kombinate, der Akademie der Wissenschaften der DDR, der Universitäten und Hochschulen sowie der wissenschaftlich-technischen Einrichtungen anderer Bereiche ist insbesondere zur Sicherung des strategischen Vorlaufs und eines hohen Niveaus der Technologie auszubauen.“ [24]

Die richtige Strukturierung der Zuführungen zum FE-Potential ist ein nicht unwesentliches Mittel, dessen Leistungsfähigkeit im ganzen zu erhöhen. Seit Mitte der 60er Jahre hat sich in diesem Sinne eine beträchtliche Proportionsverschiebung im Zuwachskontingent vollzogen. Betrug der Anteil der Hoch- und Fachschulkader an der Gesamtzahl der FE-Beschäftigten 1965 ca. 45 %, so läßt sich aus seiner Erhöhung in den nachfolgenden Jahren berechnen, daß dieser Anteil beim Zuwachs, d. h. bei den Zuführungen zum FE-Kaderbestand, bedeutend größer war und im Gesamtzeitraum 1965 bis 1979 ca. 76 % ausmachte (vgl. Tab. 8). Der Anteil am Gesamtbestand erreichte dadurch 1979 ca. 64 %, wobei bemerkenswert ist, daß sich diese Verschiebung in den 70er Jahren weiter verstärkt hat, und zwar insbesondere in Richtung einer Erhöhung des Anteils der Hochschulkader.

Nach einer in wesentlichen Teilbereichen von Forschung und Entwicklung durchgeführten Analyse des Instituts für Hochschulbildung ist damit eine Situation erreicht, in der „ein Nachholebedarf an Hochschulkadern

[24] Direktive des X. Parteitages der SED zum Fünfjahrplan für die Entwicklung der Volkswirtschaft der DDR in den Jahren 1981 bis 1985, a. a. O., S. 23.

wie an qualifizierten Kadern überhaupt ... kaum mehr existiert."[25] Unseres Erachtens ist es allerdings nicht sicher, ob diese Aussage auch für das Spektrum der Disziplinen, in denen die FE-Kader ausgebildet sind, mit dieser Entschiedenheit getroffen werden kann. Nichtsdestoweniger ist die strukturelle Wandlung unseres FE-Potentials zugunsten der Hoch- und Fachschulkader signifikant. Gleichzeitig ist die Anzahl der Promovierten mit der Anzahl der Hochschulkader gewachsen; ihr Anteil betrug auf dem Gebiet der Mathematik/Naturwissenschaften zum Beispiel 1975 28 % aller Hochschulkader. Der Anteil der Promovierten an den Hochschulkadern der DDR ist auch im internationalen Maßstab beachtlich und fällt, zumal der größere Teil der promovierten Wissenschaftler im FE-Bereich tätig ist, bei der Bestimmung der gegenwärtigen und künftigen Leistungsfähigkeit unseres Wissenschaftspotentials ins Gewicht.[26]

Allerdings sind Bildungsabschlüsse und wissenschaftliche Grade zwar ein Indikator und ein notwendiges, aber keineswegs ein hinreichendes Kriterium für die weiteren schöpferischen Fähigkeiten ihrer Inhaber in der Forschung. Die Verteidigung einer Promotion A attestiert ihrem Autor die Befähigung zu erfolgreicher Forschungsarbeit, besagt aber noch nicht, daß er zum Beispiel auch dem strengen Zeitregime und anderen Anforderungen der Arbeit in FE-Einrichtungen gewachsen sein wird. Auf keinen Fall ergibt sich die erforderliche Zunahme des Leistungsvermögens als automatische Folge aus der Erhöhung des Anteils diplomierter und promovierter Kader im FE-Potential. Daher ist es notwendig, nach genaueren Charakteristiken für das Leistungsvermögen der wissenschaftlichen Kader und nach den Faktoren zu fragen, die seine Differenzierung und seine Entwicklung beeinflussen.

2.3. Zum Leistungsvermögen des wissenschaftlichen Kaderpotentials, seinen Differenzierungen und dem Abbau ungerechtfertigter Unterschiede

Im Ergebnis des Wissenschaftsfortschritts wandelt sich nicht allein der Inhalt der verschiedenen Qualifikationsprofile für Fachkader. Auch ihre

[25] U. Bossin, Probleme der Planung und des effektiven Einsatzes qualifizierter Kader in Teilbereichen der Forschung und Entwicklung, in: Forschungsbericht Nr. 45, Institut für Hochschulbildung, Berlin 1976, S. 9.

[26] Vgl. U. Bossin/W. Hoffmann, Bestandsentwicklung und -struktur promovierter Kader in der Volkswirtschaft der DDR 1967 bis 1975 – Fortrechnung und Analyse 1975 –, in: Forschungsbericht Nr. 46, Institut für Hochschulbildung, Berlin 1976, Anlage; vgl. U. Bossin/W. Hoffmann/W. Wolter, Analyse zur Beschäftigung und Ausbildung von promovierten Kadern in der Volkswirtschaft, in: Forschungsbericht Nr. 19, Institut für Hochschulbildung, Berlin 1979, S. 1/2.

Anzahl nimmt sukzessiv zu, so daß die Aufteilung von Kadern auf die unterschiedlichen FE-Potentiale entsprechend den Anforderungen differenzierter vorgenommen werden kann. Dennoch kann es sich stets nur um eine Grobverteilung handeln. Die von den Forschungs- und Entwicklungsaufgaben der Gesellschaft an die Kader ausgehenden Leistungsanforderungen sind so vielfältig gegliedert und so wandelbar, daß auch noch so detaillierte Zertifikate die erforderliche Vielfalt der Qualifikationen nicht zum Ausdruck bringen können. Hochleistungspotentiale sind nur dann möglich, wenn in ihnen selbst ein beträchtlicher Umfang laufender Qualifikationsprozesse gewährleistet wird, in denen die Kader das einer unwiederholbaren Aufgabenstellung entsprechende unikale Profil erwerben. Dazu gehört, daß alle Möglichkeiten einer standardisierten Weiterbildung genutzt werden, die den Erwerb neuer Methoden und Verfahren fördern und so die Qualifikation der Kader für wissenschaftlich-technische Arbeiten erhöhen. Nicht weniger notwendig sind aber ausreichende Freiräume – und die Motivation, sie zu nutzen – für jene zutiefst individuelle Qualifizierung, die mit dem Forschungsgebiet direkt verbunden ist und die auch kaum noch von der eigentlichen Forschungstätigkeit unterschieden werden kann.

Auf diesem Wege bilden wissenschaftliche Kader durch langjährige Tätigkeit im FE-Bereich eine stark individualisierte Qualität heraus, die Systemcharakter trägt und in der die Ausgangsqualifikation nur als eine unter vielen Komponenten figuriert. Diese ganzheitliche Persönlichkeitsqualität, die wir „*Forschungserfahrung*" nennen werden, schließt unter anderem die folgenden wichtigen Komponenten ein:

– die Fähigkeit, internationale Spitzenentwicklungen zu rezipieren und in der eigenen Forschungsrichtung aktiv zu beherrschen;

– die Fähigkeit, interdisziplinäre Zusammenhänge zu erkennen und interdisziplinär zu arbeiten;

– die Beherrschung von Methodologie, Methodik und Technologie der Forschung;

– das Vermögen, praktische Anwendungsmöglichkeiten der eigenen Forschungsergebnisse zu erkennen und zu ihrer Verwirklichung beizutragen;

– die Fähigkeit, Forschungsergebnisse konsistent darzustellen und fach- und populärwissenschaftlich zu publizieren;

– die Fähigkeit zur wissenschaftlichen Kommunikation, zur Mitarbeit in wissenschaftlichen und gesellschaftlichen Gremien;

– die Beherrschung von Fremdsprachen.

Die Aneignung von Forschungserfahrung kann zielstrebig gefördert werden. Dabei ist zu beachten, daß die Forschungserfahrung nicht auf Kenntnisse und Fertigkeiten beschränkt werden kann; diese Seite der Forschungserfahrung ist erst dann wirksam, wenn die ihr entsprechenden Motivationen und Einstellungen entwickelt werden, die in den Verhaltensweisen der Kader zutage treten. Erziehung und soziale Beziehungen im Kollektiv können auf den motivationalen Aspekt der Forschungserfahrung stark prägend einwirken. Insgesamt bietet die Möglichkeit, Forschungserfahrung zu entwickeln, weitreichende Reserven für die Intensivierung des Forschungsprozesses. Die Erschließung dieser Reserven ist ein nachhaltig wirkendes Mittel, im Zuge einer allgemeinen Niveauerhöhung ungerechtfertigte Leistungsunterschiede im Kaderpotential abzubauen und den wissenschaftlichen Nachwuchs schnell an die Front der Forschung zu führen.

Wir wollen im folgenden einige Ergebnisse empirischer Untersuchungen diskutieren, die Zusammenhänge zwischen der Leistungsdifferenzierung, dem Stand der Kenntnisse und Fertigkeiten und den Einstellungen und Verhaltensweisen der Kader aufhellen sollen. Diese Diskussion ist auf die Suche nach Anhaltspunkten für die Lösung der Aufgabe gerichtet, das Leistungsvermögen des Kaderpotentials zu steigern. Unser methodisches Vorgehen bei diesen Untersuchungen basiert auf Einschätzungen (Attestationen) jedes Mitarbeiters durch sein Kollektiv hinsichtlich seiner Leistungsfähigkeit in bezug auf 6 forschungsrelevante Aufgabenstellungen nach einer 5-stufigen Skala (sehr gut bis genügend). Mittels eines statistischen Verfahrens[27] wurden diese Einschätzungen ausgewertet und die Mitarbeiter entsprechend dem Gesamtergebnis jeweils zu einer von 5 gleich großen Gruppen von Kadern mit unterschiedlicher Leistungsbefähigung gruppiert. Die Gruppe I ist die mit den höchsten, die Gruppe V die mit den niedrigsten Attestationswerten. Die empirische Basis der im folgenden so genannten „Gruppen nach differenzierter Leistungsbefähigung" sind also die Erfahrungen der Forschungskollektive mit den Kadern und nicht eine Bewertung der im Moment von ihnen ausgeführten Arbeit. Letzteres hätte zur Folge, daß die ganze arbeitsfunktionelle Unterschiedlichkeit der Tätigkeiten in die Bewertung einginge und, was noch wichtiger scheint, mit ihr die Chancenungleichheit, bestimmte anspruchsvolle Tätigkeiten überhaupt ausführen zu „dürfen", die zum Beispiel durch unterschiedliches Alter, unterschiedliche Tätigkeitsdauer oder durch den Seltenheitswert bestimmter Tätigkeiten vorhanden ist.

Drei wichtige Zusammenhänge konnten in der untersuchten Population ausgewiesen werden: 1. zwischen der *Leistungsbewertung* in den vorgegebenen Befähigungsstufen und der *Erlangung wissenschaftlicher Grade*; 2. zwischen der *Leistungsbefähigung* und der *Forschungserfahrung* der Kader; 3. zwischen der *Leistungsbefähigung* und der *Identifikation* der Kader mit ihrem Forschungsproblem.[28]

Diese Befunde wollen wir nun nacheinander im einzelnen erörtern.

[27] Vgl. H. Meyer, Spezielle Qualifikationsdifferenzierungen als Gegenstand soziologischer Analysen der Struktur des wissenschaftlichen Kaderpotentials, in: Sbornik Prace Filosofické Fakulty Brnénské University, Brno 1975, G. 19, S. 65–81.

2.3.1. Zusammenhang zwischen Leistungsbewertung und Erlangung wissenschaftlicher Grade

Tabelle 10

Verteilung wissenschaftlicher Graduierungen nach Gruppen differenzierter Leistungsbefähigung

Leistungsgruppen	Niveau der wissenschaftlichen Graduierung (durchschnittlicher individueller Punktwert*)
I	6,1
II	4,7
III	3,5
IV	2,9
V	2,2

* Vergeben werden für jede Person ohne Graduierung 1 Punkt, mit begonnener Dissertation A 2 Punkte, mit abgeschlossener Dissertation A 3 Punkte, mit begonnener Dissertation B 7 Punkte und mit abgeschlossener Dissertation B 10 Punkte.

Die Steigerung des durchschnittlichen Punktwertes von Gruppe zu Gruppe verläuft erstaunlich regelmäßig mit einem Faktor von etwa 1,3.

Die Gruppierung nach der bewerteten Leistungsfähigkeit beruht, wie wir in der kurzen Erläuterung zur Methodik bereits erwähnt haben, auf dem subjektiven Urteil des Kollektivs. Dieses Urteil muß nicht in jedem einzelnen Fall dem tatsächlichen Leistungsvermögen des Mitarbeiters entsprechen. Für statistische Ermittlungen gibt es jedoch zur Beurteilung der Leistungs*fähigkeit* von Kadern bislang kein aussagekräftigeres Verfahren als die Bewertung durch das eigene Arbeitskollektiv – insbesondere dann, wenn die Bewertungsresultate durch eine methodisch vereinheitlichte Prozedur vergleichbar gemacht werden. Wir können daher von der Annahme ausgehen, daß die bewertete Leistungsfähigkeit als ein statistisch gültiger Indikator der tatsächlichen Leistungsfähigkeit zu betrachten ist.

Im ganzen ergibt sich, wie erwartet, daß Graduierungen und bewertete Leistungsfähigkeit korrelieren. Wichtig ist jedoch eine beträchtliche Streuung: Ein gewisser Prozentsatz von Mitarbeitern ohne jede Promotionsaktivität wurde in die Leistungsgruppen I und II eingestuft (5,6 %), während sich in den niedrigeren Leistungsgruppen einige Mitarbeiter auch mit höheren wissenschaftlichen Graden befinden. Ersteres ist vor allem darauf zurückzuführen, daß die betreffenden Kader innerhalb der gegebenen

[28] Vgl. H. Meyer, Zur Analyse des Verhältnisses von Qualifikationsniveau und wissenschaftlichen Graduierungen, in: Struktur und Dynamik des Kaderpotentials in der Wissenschaft, a. a. O., Teil II, S. 40–56.

Forschungsaufgaben bzw. im Maßstab ihres Kollektivs tatsächlich eine hohe Leistungsbefähigung aufweisen.[29] Aus letzterem folgt zunächst einmal, daß die Graduierung noch kein eindeutiges Charakteristikum für Leistungsbefähigung in der Forschung ist; es müssen noch weitere Faktoren hinzutreten. Nicht weniger wichtig ist auch die Beobachtung, daß die Abweichungen von der Korrelation zwischen Graduierung und bewerteter Leistungsbefähigung bei den höchsten wissenschaftlichen Graden am geringsten sind. Demzufolge ist die zielstrebige Arbeit an Dissertationen A und B zwar nicht der einzige und auch nicht ein absolut zuverlässiger, wohl aber der insgesamt sicherste Weg zu höchster Leistungsbefähigung im FE-Bereich. Dieser Weg kann zudem von den Leitern der Kollektive und Einrichtungen leichter unter Kontrolle gehalten und beeinflußt werden als verschiedene andere Wege der Aneignung von Forschungserfahrungen.

Es ist daher ein positives Resultat der jüngsten Entwicklung, daß in den 70er Jahren die Anzahl der Promotionen beträchtlich und – soweit man das zusammenfassend beurteilen kann – auch ihr Niveau gestiegen sind. Damit haben sich die zeitweiligen Disproportionen zwischen promovierten und nichtpromovierten Kadern, die insbesondere im Bereich der Grundlagenforschung im Zusammenhang mit der starken Zuführung von Hochschulabsolventen um 1970 aufgetreten waren, wieder ausgeglichen.

Die Niveauunterschiede in den Anforderungen, die die verschiedenen Disziplinen und Einrichtungen an die Promovenden stellen, sind wesentlich geringer geworden. Die Altersstruktur der Promovenden ist günstiger und einheitlicher. Die Einordnung der Promotion in den Arbeitsprozeß großer Institutionen und in das gesamte postgraduale Bildungsgeschehen wurde weiter vervollkommnet. Insgesamt wird der Promotion im Ausbildungsgang der Kader eine größere Bedeutung als früher beigemessen. Ihre Darstellung als eine „Privatsache“ ist weitgehend überwunden.

Es ist freilich nicht zu übersehen, daß die Ausdehnung des „Promotionsgeschehens“ bei weitem nicht immer den Qualifikationserfordernissen der realen wissenschaftlichen Arbeitsprozesse entspricht. Man könnte etwa fragen, ob es für die Verbesserung der realen Qualifikationsstruktur des Kaderpotentials nicht weniger aufwendige Verfahren gibt und ob nicht massenhafte Promotionsvorgänge die stimulierende Wirkung der wissenschaftlichen Graduierung beeinträchtigen. Diese Fragen sind nicht einfach von der Hand zu weisen. Dennoch zeigen unsere Untersuchungen, daß sich von über hundert überprüften unterschiedlichsten Aspekten wissen-

[29] Hierbei ist zu berücksichtigen, daß auch Kollektive der angewandten Forschung, Entwicklung und Konstruktion befragt wurden, in denen es keine promovierten Kader gibt. Diese Struktur der Untersuchungspopulation der EAF (vgl. S. 202) spiegelt sich in dieser und anderen Tabellen wider.

schaftlicher Tätigkeit fast alle in Richtung der höheren Qualifizierungsstufen günstiger gestalten. Die Promotionen korrelieren positiv mit einer wissenschaftlich anspruchsvollen Orientierung (insbesondere auf der Basis einer in den „klassischen" Disziplinen erworbenen Hochschulausbildung), mit ausgeprägten Aktivitäten bei der Ausübung leitender Tätigkeiten, mit tieferen gesellschaftswissenschaftlichen Kenntnissen und Orientierungen, mit besserer Sprachqualifikation usw. Unseres Erachtens sprechen diese Ergebnisse dafür, daß die Arbeit an Promotionen nicht nur ein traditionsreicher, sondern zugleich auch ein perspektivisch vielversprechender Weg für die Entwicklung des Leitungsvermögens in der Wissenschaft ist. Es kommt darauf an, ihr Niveau weiter zu erhöhen und damit ihre selektive Wirksamkeit zu steigern; zugleich sollten sie noch wirksamer mit dem umfassenden Erwerb von Forschungsbefähigung durch die wissenschaftlichen Nachwuchskräfte verbunden und in ein ganzes System von Maßnahmen zur Entwicklung der Leistungsfähigkeit der FE-Kader eingebettet werden.

2.3.2. Zusammenhang zwischen Leistungsbefähigung und Forschungserfahrung

Als ein einfacher Vergleichsmaßstab für die Forschungserfahrung der untersuchten Kader wurde ihr „Funktionsalter" gewählt, d. h. die Dauer der jetzigen Tätigkeit. Die Gruppierung nach der bewerteten Leistungsfähigkeit erwies sich hier zugleich als eine Gruppierung nach dem durchschnittlichen Funktionsalter. Auch weitere aussagekräftige Korrelationen ergaben sich;[30] die wichtigsten sind in Tabelle 11 zusammengestellt:

Tabelle 11:

Verteilung einiger charakteristischer Merkmale der Forschungserfahrung von Kadern nach Gruppen differenzierter Leistungsbefähigung

Merkmal	Gruppen nach Leistungsbefähigung				
1. Höhere Kontinuität bei der Ausübung der Tätigkeit im Forschungsprozeß (Durchschnittliche Dauer der jetzigen Tätigkeit – „Funktionsalter" der Kader)					
Gruppe	I	II	III	IV	V
Jahre: $\bar{x}$	6,3	4,4	3,6	3,5	2,6
2. Häufigkeit interdisziplinärer Vorkenntnisse durch Besuch entspr. Lehrveranstaltungen während des Studiums (in Prozent: jede Gruppe = 100)					
	I	II	III	IV	V
	61	51	42	38	26

30 Vgl. H. Meyer, Zu einem Lösungsansatz in der empirischen Prozedur der

(Fortsetzung Tabelle 11)

Merkmal	Gruppen nach Leistungsbefähigung				
3. Index der ausdrücklich erklärten Bereitschaft zur Übernahme anspruchsvoller wissenschaftlicher Aufgabenbereiche (Punktwert: Gruppe III – 100)					
	I	II	III	IV	V
	117	104	100	97	71
4. Index der Bedeutung früherer eigener wissenschaftlicher Arbeiten für die derzeitige Forschungstätigkeit – nach Einschätzung durch die Kader selbst (Punktwert: Gruppe III = 100)					
	I	II	III	IV	V
	118	108	100	86	61

Quelle: EAF

Die Kadergruppe mit der kollektiv attestierten relativ höchsten Leistungsbefähigung (Gruppe I) umfaßt Wissenschaftler mit einem Durchschnittsalter von etwa 35 Jahren, während in den Gruppen II und III jüngere, aufsteigende Wissenschaftler dominieren und in den Gruppen IV und V einerseits sehr junge Kader, über deren Entwicklung noch nichts Eindeutiges gesagt werden kann, zum anderen ältere Kader, deren Produktivität aus verschiedenartigsten Gründen nicht hoch ist bzw. abnimmt, konzentriert sind.

Von besonderem Interesse ist hier die leistungsstarke Gruppe I. Die Altersgruppe der etwa 35jährigen umfaßt (statistisch) offenbar das günstigste Verhältnis zwischen relativer Neuwertigkeit der Gesamtqualifikation und der durch längere Forschungstätigkeit erworbenen Erfahrung. Bei den jüngeren Kadern ist die Forschungs- und Lebenserfahrung naturgemäß geringer ausgeprägt; ältere Kader müssen einen zunehmenden Kampf gegen den moralischen Verschleiß ihrer im Studium erworbenen Primärqualifikation führen. Hinzu kommt bei dieser Gruppe die – durch das Lebensalter bedingte – abnehmende vitale Leistungsfähigkeit. In den wichtigsten Leistungsdimensionen weisen die Angehörigen der Gruppe I besonders günstige Werte auf. Einige der hier stark ausgeprägten Charakteristika wollen wir in aller Kürze nur aufzählen:

– Vorhandensein eines eigenständigen, seit längerem gepflegten wissenschaftlichen Interessengebietes;

– weiter Horizont bei der Bearbeitung dieser Thematik, der sich in der Neigung zu konzeptioneller Tätigkeit und auch in der Fähigkeit zu interdisziplinärer Arbeit äußert;

strukturellen Analyse der Leistungsdifferenzierung und zu einigen charakteristischen Untersuchungsergebnissen, in: Struktur und Dynamik des Kaderpotentials in der Wissenschaft, a. a. O., Teil II, S. 80–96.

– hoher Grad an Identität (höher als bei den anderen Leistungsgruppen) des eigenen Interessengebietes mit dem derzeit bearbeiteten Forschungsthema;
– etwa 6 bis 8 Jahre Erfahrung in der derzeitigen Forschungstätigkeit;
– Erfahrungen in der Leitung von Kollektiven und von den Kollektiven anerkannte Fähigkeiten zu leitender Tätigkeit auch in Wissenschaftseinrichtungen;
– relativ umfangreiche Auslandserfahrungen einschließlich der dafür erforderlichen Qualifikationen wie Beherrschung von Fremdsprachen;
– hohe Einsatz- und Verantwortungsbereitschaft in allen wichtigen Tätigkeitsbereichen und in gesellschaftlichen Funktionen.

Das Problem der Laufbahnen und Lebenswege, mit denen eine besonders hohe Wahrscheinlichkeit des Aufrückens in die Leistungsgruppe I verbunden ist, bedarf der gesonderten Untersuchung. Ein relativ geradliniger Ausbildungs- und Entwicklungsweg (Abitur, Studium, Promotion, Tätigkeit in leitender bzw. verantwortlicher Stellung in der Praxis, verhältnismäßig frühzeitiger Eintritt in das Forschungsinstitut) scheint günstig zu sein. Allerdings bedeutet das nicht geglättete und unkomplizierte Laufbahnen; in der Regel werden sich die oben aufgezählten Qualitäten nicht herausbilden oder festigen, wenn der Entwicklungsgang nicht die Bewältigung von Schwierigkeiten, das Meistern von Problemen einschließt, die den Einsatz der ganzen Persönlichkeit fordern. Es ist daher nicht ausgeschlossen, daß Wissenschaftler mit hoher Aktivität, Selbstdisziplin und Willensstärke auch auf ganz ungewöhnlichen Wegen in die Gruppe der Kader mit höchster Leistungsbefähigung vorstoßen, und es wäre durchaus verfehlt, diese Wege nur deshalb, weil sie unkonventionell und nicht massenhaft gangbar sind, auch als ungünstig anzusehen.

An dieser Stelle wollen wir auf das Merkmal der Auslandserfahrung, der Kooperations- und Kommunikationsfähigkeit im internationalen Maßstab noch etwas näher eingehen, insbesondere auf den Stand und die Nutzung der sozialistischen Integration für die Intensivierung der Wissenschaft.[31] Die geforderte Verknüpfung von Weltspitzenleistungen auf gut ausgewählten Gebieten und breitgefächerter Rezeption der internationalen Wissenschaftsentwicklung durch das FE-Potential der DDR stellt entsprechende Anforderungen an das Profil der Kader und ihre Arbeitsweise. Die Pflege unmittelbarer internationaler Kontakte als unersetzliches Mittel für die schnelle Rezeption wichtiger Ergebnisse und Entwicklungslinien gewinnt an Bedeutung. Die Fähigkeit, in der internationalen Arena erfolgreich auftreten zu können, ist an ausgewiesene eigene hohe Leistungen des betreffen-

[31] Vgl. A. Krause, Zu einigen ausgewählten Problemen der strukturellen Entwicklung des wissenschaftlichen Kaderpotentials aus der Sicht der sozialistischen Internationalisierung, in: Struktur und Dynamik des Kaderpotentials der Wissenschaft, a. a. O., Teil I, 164–178.

den Wissenschaftlers gebunden; der Anteil an Wissenschaftlern, die diese Fähigkeit erworben haben, ist daher ein wesentliches Qualitätsmerkmal des Kaderpotentials. Mit diesen Anforderungen ist die Mehrzahl unserer FE-Kader im wissenschaftlichen Alltag konfrontiert, denn bereits heute ist die Mehrzahl der Forschungsthemen der Grundlagenforschung in der DDR mit Partnern im RGW abgestimmt. Die Direktive des X. Parteitages der SED zum Fünfjahrplan 1981–85 nennt als einen der Schwerpunkte der sozialistischen ökonomischen Integration „die weitere Vertiefung der Zusammenarbeit in Wissenschaft und Technik mit dem Ziel der Beschleunigung des wissenschaftlich-technischen Fortschritts und seiner Wirksamkeit für einen hohen Leistungsanstieg in der Volkswirtschaft durch die rasche Überführung der gemeinsamen Forschungsergebnisse in die Produktion.“[32] In der Mehrzahl der Forschungskollektive nahmen zum Zeitpunkt der Analyse (1979) jedoch meist weniger als die Hälfte der Kollektivmitglieder an der Lösung der Kooperationsaufgaben teil. Dabei zeigt sich zum Teil eine hohe Belastung der führenden Wissenschaftler durch die mit der internationalen Kooperation verbundenen Aufgaben. Die Tabelle 12 veranschaulicht diesen Sachverhalt:

Tabelle 12

Verteilung einiger charakteristischer Merkmale der Auslandserfahrung von Kadern nach Gruppen differenzierter Leistungsbefähigung

	Gruppen I	II	III	IV	V
Anteil der in die Forschungskooperation einbezogenen Wissenschaftler je Leistungsgruppe (Index: I = 100)	100	78	65	66	55
Durchschnittl. Anzahl der je Wissenschaftler im Planjahr international-kooperativ bearbeiteten Forschungsaufgaben (Index: I = 100)	100	73	55	45	36
Durchschnittl. Anzahl der Arbeitsaufenthalte im Ausland je Wissenschaftler im Verlauf der letzten 5 Jahre (Index: I = 100)	100	52	30	26	17

Niveau und Ausmaß der internationalen Kooperation, wie sie heute erforderlich sind, verlangen zum einen eine beschleunigte Zunahme der Anzahl

32 Direktive des X. Parteitages der SED zum Fünfjahrplan für die Entwicklung der Volkswirtschaft der DDR in den Jahren 1981 bis 1985, a. a. O., S. 77.

jener Wissenschaftler und Kollektive, die die entsprechenden Fähigkeiten besitzen, zum anderen jedoch auch die umfassendere Nutzung entsprechend geschaffener Voraussetzungen. Unsere Untersuchungen ergaben, daß ein nennenswerter Anteil der befragten Wissenschaftler mit Auslandserfahrung noch nicht in die internationale Forschungskooperation einbezogen war, woraus sich ableiten läßt, daß zur Intensivierung der internationalen Forschungskooperation bedeutende Leistungsreserven sichtbar wurden und mit Sicherheit auch heute noch existieren.

Die internationale Zusammenarbeit ist nicht nur unter dem Aspekt der Erfüllung einer spezifischen Forschungsaufgabe zu beurteilen, sondern stets auch hinsichtlich ihres Beitrages zur gesamten Wissenschaftsentwicklung im nationalen Maßstab. Sie strahlt über den Kaderaustausch, die Lehre und ähnliche Prozesse, die bewußt zu nutzen und aktiv zu fördern sind, auch auf die Entwicklung der nicht unmittelbar in die internationale Kooperation einbezogenen Gebiete bzw. Kader aus. Dieser Einfluß erstreckt sich aber auch auf die Entwicklung der materiell-technischen Basis und andere Bedingungen der Forschung. So läßt sich aus unseren Untersuchungen ein deutlicher Zusammenhang zwischen der Kooperationsbeteiligung und einer deutlich positiveren Beurteilung des internationalen Niveaus nicht nur der Forschungsresultate, sondern auch der Forschungsbedingungen nachweisen.

Sicherlich ist bei der Interpretation des Zusammenhanges von „Internationalität" und Leistungsvermögen der Wissenschaftler zu berücksichtigen, daß es nicht nur einen Einfluß von internationaler Erfahrung auf das Leistungsvermögen gibt, sondern umgekehrt ein gegebenes Leistungsvermögen auch potenzierend bzw. bei noch nicht erfolgter fachlicher Profilierung, auch hemmend auf die internationale Kooperationsteilnahme wirkt.

Entscheidend im Rahmen dieser dialektischen Wechselbeziehung ist dabei jedoch im Kontext unserer Fragestellung der Sachverhalt, daß entsprechende internationale Kommunikation und Kooperation als leistungsbestimmender Faktor auf einem bestimmten Niveau gegeben sein muß, damit auf der Grundlage eines vorauszusetzenden fachlich hohen Leistungsvermögens die Heranbildung zu einem auch international profilierten Wissenschaftler vollzogen werden kann.

2.3.3. Zusammenhang zwischen Leistungsbefähigung und Identifikation der Kader mit dem Forschungsproblem

Die objektiven Bedingungen der beruflichen Entwicklung und der konkreten Arbeitstätigkeit der FE-Kader wirken vermittelt über ihre Einstellungen auf ihr Verhalten. So wird subjektive Einstellung zu einem prägenden Moment ihrer Leistungsfähigkeit. Die Einstellungen (Haltungen) sind individueller Reflex objektiver Gegebenheiten und so ein Moment der Forschungserfahrung, doch zugleich steuern sie, je mehr sie sich verfestigen, zunehmend selektiv die Art und Weise, wie weitere Forschungserfahrung angeeignet wird. Überhaupt werden Einstellungen über ihre verhaltenssteuernde Wirkung zu aktiven Momenten des Forschungsprozesses.

Einen zentralen Platz im Ensemble der Einstellungen der Wissenschaftler nimmt die Identifikation mit dem von ihnen zu bearbeitenden Forschungsproblem ein. Hohe Identifikation begünstigt die Annahme anspruchsvoller Ziele, den Erwerb der für die Verwirklichung dieser Ziele nötigen Kenntnisse und Fähigkeiten und den Einsatz der ganzen persönlichen Leistungsfähigkeit. Die erzielten Forschungsresultate, ihre gesellschaftliche Bewertung und ihr erwiesener Nutzen stimulieren rückwirkend die individuelle Bereitschaft zur Identifikation, die damit nicht nur als Bedingung, sondern auch als Resultat erfolgreicher wissenschaftlicher Tätigkeit zu betrachten ist. Obwohl sie für sich genommen noch keine hinreichende Bedingung für objektiv hohe Leistungen ist, erfüllt sie doch eine wesentliche Funktion bei der Reduzierung der Unterschiede zwischen individuell möglicher und realer Leistung beim Aufstieg von Wissenschaftlern in eine höhere Leistungsgruppe und bei der Steigerung der kollektiven Leistungsbereitschaft.

Auf den Zusammenhang von Identifikation und Leistungsbefähigung wirken verschiedene Faktoren ein, insbesondere die Entwicklung der Qualifikation und der Forschungserfahrungen der Kader. Über die Wertigkeit der unterschiedlichen Einflüsse lassen sich kaum allgemeingültige Aussagen treffen, denn die verschiedenen statistischen Gruppen von Kadern differieren in der Struktur der Identifikation (Gruppierungen nach Berufen, Forschungstypen usw.).

Es ist jedoch unbestreitbar, daß das individuelle Leistungsvermögen mit dem Identifikationsgrad korreliert ist. Identifikationsstarke Kader schätzen nicht nur ihre Eignung, bestimmte forschungsspezifische Aufgaben zu bewältigen, höher ein, sondern weisen auch eine größere Bereitschaft auf, gegebenenfalls derartige Aufgaben zu übernehmen. Die Förderung der persönlichen Identifikation mit der Forschungsaufgabe dürfte damit für die Herausbildung stabiler, auf hohe wissenschaftliche Produktivität gerichteter Grundhaltungen eine wichtige Rolle spielen. Bei den identifikationsschwächeren Kadern konnten wir eine ausgeprägte Tendenz zur Unterforderung feststellen; diese Beobachtung verweist auf ungenutzte Leistungsreserven.

Identifikationsstarke Kader werden durch die reale Aussicht auf Erfolg bzw. Nutzen der eigenen Forschungsresultate in der Praxis beträchtlich stimuliert. Sie bescheinigen ihrer eigenen Forschungsarbeit relativ hohe Originalität und sind eher in den Gruppen mit hoher als in denen mit geringerer Leistungsbefähigung zu finden. Diese Befunde sind in Tabelle 13 zusammengefaßt.[33] (Dabei ist zu beachten, daß die Gruppen hier nach dem Identifikationsgrad und nicht wie in den bisher angegebenen Tabellen nach der bewerteten Leistungsbefähigung gebildet sind.)

Tabelle 13

Verteilung einiger charakteristischer Merkmale der Leistungsbefähigung nach Gruppen mit unterschiedlichem Identifikationsgrad (Angaben in Prozent; jede Gruppe = 100)

Merkmale	Gruppen nach Identifikationsgrad I	II	III	IV	V
– Verhältnis von Qualifikation und wissenschaftlich-inhaltlichen Anforderungen					
Qualifikation entspricht Anforderung	75	78	78	67	49
Unterforderung	11	13	13	20	36
– Voraussichtlicher Nutzen aus der Anwendung der Ergebnisse					
Bedeutsam	63	61	58	57	52
– Originalität der eigenen Forschungsarbeit					
ziemlich viel	33	32	28	22	21
– Persönliches Einstehen für die Zielsetzung der eigenen Forschungen					
ja, voll	74	68	54	60	44
–Zugehörigkeit zu Gruppen unterschiedlicher Leistungsbefähigung					
zu den leistungsstärkeren	26	25	18	19	13
zu den leistungsschwächeren	17	17	19	19	24

Wir nehmen an, daß der Zusammenhang von hoher Identifizierung und hoher Leistungsbefähigung bei Wissenschaftlern bereits während des Studiums vorbereitet wird (Übereinstimmung von studierter Fachrichtung und ursprünglichem Berufswunsch, fachentsprechender Einsatz nach dem Studium). Noch stärker ist der Einfluß der Prozesse, in denen sich die wissenschaftliche Spezialisierung herausbildet. Bei den besonders identifikationsstarken Kadern konnten wir feststellen, daß diese Prozesse häufig unter kontinuitätsfördernden Bedingungen (Mitarbeit an langfristigen Forschungsthemen, Monographien usw.) verliefen; die in diese kontinuierliche Entwicklung eingeordneten und nicht selten in die Planaufgaben der Forschungs-

33 Vgl. G. Groß, Ein methodischer Ansatz zur Bestimmung des Leistungsvermögens von Kaderpotentialen durch Untersuchungen zur Identifikation des Wissenschaftlers mit dem Forschungsproblem, in: Struktur und Dynamik des Kaderpotentials in der Wissenschaft, a. a. O., Teil II, S. 101–115.

kollektive integrierten Dissertationen wurden dann in relativ kurzer Zeit fertiggestellt. Eine weit geringere Rolle spielte bei dieser Kadergruppe der operative, diskontinuierliche Einsatz bei mehr oder minder kurzfristig ablaufenden FE-Aufgaben.

Es ist plausibel, daß anspruchsvolle Qualifikationsgrade im allgemeinen nicht ohne relativ hohe Identifikaton zu erreichen sind. Einmal erlangt, bedingen sie jedoch nicht zwangsläufig die Aufrechterhaltung dieser Einstellungs- bzw. Verhaltenssituation, wenngleich die Qualifikationsentwicklung — wie unsere Untersuchungen erkennen lassen — dafür günstige Voraussetzungen schafft, weil sie meist mit der Herstellung eines günstigen Verhältnisses von Qualifikations- und Einsatzprofil einhergeht. Insofern besteht kein einfacher linearer Zusammenhang zwischen Identifikation und Qualifikation; er wird vielmehr auch davon beeinflußt, mit welchem Ziel die Qualifikation subjektiv begründet war, mit welcher Tätigkeitssituation sie nachfolgend konfrontiert ist, in welchem Maße die Qualifikation tatsächlich als erhöhte Leistungsfähigkeit fungiert u. a. Analog verhält es sich auch bezüglich der wissenschaftlichen Resultate, der nationalen und internationalen Anerkennung und anderer Merkmale eines hohen Niveaus der Qualität und der Forschungserfahrungen der Kader. Identifikation ist zwar eine notwendige, jedoch allein nicht hinreichende Bedingung, diese zu erreichen, und umgekehrt kann vom Fehlen dieser Merkmale noch nicht auf mangelnde Identifikation geschlossen werden. Vielmehr ist die Identifikation selbst Element eines Systems vieler Einflußgrößen, von denen Leistungsfähigkeit und Leistungsverhalten abhängen. Wir haben jedoch zeigen können, daß die Identifikation der Wissenschaftler mit ihrem Forschungsproblem mit ausgewählten Leistungsmerkmalen positiv korreliert ist. Diese Korrelation können wir als Ausdruck der Wahrscheinlichkeit deuten, mit der sich bei Änderung der Identifikation diese Merkmale ebenfalls verändern.

Alle hier genannten positiven Leistungsmerkmale bzw. Grundorientierungen, die in besonders starker Ausprägung für die Kader mit hoher Identifikation hervorgehoben wurden, sind natürlich auch in den identifikationsschwächeren Potentialeinheiten vorhanden, aber eben — wie die statistischen Belege verdeutlichen — in abnehmender Tendenz. Sie signalisieren Bereiche, in denen wesentliche Ursachen und Wirkungen gegenwärtiger — gesellschaftlich ungerechtfertigter und nicht notwendiger — Differenzen zwischen realer und möglicher Leistung des Kaderpotentials mitbegründet sind. Hier sind Ansatzpunkte für die wissenschaftsleitende Tätigkeit gegeben, denn die Mehrzahl der Bedingungen für eine hohe Identifikation, die unsere Untersuchung ermittelt hat, ist planmäßig beeinflußbar.

So ist es durchaus möglich, die Entwicklung der wissenschaftlichen Kader „geradliniger" zu gestalten; es gilt den forschungsgerechten Einsatz des

Nachwuchses besser zu gewährleisten, die interdisziplinären Qualifikationsprofile vorausschauend herzustellen, die Dissertationen zielstrebiger anzulegen, Kontinuität der Entwicklung wissenschaftlicher Tätigkeiten bzw. Forschungserfahrungen zu gewährleisten. Im Zusammenhang damit sollte die Herausbildung stabiler wissenschaftlicher Interessengebiete bei den Nachwuchskadern wirksamer gefördert werden.

Wir wollen hier noch auf einige Aspekte der Forschungstätigkeit hinweisen, deren günstigere Gestaltung nach Meinung der Wissenschaftler eine höhere Übereinstimmung zwischen ihrer Interessenlage und den zu lösenden Forschungsaufgaben bewirken könnte. Am höchsten wird dabei ein klar erkennbarer Zusammenhang zwischen den Forschungsaufgaben und der Anwendung ihrer Ergebnisse bewertet. Die Priorität dieses Anliegens, dem die Bedingungen der Forschung jedoch bei weitem noch nicht immer entsprechen, reflektiert die zunehmende Einsicht in den Zusammenhang von Wissenschaft und gesellschaftlicher Praxis. Es ist daher notwendig, die wissenschaftspolitische Orientierung auf hohe Praxiswirksamkeit der Forschung überall zur Norm zu machen und in den Bemühungen darum nicht nachzulassen; die Durchsetzung dieser Norm ist nicht Sache einer Kampagne, sondern eine schöpferische Aufgabe, die sich vor jedem neuen Forschungsproblem selbst immer wieder neu stellt. Hinzu kommt die Pflicht der Leiter, die die betreffenden Zusammenhänge besser kennen und überblicken können, ihre Kollektive systematisch über die Einordnung der jeweiligen Forschungsaufgabe in komplexe Vorhaben und gesellschaftliche Zusammenhänge zu informieren und damit für jeden Mitarbeiter die mit seiner Tätigkeit verbundene soziale Verantwortung konkret faßbar zu machen.

Ein weiterer identifikationsfördernder Faktor, der von den Wissenschaftlern hervorgehoben wird, ist die deutliche Herabsetzung des Zeitaufwandes für die Beschaffung oder Herstellung der erforderlichen Geräte und für wissenschaftsorganisatorische Tätigkeiten. Besonders große Bedeutung messen die Wissenschaftler solchen subjektiven Bedingungen der Problembearbeitung bei, die ihnen Leistung und Erfolg persönlich direkt zu gewährleisten bzw. nachzuweisen vermögen. Aus den Unbestimmtheiten des Forschungsprozesses resultieren zwangsläufig Unsicherheiten hinsichtlich der individuellen Leistungs- und Erfolgsaussichten. Dabei ist es jedoch keineswegs so, daß die Kompliziertheit des Problems und die entsprechende Größe des Lösungsrisikos etwa die Identifikationsbereitschaft herabmindert. Wichtig ist offenbar ein Mechanismus, der die individuelle Leistungsunsicherheit der Wissenschaftler kompensiert und ihr Selbstvertrauen stärkt, ohne die objektive Unbestimmtheit der Forschungsaufgabe durch Minderung ihres Anspruchs zu reduzieren. Einen solchen Mechanismus stellen die sozialen Bedingungen in stabilen Kollektiven bereit, die für jedes Mitglied eine aus genauer Kenntnis erwachsene Bewertung seines perspektivischen

Leistungsvermögens einschließen. Der Stabilität der Kollektive über längere Zeiträume wirkt jedoch der rasche Wechsel der gesellschaftlichen Anforderungen an Forschung und Entwicklung entgegen. Eine produktive Entwicklungsform dieses Widerspruchs zwischen wechselnden gesellschaftlichen Anforderungen und relativ kontinuierlicher Arbeit in der Forschung könnte auch darin liegen, daß die relativ stabilen Potentialeinheiten (Forschungsgruppen, Abteilungen) bei Beibehaltung ihrer spezifischen Grundthematik und -methodik sich zeitweise an der Lösung wechselnder komplexer, teilweise interdisziplinärer Forschungsthemen beteiligen.

In unseren Untersuchungen fanden wir, daß der Anspruch der Wissenschaftler an die Realisierung ihres persönlichen Leistungsvermögens und damit ihre potentielle Leistungsaufgeschlossenheit stark ausgeprägt sind. Dieser Anspruch kann jedoch nur in dem Maße eingelöst werden, in dem die Kader in kollektive Problemlösungsprozesse von fundamentaler wissenschaftlicher (oder wissenschaftlich-technischer) Relevanz einbezogen sind. Das setzt voraus, daß die Kader selbst der Untersuchung fundamentaler Probleme eine hohe Bedeutung zumessen. Gegenwärtig sind diesbezüglich qualifikationsbedingte, insbesondere aber auch deutliche Unterschiede zwischen identifikationsstarken und identifikationsschwachen Wissenschaftlern zu vermerken: die identifikationsstarken Kader haben auch die größere Affinität zu gesellschaftlich bedeutsamen Forschungsproblemen von fundamentalem Rang.

Die kurz referierte und interpretierte Analyse der Leistungsfähigkeit des wissenschaftlichen Kaderpotentials hat deutlich gemacht, daß hier große Reserven zu erschließen sind; das gilt insbesondere für die jungen Wissenschaftler, die am Beginn ihrer Laufbahn stehen und einen großen Teil der FE-Kader in der DDR ausmachen. Die Untersuchung hat jedoch auch gezeigt, daß die Entwicklung leistungsfähiger Kader ein langfristiger und komplexer Prozeß ist, in dem vielfältige Faktoren zusammenlaufen und in dem „Breite“ und „Spitze“ nicht getrennt entwickelt werden können. Diesen vielschichtigen Zusammenhang gilt es zunehmend zu entschlüsseln und zu meistern.

2.4. *Die materiell-technische Basis der Forschung und ihr Einfluß auf die Leistungsfähigkeit*

Auch in der Wissenschaft sind die Ergebnisse der menschlichen Tätigkeit und die Effektivität ihrer Ausführung an die Verfügung über zweckentsprechende materiell-technische Voraussetzungen gebunden. Ihre Bedeutung nimmt in neuerer Zeit aus mannigfachen Gründen schnell zu. Die Wissenschaftspolitik der DDR trägt dieser Tatsache Rechnung. Im Rechenschaftsbericht des Zentralkomitees an den X. Parteitag der SED wird dazu festgestellt: „Zu den entscheidenden Voraussetzungen für bedeutsame wissenschaftliche Ergebnisse gehören auch die Verfügbarkeit leistungsfähiger wissenschaftlicher Geräte und anderer Forschungsmaterialien, einschließlich Labor- und Feinchemikalien. Neben der intensiven Nutzung vorhandener Ausrüstungen und Forschungshilfsmittel muß ein bestimmter Anteil dieser materiell-technischen Bedingungen in der Forschung selbst projektiert, weiterentwickelt und gefertigt werden. Daraus ergibt sich für Einrichtungen der Grundlagenforschung die Aufgabe, den wissenschaftlichen Gerätebau sowie die Entwicklung und Produktion bestimmter Forschungsmaterialien in Kooperation mit der Industrie planmäßig auszubauen und weiter zu stärken. Die enge Beziehung der Forschungskollektive zum wissenschaftlichen Gerätebau und zur Entwicklung hochempfindlicher Technik ist zu einem wichtigen Bestandteil des Forschungsprozesses geworden."[34] Die materiell-technischen Voraussetzungen (Mittel und Bedingungen) werden heute zusammenfassend als „materiell-technische Basis der Forschung" bezeichnet. Die Wahl dieses Terminus soll zweierlei zum Ausdruck bringen; einmal die Tatsache, daß es sich hier um einen Sektor der materiell-technischen Basis der Gesellschaft handelt, der deren allgemeines Leistungsniveau spezifiziert auf die besonderen Erfordernisse der Forschung zum Ausdruck bringt; zum anderen den Umstand, daß diese Voraussetzungen kein Konglomerat, sondern ein System mit einer eigenen Struktur, mit eigenen Funktions- und Entwicklungsgesetzen bilden. Die große Bedeutung der materiell-technischen Basis für die moderne Forschung wird in der Wissenschaftspolitik und -leitung und neuerdings auch in der wissenschaftstheoretischen Literatur der DDR zunehmend beachtet.[35] Die gelegentlich geäußerte Ansicht, früher wären die größten Entdeckungen mit primitiven Mitteln und geringerem Aufwand gemacht worden, und es käme allein auf das „Genie", den kreativen Forscher an, ist in dieser Einseitigkeit sachlich unzutreffend; sie ist zudem kein Argument gegen die Wichtigkeit einer hochleistungsfähigen materiell-technischen Basis in unserer Zeit, denn es wäre anachronistisch, die Erkenntnisbedingungen der Wissenschaft des 19. Jahrhunderts in die Gegenwart zu projizieren.[36]

Die verfügbaren bzw. im Forschungsprozeß selbst gestalteten materiell-technischen Bedingungen beeinflussen alle Seiten dieses Prozesses maß-

[34] Bericht des Zentralkomitees der Sozialistischen Einheitspartei Deutschlands an den X. Parteitag der SED, a. a. O., S. 89.

[35] Vgl. W. Meske/K. Meier, Zur materiell-technischen Basis der Forschung im Sozialismus, in: Informationen zur Leitung, Planung und Organisation der Forschung, AdW der DDR, Wissenschaftliches Informationszentrum, Berlin 1977, W. 4, S. 7–70, sowie die Bibliographie, Stand und Tendenzen der materiell-technischen Basis der Forschung, ebenda, S. 86–103.

[36] Vgl. W. Gerlach, Humanität und naturwissenschaftliche Forschung, Braunschweig 1962, S. 183–189.

geblich; sie sind daher nicht als sein äußerer Rahmen, sondern als sein innerer Bestandteil anzusehen. Forschen reduziert sich nicht allein auf Denken. Welche Untersuchungsgegenstände gewählt, welche Verfahren und Mittel zu ihrer Untersuchung eingesetzt und welche Ergebnisse erzielt werden können, hängt weitgehend von der verfügbaren materiell-technischen Basis ab. Ergebnisse von internationalem Spitzenniveau können auf den meisten Gebieten nur dann erzielt werden, wenn zu einer anspruchsvollen Zielstellung und einer hohen Qualifikation der Kader auch moderne materiell-technische Voraussetzungen kommen. Die materiell-technische Basis der Forschung ist historisch gewachsen und läßt sich nur allmählich umwandeln; sie bedingt so einerseits die Leistungsfähigkeit der Forschung und begrenzt andererseits jeweils ihre momentane Manövrierfähigkeit.

Die Geschichte der Wissenschaft bezeugt das enge Wechselspiel zwischen der Experimentaltechnik und dem Fortschritt der Erkenntnis. Oft gingen neue Forschungsrichtungen von originellen materiell-technischen Voraussetzungen aus. Zugleich sind viele bedeutende Naturforscher der Vergangenheit bekannt, die nicht nur als Entdecker neuer Naturerscheinungen, sondern auch als Schöpfer neuer Forschungsgeräte in die Geschichte eingingen.

Heute ist der Umgang mit Forschungsgeräten zu einer typischen Erscheinung geworden; aus unseren Untersuchungen ergibt sich, daß 84 % der Forschungskader selbst Forschungsgeräte nutzen bzw. unmittelbar auf die Ergebnisse der Arbeit mit ihnen angewiesen sind. Die Geräte fungieren im Forschungsprozeß primär als Mittel der Erkenntnisgewinnung und -verarbeitung; sie vermitteln den Kontakt zwischen dem erkennenden Subjekt und dem Objekt bzw. Gegenstand der Forschung und dienen der „Verwandlung“ der materiellen und ideellen Gegenstände der Forschungsarbeit in wissenschaftliche Resultate mit dem Ziel, sie der weiteren Forschung und schließlich der gesellschaftlichen Nutzung zugänglich zu machen. Über die Art und Weise der Realisierung dieser primären Funktion haben die verfügbaren Geräte aber gleichzeitig wesentlichen Einfluß auf den zeitlichen und personellen Aufwand für die Forschungsprozesse.[37] Über Niveau und Umfang der Geräteausstattung wird somit Einfluß auf die Leistungsfähigkeit der Forschung sowohl unter qualitativem als auch unter quantitativem Aspekt genommen. Nach unseren Untersuchungen verfügen z. B. Forschungsgruppen mit Forschungsergebnissen von internationalem Niveau über einen deutlich höheren Anteil an Spitzengeräten bzw. vermochten es, durch die Modernisierung und Veränderung ihrer Ausstattung auch über einen längeren

[37] Vgl. H. Faulstich/G. Lotz/F. O. Müller, Wissenschaftliche Geräte – wichtige Arbeitsmittel und Produkte der naturwissenschaftlichen Forschung, in: Spektrum, 7/1968, S. 221; W. Bohn/G. Fischer, Ansätze für die Effektivität von Forschung und Entwicklung, in: Theoretische Probleme des wissenschaftlichen Arbeitsprozesses, Wissenschaftliche Beiträge der Friedrich-Schiller-Universität Jena, 1974, S. 160/161.

Zeitraum das für hohe Forschungsleistungen erforderliche Niveau der Geräte und Anlagen zu sichern. Bei den vergleichsweise langen Zyklen von Problemlösungsprozessen in der Forschung, vor allem in der Grundlagenforschung, ist gerade letzteres eine entscheidende Bedingung, um zu international führenden Forschungsergebnissen zu gelangen. Andererseits zeigte sich ebenso deutlich, daß das Vorhandensein von Spitzengeräten zwar eine wichtige Voraussetzung ist, allein aber nicht ausreicht, um Ergebnisse von internationalem Niveau zu erzielen.

Neben den unmittelbar qualitativen Auswirkungen wird gleichzeitig in jedem dritten bis vierten der von uns befragten Forschungskollektive durch den Einsatz weiterer bzw. leistungsfähiger Forschungsgeräte eine beträchtliche Arbeitszeiteinsparung erwartet. Positiv werden solche Möglichkeiten vor allem von den Kollektiven beurteilt, deren Geräteausstattung gegenwärtig ein relativ hohes Durchschnittsalter aufweist und die ihre Geräte und Anlagen bereits ein- und mehrschichtig auslasten. In diesen Kollektiven sind durch den Einsatz leistungsfähigerer Forschungsgeräte, insbesondere durch die elektronische Rechentechnik zur rechnergestützten Vorbereitung, Durchführung und Auswertung von Experimenten, spürbare Rationalisierungseffekte zu erwarten.

In der DDR werden bereits seit Jahren große Anstrengungen unternommen, um parallel zur Erweiterung des Kaderbestandes der Wissenschaft die notwendigen materiell-technischen Voraussetzungen zu schaffen. Wie frühere Analysen[38] erkennen ließen, traten mehrere zur Erhöhung des Bedarfs an materiell-technischen Voraussetzungen führende Tendenzen in dem hier betrachteten Zeitraum der 60er und 70er Jahre in der DDR nahezu simultan auf. Dazu gehörten vor allem:

1. ein rascher Anstieg des Kaderpotentials mit langfristig durchschnittlichen Wachstumsraten der Anzahl der FE-Beschäftigten von 5–10 % je Jahr und einer Verdoppelung in reichlich 10 Jahren. Für diese Kader mußten größtenteils neue Arbeitsplätze geschaffen werden, dazu im Hochschulbereich auch entsprechende Ausbildungsplätze. Hinzu kam, daß bei diesen Größenordnungen Neugründungen von Forschungseinrichtungen, Hochschulen u. ä. unvermeidlich waren, so daß neben den unmittelbaren Arbeitsplätzen auch zusätzliche Einrichtungen der Infrastruktur in großem Umfang bereitgestellt werden mußten.

2. die Erhöhung des durchschnittlichen Ausstattungsgrades je Mitarbeiter in FE. Dabei spielten vor allem die breite Einführung der Rechentechnik in der Forschung, die qualitative und quantitative Erweiterung der Experimentiertechnik im Zusammenhang mit dem weiteren Vordringen

[38] Vgl. Das Forschungspotential im Sozialismus, Berlin 1977, Kapitel V: Zur Problematik der Grundmittel als Bestandteil des Forschungspotentials, S. 201 bis 226.

in makro- und mikrotechnische Bereiche, die Beherrschung und Nutzung extremer Umweltbedingungen sowie die komplexe Untersuchung immer komplizierterer Objekte und Prozesse, die stärkere Hinwendung auch der Grundlagenforschung auf die Anwendung und Erprobung ihrer Resultate, die Strukturveränderungen innerhalb der Forschung zu methodisch und materiell-technisch anspruchsvolleren Gebieten u. ä. eine entscheidende Rolle. Nicht vergessen darf man dabei den Einfluß der Verbesserung der allgemeinen Arbeits- und Lebensbedingungen in der sozialistischen Gesellschaft und damit auch in der Forschung sowie den Bezug zur Rationalisierung der Arbeit mit Hilfe der Technik auch in den wissenschaftlichen Einrichtungen.

3. Eine enorme Verteuerung der wissenschaftlichen Geräte. Sie war einmal durch den raschen Anstieg ihrer Leistungsparameter und ihrer Komplexität bzw. Kompliziertheit bedingt. Zum anderen haben sich auch die Inflation in den kapitalistischen Ländern, die nach wie vor noch Hauptproduzenten und -lieferanten solcher Geräte sind, sowie die Ausnutzung der wachsenden Nachfrage außerordentlich preissteigernd ausgewirkt.

Diesen Tendenzen entsprechend, in denen objektive Erfordernisse zum Ausdruck kommen, orientieren die Beschlüsse des X. Parteitages der SED auf gemeinsame Anstrengungen von wissenschaftlichen Einrichtungen und Industriekombinaten, um die materiell-technische Ausstattung der Forschung im notwendigen Maße weiter zu stärken. Dabei kann man davon ausgehen, daß ein breites Netz von Forschungseinrichtungen in allen Territorien und Bereichen unseres Landes geschaffen worden ist sowie enge Verbindungen zu Forschungseinrichtungen der UdSSR und anderer RGW-Länder bestehen, die der DDR die Möglichkeit geben, an materiell-technisch sehr aufwendigen Gebieten, wie z. B. der Kosmosforschung, aktiv teilzunehmen. Im Rechenschaftsbericht an den X. Parteitag der SED werden Gebiete genannt, auf denen die DDR den Weltstand mitbestimmt, und es heißt dazu: „Das ist nicht zuletzt ein Ergebnis der sich planmäßig entwickelnden sozialistischen internationalen Forschungskooperation, insbesondere mit den wissenschaftlichen Einrichtungen der Sowjetunion. Diese Kooperationsbeziehungen sind auf vielen Gebieten der Grundlagenforschung effektiver geworden und haben wesentlich zur Sicherung des wissenschaftlichen Vorlaufs für die DDR beigetragen.“[39]

Besonderes Gewicht in der materiell-technischen Basis der Forschung in der DDR haben die rund 50 Forschungsinstitute der AdW der DDR, in der Mehrzahl große Zentralinstitute mit mehreren hundert Beschäftigten, die Einrichtungen der anderen Akademien und des Hochschulwesens mit einem den Anforderungen entsprechend ausgewogenen und differenzierten

[39] Bericht des Zentralkomitees der Sozialistischen Einheitspartei Deutschlands an den X. Parteitag der SED, a. a. O., S. 87.

Profil sowie die Forschungsstellen der Kombinate in der Industrie und anderen Bereichen.

Im Zusammenhang mit den wachsenden und sich zum Teil rasch wandelnden Anforderungen muß jedoch an der weiteren Profilierung und Stärkung der materiell-technischen Basis dieser Forschungseinrichtungen gearbeitet werden, wobei besondere Aufmerksamkeit der FE-Basis in den Produktionsbetrieben und Kombinaten gebührt. Das schließt auch die Beseitigung von Lücken und Schwachstellen ein, insbesondere hinsichtlich technisch-technologischer Kapazitäten, Versuchs- und Pilotanlagen, Technika, Applikationslaboratorien u. a., und zwar nicht nur an der AdW der DDR, sondern vor allem auch im FE-Potential der Kombinate.[40]

Der rasch gewachsene wertmäßige Bestand der FE-Einrichtungen an Gebäuden und Ausrüstungen sowie die Erhöhung des durchschnittlichen Ausstattungsgrades je FE-Mitarbeiter sind Ausdruck der erheblichen Anstrengungen auf diesem Gebiet. An der AdW der DDR stieg zum Beispiel der Bruttowert der Grundmittel von 350 Mio Mark 1962 auf 750 Mio Mark 1970 und 1,8 Mrd. Mark 1980, d. h. um durchschnittlich 10 % pro Jahr. Dadurch erhöhte sich auch der wertmäßige Ausstattungsgrad je Beschäftigter ständig, im Zeitraum 1966 bis 1980 zum Beispiel von 50 TM/VbE auf etwa 90 TM/VbE.[41] Doch selbst diese bedeutende Erweiterung des Grundfondbestandes hat nicht immer und überall mit den zum Teil noch rascher gewachsenen Anforderungen Schritt halten können, ungeachtet dessen, daß in der besseren Nutzung und Auslastung der vorhandenen Forschungstechnik noch große Reserven liegen. Im Hochschulwesen wurde zum Beispiel durch die stürmische Entwicklung der Zulassungszahlen zum Direktstudium um 1970 mit den verfügbaren Investitionen die notwendige Erweiterung der materiell-technischen Forschungskapazität nicht mehr gewährleistet, was sich besonders auf die Gerätetechnik auswirkte; auch an der AdW der DDR konnten im Zeitraum 1976–1980 einige bereits bestätigte Investitionen, vor allem wegen begrenzter territorialer Baubilanzen nur unzureichend realisiert werden.[42]

Gleichzeitig ergibt sich aus unseren Untersuchungen, daß für eine umfassende und notwendigerweise differenzierte Bewertung des erreichten Entwicklungsstandes wertmäßige Kennziffern allein nicht ausreichen. Hier-

[40] Vgl. W. Scheler, Wissenschaft und Produktion wirken immer enger zusammen, a. a. O., S. 185.

[41] Vgl. Das Forschungspotential im Sozialismus, a. a. O., S. 210; H. Klemm, Erhöhung des Leistungsniveaus der Forschung, in: Einheit, 8/1979, S. 827.

[42] Vgl. W. König, Eröffnungsreferat der II. Internationalen Wissenschaftlichen Tagung des Instituts für Hoch- und Fachschulbau: Reproduktion der materiell-technischen Basis im Hochschulwesen, in: Schriftenreihe Hoch- und Fachschulbau, 10/1975, S. 55/56; W. Scheler, Wissenschaft und Produktion wirken immer enger zusammen, a. a. O., S. 185.

auf macht auch G. Lachtin aus sowjetischen Erfahrungen aufmerksam: Ein wesentlicher Schritt besteht darin, die Technik genauer nach der Anzahl der von ihr meßbaren Parameter, der Genauigkeit, der Schnelligkeit und anderen Charakteristika im Vergleich zum internationalen Höchststand einzuschätzen, d. h., forschungsspezifische Aspekte stärker zu beachten.[43] Offenbar besteht hier ein dringendes Erfordernis, den Gebrauswert wissenschaftlicher Geräte als komplexe und zeitabhängig variable technisch-ökonomische Größe genauer einschätzen zu können und dafür ein sowohl für den Hersteller als auch für den Nutzer geeignetes Kennziffernsystem zu entwickeln.[44]

Die Ergebnisse unserer Untersuchung machen gleichzeitig deutlich, daß das Alter der Forschungsgeräte ein recht guter zusammenfassender Indikator für das Niveau der Geräte und die daraus resultierenden Maßnahmen zur Entwicklung des Gerätepotentials ist. Sie legen den Schluß nahe, daß sich im Verlauf der Nutzung der Forschungsgeräte drei hinsichtlich des Niveaus unterschiedliche „Lebensphasen" abzeichnen. In einer ersten Phase bis zu einem Alter von 3 Jahren handelt es sich vorwiegend um Spitzengeräte bzw. Geräte, die in ihren wesentlichen Parametern mit solchen Geräten vergleichbar sind. In der zweiten, zeitlich relativ ausgedehnten Phase mit einem Alter von 3 bis 7 Jahren sind die betreffenden Forschungsgeräte zwar kaum noch zu den Spitzengeräten zu zählen, jedoch liegt der Anteil von Geräten, deren entscheidende Parameter international vergleichbaren Geräten entsprechen, über dem – beziehungsweise in gleicher Höhe – mit dem Anteil der Geräte mit geringerem Leistungsvermögen.

Die dritte Phase beginnt mit einem Alter von etwa 7 Jahren und ist durch einen zunehmenden moralischen Verschleiß, durch das Absinken des relativen Leistungsvermögens der Forschungsgeräte gekennzeichnet und endet in der Regel mit der Aussonderung der betreffenden Geräte. Die altersabhängige Differenzierung des Leistungsniveaus von Forschungsgeräten, die für die jeweiligen Arbeitsgruppen entscheidend sind, ermöglicht einen konstruktiven Zugang zu dem vielschichtigen Problem notwendiger Veränderungen des Gerätepotentials. Mehr oder minder ausgeprägte Wünsche nach Veränderungen der Geräteausstattung bestehen wohl immer in schöpferischen Forschungskollektiven. Sie sind in ihrem Charakter jedoch sehr verschiedenartig und erfordern daher ein variables Herangehen an diese Problematik. So machen sich bei relativ neuen Geräten vor allem Umbauten und zum Teil geringfügige Ergänzungen erforderlich, um die meist gekaufte Grundausstattung den spezifischen Bedingungen und Zielen der

[43] Vgl. G. A. Lachtin, Techničeskij potencial nauki, in: Pravda vom 11. September 1977, S. 3.

[44] Vgl. U. Heukeroth/W. Meske, Bestimmung und Nutzung des Gebrauchswertes wissenschaftlicher Geräte, in: Feingerätetechnik, 8/1980, S. 339–344.

Nutzer anzupassen. Das erfordert oft nur relativ geringe Mittel und ist im Interesse einer hohen Originalität der Forschungen unbedingt zu sichern; hierbei können meist auch eigene Ideen und Spezialisten bzw. Werkstattkapazitäten eingesetzt werden, wofür insbesondere in großen Forschungseinrichtungen gute Voraussetzungen bestehen bzw. zu schaffen sind.

Mit zunehmendem Alter der entscheidenden Geräte tendieren die Erfordernisse zusätzlich auch zur verstärkten Anschaffung bestimmter Zusatz- und Peripheriegeräte; durch sie kann die vorhandene Ausstattung weiter effektiv genutzt und ihrem moralischen Verschleiß entgegengewirkt werden, d. h. die Leistungsfähigkeit kann mit begrenztem Aufwand erhalten und die Kontinuität der Forschung auf hohem Niveau weiterhin gewährleistet werden. Erst bei relativ hohem Alter der forschungsbestimmenden Geräte tritt die Frage der grundlegenden Erneuerung der Geräteausstattung in den Vordergrund. In diesem Falle können solche Entscheidungen oft in Verbindung mit denen über die künftige inhaltliche Profilierung bzw. Neuprofilierung der Arbeit der Kollektive getroffen werden und sind als Instrument zur Förderung der notwendigen Flexibilität unseres Forschungspotentials zu nutzen.

Die Erfahrungen und Ergebnisse der 70er Jahre bestätigen, daß die gegenüber der Anzahl der Beschäftigten vorrangige, gleichzeitig aber auch noch gezieltere Erweiterung der materiell-technischen Basis in FE eine der wesentlichen Forderungen und Aufgaben der zunehmend intensiven Entwicklung des FE-Potentials bzw. zur Rationalisierung der Forschungsprozesse in den 80er und wahrscheinlich auch 90er Jahren bleibt. Einen besonderen Stellenwert haben dabei die Forschungsgeräte. Die notwendige Stärkung des Gerätepotentials muß hier zunehmend mit einer forcierten Modernisierung der bereits vorhandenen Geräteausstattung verbunden werden. Dabei sind vor allem drei Richtungen zu verfolgen:

1. *verstärkte Aussonderung* veralteter Forschungsgeräte und Erhöhung des Anteils der Spitzengeräte bei der Erneuerung der Geräteausstattung;
2. *verstärkte Bereitstellung* von Zusatz- und Peripheriegeräten sowie Schaffung größerer Kapazitäten, die für die Adaption, Modernisierung, den Umbau sowie Wartung und Instandhaltung der Forschungsgeräte zur Verfügung stehen;
3. *weitere Stärkung der* Kapazitäten des wissenschaftlichen Gerätebaus, der Technika, der Werkstätten, Serviceabteilungen usw., um günstige Voraussetzungen zu schaffen für:

– die Verringerung des Aufwands und der Zeitdauer bei der Adaption neuer Forschungsgeräte an die spezifischen Erfordernisse des Forschungsprozesses,
– die Erhöhung der Flexibilität bei veränderten Anforderungen an die Forschungstechnik,
– die Verbesserung der Möglichkeiten, dem Absinken des relativen Leistungsvermögens der Geräteausstattung entgegenzuwirken,

– die weitgehende Ausschaltung technisch bedingter Störungen im Forschungsprozeß.

Die zunehmenden FE-Aufwendungen müssen also zu einem großen Teil für die materiell-technische Basis eingesetzt werden. Ein Beispiel dafür liefert die Entwicklung in der UdSSR: Während die Lohnkosten für die AdW der UdSSR von 1965 bis 1975 auf 238 % stiegen, erhöhten sich die Mittel für die Anschaffung von Geräten und Ausrüstungen im gleichen Zeitraum z. B. auf 838 %; Lachtin und Korepanov schätzen ein, daß diese Tendenz stabil ist.[45]

Mit der zunehmenden Intensivierung der Wissenschaft geht es aber nicht mehr allein um einen vorwiegend quantitativen Widerspruch zwischen den wachsenden materiell-technischen Erfordernissen der Forschung und den stets begrenzten Möglichkeiten ihrer Erfüllung. Eine immer größere Rolle spielt jetzt auch die gebrauchswertmäßige Struktur der materiell-technischen Basis und ihre qualitative Erneuerung. Allein mit der Bereitstellung immer umfangreicherer finanzieller Mittel und der weiteren Erhöhung des Anteils der FE-Ausgaben am Nationaleinkommen lassen sich die Probleme der Gewährleistung einer originellen, ständig auf einem international bestimmenden bzw. mitbestimmenden Niveau befindlichen Forschungstechnik nicht lösen. Faulstich macht auf diese Problematik sowohl für die unmittelbare Forschung – bei der Anwendung einer Methode und den daraus resultierenden steigenden Forderungen an das Forschungsgerät bzw. die notwendigen Eigenentwicklungen besonders bei der Zusammenarbeit methodisch und problemorientierter Wissenschaftler – als auch beim Aufbau von Techniká, vor allem im Interesse der Überführung, aufmerksam. Bei letzterem besteht ein Problem z. B. darin, daß die „spezifische Ausrüstung solcher Technika von uns erdacht, konstruiert und gebaut werden muß, da wir in der spezifischen Gestalt, in der wir sie brauchen, sie nirgends kaufen können."[46] Es wäre demzufolge eine Illusion, daß durch eine entsprechende „finanzielle Spritze" alle Entwicklungswidersprüche in der materiell-technischen Basis der Forschung beseitigt werden könnten.

Vieles spricht dafür, daß es enge Beziehungen zwischen Problemstellung und materiell-technischer Basis gibt, daß diese Beziehungen aber eher den Cahrakter einer gegenseitigen Beeinflussung und Stimulierung als

45 Vgl. G. A. Lachtin/E. N. Korepanov, Techničeskaja baza nauki, in: Vestnik AN SSSR (Moskva), 8/1977, S. 41–48.

46 H. Faulstich, Tendenzen in der Entwicklung der methodisch-experimentellen Basis der Grundlagenforschung, in: Probleme der Analyse und Gestaltung des sozialistischen Forschungspotentials, a. a. O., S. 40/41; H. Faulstich, Probleme des wissenschaftlichen Gerätebaus und der materiell-technischen Basis der Forschung in der AdW, in: Überführung Grundlagenforschung – Produktion, a. a. O., S. 65.

den einer rein einseitigen Abhängigkeit (zum Beispiel Wahl des Themas nach der vorhandenen Basis oder Schaffung einer Basis für ein vorgegebenes Thema) haben. Insofern muß immer wieder die Frage nach dem Umfang, Charakter und Niveau der verfügbaren Technik, ihrer Übereinstimmung mit den Anforderungen und den Hauptrichtungen der weiteren Entwicklung gestellt werden. Dabei darf dieser Zusammenhang nicht zu eng vereinfacht gesehen werden.

Neue theoretische oder empirische Erkenntnisse eröffnen oft neue methodische und apparative Vorgehensweisen. Diese lassen sich gegebenenfalls auch auf andere Gegenstandsbereiche anwenden. Es entstehen dadurch neue Fragen, Ziele und Lösungen sowie methodische Weiterentwicklungen und Anforderungen. Dazu sind aber selbst wieder theoretische Einsichten und weiterführende Fragestellungen Voraussetzung. Methoden- und Geräteentwicklung erfolgen zudem z. T. auch relativ selbständig. Methodische Möglichkeiten orientieren, einmal vorhanden, auf bestimmte Objekt- und Zielbereiche.[47]

Die Fähigkeit, Methoden und Apparate zu beherrschen, erzeugt gleichzeitig das Betreben, innerhalb des Anwendungsspektrums dieser Forschungsmittel zu bleiben. Dabei entsteht die Frage, unter welchen Bedingungen fortschrittsfördernde, unter welchen fortschrittshemmende Einflüsse eines solchen „Beharrungsbestrebens" vorherrschen.

Die vorhandenen oder zu schaffenden Untersuchungsvoraussetzungen umfassen nicht allein materielle Bedingungen, sondern auch ideologische und organisatorische Bedingungen und Einflüsse und die Einordnung des betreffenden Kollektivs in das Gesamtpotential der Forschung. Sie wirken komplex auf das Hervorbringen und Aufgreifen neuer Probleme und auf das Zielbestimmen.[48] Die wissenschaftlichen Mitarbeiter sind in ein bestimmtes potentialbedingtes Arbeitsspektrum hineingestellt und erfassen schnell, welche Möglichkeiten für die Veränderung oder Entwicklung der Untersuchungsvoraussetzungen bestehen oder aussichtsreich sind. Sie wählen danach ihr Problemfeld. Damit beeinflussen diese Voraussezungen nicht nur das aktuell zu bearbeitende Problemspektrum, sondern auch das

[47] Vgl. H. Bethge/P. A. Thießen, in: G. Lange/J. Mörke, Wissenschaft im Interview, Leipzig – Jena – Berlin 1979, S. 29, S. 250; G. Böhme/W. van den Daele, Erfahrung als Programm. Über Strukturen vorparadigmatischer Wissenschaft, in: G. Böhme /W. van den Daele/W. Krohn, Experimentelle Philosophie, Frankfurt a. Main 1977, S. 198.

[48] Vgl. V. A. Filipov/V. S. Rojčenko, Klassifikacija naučnych upravlenij razrabotyvaemych v akademii nauk SSSR, in: Perspektivnoe planirovanie naučnych issledovanij i razrabotok, Moskva 1972, S. 22; O. J. Laričev/Ju. A. Zuev/L. S. Gnedenko, Metod postroenija klassifikacija proektov, in: Perspektivnoe planirovanie naučnych issledovanij i razrabotok, Moskva 1974, S. 28.

Leistungsverhalten, die Initiative und darüber die künftige Problemgenerierung und Zielbestimmung.

In dieses weitgespannte Spektrum muß man die heutigen Entwicklungswidersprüche in der materiell-technischen Basis der Forschung einordnen und sie als ein allgemeines Problem der heutigen Wissenschaftsentwicklung ansehen. Sie wurden in den 70er Jahren z. B. auch in der BRD in verstärktem Maße reflektiert, insbesondere in dem Zusammenhang, daß dort Ende der 60er Jahre die grundlegende Phase des Auf- bzw. Ausbaus des FE-Potentials abgeschlossen war. Dabei geht es dort um die Frage der optimalen Nutzung der mit hohem Investitionsaufwand errichteten Großforschungszentren für den Zeitraum, in dem die wissenschaftlich-technische Aufgabe, zu deren Lösung sie primär errichtet worden sind, allmählich ausläuft. Es wurde erwogen, ihr wissenschaftliches Aufgabenspektrum zu diversifizieren. Dadurch will man die differenzierte Infrastruktur dieser Zentren, insbesondere ihre Geräteausstattung, besser nutzen. Eng damit verbunden werden die Fragen einer adäquaten Planung, Entwicklung und finanziellen Förderung größerer Vorhaben der Grundlagenforschung diskutiert und ein Vorschlag unterbreitet, bei neuen Schwerpunkten schon während der Aufbauphase deren anzustrebenden Gesamtumfang und die Nutzungszeit großer Geräte zu erörtern.[49] Darüber hinaus nehmen generell der erforderliche hohe Aufwand für Beschaffung bzw. Ersatzbeschaffung von Geräten, die daraus resultierenden Folgekosten und Fragen der Gerätenutzung einen immer größeren Raum in wissenschaftspolitischen Diskussionen ein. Weil die damit zusammenhängenden Probleme gravierender und die Mittel knapper wurden, forderte man ohne Respekt vor der vielzitierten „Freiheit der Wissenschaft“ seitens der „Deutschen Forschungsgemeinschaft“ (DFG) „die Anlegung wirtschaftlicher Maßstäbe“ bei der Gerätebeschaffung; gleichzeitig wurden die „unkoordinierte Beschaffung wissenschaftlicher Geräte, die zu erheblichen Fehlinvestitionen geführt habe“ und das Fehlen „zuverlässiger Unterlagen über die Bedarfssituation und die bereits vorhandene Ausrüstung“ kritisiert.[50] All das veranlaßte die DFG, sich mit dieser Problematik näher zu befassen. Nach einer in den 60er Jahren begonnenen und in den 70er Jahren erweiterten „Gerätedatei“ wurde für die Hochschulen der BRD z. B. ein Bestand an Geräten von ca. 10 Mrd. DM Anfang 1979 eingeschätzt (vgl. Tabelle 14). Gleichzeitig wurde ermittelt, daß von den in der Gerätedatei erfaßten ca. 10000 Geräten im Werte von über 10 TDM be-

[49] Vgl. Wissenschaftsrat (Hrsg.), Empfehlungen zu Organisation, Planung und Förderung der Forschung, Tübingen 1975, S. 188/189; Gutachterausschuß Großinvestition in der Grundlagenforschung gibt dem BMFT Empfehlungen, in: BMFT – Mitteilungen (Bonn), 1/1976, S. 2/3.

[50] H. Jagodzinski/A. Küllmer, Zur Problematik der Großgerätebeschaffung an den Hochschulen, in: Wirtschaft und Wissenschaft (Essen), 4/1975, S. 24–28 (einschl. Vorwort der Redaktion).

Tabelle 14

Wertmäßiger Umfang und Struktur des Gerätebestandes im Hochschulbereich der BRD (1979)

Anzahl der Geräte	Wert/Stück	Gesamtwert
1 %	über 100 TDM	ca. 1/3 (ca. 3,2 Mrd. DM)
5–6 %	10–100 TDM	ca. 1/3
ca. 93 %	bis 10 TDM	ca. 1/3
(700–800 TStck.)		ca. 10 Mrd. DM

Eigene Zusammenstellung nach: A. Küllmer, Wissenschaftiche Geräte im Hochschulbereich, in: Mitteilungen der DFG, 4/1979, S. 26–29.

reits mehr als 1 200 oder aber 12 % älter als 10 Jahre waren, und daß allein zur notwendigen Ersatzbeschaffung für die Geräte im Anschaffungswert von über 100 TDM eine Investitionssumme von fast einer Milliarde DM erforderlich wäre! Das steht im Zusammenhang damit, daß für Großgerätebeschaffung im Rahmen des Hochschulbauförderungsgesetzes seit 1971 nur jährlich durchschnittlich 200 Mio. DM seitens der verantwortlichen Länder der BRD angemeldet wurden, während für die Erhaltung des Großgerätebestandes unter Berücksichtigung der Altersstruktur und der Preisentwicklung jährlich 300–350 Mio. DM erforderlich gewesen wären.[51] Es wird daher konstatiert, daß nach der Phase des Neu- bzw. Ausbaus der Hochschulen in der BRD weiterhin beträchtliche Mittel notwendig sind, um die Hochschulen arbeitsfähig zu erhalten. Neben dem Gesamtumfang der Mittel spiele dabei auch die Struktur der Geräteausstattung eine Rolle, wobei eine gut abgestimmte Ausrüstung mit kleinen und mittleren Geräten oft noch wichtiger sei, als die Ausstattung mit Großgeräten; die Flexibilität der Institute hängt von der Gesamtausstattung ab. Ein besonders Problem liegt in der Beurteilung und Entscheidung über die Schwerpunktsetzung zwischen verschiedenen Wissenschaftsgebieten, da hier innerwissenschaftliche Kriterien versagen.

In Anbetracht der kurz charakterisierten Situation ist es nicht verwunderlich, daß in der BRD den Fragen der Mitnutzung von Geräten, der Bildung überregionaler Zentren, der Ausleihe bzw. Vermietung von Geräten, dem Gerätebau u. ä. verstärkt Aufmerksamkeit gewidmet wird. Auch in den USA werden neue Wege gesucht und beschritten, um mit den Entwicklungsproblemen der materiell-technischen Basis ihrer Forschung fertig zu werden.

51 Vgl. A. Küllmer, Wissenschaftliche Geräte im Hochschulbereich, in: Mitteilungen der Deutschen Forschungsgemeinschaft (Bad Godesberg), 4/1979, S. 26–29.

Einer dieser Wege ist die Bildung bzw. Nutzung entsprechender spezieller Zentren für die Bereitstellung der materiellen und technischen Mittel für die verschiedenen Stadien des FE-Prozesses im Rahmen von Zielprogrammen: „Die Zentren zur materiell-technischen Absicherung der Programmforschung verfügen nicht nur über die modernste Forschungstechnik, sondern – und das ist das wichtigste – sie unterhalten auch Kooperationsbeziehungen zu zahlreichen anderen Einrichtungen. Ihre Aufgabe ist es, Forschungskollektiven und Forschungsstätten, die von einer Erweiterung der eigenen Ausrüstungsbasis Abstand nehmen, die materiellen und technischen Voraussetzungen für ihre Arbeit zu sichern.“[52]

Ähnlich wie in der UdSSR und anderen sozialistischen Ländern, teilweise auch mit ihnen gemeinsam, ist in der DDR bereits seit längerem daran gearbeitet worden, sich auf die neue Situation und ihre Probleme einzustellen. Dabei ist es von entscheidender Bedeutung, den Widerspruch zwischen den wachsenden Ansprüchen an die materiell-technische Ausstattung des Forschungsprozesses und den stets begrenzten Möglichkeiten der Gesellschaft zu ihrer Befriedigung als einen objektiven Entwicklungswiderspruch anzuerkennen. Es ist nicht möglich, ihn ein für allemal zu lösen; wohl aber ist es möglich und notwendig, ihm neue Bedingungen seiner produktiven Entfaltung zu verschaffen. Dabei ist die unkritische Berücksichtigung beliebiger Anforderungen nach neuen Geräten volkswirtschaftlich unmöglich; das Ignorieren der berechtigten Forderungen der Forscher und selbst die gleichmäßige Verteilung der verfügbaren Geräte nach dem „Gießkannenprinzip“ würde hingegen von vornherein den Weg zu Spitzenleistungen verbauen.

Die Entwicklung der materiell-technischen Basis der Forschung erfordert zweifellos eine Vielzahl von Maßnahmen, jedoch kein Konglomerat, sondern ein gut durchdachtes System. Der Geräte- und Ausrüstungsbestand der Forschung unterliegt spezifischen Gesetzmäßigkeiten seiner Reproduktion, die sowohl die technologische Eigenart der Forschung als auch die ökonomischen Verhältnisse der gesamten Volkswirtschaft zum Ausdruck bringen und weiterer eingehender Untersuchung bedürfen. Die Praxis der Wissenschaftsleitung muß sie beachten und aus dem Spektrum ihrer möglichen Wirkungsbedingungen solche auswählen, die für die Forschungsarbeiten am günstigsten sind. Über die Erfordernisse der Komplettierung und Erneuerung des Gerätebestandes, die Entwicklungsmöglichkeiten des Gerätebaus und andere Indikatoren sind die Reproduktionsgesetze der materiell-technischen Basis der Forschung zumindest näherungsweise zugänglich, so daß sie in praktischen Leitungsentscheidungen bewußt re-

52 Vgl. B. M. Kedrov/J. A. Lebedeva/P. A. Nadetko, Über die Beziehungen zwischen Wissenschaft und Produktion, in: Sowjetwissenschaft, Gesellschaftswissenschaftliche Beiträge, 7/1980. S. 722–732.

spektiert werden können, auch wenn ihre explizite theoretische Darstellung noch aussteht.

Entscheidungen über die Bereitstellung (Eigenproduktion und Import) und Verteilung materiell-technischer Mittel der Forschung sollten daher — soweit das jeweils möglich ist — im Rahmen der gegebenen volkswirtschaftlichen Möglichkeiten ausschließlich unter dem Gesichtspunkt hoher Effektivität der Forschungsarbeit im gesamtnationalen Maßstab getroffen werden. Darauf müssen die Entscheidungskriterien bezogen sein, und danach sind auch die Entscheidungsebenen zu wählen. Das wird besonders deutlich in Konfrontation mit Praktiken, die unseres Erachtens einer produktiven Wirkungsweise des Widerspruchs von Anforderungen und verfügbaren Mitteln im Wege stehen. Man kann beispielsweise die Entscheidung über die Reihenfolge der Berücksichtigung vorliegender Geräteimportanforderungen nicht einem Außenhandelsorgan nach der dort gegebenen länderspezifischen Devisenlage überlassen (die Forschungsprioritäten kann dieses Organ nicht beurteilen); man kann die verfügbaren Mittel nicht gleichmäßig nach dem vorhandenen Bestand auf die Institute aufteilen, man kann die Entscheidung über den Einsatz eines einmalig vorhandenen Gerätes nicht immer und ohne weiteres nur dem (vielleicht zufälligen) „Besitzer" eines solchen Gerätes überlassen; man kann nicht dulden, daß eine Vielzahl gleichartiger teurer Geräte für die verschiedensten Einrichtungen angeschafft wird, wenn die Erfordernisse der Forschung auch bei der kooperativen Nutzung einer geringeren Anzahl dieser Geräte auf vertretbare Weise befriedigt werden können. Daß es auch anders möglich ist, wird z. B. auf dem technikintensiven Gebiet der Hochenergiephysik schon seit längerem erfolgreich praktiziert.[53]

Man muß deshalb solche Bedingungen und Voraussetzungen schaffen, die sowohl den berechtigten Forderungen der Forscher als auch den volkswirtschaftlichen Möglichkeiten und insgesamt den gesellschaftlichen Entwicklungsanforderungen am besten gerecht zu werden vermögen. Die Herstellung dieser Bedingungen erfordert weitreichende Veränderungen, auch in den Organisations- und Leitungsstrukturen, kann sich daher nur als ein historischer Prozeß über einen längeren Zeitraum vollziehen, und ist in den 80er und 90er Jahren mit viel größerer Konsequenz als bisher in Angriff zu nehmen. Dabei können wir uns auf vielfältige Ansätze und gute Erfahrungen stützen. Zu ihnen gehören unter anderem

— der Ausbau des wissenschaftlichen Gerätebaus in der DDR, die Einrichtung von „Sonderfertigungsbereichen" bzw. die Orientierung des akademieinternen Gerätebaus auf die spezifischen Bedürfnisse der Akademie-

[53] Vgl. K. Lanius, Methoden der physikalischen Erkundungsforschung — Schrittmacher der Rationalisierung wissenschaftlicher Arbeit, in: Spektrum, 5/1968, S. 156/157.

forschung; die Kooperation mit den RGW-Ländern bei der Schaffung standardisierter Ausrüstungen und der Automatisierung von Experimenten;

– die Bildung und erfolgreiche Arbeit von Rechen-, Geräte-, methodisch-diagnostischen und anderen Zentren, bis hin zu „internationalen Zentren";

– die Bildung von territorialen Kooperationsverbänden und Nutzergemeinschaften, die gemeinsame Errichtung und Nutzung von Technika, Versuchsanlagen u. ä. durch verschiedenste wissenschaftliche und andere Einrichtungen;

– die internationale Forschungskooperation gerade auf Gebieten mit aufwendiger Forschungsausrüstung, dabei insbesondere die Mitnutzung der materiell-technischen Basis der Sowjetwissenschaft (Interkosmos, Antarktisexpeditionen usw.), aber auch die begonnene Zusammenarbeit mit Einrichtungen internationaler Organisationen bzw. kapitalistischer Länder;

– die Bildung und Arbeit von Gerätekommissionen, wissenschaftlichen Räten u. ä. auf den verschiedensten Ebenen;

– die höhere Eigenverantwortung und größeren Rechte der wissenschaftlichen Einrichtungen über die ihnen zur Verfügung stehenden gesellschaftlichen Fonds (bei Import, Investitionen usw.);

– die höhere Auslastung, qualifizierte Bedienung, Wartung und Pflege der Geräte, die Vervollkommnung der methodischen und gerätetechnischen Basis, die in einzelnen Einrichtungen, insbesondere aber in Verbindung mit den oben erwähnten anderen Maßnahmen, Organisations- und Leitungsformen erreicht werden konnten.

Diese Erfahrungen enthalten wertvolle Hinweise für die effektivere Nutzung der vorhandenen Fonds und für die qualitative und quantitative Weiterentwicklung der materiell-technischen Basis als einem Faktor der Intensivierung und Rationalisierung der Forschung.

2.5. Zum Einsatz der Ressourcen und ihrer gesellschaftlichen Wirksamkeit

In den vorangegangenen Abschnitten haben wir uns auf aktuelle Entwicklungsprobleme zweier entscheidender Komponenten des Forschungspotentials der DDR – die Kader und die materiell-technische Basis – konzentriert. Wir wollen uns nun der Frage zuwenden, wie die Aufwendungen der Gesellschaft in ihrer Gesamtheit als Potential der Wissenschaft zu hoher gesellschaftlicher Wirksamkeit gebracht werden können. Die allgemeinen Bedingungen dafür sind eine klare Entwicklungsstrategie der Wissenschaft und die bewußte und planmäßige Gestaltung des Wissenschaftspotentials unserer Gesellschaft als ein abgestimmtes und zieladäquates, zugleich aber auch flexibles und entwicklungsfähiges System. Im Rahmen dieser Bedingungen kann ein hohes Niveau des Kaderpotentials und der materiell-technischen Basis günstige gesellschaftliche Effekte zeitigen. Für die Herstellung dieser Bedingungen bieten die sozialistischen Gesellschaftsverhältnisse hervorragende Möglichkeiten, die zwar nicht ohne Anstrengung zu erschließen sind, deren beharrliche Nutzung aber die aufgewandte Mühe vielfältig lohnt. Erich Honecker sagte auf dem X. Parteitag der SED: „Im Sozialismus sind Wissenschaft und Technik nicht mehr Objekt der Ausbeutung oder des Mißbrauchs zum Zwecke der Profitmacherei. Auch die wissenschaftlich-technischen Leistungen kommen ungeschmälert dem Volke zugute. Ihre Fortschritte beeinflussen immer tiefer den Alltag der Menschen in unserem Lande, die Bedingungen ihrer Arbeit und ihres Lebens. Sie bestimmen den Rang unseres sozialistischen Staates in der Welt in starkem Maße. Um so mehr lohnt der Einsatz der ganzen Person für diese gute Sache.“[54]

Während der 70er Jahre sind wir in der Entwicklung einer langfristigen Wissenschaftsstrategie beachtlich vorangekommen. Das findet seinen Ausdruck in den strategischen Dokumenten über „Die langfristige Entwicklung der naturwissenschaftlichen und mathematischen Grundlagenforschung sowie der Grundlagenforschung ausgewählter technischer Richtungen im Bereich der Akademie der Wissenschaften und des Ministeriums für das Hoch- und Fachschulwesen der DDR bis 1990“ sowie mit der „Konzeption zur Entwicklung der Naturwissenschaft und Technik im Zeitraum bis 1990 für wichtige Bereiche der Volkswirtschaft einschließlich der Anforderungen an die Entwicklung des Forschungs- und Entwicklungspotentials“. Diese Dokumente wurden durch den „Zentralen Forschungsplan der marxistisch-leninistischen Gesellschaftswissenschaften der DDR“ ergänzt und untereinander sowie mit anderen Bereichen der Gesellschaft und auch international im Rahmen des RGW, insbesondere mit der UdSSR, abgestimmt. Bei der Verwirklichung der langfristigen Konzeption wurden inzwischen wesentliche Fortschritte erreicht, und zugleich erfolgten auch Präzisierungen, die neue Tendenzen der Wissenschaftsentwicklung berücksichtigten.

Damit besteht eine sichere Grundlage für die Herausbildung einer hocheffektiven Potentialstruktur. Die hohen Zuführungen zum FE-Potential, die während des vergangenen Jahrzehnts erfolgt sind, schufen günstige Voraussetzungen für die erforderlichen Profilierungsprozesse. Diese Prozesse sind in ihrer Gesamtheit auf die Herausbildung und Entwicklung eines gesellschaftlichen *Systems* von Forschungspotentialen unterschiedlichen Typs und spezifischer Aufgabenstellungen gerichtet, die kooperativ die Entwicklung und Nutzung von Wissenschaft und Technik im gesamtgesellschaftlichen Interesse zu bewältigen haben.

Eine wesentliche Profilierungslinie ist dabei die Entwicklung der AdW der DDR als Zentrum der Grundlagenforschung. Ihre Institute und For-

[54] Bericht des Zentralkomitees der Sozialistischen Einheitspartei Deutschlands an den X. Parteitag der SED, a. a. O., S. 49.

schungsbereiche wurden in Zielstellung und Aufbau klarer auf die daraus entspringenden Anforderungen orientiert. Die Mitarbeiterzahl der Akademie stieg auf etwa 20000 im Jahre 1980; ihr Grundfondsbestand wurde in den 70er Jahren mehr als verdoppelt. Das Potential der AdW ist grundsätzlich disziplinär gegliedert. Jedoch sind fast 60 % ihrer Forschungskader für die Bearbeitung von Forschungsvorhaben mit technologischer Wirksamkeit eingesetzt[55]; diese in den letzten Jahren weiter verstärkte Orientierung ist eine Voraussetzung dafür, den Anforderungen der Volkswirtschaft in den Schwerpunktkomplexen Energie-, Roh- und Werkstoffbasis, Weiterentwicklung hochproduktiver Verfahren und Technologien sowie Mikroelektronik gerecht zu werden. Gleichzeitig geht das Bestreben dahin, die Lösung dieser Aufgaben vor allem durch die Erforschung fundamentaler Probleme und eine vertiefte theoretische Durchdringung anzustreben, da wesentliche Veränderungen der gesellschaftlichen Praxis ihre Wurzeln immer mehr in der Grundlagenforschung haben.

Zwei Problemkreise verdienen bei der Ausprägung der spezifischen Funktion der AdW im gesamten Wissenschaftspotential der DDR gegenwärtig besondere Beachtung. Der erste ist mit dem Verhältnis von Themen- und Fondsplanung bei der Entwicklung der Grundlagenforschung verbunden. In den 70er Jahren wurde erstmalig versucht, diese beiden Aspekte der Forschungsplanung langfristig in Übereinstimmung zu bringen. Wenn bei der Ausarbeitung und der bisherigen Realisierung einer solchen Konzeption auch nicht alle ursprünglich gehegten Hoffnungen und Vorstellungen verwirklicht werden konnten, trugen diese Arbeiten jedoch wesentlich zur strategischen Fundierung und Orientierung der Wissenschaftsentwicklung in der DDR bei und vermittelten wertvolle Erfahrungen auf dem Neuland der integrierten Planung von Forschungsinhalten und Potentialen (Fonds). Für die Wissenschaftsforschung war wiederum die Einsicht wesentlich, daß es für diese Ebene der Planung nicht nur an praktischen Erfahrungen, sondern auch an theoretischen Grundlagen und analytischen Instrumentarien mangelt, an denen jetzt mit Nachdruck gearbeitet werden muß.

Der zweite Problemkreis wird durch die Erfahrung angedeutet, daß es ungeachtet vieler positiver Ansätze gerade bei der Gestaltung leistungsfähiger Forschungspotentiale für die Bearbeitung von Komplexaufgaben mit großer volkswirtschaftlicher Bedeutung, die Beiträge verschiedener Einrichtungen erfordern, noch erhebliche Schwierigkeiten gibt. Hier wird besonders deutlich, daß es nicht um eine Gestaltung der AdW unabhängig von den anderen Bestandteilen des Wissenschaftspotentials der DDR, sondern um ihre Profilierung im Rahmen eines größeren Systems geht.

[55] Vgl. U. Hofmann/H.-J. Kaufmann/W. Meske, Aufgaben und Ziele der Akademie der Wissenschaften der DDR auf dem Gebiet der Technologie, in: Die Technik, 9/1978, S. 478.

Fundamentalität und Praxiswirksamkeit der Forschung lassen sich nur dann optimal vereinbaren, wenn zwischen der Grundlagenforschung vom Akademietyp und der Einführung von Neuerungen in die gesellschaftliche Praxis ein gut ausgebauter Gürtel von Vermittlungspotentialen placiert ist.

Diese Verbindungsstücke waren im Wissenschaftspotential der DDR in der Vergangenheit nur teilweise und insgesamt zu schwach entwickelt. Um diesen Engpaß zu beseitigen, wurden in den 70er Jahren umfangreiche Ressourcen für die Entwicklung von FE in Industrie und Bauwesen eingesetzt. Auf den Bereich der Industrieministerien entfielen von 1971–1979 37 Mrd. Mark oder ca 75 % aller FE-Aufwendungen, ihr Anteil an allen FE-Kadern der DDR beträgt ca. 2/3, wobei ihre Anzahl von 1971–1979 um 34600 Personen oder um 40,2 Prozent gegenüber 1970, d.h. auf etwa 120000 gestiegen ist.[56] Die Anzahl der Beschäftigten der Bauakademie der DDR, des wissenschaftlichen Zentrums des Bauwesens, hat sich von 1900 Mitarbeitern im Jahre 1970 auf insgesamt 3700, darunter fast 2000 Hoch- und Fachschulkader, im Jahre 1979 nahezu verdoppelt, ihr Anlagevermögen im gleichen Zeitraum von 20 Mio Mark auf ca. 120 Mio Mark versechsfacht.[57] Die Konzentration des überwiegenden Teils des FE-Potentials der DDR in diesen Bereichen entspricht der Tendenz, das Schwergewicht des FE-Potentials auf die Aneignung und vor allem auf die praktische Nutzung des internationalen Erkenntnisfortschritts zu legen. Dabei muß man berücksichtigen, daß internationale Spitzenleistungen nicht nur in der Grundlagenforschung, zum Beispiel bei der Entdeckung von Naturgesetzen, möglich und erforderlich sind, sondern daß sie in allen Phasen von Forschung und Entwicklung sowie Einführung benötigt werden. Erst durch das Zusammenwirken vielfältiger und zum Teil sehr unterschiedlicher Spitzenleistungen, von der Entdeckung neuer Wirkprinzipien bis zu ihrer erstmaligen technologischen Realisierung sowie raschen volkswirtschaftlichen Breitenanwendung, kommen komplexe technologische Neuerungsprozesse zur qualitativen Veränderung des gesellschaftlichen Reproduktionsprozesses zustande.[58]

Auch für diese Potentiale gilt daher die Strategie, auf dem Hintergrund eines allgemein hohen wissenschaftlich-technischen und ökonomischen Niveaus auf wenigen ausgewählten Gebieten bzw. bei einigen Erzeugnissen das Weltniveau zu bestimmen und mitzubestimmen. Ein besonderes Merkmal der Entwicklung der FE-Potentiale in der Industrie und im Bauwesen in den 70er Jahren ist, daß sie sich in enger Wechselwirkung mit der

56 Vgl. G. Mittag; Mit politischem Kampfgeist für eine höhere Effektivität, a. a. O. S. 135; z. T. eigene Berechnungen aus den angegebenen Daten.

57 Vgl. Neues Deutschland vom 19./20. Januar 1980, S. 3.

58 Vgl. Die Leitung und Planung technologischer Neuerungsprozesse in der Volkswirtschaft, a. a. O.

Stärkung und weiteren Herausbildung leistungsfähiger Kombinate in diesen Bereichen vollzog.

Anfang Januar 1980 bestanden in der zentralgeleiteten Industrie und im Bauwesen 129 Kombinate, in denen etwa 113000 Beschäftigte oder 90 % des gesamten industriellen FE-Potentials konzentriert waren. Der Anteil der FE-Mitarbeiter an der Gesamtzahl der Beschäftigten beträgt im Durchschnitt dieser Kombinate etwa 4,7 %.[59] Diese Potentiale sind voll in den Reproduktionsprozeß der Kombinate integriert und müssen sich in ihnen als nützliche Glieder der Arbeitsteilung bewähren: die erfolgreich arbeitenden Kombinate beweisen dabei zunehmend, wie hier die Vorzüge des Sozialismus wirksam gemacht werden können. Die Kombinate müssen als sozialistische Wirtschaftseinheiten ihren Reproduktionsprozeß – einschließlich FE und anderer produktionsvorbereitender Prozesse – weitgehend eigenverantwortlich und komplex gestalten. Für viele FE-Potentiale hat dieser Prozeß mit der Kombinatsbildung erst begonnen, da der organisatorische Zusammenschluß zwar eine wichtige Maßnahme, jedoch keineswegs identisch mit der funktionellen Profilierung, der inhaltlichen Konzentration, der Ausschöpfung der Vorzüge größerer Potentialeinheiten usw. ist. Die Kombinate sind nicht nur entscheidende Profilierungs- und Konzentrationspunkte für die Entwicklung leistungsfähiger FE-Potentiale, vor allem der angewandten Forschung, Entwicklung und Einführung, sondern bieten gleichzeitig die notwendigen komplexen Voraussetzungen für die rasche und breite Realisierung neuer wissenschaftlich-technischer Lösungen. Die sich hieraus ergebenden Möglichkeiten für das Hervorbringen und Realisieren von wissenschaftlich-technischen Ergebnissen mit großen volkswirtschaftlichen Auswirkungen konnten bei der Mehrzahl der meist recht jungen Kombinate bisher noch nicht voll ausgeschöpft werden. Hierin liegt eine der entscheidenden Aufgaben der 80er Jahre. Der X. Parteitag der SED gibt dazu die grundsätzliche Orientierung: „Es geht darum, im Maßstab der Volkswirtschaft und in jedem Kombinat mit dem Fünfjahrplan die Bedingungen zu schaffen, damit die neuen strategischen Entwicklungsrichtungen von Wissenschaft und Technik, die Entwicklung und Anwendung neuer Wirkungsprinzipien, effektiver Technologien und Verfahren, die Organisierung eines kräftigen Rationalisierungsschubs und die erforderlichen qualitativen Veränderungen für die Gestaltung der Struktur der Volkswirtschaft und des Produktionsprofils planmäßig verwirklicht werden."[60]

Die Bedingungen für ein effektives Zusammenwirken zwischen der Grund-

[59] Vgl. H.-J. Braune, Kombinate verdoppeln ihre Forschungskraft, in: Neues Deutschland vom 24. Oktober 1979, S. 3.

[60] Direktive des X. Parteitages der SED zum Fünfjahrplan für die Entwicklung der Volkswirtschaft der DDR in den Jahren 1981 bis 1985, Berichterstatter: Genosse W. Stoph, a. a. O., S. 10.

lagenforschung einerseits und der Entwicklung, Konstruktion und Technologie andererseits, unter denen die Möglichkeiten des Sozialismus voll ausgeschöpft werden können[61], sind zwar in den allgemeinen Konturen bekannt. Ihre Kenntnis ist jedoch noch bei weitem nicht so detailliert, wie es für die Praxis der Leitung und Planung wünschenswert wäre. Wir wollen hier etwas näher auf die theoretische Problematik eingehen, die mit der Bewältigung der praktischen Aufgaben verbunden ist. Dabei erscheint es uns wichtig, einen genügend leistungsfähigen theoretischen Ansatz zu finden.

2.5.1. Forschungs- und Entwicklungspotential und Forschungstypen

Wir betrachten die noch bestehenden Probleme im Zusammenwirken von Grundlagenforschung und Produktion als Symptom eines grundlegenden Entwicklungswiderspruchs der Wissenschaft — des Widerspruchs zwischen der „Erkenntnisorientierung" und der „Anwendungsorientierung" von Forschung und Entwicklung. Gesellschaftliches Anliegen von Forschung und Entwicklung ist immer die Anwendung, die Nutzbarmachung wissenschaftlicher Erkenntnisse — diese setzt ihrerseits jedoch das Auffinden, das Erkennen von Gesetzmäßigkeiten und andere wissenschaftliche Ergebnissen voraus. Obwohl also einerseits Gewinnung und Nutzung wissenschaftlicher Erkenntnisse in ihrer Gesamtheit untrennbar verbunden sind, darf man sie nicht miteinander identifizieren, da im Einzelfall sehr wohl der eine Aspekt dominieren bzw. vom anderen getrennt auftreten kann bzw. ihre Ergebnisse auf sehr vielfältige, von vornherein nicht zu übersehende Art und Weise miteinander gekoppelt werden können.

Es hat bis in die jüngste Zeit nicht an Versuchen gefehlt, den oben genannten Widerspruch dahingehend „aufzulösen", daß man den einen Aspekt verabsolutiert und den anderen dafür ignoriert bzw. negiert hat. Ausdruck solcher Versuche sind z. B. die bürgerliche These von der „Freiheit oder Autonomie der Wissenschaft" oder die Absicht, Forschung und Entwicklung ausschließlich für die Lösung unmittelbar praktischer Probleme der Industrie oder anderer Bereiche der Gesellschaft einzusetzen. Solche Versuche haben sich in der Praxis nicht bewährt.

Gewisse Erfolge und Fortschritte bei der Beherrschung des Widerspruchs von Erkenntnis- und Anwendungsorientierung wurden durch die Einteilung der einzelnen Forschungen nach ihrem Hauptzweck erreicht. Dabei wurden drei Grundtypen der Forschungs- und Entwicklungsarbeit unterschieden: die Grundlagenforschung, die angewandte Forschung und die

[61] Vgl. dazu auch den Beschluß des Politbüros des ZK der SED über die „Aufgaben der Universitäten und Hochschulen in der entwickelten sozialistischen Gesellschaft", in: Neues Deutschland vom 20. März 1980, S. 4.

Entwicklung. Die Grundlagenforschung umfaßte danach alle Forschungsarbeiten, die ausschließlich auf die *Gewinnung neuer wissenschaftlicher Erkenntnisse* gerichtet sind, ohne überwiegend an dem Ziel einer praktischen Anwendung orientiert zu sein. Die (experimentelle) Entwicklung befaßt sich mit der *Nutzung wissenschaftlicher Erkenntnisse*, um dadurch zu neuen oder wesentlich verbesserten Materialien, Geräten, Produkten, Verfahren, Systemen oder Dienstleistungen zu gelangen. Die angewandte Forschung bildete gewissermaßen das Übergangsstadium; sie ist auf die Gewinnung wissenschaftlicher Erkenntnisse gerichtet, die jedoch vornehmlich einer spezifischen praktischen Zielstellung oder Anwendung dienen sollten.[62]

Diese Gliederung ermöglichte sowohl die Analyse der Einsatzstrukturen des vorhandenen Potentials und ihren internationalen Vergleich als auch eine auf entsprechende Schwerpunkte orientierte Wissenschaftspolitik im staatlichen Rahmen. Dadurch wurde dem Widerspruch zwischen Erkenntnis- bzw. Anwendungsorientierung durch eine Polarisierung der Kräfte und die organisatorische „Trennung" der beiden Pole im System der gesellschaftlichen Arbeitsteilung Rechnung getragen. In den sozialistischen Ländern äußerte sich das nicht nur in den Themen oder Aufgaben einzelner Kollektive, sondern auch in der Herausbildung der organisatorischen Grundformen der Akademien der Wissenschaften, deren Institute hauptsächlich Grundlagenforschung betreiben, sowie von Forschungsinstituten in den verschiedenen Zweigen der Volkswirtschaft, die sich in erster Linie mit angewandter Forschung und Entwicklung beschäftigen; hinzu kommen die Universitäten und Hochschulen, an denen die Ausbildung mit der Forschung gekoppelt ist und an denen der angeführte Widerspruch vor allem in Form der Einheit (und des Gegensatzes) von Forschung und Lehre auftritt. Ein Vorteil dieser Struktur bestand und besteht in der Spezialisierung und funktionellen Arbeitsteilung zwischen diesen verschiedenen Arten von wissenschaftlichen Organisationen; als struktureller Nachteil hatte sich bereits um 1970 vor allem die relativ starke Abgrenzung zwischen den drei Grundformen herausgestellt.[63] In den 70er Jahren hat sich diese Problematik weiter verschärft, wobei vor allem folgende Faktoren eine Rolle spielen:

– Die Beschleunigung des wissenschaftlich-technischen Fortschritts und seine komplexe Durchsetzung im Rahmen der Volkswirtschaft erfordert in wachsendem Umfang qualitativ neue Lösungen, für die die benötigten Erkenntnisse, Prinzipien usw. nur in der Grundlagenforschung zu gewinnen sind. Dadurch wurde es notwendig, die Grundlagenforschung wesentlich zu erweitern und sie gleichzeitig in ihrem Profil *auch* unmittelbar auf die Bedürfnisse der Praxis zu orientieren und vielfältiger zu gestalten.

[62] Vgl. Allgemeine Richtlinien für statistische Übersichten in Forschung und experimenteller Entwicklung. Frascati-Handbuch II, Essen, 1971, S. 11.

[63] G. G. Kotowski, Junge Wissenschaftler in der sozialistischen Gesellschaft, in: Wissenschaftliche Welt, 5/1971, S. 26–39.

– Die Intensivierung der wissenschaftlichen Arbeit basiert zu einem wesentlichen Teil auf dem Umschlagen von Ergebnissen der Forschung in qualitativ neue Voraussetzungen für künftige Forschungs- und Entwicklungsprozesse;[64] das betrifft sowohl Ergebnisse der Grundlagenforschung in Form neuer Prinzipien usw. als Basis für die angewandte Forschung und Entwicklung (AF/E) als auch Ergebnisse der AF/E in Form neuer Problemstellungen sowie neuer Geräte u. a. technischer Mittel für die Grundlagenforschung. Damit gewinnen aber gegenwärtig die engeren Bindungen und Verbindungen zwischen den verschiedenen Forschungstypen entscheidende Bedeutung sowohl für die Intensivierung der Forschung als auch für die Beschleunigung des wissenschaftlich-technischen Fortschritts.
– Die Voraussetzung für die engere Verbindung von Grundlagenforschung und Praxis sind durch den Ausbau der Grundlagenforschung und die Schaffung von Überleitungspotentialen auch in den Einrichtungen der Grundlagenforschung, die qualitative und quantitative Stärkung von Potentialen der AF/E und Überführung vor allem bei den Kombinaten sowie die Anhebung des wissenschaftlich-technischen Niveaus der materiellen Produktion selbst, sowohl hinsichtlich des Qualifikations- und Erfahrungsniveaus der dort tätigen Kader als auch ihrer technisch-technologischen Basis, in bedeutendem Maße entwickelt worden.

Damit ist in den 70er Jahren der Aspekt der *Einheit* von Erkenntnis- und Anwendungsorientierung der Forschung auf einer qualitativ neuen gesellschaftlichen Stufe wieder stärker in den Vordergrund getreten. Die dabei auftretenden und aktiv zu entwickelnden Wechselbeziehungen innerhalb der Wissenschaft selbst, d. h. zwischen Grundlagenforschung, angewandter Forschung und Entwicklung, verdienen besondere Aufmerksamkeit. Die Gesamtheit dieser Beziehungen wird von uns als „wissenschaftlicher Transfer“ aufgefaßt. Darunter verstehen wir sowohl den Übergang von Grundlagenerkenntnissen über bestimmte Vermittlungsstufen bis zu unmittelbar praxiswirksamen Resultaten als auch den Übergang von in der Praxis auftretenden Problemen zu fundamentalen Forschungsproblemen. Die wesentlichen Stufen dieser „Transferkette“ innerhalb der Wissenschaft, die die Übergänge in beiden Richtungen vermitteln, erscheinen in Form von Forschungstypen mit entsprechenden typspezifischen Potentialen. Dabei gehen wir davon aus, daß eine „Transferkette“ in ihrer Leistungsfähigkeit durch das schwächste Kettenglied oder auch durch den Engpaß bestimmt wird, so daß partielle Maßnahmen auch nur Teilerfolge bringen können. Die gesellschaftliche Wirksamkeit der Grundlagenforschung hängt so wesentlich nicht nur von ihren Ergebnissen, sondern auch vom Umfang der AF und von der Qualität der hier eingesetzten Kader ab; andererseits wird das Niveau

[64] Vgl. W. Meske, Das Forschungspotential in der DDR – Merkmale, Strukturen Tendenzen, a. a. O., S. 63.

von AF/E wiederum entscheidend durch die von der Grundlagenforschung angebotenen neuen Prinziplösungen „vorherbestimmt", kann den dabei vorgegebenen „theoretisch erreichbaren Wirkungsgrad" nicht überschreiten.

Unsere Untersuchungen haben gezeigt, daß die traditionelle Unterscheidung der drei Forschungstypen zu grob ist, um den Mechanismus des wissenschaftlichen Transfers auf dem gegenwärtigen Entwicklungsniveau analysieren und planmäßig gestalten zu können. Vielmehr mußte die reale Differenzierung der Forschungsarbeiten und ihrer Potentiale genauer berücksichtigt werden. Als erste Näherung für die Abbildung der Arbeitsteilung in FE verwendeten wir in unseren Untersuchungen eine sechsstufige Skala von Forschungstypen. Dabei wurde eine weitere Untergliederung der Grundlagenforschung in 3 Typen vorgenommen, um der gewachsenen Bedeutung und Vielfalt der hierfür eingesetzten Potentiale besser gerecht werden zu können; außerdem wurde ein „Mischtyp" als Übergang zwischen AF und E angenommen.

Angestrebt wird eine sytematische typologische Differenzierung, die in ausreichender Näherung das makrostrukturelle Gefüge der wissenschaftlichen Arbeitsteilung entlang der Transferkette abbildet.

Die von uns verwendeten 6 Forschungstypen, deren Praktikabilität sich in der EAF grundsätzlich bestätigte, spiegeln die typischen arbeitsteiligen Profilierungen der Tätigkeiten im gesellschaftlichen Forschungsprozeß wider. Diese Spezifizierung bildet eine wichtige Grundlage der Analyse der recht komplizierten Strukturen der arbeitsteiligen Prozesse in der Forschung und liefert wichtige Voraussetzungen dafür zu erkennen, wie die wissenschaftliche Arbeit im gesellschaftlichen Maßstab intensiver gestaltet werden kann.

Wir charakterisieren die in der EAF verwendeten Forschungstypen wie folgt:

Forschungstyp 1: Strategische Erkundungs- und Vorlaufforschung

Der Sinn dieser von vornherein meist komplex, interdisziplinär und hochgradig prognostisch angelegten Forschungen ist es, grundlegende Entwicklungsprobleme der gesellschaftlichen Praxis und fundamentale Entwicklungsprobleme der wissenschaftlichen Erkenntnis miteinander in Beziehung zu setzen oder, richtiger gesagt, ihren inneren Zusammenhang zu enthüllen und für seine Beherrschung strategische, planorientierende Konsequenzen zu ziehen. Dabei ist es nicht entscheidend, ob ein gravierendes Entwicklungsproblem der gesellschaftlichen Praxis (etwa das Problem der Bestimmung und Befriedigung des künftigen Energiebedarfs) den Ausgangspunkt bildet und die Möglichkeiten der Wissenschaft geprüft werden, auf dieses Problem zu reagieren, oder ob neuartige Erkenntnisperspektiven einschließlich ihrer möglichen Handlungskonsequenzen am Anfang stehen und die daraus entspringenden potentiellen Veränderungen der Gesellschaft erwogen werden. Auf jeden Fall aber kommt es darauf an, die jeweiligen Zusammenhänge von Wissenschaft und Praxis in ihrer ganzen Vielschichtigkeit perspektivisch aufzudecken. Diese Forschung ist meist nicht unmittelbar disziplingebunden und dient vor allem der Strategiebildung für die Entwicklung der Wissenschaft insgesamt.

Forschungstyp 2: Allgemeine theoretische Grundlagenforschung

Sie ist auf die Entwicklung und Vervollkommnung von Theorien bestimmter Wissenschaftsdisziplinen gerichtet. Dabei geht sie von den Orientierungen der strategischen Erkundungs- und Vorlaufforschung aus. Ihre Ergebnisse kulminieren in der Abbildung fundamentaler objektiver Gesetze und ihrer Wirkungsbedingungen, schließen aber den gesamten damit verbundenen methodologischen, experimentell-empirischen und theoretischen Erkenntniszuwachs ein.

Forschungstyp 3: Gezielte, deutlich anwendungsorientierte Grundlagenforschung

Dieser Typ bildet den Übergang von der Sphäre der Gesetzeserkenntnis zur angewandten Forschung. Er liefert den Nachweis der prinzipiellen Anwendbarkeit des vorliegenden Gesetzeswissens für konkrete Aufgabengebiete der gesellschaftlichen Praxis (beispielsweise für die Entwicklung neuer Erzeugnisse und Technologien, für die Weiterentwicklung der materiell-technischen Basis usw.) und steckt die Wege dieser Anwendung ab, die von den nachfolgenden Forschungstypen weiter präzisiert und schließlich verwirklicht werden. Ein wesentliches Merkmal dieses Forschungstyps ist der relativ hohe Allgemeinheitsgrad der gewonnenen Problemlösungen, woraus deren multivalente Nutzbarkeit für verschiedene Anwendungsgebiete resultiert. Sie wird auch als „Applikationsforschung der Grundlagenforschung“ bezeichnet.

Bei den nachfolgenden Forschungstypen 4, 5 und 6 handelt es sich um den Teil der „Kette des wissenschaftlichen Transfers“, durch den die Resultate der Grundlagenforschung schrittweise einer unmittelbaren produktiven Nutzung zugeführt werden.

Forschungstyp 4: Angewandte Forschung

Hier werden die Ergebnisse der Grundlagenforschung (Typen 1–3) produkt- und verfahrensgerecht aufbereitet und weitergeführt. Die Ergebnisse sind *theoretische* Grundlagen für Verfahren, Mittel und Methoden mit einem relativ hohen Konkretheits- bzw. Detailliertheitsgrad. Obwohl sie noch nicht unmittelbar für eine produktive Nutzung verwendbar sind, bilden sie die unmittelbare Voraussetzung für die praktische, meist technische Verwirklichung bzw. Erprobung. Im Zusammenhang damit nimmt die interdisziplinäre Arbeit zu.

Forschungstyp 5: Mischtyp von angewandter Forschung und Entwicklung

Die Orientierung der Untersuchungen auf einzelne Produkte oder Verfahren wird noch weiter präzisiert und detailliert; experimentelle Prototypen der angestrebten praktischen Ergebnisse werden hergestellt und geprüft, so daß die Entwicklungs- und Konstruktionsarbeit unmittelbar anschließen kann.

In dieser Phase des wissenschaftlichen Transfers erfolgt der Umschlag der „nichtmateriellen" Ergebnisse in die Materialisierung und Vergegenständlichung der Forschungslösung. Hier liegt gewissermaßen eine Schaltstelle vor, an der die Idee ihre Praktikabilität beweisen muß. Der erreichte Stand der technischen Erprobung, der „Vergegenständlichung" reicht aber noch nicht aus, um das Forschungsresultat produktionswirksam machen zu können. Am Muster oder Modell sind noch grundsätzliche Korrekturen notwendig.

Forschungstyp 6: Entwicklung und Konstruktion

Dieses abschließende Glied der Transferkette dient der direkten produktionsgerechten technischen und technologischen Umsetzung der gewonnenen Resultate.

Tätigkeiten dieses Forschungstyps sind vorwiegend an praktischen Problemen orientiert, in hohem Maße interdisziplinär angelegt und auf das Zusammenwirken von Kadern verschiedenster Qualifikation angewiesen. Der notwendigerweise sehr heterogene Charakter dieser Forschungstätigkeiten resultiert aus der Tatsache, daß es in dieser Phase nicht ausreicht, lediglich naturwissenschaftlich-technische bzw. technologische Gesichtspunkte zu berücksichtigen, zugleich muß ökonomischen, organisatorischen, arbeitswissenschaftlichen, sozialen u. a. Aspekten und Konsequenzen Rechnung getragen werden.[65]

Eine Stichprobe von 785 Hochschulkadern der Akademie der Wissenschaften, des Hochschulwesens und aus Forschungseinrichtungen der Industrie, die wir in der EAF untersuchten, verteilte sich auf diese sechs Forschungstypen wie folgt: (s. Tab. 15)

Die Grobstruktur dieser Stichprobe entspricht somit nicht der Gesamtstruktur des FE-Potentials der DDR, nähert sich eher der Gesamtproportion des FE-Kadereinsatzes an der AdW der DDR.

Bemerkenswert ist die Konzentration der Tätigkeiten auf den Typ 3: Dieser Typ bildet in der Stichprobe einen Kulminationspunkt in der Kette des wissenschaftlichen Transfers mit annähernd gleichen Relationen zu den vorhergehenden und zu den nachfolgenden Stufen. Dieses Resultat widerspiegelt auch die Vorstellung der Wissenschaftler über den von ihnen vertretenen Forschungstyp.

65 Vgl. A. Lange/D. Voigtberger, Überleitung von wissenschaftlich-technischen Ergebnissen, Berlin 1975, S. 19/20.

Tabelle 15

	Prozent der Nennungen	
1. Strategische Erkundungs- und Vorlaufforschung (SGF)	11	65
2. Allgemeine theoretische Grundlagenforschung (TGF)	16	
3. Gezielte, deutlich anwendungsorientierte Grundlagenforschung (AGF)	38	
4. Angewandte Forschung (AF)	16	35
5. Mischtyp von angewandter Forschung und Entwicklung (MT)	13	
6. Entwicklung und Konstruktion (EK)	6	
	100	

(Die Häufigkeitsverteilung enthält Mehrfachnennungen, da die Tätigkeit der Respondenten sich z. T. mehreren Forschungstypen zuordnen läßt. Die Zuordnung wurde von den Respondenten selbst vorgenommen.)

Die sich ergebenden Mehrfachzuordnungen auf Grundlage der Selbsteinschätzung der Respondenten und der Charakterisierung des Typs der Forschungssituation durch den Leiter des Kollektivs lassen erkennen, in welch hohem Grad verschiedene Forschungstypen von ein und demselben Kollektiv – bei Konzentration auf einen – vertreten werden (vgl. Tabelle 16).

Tabelle 16

Verflechtung zwischen den Typen der Forschungseinrichtungen und den Typen der darin realisierten Forschungstätigkeit[65] (Summe der korrelativen Verknüpfungen je Zeile = 100, Angaben in Prozent, Differenzen resultieren aus Nichturteilen und Rundungen)

Typ der Forschungs-einricht.	Typ der Forschungstätigkeiten SGF	TGF	AGF	AF	MT	EK
SGF	19	36	32	4	6	0
TGF	18	27	33	11	5	2
AGF	11	17	44	13	10	3
AF	7	6	33	25	22	4
MT	5	4	17	25	26	23
EK	0	6	6	17	11	60

1. Spalte: Forschungstyp der Institution (Leiterurteil)
Zeilen: Tätigkeit der Mitarbeiter (Einstufung durch die Respondenten selbst)

Sie stimmen mit in der UdSSR durchgeführten Untersuchungen überein, wonach die Mehrzahl der Wissenschaftler mit Tätigkeiten in 2–3 aufeinanderfolgenden Stadien des Zyklus Wissenschaft – Produktion beschäftigt ist.[66]

[66] L. Kannengießer/W. Meske (Hrsg.), Das Kaderpotential der Wissenschaft im Sozialismus, Berlin, 1982, S. 94.

Die EAF zeigt darüber hinaus, daß auch in der Grundlagenforschung bereits Tätigkeiten mit „deutlich anwendungsorientiertem“ Profil dominieren. Darin kommt unseres Erachtens ein Trend des Strukturwandels in der Grundlagenforschung zum Ausdruck; es ist zu erwarten, daß sich dieser Trend mit dem Ausbau der industriezweigspezifischen Grundlagenforschung in den 80er Jahren noch fortsetzen wird. Indes können wir zur Zeit nicht sagen, wie die anzustrebende Optimalproportion zwischen den Forschungstypen aussehen muß. Allerdings ist es einsichtig, daß sich Typ 3 nicht beliebig auf Kosten der Typen 1 und 2 ausdehnen kann, ohne sich selbst auf angewandte Forschung zu reduzieren und damit die gesamte Transferkette in eine Nachlaufsituation zu bringen. In der Vergangenheit war der Typ 3 zu gering ausgeprägt, so daß seine Ausdehnung zum niveaubestimmenden Erfordernis für die effektive Gestaltung der gesamten Transferkette geworden ist; seine Entwicklung wird jedoch die in sie gesetzten Erwartungen nur dann erfüllen, wenn sie sich auf in den Typen 1 und 2 in erforderlichem Ausmaß und auf gebührendem Niveau geleistete Arbeiten stützen kann.

Ein differenzierendes Bild über die Unterschiede und Gemeinsamkeiten der verschiedenen Forschungstypen ergibt sich aus der Untersuchung ihrer wesentlichen Arbeitsziele und Ergebnisformen, dargestellt in nachstehenden Tabellen 17 und 18.

In allen Forschungstypen kommt eine vielfältige Gesamtheit von Arbeitszielen und Ergebnisformen vor. Die einzelnen Typen unterscheiden sich

Tabelle 17

Relative Nennhäufigkeit von Arbeitszielen in den Forschungstypen

Arbeitsziel	Forschungstyp SGF	TGF	AGF	AF	MT	EK
Erkennen von Gesetzmäßigkeiten usw.	28	25	20	13	10	4
Erkennen von neuen wiss. Problemen	21	20	17	14	13	8
Erkennen von Methoden und Verfahren	19	15	17	15	13	10
Aufbau von Experimenten	12	13	14	16	19	19
Erkennen von technol. Lösungsprinzipien	9	11	13	18	20	31
Erkennen von technol. Zusammenhängen	6	7	8	13	13	15
Umsetzen prakt. Probleme in wiss. Fragestellungen	6	9	10	11	11	10

Quelle: EAF

Tabelle 18

Relative Nennhäufigkeit von Ergebnisformen in den Forschungstypen (Angaben in Prozent der Mehrfachnennungen, Zahlen in den Spalten addieren nicht zu 100)

Ergebnisform	Forschungstyp SGF	TGF	AGF	AF	MT	EK
Publikationen	31	26	24	17	18	11
Forschungsberichte	20	22	22	22	21	19
Betreuung von wiss. Nachwuchs	13	11	10	8	8	7
Patente	11	14	15	16	15	17
Lehrbücher usw.	9	5	5	4	2	2
Verfahrensbeschreibung	7	8	9	10	10	7
Allgem. Inform. für F und E	9	6	6	7	8	8
Konstruktion	3	5	5	8	10	22
Inform. für wiss.-techn. Pers. i. d. Produktion	1	1	4	7	8	6

Quelle: EAF

also vorrangig nicht durch die Art der Ziele und Ergebnisformen, sondern vor allem durch Ausprägung und Vorrangigkeit bestimmter Ziele und Formen. Diese Tatsache schafft günstige Voraussetzungen, um den „wissenschaftlichen Transfer" innerhalb der Kollektive und zwischen ihnen zu verstärken und zu beschleunigen und damit die Verflechtung der unterschiedlichen Forschungstätigkeiten intensiver zu gestalten.

Die reale Leistungsfähigkeit der für die verschiedenen Forschungstypen eingesetzten Potentiale, zu deren Kennzeichnung wir nun übergehen, ist nicht nur für den unmittelbaren Effekt der jeweiligen Stufe, sondern auch für die Effektivität der gesamten Transferkette wesentlich. Eine für die Leistungsfähigkeit der Potentiale maßgebliche Rolle spielt dabei die Qualifikationsstruktur der Kader (vgl. Tabelle 19). Da sich die einzelnen Forschungs-

Tabelle 19

Qualifikationsstruktur der befragten Kader nach Forschungstypen (% der Nennungen; je Spalte = 100)

Qualifikationsabschluß bzw. Graduierung	Gesamtstruktur	Nach Forschungstypen SGF	TGF	AGF	AF	MT	EK
Fachschulabschluß	17	8	11	10	25	28	40
Hochschulabschluß	30	28	32	29	28	34	46
Promotion A	40	44	38	46	37	33	14
Promotion B	8	10	11	9	6	3	–
Professor	5	10	8	6	4	2	–

Quelle: EAF

typen arbeitsfunktionell voneinander unterscheiden, ist zu erwarten, daß sie auch hinsichtlich der Qualifikationsstruktur der ihnen zugrunde liegenden Potentiale Unterschiede aufweisen. Solche Unterschiede bestehen zwischen allen Forschungstypen, wobei deutliche „Sprünge "zwischen den Typen 3 und 4 und zwischen den Typen 5 und 6 auftraten. In der Dimension der attestierten Qualifikationsabschlüsse verringert sich das Qualifikationsniveau mit der zunehmenden Anwendungsorientiertheit der Tätigkeiten. Möglicherweise beeinträchtigt das die gesellschaftliche Wirksamkeit der Grundlagenforschung. Für ein ausgewogenes Urteil muß allerdings auch berücksichtigt werden, daß das Leistungsvermögen nicht allein durch attestierte Qualifikationsabschlüsse, sondern auch durch Arbeitserfahrungen der verschiedensten Art bestimmt wird, für deren Qualität die Dauer der Tätigkeit in der Forschung nur ein „Hilfs"-Kriterium sein kann.

Hinsichtlich der Wege, auf denen die Kader ihre wissenschaftliche Spezialisierung erworben haben, dominieren die Mitarbeit an Forschungsthemen und Publikationen sowie die Spezialisierung über das Selbststudium; das relative Gewicht des erstgenannten Weges nimmt von der Grundlagenforschung zur angewandten Forschung hin ab. Nur ein geringer Teil der Befragten gab an, sich über gezielte Weiterbildungsveranstaltungen spezialisiert zu haben. Insgesamt dürften somit noch Reserven hinsichtlich einer kontinuierlichen Einflußnahme seitens der Wissenschaftsleitung auf die langfristige anforderungsgerechte Spezialisierung der Kader bestehen. Das wird auch durch den relativ hohen Anteil solcher Kader unterstrichen, bei denen keine Übereinstimmung von Ausbildungsspezialisierung und ausgeübter Tätigkeit besteht. Dieser Befund weist darauf hin, daß ein bestimmtes Maß erworbener Spezialisierungen brachliegt. Allerdings — dazu sind weitere Analysen notwendig — könnte er zugleich anzeigen, daß vielfach die erworbenen Spezialisierungen zu eng sind und nicht die nötige Flexibilität aufweisen, um sich auf die in der Forschung mitunter tiefgreifend verändernden Anforderungen schnell einstellen zu können.

Ein nicht zu unterschätzender Indikator für die vorliegenden Forschungserfahrungen der Kader ist die Dauer ihrer Forschungstätigkeit.

Mehr als die Hälfte aller Kader verfügen über mehr als 10jährige Forschungserfahrung, wobei besonders die SGF und MT solch erfahrene Kader besitzen. Bei den anderen Typen ist dagegen der Anteil von Kadern mit weniger als 5 Jahren Forschungserfahrung wesentlich stärker. Mit einem Durchschnittsalter zwischen 35 und 40 Jahren sind in allen Forschungstypen Kader vorhanden, die über relativ langfristige Forschungs- und andere Erfahrungen verfügen, wobei deren Verhältnis nicht immer ausgewogen ist.

In den Forschungstypen SGF, AGF, MT, AF und mit größeren Abweichungen auch in EK wirken Kader, die unmittelbar nach ihrer Hochschulausbildung und teilweise auch schon während dieser unmittelbar im Forschungsprozeß eingesetzt wurden. Ihre Forschungserfahrung ist also – gemessen an der Altersstruktur – relativ hoch. Sie verfügen aber über geringer ausgeprägte Praxiserfahrung. Der im Vergleich zur Altersstruktur (und der nach ihr zu erwartenden möglichen Forschungserfahrung) deutlich geringere Anteil von Wissenschaftlern mit mehr als 10 Jahren Forschungserfahrung in den Forschungstypen SGF, AGF, AF, MT und EK deutet an, daß in diesen Forschungstypen Wissenschaftler wirken, die vor Aufnahme einer wissenschaftlichen Arbeit verschiedenartige Funktionen im nichtwissenschaftlichen Bereich ausgeführt haben, sich also auch (im weitesten Sinne) Praxiserfahrung angeeignet haben. Sie besitzen damit günstige Voraussetzungen für eine engere Verbindung von Wissenschaft und Produktion.

Eine erste Analyse der durchschnittlichen Tätigkeitsdauer der Kader am jeweiligen Institut ergänzt diese Aussagen. In allen untersuchten Forschungstypen ist eine relativ lange Verweildauer der Wissenschaftler festzustellen, da die Zeitgruppen 5 bis 10 und 10 bis 20 Jahre den größten Anteil aller Nennungen ausmachen. Dabei ist der Anteil derjenigen Kader, die erst kurzfristig am jeweiligen Institut arbeiten, also auch nur geringe Zeit hatten, sich in das jeweilige Kollektiv einzupassen, in allen Forschungstypen sehr gering.

Die „zeitlichen" Kaderstrukturen sind unter doppeltem Aspekt zu sehen: Sie zeugen einmal von der Herausbildung von Stammkollektiven, die gewissermaßen „Kerne" der wissenschaftlichen Arbeit sind und in entscheidendem Maße Richtung und Kontinuität der wissenschaftlichen Arbeit beeinflussen. Kollektive benötigen eine gewisse Zeit, um sich als produktive Forschungsgruppe zu profilieren; ständiger Wechsel und zufällige Fluktuationen in den Kollektiven belasten hingegen die Kontinuität der wissenschaftlichen Arbeit.

Die relativ hohe durchschnittliche Verweildauer läßt aber auch „Überalterungsprozesse" und eine nicht immer günstige „Stabilität" der Kollektive erkennen, die Arbeitsklima und Produktivität der wissenschaftlichen Arbeit hemmen können und die sich in den 80er Jahren weiter negativ bemerkbar machen können, wenn der Zustrom neuer Kader aus den Absolventen weder absolut noch relativ das Ausmaß der 70er Jahre behält.

Für die gesellschaftliche Effektivität der Forschung ist die Frage nach dem Nutzen der Ergebnisse von größer Bedeutung. Der überwiegende Teil der befragten Wissenschaftler erwartet einen bedeutsamen Nutzen ihrer Arbeitsergebnisse; nur wenige geben an, daß die Frage nach dem Nutzen für ihren Forschungstyp nicht relevant sei bzw. daß sie nicht in der Lage sind, den erwarteten Nutzen beurteilen zu können. Dieser Befund spricht weniger für eine subjektive Überschätzung der Nützlichkeit ihrer Resultate durch die befragten Wissenschaftler als vielmehr für die Tatsache, daß an vielen Stellen der gesellschaftlichen Praxis mit wissenschaftlichen Ergebnissen, selbst wenn sie unter dem internationalen Niveau liegen[67], noch ein echter Nutzen erzielt werden kann.

Diese Ergebnisse deuten an, daß die Ansprüche der Nutzer an die Forscher und die der Forscher an sich selbst oft zu niedrig angesetzt sind und die Durchsetzung eines kompromißlosen Strebens nach echten Höchstleistungen verstärkt im Zentrum der Aufmerksamkeit stehen muß, sowohl bei der Leitung wissenschaftlicher Einrichtungen als auch bei der Gestaltung der Beziehung von Kombinaten, Hochschulen und Akademieinstituten. Das gilt sowohl für die Einschätzung der erzielten Resultate als auch für das Niveau der Zielstellungen. Der X. Parteitag der SED fordert mit Nachdruck, durch echte Spitzenleistungen „einer effektiven Produktion auf lange Zeit den Weg zu ebnen. Die Maßstäbe setzt unbestechlich das internationale Niveau. Die Forschung muß anvisieren, was dieses Niveau bestimmt, wenn ihre Ergebnisse in die Produktion eingeführt werden".[68] Wie die Fünfjahrplandirektive festlegt, sind die den Forschungskollektiven vorzugebenden Ziele „am fortgeschrittenen Stand und den Entwicklungstendenzen von Wissenschaft und Technik in der Welt zu messen ..."[69] Damit sind hohe Anforderungen an Leiter und Mitarbeiter gegenüber dem eigenen Leistungsanspruch verbunden. Mit dem Persönlichkeitsbild des sozialistischen Wissenschaftlers ist es unvereinbar, sich von vornherein mit einem Platz im Mittelfeld abzufinden und nicht um Spitzenergebnisse zu kämpfen, auch dann, wenn sich mit Resultaten minderen Ranges *noch* ein gewisser praktischer Nutzen erzielen läßt. Sind diese moralisch-politischen Kampfpositionen gesichert, dann geht es darum, *wie* die Orientierung am internationalen Stand realisiert werden soll. Der in Publikationen, marktwirksamen Produktionen und Technologien usw. sichtbare *Stand* bietet zunächst nicht mehr als einen Hinweis auf das Niveau, das durch die eigenen Leistungen unbedingt überboten werden muß. Für den positiven Inhalt der eigenen Zielstellungen ist es aber unverzichtbar,

67 Vgl. die Feststellung „daß rund ein Drittel der Aufgaben in den betrieblichen Plänen Wissenschaft und Technik unter dem internationalen Stand liegen", und daß hier noch große Reserven erschlossen werden können. G. Mittag, Mit politischem Kampfgeist für eine höhere Effektivität, a. a. O., S. 135; auf ähnliche Probleme in den Gesellschaftswissenschaften verweist D. Klein mit der Feststellung, daß an der Humboldt-Universität Berlin „die Themenleiter der 222 gesellschaftswissenschaftlichen Forschungsthemen für 1981–1985 nur 25 von sich aus als Höchstleistungen konzipieren". D. Klein, Wir kämpfen um eine höhere Qualität der wissenschaftlichen Arbeit, in: Die Gesellschaftswissenschaften vor neuen Aufgaben, Berlin 1981, S. 84.

68 Bericht des Zentralkomitees der Sozialistischen Einheitspartei Deutschlands an den X. Parteitag der SED, a. a. O., S. 51.

69 Direktive des X. Parteitages der SED zum Fünfjahrplan für die Entwicklung der Volkswirtschaft der DDR in den Jahren 1981 bis 1985, a. a. O., S. 23.

sich in die – schon verwirklichten oder objektiv möglichen – internationalen *Entwicklungstendenzen* tiefgehend einzuarbeiten. Das ist selbst Forschungsarbeit von hohem Rang, zu der jeder Wissenschaftler beizutragen verpflichtet ist, wenn er auf der Höhe seines Gebietes stehen will. Für die Anlage dieser Arbeit ist das Studium der besten Erfahrungen von großer Bedeutung. So berichten H. Kügler und K. Mütze aus dem Kombinat VEB Carl Zeiss Jena, daß es dort „heute geradezu als Axiom gilt, zur Vorbereitung richtiger Zielstellungen das zu entwickelnde neue Erzeugnis nicht nur mit dem *derzeit* besten Fremderzeugnis sowie mit dem *eigenen abzulösenden* Produkt zu vergleichen, sondern auch mit einem aus Trendanalysen ermittelten fiktiven Erzeugnis, das *zum Zeitpunkt der Markteinführung* des eigenen Erzeugnisses von Konkurrenten angeboten werden könnte".[70]

2.5.2. Potentialprobleme disziplinärer und disziplinübergreifender Forschung

Die Grundlagenforschung – gewöhnlich definiert als wissenschaftliche Tätigkeit zur Erweiterung und Vertiefung der fundamentalen Kenntnisse über Gesetzmäßigkeiten und Prozesse in Natur und Gesellschaft einschließlich der Erkundung von Möglichkeiten zur effektiveren Nutzung dieser Erkenntnisse in der gesellschaftlichen Praxis[71] – ist nicht nur eine Menge separater Untersuchungen über verschiedene Erkenntnisgegenstände. Ebenso wie die Objekte, die sie abbilden, hängen auch die Tätigkeiten ihrer Erforschung objektiv miteinander zusammen und voneinander ab. Je mehr dieser innere Zusammenhang zum Gestaltungsprinzip der Grundlagenforschung wird, um so höher ist der qualitative Gesamteffekt zu bewerten, den sie als ganzes hervorbringt. Unseres Erachtens besteht die ganzheitliche Funktion der Grundlagenforschung (neben den spezifischen Funktionen, die ihre verschiedenen Gebiete für unterschiedliche Sektoren der gesellschaftlichen Praxis ausüben) darin, das Gesamt*system* grundlegender wissenschaftlicher Erkenntnisse über Natur, Technik und Gesellschaft im Interesse der Beherrschung ihrer Entwicklung entsprechend den Bedürfnissen und Möglichkeiten der jeweiligen Gesellschaft ständig zu aktualisieren, zu vertiefen und zu vervollständigen.

Damit dieser „Systemeffekt" der Grundlagenforschung resultiert, müssen ihre verschiedenen Ströme richtig proportioniert, einander zugeordnet und untereinander verflochten sein. Dazu ist in der DDR eine integrierte Strategie

[70] H. Kügler/K. Mütze, Spitzenleistungen erfordern zielstrebige Schutzrechtsarbeit, in: Einheit, 10/1980, S. 1031.

[71] Definitionen für die Planung, Rechnungsführung und Statistik. Berlin 1973 und 1975, S. II–149.

der Grundlagenforschung im Bereich der AdW und des Hochschulwesens erarbeitet worden, die in eine Reihe von Forschungsprogrammen eingeteilt ist.

Das Forschungspotential, das diese integrative Leistung erbringen soll, ist vorzugweise disziplinär gegliedert und wird auch so geleitet. Das disziplinäre Grundmuster des Potentials, das sich nur langsam verändert, bedingt die historische Stabilität und Kontinuität der Wissenschaft und ist entscheidende Quelle ihrer Eigendynamik relativ zur materiellen Produktion. Auf der Grundlage dieser stabilen Struktur muß das Forschungspotential jedoch zu einer hohen „taktischen" Flexibilität, zur Bildung und Umgruppierung praxis- oder erkenntnisbezogener komplexer Zusammenschlüsse befähigt sein; dabei sind besonders solche Richtungen zukunftsträchtig, die nicht als einfache Segmentierungen bestehender Disziplinen, sondern als spezifische Verknüpfung von Beiträgen aus verschiedenen Disziplinen erscheinen. Auf die zunehmende Bedeutung solcher Forschungen wies E. Honecker auf dem X. Parteitag der SED hin: „Die vielseitigen Wechselbeziehungen zwischen den einzelnen Bereichen der Gesellschaft und zwischen Natur und Gesellschaft erfordern immer zwingender komplexe, interdisziplinäre Arbeiten. Sie stellen große Anforderungen an die Leitung und Organisation der Wissenschaften sowie an die Fähigkeit und Bereitschaft jedes Wissenschaftlers, Problemstellungen und Ergebnisse anderer Disziplinen zu verarbeiten und eigene hohe Leistungen in die Gemeinschaftsarbeit einzubringen."[72]

Bei solchen interdisziplinären Potentialbildungen wird es möglich, die vorwiegend erkenntnisbezogene disziplinäre Forschungsarbeit wirkungsvoller mit dem komplexen, meist mehrere disziplinäre Gebiete berührenden Charakter der gesellschaftlichen Bedürfnisse bzw. praktischen Problemen in Übereinstimmung zu bringen. In diesem Sinne sprach E. Honecker von intensiveren Wechselbeziehungen aller Bereiche im wissenschaftlich-technischen Fortschritt und hob hervor, daß dieser Notwendigkeit „durch das koordinierte Vorgehen der Gesellschafts-, Natur- und Technikwissenschaften konsequenter Rechnung getragen werden" muß.[73]

Die vom X. Parteitag der SED beschlossene Fünfjahrplandirektive verdeutlicht ebenfalls den Zusammenhang dieser wissenschaftsstrategischen Aufgabe mit der Gesamtstrategie der gesellschaftlichen Entwicklung: „Um die intensiver werdenden Wechselbeziehungen zwischen wissenschaftlich-technischem, ökonomischem und sozialem Fortschritt, die Höherentwicklung der Produktivkräfte, die Vervollkommnung der sozialistischen Produktionsverhältnisse und des gesellschaftlichen Überbaus stets besser zu

[72] Bericht des Zentralkomitees der Sozialistischen Einheitspartei Deutschlands an den X. Parteitag der SED, a. a. O., S. 92.

[73] E. Honecker, Die nächsten Aufgaben der Partei bei der weiteren Durchführung der Beschlüsse des IX. Parteitages der SED, Berlin 1980, S. 63.

beherrschen, ist der Beitrag der Wissenschaft durch ein effektiveres Zusammenwirken von Natur-, Gesellschafts- und technischen Wissenschaften weiter zu erhöhen."[74]

Auch zahlreiche Wissenschaftler, die in der Grundlagenforschung tätig sind, sehen im Zusammenwirken von Vertretern dieser drei großen Wissenschaftsbereiche eine an Bedeutung zunehmende Voraussetzung für fundamentale und gesellschaftlich wirksame Erkenntnisfortschritte.[75] Nicht minder häufig wird allerdings kritisch vermerkt, daß die real erreichten Fortschritte in der interdisziplinären Arbeit den Notwendigkeiten noch bei weitem nicht entsprechen und noch stärker genutzt werden müssen.[76]

Es ist offensichtlich ein wichtiges und sehr schwieriges Problem, zu ermitteln, wodurch Wissenschaftspotentiale befähigt werden, erfolgreich interdisziplinär zu arbeiten, und welche Hemmfaktoren dabei auftreten können. Insbesondere geht es dabei um die Befähigung zu nichttraditionellen Formen der interdisziplinären Kooperation zwischen weit voneinander entfernten Gebieten der Natur- und Gesellschaftswissenschaften, während die Zusammenarbeit zwischen traditionell benachbarten Gebieten (etwa zwischen Mathematik und theoretischer Physik oder zwischen technischer Mechanik und Theorie des Maschinenbaus) keine speziellen Schwierigkeiten bereitet. Unseres Erachtens hat die subjektive Bereitschaft der Wissenschaftler zu interdisziplinärer Arbeit im letzten Jahrzehnt stark zugenommen, doch die objektiven Schwierigkeiten ihrer effektiven Realisierung sind noch nicht überwunden und teilweise auch noch gar nicht ausreichend analysiert.

Die Hochschulbildung ist zwar gut geeignet, das disziplinäre Muster der Wissenschaft zu reproduzieren; für eine spätere interdisziplinäre Forschungsarbeit vermittelt sie den Studenten bislang jedoch noch keine ausreichenden Voraussetzungen.

Ähnlich muß auch das System der postgradualen Weiterbildung – einschließlich des Erwerbs wissenschaftlicher Grade – beurteilt werden. Daher orientiert der 1980 gefaßte Beschluß des Politbüros des ZK der SED über die Aufgaben der Universitäten und Hochschulen der DDR auf die

[74] Direktive des X. Parteitages der SED zum Fünfjahrplan für die Entwicklung der Volkswirtschaft der DDR in den Jahren 1981 bis 1985, a. a. O., S. 22.

[75] Vgl. dazu aus der letzten Zeit u. a.: Wege der Wissenschaft, Umfrage der Zeitschrift „Wissenschaft und Fortschritt", 3/1979, 4/1980; G. Lange/J. Mörke, Wissenschaft im Interview, a. a. O.; W. Sydow (Hrsg.), Wie den wissenschaftlich-technischen Fortschritt beschleunigen, Berlin 1979; W. Scheler, Wie die Wissenschaft in der Praxis wirksam wird, in: Neues Deutschland vom 22. Januar 1980, S. 5.

[76] Vgl. dazu den Rechenschaftsbericht an die V. Kreisdelegiertenkonferenz der SED an der AdW der DDR, Berichterstatter: H. Klemm, sowie das Schlußwort von K. Hager, in: Spectrum, 3/1979, S. I–VI.

Ausbildung vielseitig orientierter wissenschaftlicher Kader unter Beachtung solcher Maßnahmen wie Hochschulwechsel, Aufenthalt an anderen wissenschaftlichen Einrichtungen und in der Praxis, Studium von Zweitfächern usw.[76a]

Die Forschungspraxis ist gegenwärtig wenig geeignet, die Ausprägung interdisziplinärer Arbeitserfahrungen im Forschungsprozeß zu begünstigen. Der Anteil interdisziplinär durchgeführter Arbeiten ist noch relativ gering.[76b] In unseren Untersuchungen wurde von den Befragten die Effektivität der interdisziplinären Kommunikation bei der Bearbeitung der Forschungsprobleme deutlich geringer eingeschätzt als die der disziplinären, wobei diese Aussage sowohl für alle Gruppen mit unterschiedlicher Leistungsbefähigung als auch für alle 6 Forschungstypen zutrifft.

Es ist jedoch keineswegs akzeptabel, vor den mit der interdisziplinären Arbeit verbundenen objektiven Schwierigkeiten zurückzuweichen. Vier für den weiteren gesellschaftlichen Fortschritt wesentliche Problemkreise sind es vor allem, die eine weitgespannte interdisziplinäre Forschung lebensnotwendig machen:

1. die Bearbeitung komplexer Themen, die im Zusammenhang mit der Befriedigung und Entwicklung gesellschaftlicher Probleme auftreten;
2. die entscheidungsvorbereitende Arbeit, die sich mit der Erfassung, Analyse und Bewertung der sozialen Voraussetzungen und Folgen wissenschaftlich-technischer Entwicklungsprozesse befaßt und deren mögliche Alternativen aufweist;
3. die frühzeitige Diagnose und Bewertung neuer perspektivreicher wissenschaftlicher Entwicklungsrichtungen;
4. die für die weltanschauliche Orientierung des Menschen unerläßliche Einheit der Wissenschaft, die als dynamisches Abbild der materiellen Einheit der Welt mit fortschreitender Differenzierung von Forschung und Lehre immer wieder neu hergestellt werden muß.

Die interdisziplinäre Arbeit ist dabei selbst eine Keimzelle neuer Disziplinen. Wenn sie sich auf einem bestimmten Gebiet bewährt, über einen längeren Zeitraum verfestigt und stabile organisatorische Formen angenommen hat, besteht die Möglichkeit des Umschlagens in eine neue Disziplin; gleichzeitig beginnt die Problematik der interdisziplinären Arbeit wieder neu, nun aber unter veränderten Bedingungen.[77]

Interdisziplinäre Arbeit erfolgt einmal innerhalb bestimmter Forschungs-

[76a] Vgl. Beschluß des Politbüros des Zentralkomitees der SED vom 18. März 1980 „Aufgaben der Universitäten und Hochschulen in der entwickelten sozialistischen Gesellschaft“, in: Neues Deutschland vom 23. März 1980.

[76b] Vgl. Interdisziplinarität in der Forschung, hg. von H. Parthey/K. Schreiber, Berlin 1983.

[77] Vgl. Dynamik und Struktur des Wissenschaftlerpotentials, Berlin 1977, S. 25/26.

richtungen oder Institute (z. B. Umweltforschung), zum anderen über die problemorientierte Verbindung verschiedener Forschungsrichtungen bzw. Institute (z. B. gesellschaftliche Grundlagen der Ernährung). Insbesondere in der letztgenannten, vom Standpunkt der Wissenschaftsleitung anspruchsvolleren Form von Interdisziplinarität können leicht Divergenzen zwischen den Bearbeitungserfordernissen des interdisziplinären Themas und der Potentialentwicklung entstehen, zumal die kooperierenden Institute oft unterschiedlichen Einrichtungen angehören. Während die thematische Verantwortung für die interdisziplinären Komplexe meist überinstitutionell ist, wird die Bereitstellung der erforderlichen Forschungsvoraussetzungen institutionell geplant und realisiert. Da die Teilnahme am interdisziplinären Komplex für die einzelnen beteiligten Institutionen oft weder die einzige noch auch nur die wichtigste Forschungsaufgabe ist, ergibt sich ein Widerspruch für den Einsatz und die Entwicklung des Potentials, dem geeignete Bewegungsformen geschaffen werden müssen, damit die Vorteile der interdisziplinären Komplexität nicht durch faktischen Zerfall in disziplinäre Fragmente oder „Hinüberziehen" des ganzen Komplexes zu einer besonders stark beteiligten Disziplin verloren gehen.

Weiter kann die Komplexität grundlegender Forschungsprobleme anfangs meist nur unvollständig erfaßt werden. Erst in der Arbeit selbst erschließt sich zunehmend das ganze Ausmaß der Problematik; und es wird dann notwendig, unbürokratisch Vertreter weiterer Disziplinen heranzuziehen. Es ist daher wichtig, Formen der Leitung und Organisation zu finden, die dieser — bei interdisziplinärer Arbeit besonders ausgeprägt zutagegetretenden — Eigenart der Forschung gerecht werden. Sie müssen so gewählt werden, daß der Komplex in seiner Entwicklung inhaltlich überschaubar bleibt, aber keineswegs künstlich eingeengt wird. Nicht selten werden solche komplexen Themen zwar als notwendig akzeptiert, treffen aber auf eine gewisse Abwehrhaltung, sobald das eigene Kollektiv oder das eigene Institut an ihrer Bearbeitung teilnehmen soll; das ist eine Art Trägheitswiderstand, denn die Beteiligung an einem interdisziplinären Komplex bedeutet einen tiefgehenden Eingriff in die gewohnte Arbeitsweise. Auch Unsicherheit hinsichtlich der Möglichkeiten eines eigenen effektiven Beitrags zu der komplexen Aufgabe hat ihren Anteil an derartigen Ressentiments.

Wenn es aber gelingt, solche Barrieren in den teilnehmenden Einheiten zu überwinden und ein erfolgreich arbeitendes interdisziplinäres Forschungspotential bzw. -gebiet zu etablieren, dann gewinnt dieses gegenüber den traditionellen Organisationsformen, Untersuchungsgegenständen und Arbeitsweisen der teilnehmenden Einheiten zunehmende Selbstständigkeit. Die kooperativen Formen der Forschung, die diese Selbstständigkeit repräsentieren, werden im Laufe der Zeit auch institutionell fixiert. Damit reifen wiederum Fragen der Neuordnung des Forschungspotentials und seiner Leitung heran.

Im folgenden wollen wir einige wesentliche Erfahrungen darlegen, die für die Förderung und effektive Gestaltung interdisziplinärer Arbeit nutzbringend sein können. An der Spitze aller Voraussetzungen steht die Notwendigkeit, ein komplexes Forschungsunternehmen mit einem kleinen Kern hochbefähigter Enthusiasten zu beginnen. Fast immer handelt es sich dabei um Pionierarbeit auf ungebahnten Wegen, die gegenüber „normaler" Forschungsarbeit zusätzliche Anstrengungen und eine erhöhte Risikobereitschaft verlangt. Die Initiatoren müssen das wissen, und sie müssen bereit sein, diese Verantwortung zu tragen.

a) Das wichtigste „Startkapital" eines interdisziplinären Vorhabens ist ein attraktives Konzept für die komplexe Problematik, das befähigte Spezialisten und talentierte Nachwuchskader anzieht, Wege und methodische Möglichkeiten des Vorgehens skizziert und dabei nüchtern und realistisch genug gehalten ist, um die Leiter der in Frage kommenden Teilnehmerinstitutionen vom Sinn der Mitwirkung zu überzeugen. Auf der Basis des Startkonzepts und mit zunehmendem Konzeptionsfortschritt müssen die Partner ein gemeinsames Problembewußtsein entwickeln, das nicht nur die Abgrenzung von den herkömmlichen Arbeitsgebieten der Teilnehmerinstitutionen ausspricht, sondern auch deren Erfahrungen, Leistungspotenzen und Traditionen positiv zu nutzen gestattet. Wie H.-J. Matthies meint, setzt Interdisziplinarität ein hohes Niveau der konzeptionellen Arbeit und der resultierenden Forschungsstrategien voraus, da der Brückenschlag zwischen den Wissenschaftsdisziplinen eine gemeinsame erkenntnistheoretische Basis und gemeinsame Denkmethode erfordert.[78]

b) Interdisziplinäre Forschungskomplexe, die die Mitarbeit mehrerer Institutionen verlangen, sollten so langfristig vorbereitet werden, daß in den Plänen aller Partnerinstitute aufeinander bezogene und sich ergänzende Aufgaben festgelegt werden können. Wenn diese Vorbereitung administrativ geschieht, ist sie in der Regel wenig erfolgreich. Die Partner müssen sich zuvor davon überzeugt haben, daß ein Gegenstand aussichtsreich ist und daß alle Beteiligten die Fähigkeit und den Willen zur Mitarbeit mitbringen. Wie ist das möglich, da doch ein solches Maß an Einsicht bereits einen gewissen Grad an Ausarbeitung der interdisziplinären Arbeit voraussetzt? Dieses Problem ist nur zu lösen, wenn beachtet wird, daß ein interdisziplinäres Programm nach Möglichkeit nicht mit dem Thema, sondern mit einem Kern von Enthusiasten beginnen muß, die die Arbeit an der neuen Problemstellung zu ihrer ureigensten Angelegenheit gemacht haben. Kluge Leiter werden bestrebt sein, solche Wachstumspunkte der Interdisziplinarität frühzeitig zu erkennen und zu pflegen, damit die spätere planwirksame Bindung größerer Potentiale an ein solches Gebiet rationell begründet

[78] H.-J. Matthies, Wege der Wissenschaft, in: Wissenschaft und Fortschritt, 3/1980, S. 88.

werden kann. Es ist vielleicht auch vorteilhaft, wenn es gelingt, die Initiatorengruppe an der Einrichtung zu lokalisieren, die für das künftige Vorhaben „federführend“ sein soll. Sehr wichtig ist es schließlich auch, mit ausgereiften konzeptionellen Ideen und ersten vielversprechenden Ergebnissen übergeordnete Leitungen für die Gemeinschaftsaufgabe zu interessieren.

c) In den einzelnen Instituten sollten insbesondere solche Mitarbeiter verantwortlich für die Zusammenarbeit eingesetzt werden, die über größere Erfahrungen in eigenverantwortlicher Arbeit und über anerkannte wissenschaftliche (und möglichst auch organisatorische) Kompetenzen verfügen. Wir betrachten es auch als unerläßlich, daß jeder Teilnehmer an einem solchen Programm Basiskenntnisse über die von den Vertretern anderer Disziplinen zu leistenden Beiträge erwirbt. So war es bei der Herausbildung der Forschungsrichtung „Gesellschaftliche Grundlagen der Ernährung“ sehr nützlich, daß die beteiligten Naturwissenschaftler sich zielgerichtet Kenntnisse über ökonomische, soziologische u. a. Zusammenhänge im Bedürfniskomplex Ernährung erwarben und umgekehrt die Gesellschaftswissenschaftler sich Kenntnisse über den physiologischen Energie- und Nährstoffbedarf der Bevölkerung und ähnliche Fragen aneigneten. In diesem Zusammenhang erscheint es sinnvoll, daß im Bereich der Gesellschaftswissenschaften geprüft wird, wie künftig langfristig solche Fachkräfte vorbereitet werden, die philosophische, ökonomische, soziologische, staatswissenschaftliche und weitere Aspekte bestimmter gesellschaftlicher Bedürfniskomplexe, z. B. zur Ernährung, zum Wohnen, zum Kommunizieren, untersuchen. Dabei muß dann wieder das Problem gelöst werden, wie das Verhältnis zwischen dieser auf Bedürfniskomplexe ausgerichteten Arbeit und der auf die Weiterentwicklung der Theorie der betreffenden gesellschaftswissenschaftlichen Disziplinen zielenden am besten zu gestalten ist.

d) Wichtig für den Fortgang interdisziplinärer Forschungen ist eine gute Zusammenarbeit mit dem gesellschaftlichen Auftraggeber und den für die Gemeinschaftsarbeit wichtigsten wissenschaftlichen Räten, ebenso auch mit Einrichtungen, die Konsultanten, Gutachter usw. stellen können. Hier liegt ein besonderes Aufgabenfeld übergeordneter Leitungen.

e) Eine dem inhaltlichen Niveau einer kooperativen interdisziplinären Aufgabe adäquate Sicherstellung des erforderlichen Potentials über Institutsgrenzen hinweg ist ebenso wichtig wie aufwendig. Um dies zu erleichtern, sollte unseres Erachtens erwogen werden, den verantwortlichen Leitern für längere Forschungsabschnitte (mehrere Jahre) auch Entscheidungsbefugnisse und direkte Einflußmöglichkeiten auf die Potentialgestaltung einzuräumen, etwa durch Vorrangigkeit der komplexen Aufgaben bei der Fondsplanung, durch Verfügung über bestimmte Fonds, durch Schaffung entsprechend übergreifender Leitungsbereiche usw. Die komplexe Forschung stellt auch an ihre Planung spezifische Anforderungen. Gewisse Anregungen lassen sich dafür der Planung nach „Themenkomplexen“ entnehmen, die gegenwärtig in den Kombinaten entwickelt wird. Ein solcher Themenkomplex innerhalb des Planes Wissenschaft und Technik enthält koordiniert „*alle* zur Entwicklung, Einführung und Nutzung eines Erzeugnissystems oder Teilsystems erforderlichen wissenschaftlich-technischen Aufgaben“ einschließlich ihrer Realisierungsvoraussetzungen.[79] Allerdings ist dabei zu berücksichtigen, daß die interdisziplinäre Komplexforschung zwar hinsichtlich der Vielzahl beteiligter Komponenten mit der Entwicklung industrieller Erzeugnissysteme vergleichbar, von dieser aber durch eine weit größere Unbestimmtheit und Variabilität unterschieden ist.

f) Es erscheint notwendig, bei wichtigen naturwissenschaftlichen Fragestellungen ihre sozialen Voraussetzungen, Bezüge und eventuellen Konsequenzen systematisch mit gesellschaftswissenschaftlichen Mitteln zu untersuchen. Das sollte nach Möglichkeit bereits getan werden, bevor praktisch auftretende Folgewirkungen solche Untersuchungen erzwingen. Den Wert solcher Forschungen bezeugt die wesentliche Rolle gesellschaftswissenschaftlicher Forschungen bei Fragenkomplexen wie Ernährung, Genetik oder Umweltgestaltung, die zunächst rein oder vorwiegend naturwissenschaftlich in Angriff genommen worden waren.

3. Einige Konsequenzen und Orientierungen für die Entwicklung des Wissenschaftspotentials in den 80er Jahren

Wir haben nun einige Erfahrungen, die die Entwicklung des Wissenschaftspotentials in der DDR gebracht hat, und einige Probleme, die sie aufwirft, vorgestellt. Nun wollen wir ein Fazit ziehen, orientiert auf die Entwicklungswege des Potentials, die sich für die 80er Jahre absehen lassen.

Grundanliegen für die Zukunft ist eine entschiedene Erhöhung der gesellschaftlichen Wirksamkeit unseres Wissenschaftspotentials. Diese große Aufgabe hat zwei Seiten – einmal eine unmittelbare Steigerung der Leistungsfähigkeit des Wissenschaftspotentials, zum anderen die Erhöhung des Aufnahmevermögens, des „Rezeptionspotentials“ der gesellschaftlichen Praxis für wissenschaftliche Leistungen.

3.1. Das weitere Wachstum der gesellschaftlichen Aufwendungen für die Wissenschaft

Im abgelaufenen Jahrzehnt ist der Gedanke, daß der Hauptweg zur Erhöhung unserer ökonomischen Leistungskraft und zur wirtschaftlichen Sicherung unseres weiteren sozialen Fortschritts in der intensiv erweiterten

[79] V. Krinke/K. Oberländer/L. Rouscik, Wege zur weiteren Vervollkommnung der Planung von Wissenschaft und Technik, in: Wirtschaftswissenschaft, 7/1980, S. 806.

Reproduktion der Volkswirtschaft besteht, zum Leitmotiv unseres Handelns geworden. Ein wesentlicher Hebel der Intensivierung ist die allmähliche innere Veränderung der Wirtschaftsstruktur, des Verteilungsmusters der ökonomischen Ressourcen. Die Progressivität volkswirtschaftlicher Strukturwandlungen bestimmt sich am Grad intensiv erweiterter Reproduktion, den sie ermöglichen; das ist freilich schwierig festzustellen, da zwischen einem Strukturwandel und seinem Reproduktionseffekt oft ein beträchtlicher zeitlicher Abstand liegt.

Die Umverteilung der gesellschaftlichen Ressourcen zugunsten der Wissenschaft in den 70er Jahren, die vor allem in einem starken extensiven Anwachsen der Wissenschaftsaufwendungen zum Ausdruck kommt, ist als ein Beitrag zur zunehmend intensiv erweiterten Reproduktion der Volkswirtschaft zu werten. Gleichzeitig ist es so, daß ein Teil des Reproduktionseffekts dieser Strukturveränderung sich erst in der Zukunft voll auswirkt.

Es fragt sich nun, ob und in welchem Ausmaß dieser Umverteilungsprozeß der Ressourcen fortgesetzt werden kann bzw. sollte. Bisher ist die Frage, welcher Teil des zu verteilenden gesellschaftlichen Gesamtprodukts in einer sozialistischen Wirtschaft optimal für die Wissenschaft aufzuwenden ist, theoretisch nicht eindeutig zu beantworten. Es ist jedoch einsichtig, daß er keine historische Konstante sein kann; mit zunehmender Gesamtproduktivität der Wirtschaft wird der für Wissenschaft einsetzbare Ressourcenanteil wachsen, und zudem wird er auf ein und demselben Produktivitätsniveau bedingungsabhängig variieren. Zwei Richtwerte sind es, die die Obergrenze des Wissenschaftsaufwandes praktisch bestimmen: erstens die reale Verwertbarkeit der von der Wissenschaft erbrachten praktikablen Lösungen in der überschaubaren Perspektive; zweitens die Gesamtheit der anderen vitalen Erfordernisse, die den Aufwand gesellschaftlicher Ressourcen verlangen und so das Limit des für die Wissenschaft maximal einsetzbaren Ressourcenanteils bestimmen.

Beide Kriterien sind nicht einfach zu handhaben und – besonders für eine größere Perspektive – nicht eindeutig bestimmt. Was das erste Kriterium betrifft, so ist es zwar einsichtig, daß ein Überhang praktikabler Lösungen, der von der gesellschaftlichen Praxis nicht aufgenommenen werden kann, eine Vergeudung von Mitteln darstellt; diese Lösungen veralten und unterliegen mit fortdauerndem Nichtgebrauch einer progressiven Entwertung. Die damit bestimmte Größe ist jedoch fließend, denn praktikable Resultate, die wirklich Höchstniveau verkörpern, lassen sich heute über den Lizenzhandel und andere Formen nicht weniger günstig exportieren. Die beiden Kriterien verhalten sich so in gewissem Maße gegenläufig. Die reale Größe des Wissenschaftsaufwandes wird deshalb einen Kompromiß zwischen den von ihnen ausgehenden Forderungen darstellen.

Auf keinen Fall aber wird das Zuwachstempo der Wissenschaftsaufwendungen unter die Zuwachsraten der berufstätigen Bevölkerung und des gesellschaftlichen Gesamtproduktes sinken können. Dabei sind die Kader auf der einen und die materiell-technische Basis auf der anderen Seite unseres Erachtens unterschiedlich zu beurteilen. Vieles spricht dafür, daß sich das Wachstumstempo des Kaderpotentials der Wissenschaft innerhalb der nächsten beiden Jahrzehnte auf die Dynamik des Umfangs der berufstätigen Gesamtbevölkerung einpegeln wird. Hingegen ist der Anteil materiell-technischer Ressourcen am Wissenschaftsaufwand ungeachtet des Vorhandenseins extrem teurer unikaler Technik auf wenigen Spitzengebieten der natur- und technik-wissenschaftlichen Forschung im ganzen noch relativ niedrig. Da auch in der Wissenschaft die Produktivität der aufgewandten lebendigen Arbeit eng mit ihren materiell-technischen Bedingungen zusammenhängt, erscheint ein überproportionales Wachstum der materiell-technischen Basis der Forschung und Entwicklung noch für längere Zeit notwendig und erstrebenswert, selbst oder gerade unter Bedingungen des rationellsten Einsatzes der verfügbaren Fonds.

In diesem grundsätzlichen Rahmen werden die konkreten Entscheidungen über die Potentialentwicklung in der DDR während der 80er Jahre zu treffen sein. Bei einer Reihe von Bereichen der gesellschaftlichen Praxis wird ein weiteres nennenswertes Anwachsen des FE-Potentials erforderlich sein. In erster Linie betrifft dies die Industrie und das Bauwesen. Die teilweise neugebildeten Kombinate müssen teils eine eigene FE-Basis überhaupt erst aufbauen, teils werden sie sie in Richtung auf zweigspezifische — und hier besonders technologische — Grundlagenforschung gezielt profilieren und erweitern. Erhöhte Anforderungen wird aber auch die Herausbildung einer spezifischen FE-Kapazität in der „nichtproduktiven" Sphäre stellen, die für das Leben der Menschen weiter an Bedeutung gewinnt, einen wachsenden Anteil der gesellschaftlichen Ressourcen beansprucht und zunehmend dem wissenschaftlich-technischen Fortschritt Rechnung tragen muß.

In Relation zur erweiterten Ausstattung der Praxisbereiche mit FE-Potentialen wird auch das Potential der AdW der DDR schwerpunktorientiert weiter anwachsen. Das ist unerläßlich, damit die AdW ihrer Verantwortung für ein höheres Gesamtniveau von Forschung und Entwicklung in der Volkswirtschaft — besonders in der Unterstützung beim Aufbau der zweigspezifischen Grundlagenforschung — nachkommen kann.

Um diesen Erfordernissen zu genügen, bedarf es des weiteren absoluten Wachstums der FE-Ressourcen. Für das Wachstum des Kaderpotentials rechnen prognostische Überlegungen[80] bis 1985 mit einem durchschnitt-

[80] Vgl. W. Meske/H. Schrauber, Zur Planung und Prognostizierung des Forschungs- und Entwicklungspotentials in der DDR, in: Mitteilungen zu wissenschaftsökonomischen Untersuchungen, Nr. 54, Hochschule für Ökonomie, Berlin 1981, S. 60/61.

lichen Tempo von 3 % jährlich. Bei der Bestimmung dieser Zuwachsrate wurden einerseits die demographischen Möglichkeiten in Betracht gezogen, die sich nach 1985 verschlechtern und dann zu einem sinkenden Arbeitskräfteaufkommen führen. Andererseits wurde aber davon ausgegangen, daß sich der Effekt des bisher geschaffenen FE-Potentials auf die intensiv erweiterte Reproduktion der Volkswirtschaft nun bereits deutlich zeigen muß: die Zuwachsrate des FE-Kaderpotentials wurde so gewählt, daß sie unter den vorgesehenen Wachstumraten für die industrielle Warenproduktion, das Nettoprodukt, die Arbeitsproduktivität und die Nettoproduktivität liegt. Die Kennziffer „Beschäftigte in der Forschung und Entwicklung" ist (wie übrigens auch die Kennziffer „Ausgaben für Wissenschaft und Technik") in den kommenden Jahren Bestandteil der zentralen staatlichen Planung der DDR.

Für die weitere planmäßige Stärkung der materiell-technischen Basis der Forschung und Entwicklung empfiehlt es sich, im Zeitraum von 1981–1985 den Bruttowert der Grundmittel in Forschung und Entwicklung durch umfangreichere Investitionen schneller wachsen zu lassen als bisher. Wesentlich ist dabei, den progressiven Wandel in der Struktur der Zuführung im Auge zu behalten, d. h., den Anteil der Geräte auf Kosten des Bauanteils der Investitionen zu erhöhen und Aussonderungen und Ersatzinvestitionen zunehmende Aufmerksamkeit zu widmen.

Aus der so dargestellten Entwicklung der personellen Komponente des FE-Potentials sowie aus Einschätzungen über die zu erwartende Erhöhung der Pro-Kopf-Ausgaben läßt sich für den Fünfjahrplan 1981–85 eine durchschnittliche Steigerung der Aufwendungen für Wissenschaft und Technik von etwa 5,5 % pro Jahr ermitteln. Die Ausgaben für Wissenschaft und Technik würden im Jahre 1985 somit eine Größenordnung von etwa 10 Mrd. Mark erreichen und sich damit in der eingangs aus dem logistischen Wachstumsmodell abgeleiteten Größenordnung bewegen (vgl. Abschnitt 2.1).

3.2. Reproduktion und Erhöhung der Leistungsfähigkeit des Wissenschaftspotentials

Es genügt keineswegs, wenn die Leistungsfähigkeit der Wissenschaft nur proportional zur Vergrößerung des Wissenschaftsaufwandes zunimmt. Auch innerhalb der Wissenschaft sind Strukturveränderungen bei den eingesetzten Ressourcen und die Erhöhung ihrer spezifischen Wirksamkeit Mittel der Produktivitätssteigerung. Besonders günstige Bedingungen für progressive Strukturveränderungen bestehen dann, wenn ein absoluter Zuwachs der Aufwendungen stattfindet und die Zuführungen zu einer gezielten Verbesserung der Gesamtstruktur genutzt werden kann. Kriterium für den effektiven Einsatz der Zuführungen ist daher die Erhöhung der Leistungsfähigkeit des gesamten Wissenschaftspotentials unseres Landes. Wesentliche Richtungen des strukturverbessernden Effekts der Zuführungen haben wir bereits erörtert.

Der grundlegende Vorgang, über den die Gesamteffektivität des Wissenschaftspotentials dauerhaft gesteigert werden kann, ist der Prozeß seiner ständigen Erhaltung und Erneuerung, seiner Reproduktion. Das in der Wissenschaft eingesetzte gesellschaftliche Arbeitsvermögen muß immer wieder reproduziert werden, grundlegend bedingt durch demographische Gesetzmäßigkeiten, aber auch durch andere Faktoren. Die anderen Elemente des Wissenschaftspotentials verlieren – teils durch physischen, teils durch moralischen Verschleiß – ebenfalls mit der Zeit ihre Funktionsfähigkeit und müssen reproduziert werden. Nach der Periode der primären Bildung und Erweiterung des Wissenschaftspotentials in der DDR werden solche Ersatzprozesse in den 80er Jahren schnell an Bedeutung gewinnen. Es kommt darauf an, sie zu einem wesentlichen Ansatzpunkt der Intensivierung zu machen.

Die materiell gebundenen und bedingten objektiven Möglichkeiten der Erkenntnisentwicklung, die kein isoliertes Attribut des Wissenschaftspotentials, sondern ein historisches Produkt der ganzen Gesellschaft sind, treten wesentlich in der Naturalgestalt von Potentialzuführungen (Kader, Geräte usw.) in die Wissenschaft ein. Sie werden von der Wissenschaft, die sich durch sie reproduziert, nicht passiv angelagert, sondern aktiv assimiliert, wobei das vorhandene Wissen das Medium dieser Assimilation bildet und zugleich im erneuten Potential selbst in einen aktiven, auf die Erzeugung neuen Wissens gerichteten Zustand übergeht. Wenn es gelingt, den modernsten Stand der Erkenntnis schneller und vollständiger in Qualifikationen wissenschaftlicher Kader, in Forschungsgeräte und -verfahren, institutionelle Formen und Planungsregelungen usw. umschlagen zu lassen, so ist das – eine entsprechende Breite vorausgesetzt – intensiv erweiterte Reproduktion des Wissenschaftspotentials. Die Infrastruktur der Wissenschaft und der Volkswirtschaft insgesamt, die diese Zirkulation des Wissens und der anderen Bestandteile des Wissenschaftspotentials vermittelt, gewinnt so für die Steigerung des Leistungsvermögens der Wissenschaft und die intensive Entwicklung ihres Potentials stark an Bedeutung. Das ist unseres Erachtens ein für die 80er Jahre sehr wichtiger Gesichtspunkt, zumal die infrastrukturellen Vermittlungen im Wissenschaftssystem sowie die zwischen Wissenschaft und Gesellschaft, die nicht einzelnen Forschungs-, Entwicklungs- oder Überführungsvorhaben zugeordnet werden können, in der Vergangenheit relativ wenig beachtet worden sind.

Wir können diese Fragestellung noch verschärfen. Das verfügbare Wissen tritt uns als widersprüchliche Einheit zweier Momente gegenüber; einerseits ist es Produkt von Forschung, andererseits aber verwandelte Gestalt der von der gesellschaftlichen Praxis erzeugten Erkenntnismöglichkeiten und als solche Potential neuer Forschung. Die internationale wissenschaftliche Kommunikation erweitert für uns daher den Rahmen der ausschöpfbaren Erkenntnismöglichkeiten weit über den Kreis jener heraus, den unsere eigene gesellschaftliche Praxis unmittelbar hervorbringt. Besonders eng, umfassend und unmittelbar wirksam ist dieser Zusammenhang in der sozialistischen Integration gegeben, da hier die erwähnten Vermittlungen in ganz neuen quantitativen und vor allen auch qualitativen Dimensionen gewährleistet bzw. gefordert werden. Die sozialistische Integration vergrößert nicht einfach die bewußt und teilweise gemeinsam gestaltete gesellschaftliche Praxis mit den von ihr erzeugten Erkenntnismöglichkeiten – sie bewirkt auch ein qualitativ neues „internationales" Niveau der Praxis und der daraus resultierenden objektiven Erkenntnismöglichkeiten. Diese bestehen einmal in den durch die Integration neu geschaffenen bzw. eröffneten Objekt- und Gegenstandsbereichen für die Wissenschaft – zum anderen in den zu deren Untersuchung und Erkenntnis real geschaffenen gesellschaftlichen Voraussetzungen in Form des Wissenschaftspotentials, wobei beide Momente in ihrer Entwicklung als dialektische Einheit zu verstehen sind. Die sozialistische Integration umfaßt auch die Wissenschaft und ihr Potential, was sich auch in den Reproduktionsprozessen der Potentialbestandteile (z. B. gegenseitige Aus- und Weiterbildung von Kadern, gemeinsame Anstrengungen zur Automatisierung von Experimenten, internationales Informationssystem Wissenschaft und Technik) und in der integrativen Gestaltung der nationalen Wissenschaftssysteme selbst (wie Interkosmos, Vereinigtes Institut für Kernforschung, internationale Forschungszentren) äußert. Aktives Einschalten in die Integration und das Fördern der damit verbundenen Prozesse erweitert das nationale Potential und begründet die prinzipielle Möglichkeit, einen weitaus größeren Anteil der im Weltmaßstab erzielten wissenschaftlichen Leistungen zu erbringen, als es der anteiligen Größe unseres Kaderbestandes entspricht. Das wird auch durch die Zusammenarbeit mit den Wissenschaftspotentialen anderer, nichtsozialistischer Länder gefördert. Generell muß man davon ausgehen, daß eine höhere Rezeptionsfähigkeit unseres Wissenschaftspotentials für die Wissenschaft im Weltmaßstab und deren neueste Ergebnisse bzw. bereits für deren Entwicklungsrichtungen ein Faktor seiner intensiv erweiterten Reproduktion ist und durch entsprechende (Um)Strukturierung des Gesamtpotentials bzw. Befähigung seiner einzelnen Teile aktiv angestrebt werden sollte.

Innerhalb ihrer Integration in das Ganze der Gesellschaft – und durch diese Integration – hat die Wissenschaft selbst reproduktive Eigenschaften. Die Untersuchung und bewußte Nutzung dieser Eigenschaften führt uns zur Leistungssteigerung des Wissenschaftspotentials im ganzen. Dieser grundlegende Aspekt des Intensivierungsproblems ist bisher eher fragmentarisch als umfassend betrachtet worden.

Dabei erscheint es uns zweckmäßig, drei Stufen zu unterscheiden, in denen die selbstreproduktiven Eigenschaften des Wissenschaftspotentials in Erscheinung treten und in denen gleichermaßen bedeutende Leistungsreserven verborgen sind.

a) *Die unmittelbare Einheit von Produktion wissenschaftlicher Ergebnisse und Potentialreproduktion.*

Die Produktion wissenschaftlicher Erzeugnisse verbraucht nicht nur Potential, sondern reproduziert es auch, denn der Forschungsprozeß bedeutet Training und Erfahrungsgewinn. Insbesondere sind Entwurf und Realisierung eines Forschungsprogramms und allseitige, nicht nur eng fachspezifische Bildung und Erziehung der daran beteiligten Kader zwei Seiten ein und derselben Sache. Das bedeutet jedoch keineswegs, daß sich in der Beziehung dieser beiden Seiten etwa automatisch ein Optimum einstellt. Oft divergieren die Erfordernisse der Themenbearbeitung und der Qualifizierungsentwicklung wissenschaftlicher Kader; ein häufiger Wechsel zwischen inhaltlich kaum verbundenen Aufgaben kann sich beispielsweise, wie wir weiter oben gezeigt haben, sehr ungünstig auf Arbeitsfreude und Qualifizierung auswirken. Wir sehen es deshalb als eine sehr wichtige Forderung an die Wissenschaftsleitung an, die Entwicklung und Realisierung der Forschungsprogramme und der Kaderentwicklungsprogramme langfristig als einen einheitlichen Prozeß zu konzipieren und durchzusetzen. Das bedeutet selbstverständlich nicht den Ausschluß der inneren Widersprüchlichkeit dieses Prozesses, sondern die Beherrschung seiner Einheit. Einmal müssen die Leiter und Mitarbeiter weit besser aufgabengerecht ausgewählt und zielgerichtet qualifiziert werden (vom Standardkurs bis zum individuellen Studienaufenthalt in einschlägigen Spitzeninstituten des In- und Auslandes). Zum anderen aber müssen wir es auch besser verstehen, die Keime aussichtsreicher neuer Richtungen in den Neigungen talentierter Kader zu erkennen und zu fördern — besonders auf fundamentalen Gebieten. Dieser zweite Pol des dialektischen Zusammenhangs von Aufgaben und Kadern hat unseres Erachtens bisher wenig Aufmerksamkeit gefunden. Wenn ausschließlich versucht wird, die Kader an die Aufgaben anzupassen, dann vergeben wir uns wichtige Möglichkeiten prinzipiell eigenständiger Spitzenentwicklungen, denn in diesem Fall handelt es sich notwendigerweise um Aufgaben, deren Bedeutung bereits bekannt und anerkannt ist. Eine auf Höchstleistungen orientierte Wissenschaft muß auch imstande sein, die Wahl der Aufgaben in gewissem Maße an die unikalen Möglichkeiten ihrer Kader anzupassen. Der Vorgang der wechselseitigen Adaption von Kadern und Aufgaben — von welcher Seite er auch beginnt — sollte in jedem Fall darauf hinauslaufen, eine volle innere Identifikaton der Individuen und Kollektive mit ihren Forschungsproblemen zu erreichen.

b) *Der Umschlag von Ergebnissen der Forschung in Forschungspotentiale*

Die Resultate wissenschaftlicher Arbeit, die sich in einer gegenüber dem Prozeß ihrer Herstellung verselbständigten Form darstellen lassen, sind in der Regel so beschaffen, daß sie zum Ausgangspunkt oder Mittel weiterer wissenschaftlicher Arbeit werden können. Das hängt damit zusammen, daß die innere Kontinuität der Wissenschaft in der Geschichte durch den Fortschritt der Erkenntnis gebildet wird, der seinerseits an den Fortschritt der materiellen Produktivkräfte der Gesellschaft gebunden ist. Ein wesentliches und notwendiges Produkt wissenschaftlicher Arbeit ist in jedem Fall *Wissen*, also ein Moment des Erkenntnisfortschritts, sei es als Abbildung objektiv-realer Zusammenhänge, sei es als Modell künftiger, durch aktives menschliches Handeln herzustellender Objekte oder Zustände, sei es schließlich als Projekt oder Methode der Handlungen selbst. Dieses Kriterium erscheint aber notwendig in verschiedenartigen Gestalten, die in ihrer Vielfalt und in bestimmter Proportion vorhanden sein müssen, damit die Wissenschaft ihre gesellschaftliche Funktion erfüllen kann, nämlich als „lebendiges" Wissen in Gestalt der Qualifikation, Erfahrung, Motivation und Arbeitsweise wissenschaftlicher Kader; es ist in den Individuen und Kollektiven und in den institutionellen Formen ihrer Tätigkeit verkörpert: als dokumentales Wissen in Gestalt von Texten usw.; als „vergegenständlichtes" Wissen in Gestalt von Geräten und Anlagen der Forschung, experimentellen Situationen, materiellen Prototypen künftiger Erzeugnisse usw.

Zum Unterschied von der ersten Stufe der Problementwicklung, die sich in unmittelbarer und untrennbarer Einheit mit dem Forschungs- und Entwicklungsprozeß vollzieht, wird hier das Resultat der Wissenschaft über einen Umschlagsprozeß zu ihrem Potential, d. h. ihre Eigenproduktion entfaltet sich zum Zyklus. Dieses „Umschlagen", das zumindest kommunikative Ausbreitung (z. B. Publikationen von Resultaten, Verbreitung einer neuen Methode durch Trainingskurse usw.) bedeutet, oft aber auch in der Umwandlung des Produkts selbst (z. B. Verdichtung und methodische Aufbereitung von Erkenntnissen, Anpassung von Geräten an die unikalen Erfordernisse künftiger Forschungssituationen usw.) besteht, kostet einen spezifischen Reproduktionsaufwand und erfordert selbst Potential. Dieser Aufwand ist nicht unmittelbar mit der praktischen Nutzbarmachung wissenschaftlicher Resultate identisch, wenn auch oft mit ihr verbunden; er hat für die Wissenschaft selbst infrastrukturelle Bedeutung.

Für einen sehr kurzen Zeithorizont erscheint das Problem, ob vorhandene Ressourcen für die Erzeugung praktikabler FE-Resultate oder für die innere Reproduktion des Wissenschaftspotentials eingesetzt werden sollten, als eine Alternativfrage. Auf längere Sicht zeigt sich aber, daß die Fähigkeit der Wissenschaft, laufend auf hohem Niveau praktikable Ergebnisse hervorzubringen, sehr stark vom Niveau der inneren Reproduktion ihres Potentials abhängt. Unter den gegenwärtigen Bedingungen könnte von einer gewissen Strukturverschiebung in unserem Wissenschaftspotential zugunsten infrastruktureller Leistungen ein starker Intensivierungsfaktor ausgehen. Nach unserer Auffassung gehört der Ausbau der wissenschaftlichen Infrastruktur, die das Umschlagen der Resultate in neues Potential gewährleistet, notwendigerweise zu den Hauptlinien der Potentialentwicklung in den 80er Jahren. Die Wissenschaft der DDR ist bei dem erreichten qualitativen und quantitativen Niveau heute besser als je zuvor in der Lage, den Entwicklungswiderspruch zu bewältigen, der sich darin geltend macht, daß kurzfristig Ressourcen alternativ entweder für die Produktion praktikabler Lösungen oder für die Erhöhung der Niveaus der inneren Reproduktion der Wissenschaft eingesetzt werden müssen. Die bisherige Entwicklung versetzt das Wissenschaftspotential der DDR in die Lage, ohne Abstriche am Zuwachs praxisorientierter Leistungen einen größeren Aufwand für die Eigenproduktion zu betreiben.

Ein besonderer Stellenwert gebührt dabei der in Forschungsgeräten vergegenständlichten Gestalt des Wissens. Hier erweist sich die Relativität der Abgrenzung von Wissenschaft und Volkswirtschaft mit besonderer Deutlichkeit: einmal sind auch Serien- und Massengeräte vergegenständlichtes Wissen, zum anderen verwenden auch unikale Geräte in der Regel in hohem Maße Standardteile. Die Frage, ob bestimmte Geräte ein Produkt der Industrie auf der Grundlage der Überführung eines wissenschaftlichen Ergebnisses oder aber ein Eigenprodukt der Forschung sind, erscheint vielfach schon spitzfindig; das ist ein positiver Beleg für das schon erreichte beträchtliche Zusammenwachsen von Wissenschaft und materieller Produktion, das sich künftig weiter fortsetzen wird. Bei aller Relativität des Unterschiedes zwischen industrieller und „innerwissenschaftlicher" Gerätefertigung ist es jedoch unbestreitbar, daß ein objektiver Unterschied vorhanden ist und daß die Forschungsinstitutionen über ausreichende eigene Kapazitäten für deren Entwicklung und Bau verfügen müssen. Diese Kapazitäten werden weiter zunehmen, und wir sehen darin einen wichtigen Trend der Intensivierung des Wissenschaftspotentials. Die Möglichkeit, neuen Ideen der Forschung ohne jeden Umweg technische Gestalt zu geben und für unikale Experimente kurzfristig Technik in „Maßanfertigung" herzustellen, bedeutet die Beseitigung des vielleicht gravierendsten Engpasses im Wissenschaftsfortschritt. Zudem erleichtert die Möglichkeit, Prinziplösungen der Forschung für die Praxis „im eigenen Haus" technisch zu exemplifizieren und zu erproben, den Prozeß der Durchsetzung einer solchen Neuerung in die Praxis sehr. Deshalb geht die AdW der DDR in Zusammenarbeit mit den Akademien der Bruderländer und der Industrie den schon in den 70er Jahren erfolgreich begonnenen Weg der Entwicklung des eigenen Gerätebaus konsequent weiter. Dazu wird im Rechenschaftsbericht des Zentralkomitees an den X. Parteitag der SED ausgeführt: „Die Fonds an den Einrichtungen der Akademie der Wissenschaften der DDR und den Hochschulen müssen gezielt für die weitere Stärkung der materiell-technischen Basis, insbesondere den Auf- und Ausbau der Technika eingesetzt werden.“[81]

c) *Erneuerungsprozesse durch Austausch von Potentialelementen*

Wenn das Wissenschaftspotential als ein Teilsystem der Gesellschaft aufgefaßt wird, so läßt sich seine Integration in den gesellschaftlichen Reproduktionsprozeß durch eine Gesamtheit von Austauschvorgängen mit der sozialen „Umgebung“ modellieren. Uns interessieren hier jene Vorgänge, über die Elemente aus dieser Umgebung in das Wissenschaftspotential eintreten und von ihm assimiliert werden; sie bewirken entweder absoluten Zuwachs (die Frage, in welchem Umfang und in welchen Richtungen das Wissenschaftspotential der DDR wachsen wird, haben wir weiter oben diskutiert) oder, wenn sie an die Stelle ausscheidender Elemente treten, die Erneuerung des Potentials.

Erneuerungsprozesse, die in der Zeit der primären Herausbildung des Wissenschaftspotentials der DDR naturgemäß eine geringere Rolle spielten, werden in den 80er Jahren schnell an Bedeutung gewinnen.

Das betrifft zunächst den Ersatz der Kader, die aus Altersgründen ausscheiden. In den 70er Jahren konnte die Altersstruktur der Beschäftigten im FE-Bereich in der DDR relativ ausgeglichen gestaltet werden (lediglich der Anteil der über 50jährigen war sehr gering). Künftig wird altersbedingtes Ausscheiden langsam an Gewicht gewinnen; schneller werden möglicherweise mit den zunehmenden Leistungsanforderungen Erscheinungen und Probleme der Kaderfluktuation akut werden. Entsprechend müssen Ersatzzuführungen vorgenommen werden, wobei eine solche zeitliche Staffelung anzustreben ist, daß ein gesunder Altersaufbau des Personals wissenschaftlicher Einrichtungen gewahrt bleibt. Es ist damit zu rechnen, daß sich 1981 bis 1990 der Ersatzbedarf für altersbedingt ausscheidende Hochschulkader im Vergleich zum vorhergehenden Jahrzehnt etwa vervierfachen wird. Bis 1985 liegt der Ersatzbedarf pro Jahr noch weiter unter 1 % des vorhandenen Kaderbestandes und unter 20 % des vorgesehenen Kaderzuwachses und wird sich so noch nicht nennenswert bemerkbar machen; danach wird er jedoch durch sein absolutes Ansteigen bei nachlassenden Neuzuführungen zu einer wesentlichen Komponente der Veränderungen im Bestand werden, zumindest in bestimmten Bereichen der Wissenschaft.[82]

[81] Bericht des Zentralkomitees der Sozialistischen Einheitspartei Deutschlands an den X. Parteitag der SED, a. a. O., S. 90.

[82] Vgl. U. Bossin, Einige Tendenzen der einfachen und erweiterten Reproduktion des personellen Wissenschaftspotentials in der DDR, in: Probleme der Analyse und Gestaltung des sozialistischen Forschungspotentials, a. a. O., S. 103–114; G. Engel, Die Entwicklung des gesellschaftswissenschaftlichen Nachwuchses –

Die Probleme der altersbedingten Reproduktion eines leistungsfähigen wissenschaftlichen Kaderpotentials spielen auch in der Wissenschaftspolitik anderer Länder eine wesentliche Rolle. In den USA zum Beispiel war im Gefolge imperialistischer strategischer Zielsetzungen Ende der 50er Jahre und in den 60er Jahren der Forschungskaderbestand an den Universitäten, die einen Großteil der amerikanischen Grundlagenforschung betreiben, unverhältnismäßig rasch erweitert worden. In einem Report der National Academy of Sciences der USA wird jetzt vorausgesagt, daß es unter anderem wegen dieses großen zeitweiligen „Schubs" an Wissenschaftlern, die vermutlich noch weitere 10–15 Jahre an den Universitäten verbleiben, in der kommenden Periode zu wenig freie Stellen für junge, nachrückende Forscher geben wird. Um eine so fixierte ungünstige altersmäßige Zusammensetzung des Kaderbestandes zu verhindern, die sich auf die Leistungsfähigkeit der Grundlagenforschung negativ auswirken muß, seien dringend wissenschaftspolitische Maßnahmen erforderlich, wofür entsprechende Vorschläge unterbreitet werden müßten.[83]

Sehr große Bedeutung gewinnen die Aussonderung von physisch bzw. moralisch verschlissenen Grundmitteln, insbesondere Forschungsgeräten und ihr Einsatz. Ersatz- und Erneuerungsprozesse treten hier weit schneller als beim Kaderpotential in einem bisher ungewohnten Ausmaß in den Vordergrund; das zentrale Problem bildet dabei die Reproduktion der Forschungsgeräte, die etwa seit 1965 in großem und jährlich wachsendem Umfang angeschafft worden sind.[84]

Eine spezifische Aufgabe ergibt sich daraus, daß für die Verschrottung der in erhöhtem Umfang auszusondernden Forschungsmittel bzw. für die Wiedergewinnung von Bauteilen und Rohstoffen entsprechende Kapazitäten vorzubereiten sind.

Entscheidend ist es nun, diese laufenden Erneuerungsprozesse nicht durch Substitution auf gleichem Niveau zu vollziehen, sondern zu einem Hebel der Intensivierung zu machen. Hier ist die ökonomische Problematik durchaus mit der Strategie der intensiv erweiterten Reproduktion in der materiellen Produktion vergleichbar. Die im Wertausdruck einfache Reproduktion von Bestandteilen des Wissenschaftspotentials muß die Naturalgestalt ihres Ersatzes durch Elemente mit einem höheren Leistungsver-

verantwortungsvolle Aufgaben des Hochschulwesens und aller Forschungsinstitute, in: Die Gesellschaftswissenschaften vor neuen Aufgaben, a. a. O., S. 91.

83 Vgl. Research Excellence Through the Year 2000, National Academy of Sciences, Washington, 1979, S. VI.

84 Auch in kapitalistischen Industrieländern existieren derzeit ungelöste Probleme der Aussonderung und des Ersatzes der Forschungsgeräte. Für die BRD siehe: A. Küllmer, Wissenschaftliche Geräte im Hochschulbereich, a. a. O., S. 26–29.

mögen erhalten. Die Modernisierung des Geräteparks kann nicht nur auf den Zuwachs beschränkt bleiben, sondern muß den Umschlag des Gesamtbestandes erfassen.

Auf die Frage, wie die Erneuerungsprozesse des Wissenschaftspotentials zu Ausgangspunkten seiner intensiv erweiterten Reproduktion werden können, gibt es eine generelle theoretische Antwort, die zu vielfältigen praktischen Schlußfolgerungen entwickelt werden kann: Die „Assimilation" neuer Elemente durch das Wissenschaftspotential muß mit seinem inneren Reproduktionsprozeß, mit dem Umschlag von Wissen in Potential verschmelzen, so daß das modernste Wissen schnell und vollständig im erneuerten Potential verkörpert wird. Damit wird auch klar, welche Rolle der ständigen Verbesserung der Hochschulbildung, der effektiven Eingliederung des wissenschaftlichen Nachwuchses in die Forschungskollektive, der sorgsamen Bewahrung von Forschungserfahrung und Tradition, der Weitergabe des Wissens und Könnens der älteren Wissenschaftlergeneration bei der intensiv erweiterten Reproduktion des Potentials zukommt. Diese Erneuerungsprozesse sind nicht auf die einzelnen Bestandteile des Potentials beschränkt; sie müssen in enger Verbindung damit auch die Gesamtstruktur und die Organisationsformen des Potentials ergreifen. Diese letzteren Faktoren, auf die wir bei unseren Untersuchungen zunehmend gestoßen sind – z. B. die Bildung interdisziplinärer Potentiale, das potentialseitige Reagieren auf neue Forschungsrichtungen ohne extensive Ausdehnung, die Bildung territorialer Nutzergemeinschaften für Forschungsgeräte, internationale Zentren, Akademie-Industrie-Komplexe usw. –, sind bisher noch nicht umfassend analysiert worden. Ihre Erforschung und praktische Nutzbarmachung sind ein dringendes Erfordernis der weiteren Intensivierung – nicht nur der Wissenschaft, wie diese allgemein nicht isoliert gesehen werden kann.

So wirkt die Intensivierung in der Wissenschaft nicht nur über ihre Resultate, sondern auch bereits über ihre Potentialanforderungen im eigenen Erneuerungsprozeß anregend auf die Intensivierung der materiellen Produktion ein. Diesen Zusammenhang bewußt zu nutzen gehört zur Einheit von Wissenschafts- und Wirtschaftspolitik. Die Erzeugung von Forschungstechnik und Forschungsmaterialien ist eine Produktion von Produktionsmitteln besonderer Art. Diese Produktion wirft unkonventionelle technische und ökonomische Probleme auf (Unikalität der Geräte, Kleinstmengen, unübersichtliches Sortiment, unrhythmischer Bedarf usw.). Unseres Erachtens ist es wichtig zu begreifen, daß wir es hier nicht mit einem Aufkommen von Anomalien zu tun haben, sondern mit einem Entwicklungselement der wissenschaftlich-technischen Revolution, das den fortgeschrittenen Stand der modernen Produktivkräfte mit charakterisiert. Wissenschaftlich-technische und gesellschaftliche Prozesse bedingen sich dabei gegenseitig. So lassen sich viele dieser Probleme nur durch den Einsatz der Mikroelektronik auf ökonomische Weise lösen und bilden einen starken Anreiz ihrer Entwicklung.

3.3. *Profilierungslinien in der intensiv erweiterten Reproduktion des Wissenschaftspotentials*

Wir wollen nun noch einige allgemeine Linien der Profilierung des Wissenschaftspotentials nennen, die den Prozeß seiner intensiv erweiterten Reproduktion langfristig kennzeichnen und nach unserer Auffassung in den 80er Jahren stärker in den Vordergrund treten werden. Damit werden nur einige — allerdings kennzeichnende — Momente in der Profilierung des Potentials erfaßt.

a) *Reifungsprozesse des Potentials*

Der große Potentialzuwachs der letzten 10 bis 15 Jahre war im wesentlichen eine Investition für die Zukunft. Qualifikationen, Erfahrungen, Traditionen werden in der Forschung in einem langwierigen Prozeß aufgebaut, effektive institutionelle Formen erst in einer größeren Erprobungszeit gefunden. Das trifft auch auf die Leitung der Forschung und ihre verschiedenartigen Funktionen zu. Ein Drittel aller FE-Kader ist erst in den 70er Jahren in die Forschung gekommen. Zahlreiche Forschungsinstitutionen, und besonders ihre technisch-technologische Basis und Einrichtungen der Infrastruktur sind in den letzten Jahren gebildet bzw. ausgebaut worden und teilweise noch dabei, ihr spezifisches Profil und die rationellsten Organisationsformen zu finden.

Jetzt wird es zunehmend möglich, diesen akkumulierten Bestand an Erfahrungen in hohe wissenschaftliche Leistungen umzusetzen. Hier ist eine große Leistungsreserve zu erschließen, die mit den Jahren weiter anwächst. Das Leistungsvermögen eines Forschungspotentials ist noch weniger ein für allemal festgelegt als beispielsweise die Produktionskapazität eines Betriebes. Die Kollektive verschiedener Stufen — von den Forschungsgruppen bis zur Akademie — sollten eine ihrer Aufgaben darin sehen, ihr reales Leistungsvermögen und seinen Zuwachs regelmäßig zu analysieren, sich selbst entsprechend höhere Maßstäbe zu setzen und die Wege zu ihrer Erreichung festzulegen. Staatliche Aufgaben und gewerkschaftliche Initiativen stehen hier in einem fruchtbaren Wechselverhältnis.

Für die Leitung der Wissenschaft ist es darüber hinaus auch wichtig, Erfahrungen des Reifeprozesses von Potentialen zu verallgemeinern sowie die Gesetze dieses Prozesses zu erkunden, um sie neuaufgebauten FE-Potentialen — vor allem in den Kombinaten — zugänglich zu machen und diese zu höheren Leistungen zu befähigen.

b) *Flexibilität des Potentials*

Eine große Leistungsreserve liegt darin, die vorhandenen Wissenschaftspotentiale flexibler zu gestalten, „lernfähiger" in einem umfassenden Sinn des Wortes, der nicht allein die individuelle Qualifikation der Kader, sondern auch die Struktur und Organisation der Potentiale und weitere Merkmale einschließt. Das ist einmal entscheidend, um den Widerspruch zwischen den relativ langsamen grundlegenden Erneuerungs- und Reifungsprozessen der Potentiale und ihrer Elemente und der relativ schnellen Veränderung der inhaltlichen Anforderungen in Forschung und Entwicklung produktiv beherrschen zu können. Zum anderen aber ist es wichtig, der mit dem Erkenntnisfortschritt verbundenen extensiven Tendenz fortlaufender Potentialerweiterung entgegenzuwirken. Die prinzipielle Unerschöpflichkeit der Forschungsgegenstände ermöglicht mit dem Fortschritt der Erkenntnis eine ständige „Problemspaltung". Die so entstehenden neuen Problematiken binden neue Potentiale, und es können Engpässe bei der Etablierung neuer Forschungsrichtungen und bei der notwendigen Massierung von Potential an den Wachstumspunkten der Wissenschaftsentwicklung entstehen. Generell – auch international – dominierte über lange Zeit der Trend, für neuauftretende Forschungsprobleme und Arbeitsrichtungen auch neue Potentialeinheiten zu schaffen und der notwendigen Umprofilierung bestehender Einheiten auszuweichen.

Die Erweiterung der Forschungsproblematik ist ihrem Wesen nach mit dem Fortschritt der menschlichen Erkenntnis und der gesellschaftlichen Praxis verbunden und kann nicht aufgehalten werden. Es ist jedoch unerläßlich, sie mit einem abnehmenden Ressourcenzuwachs zu bewältigen. Die Steigerung der Leistungsfähigkeit des Wissenschaftspotentials insgesamt hängt aber im beträchtlichen Maße von seinem Vermögen ab, sich flexibel umzustrukturieren, und damit vom Niveau seiner inneren Organisation. Eben deshalb gebührt dem Ausbau der wissenschaftlichen Infrastruktur erhöhte Aufmerksamkeit. Die Bewertung einer Einheit des FE-Potentials sollte nicht ausschließlich nach ihrer Leistungsfähigkeit in Relation zu einer gegebenen Thematik, sondern darüber hinaus auch nach ihrer Umstellungsfähigkeit auf eine neue Thematik (und natürlich auch nach ihrem Vermögen, selbst aussichtsreiche Thematiken hervorzubringen) erfolgen.

c) *Strukturierung und Proportionierung des Potentials*

Unsere bisherigen Ausführungen – insbesondere bei der Diskussion der Ergebnisse der EAF – verweisen darauf, daß das Leistungsvermögen des Wissenschaftspotentials insgesamt von seiner richtigen Strukturierung und von der richtigen Proportionierung seiner Elemente mit abhängt. Engpaßsituationen und Disproportionen, die mit der Unterrepräsentiertheit wichtiger Elemente des Gesamtpotentials (vor allem der zweigspezifischen Grundlagenforschung und der Kapazitäten für Pilotversuche und andere Erprobungen) verbunden sind, und die Wege zu ihrer Überwindung wurden dargelegt. Von der vorhandenen Potentialstruktur hängen die Möglichkeiten von Arbeitsteilung und Kooperation in der Wissenschaft ab, und diese wiederum reproduzieren die Potentialstruktur und entwickeln sie weiter. Die Aufgabe, das Potential richtig zu strukturieren und zu proportionieren, wandelt sich historisch und stellt sich deshalb immer wieder neu.

Das Niveau, auf dem sie jeweils bewältigt wird, ist ein wichtiger Indikator für die Flexibilität des Potentials. In den 80er Jahren sind hier große Fortschritte erforderlich, die ihrerseits entsprechende Erkenntnisse über die Potentialdynamik in der Wissenschaft voraussetzen. Das neue stufenweise anzustrebende Niveau kann als die integrierte Beherrschung der Strukturierungs- und Proportionierungsvorgänge in den verschiedenen Strukturdimensionen des Potentials bezeichnet werden. Bisher wurden die Probleme der verschiedenen Strukturdimensionen vorwiegend für sich behandelt, während die ganzheitliche Erfassung der strukturellen Mehrdimensionalität des Potentials noch zu große Schwierigkeiten bot. Besondere Aufmerksamkeit gebührt wohl dem Zusammenhang dreier Strukturdimensionen des Wissenschaftspotentials, die selbst wiederum eine große innere Differenziertheit aufweisen: der Gliederung nach den Funktionen des Potentials (z. B. nach Forschung und Lehre, nach Forschungstypen, nach Disziplinen, nach volkswirtschaftlichen Bedürfniskomplexen), der Gliederung nach den Organisationsformen (institutionelle Einheiten von der Forschungsgruppe bis zur Akademie, informelle Einheiten, territoriale Verbände, internationale Arbeitsgruppen oder Zentren) und der Gliederung nach Bestandteilen (insbesondere Kader und ihre Strukturen, materiell-technische Voraussetzungen, Informationen).

In diesem Kapitel haben wir nur wenige dieser Strukturen besprochen, zum Beispiel Kader und materiell-technische Basis sowie Ausprägung der Forschungstypen und ihres Formenreichtums. In letzterem sahen wir *eine* der Richtungen ihrer Leistungssteigerung. Dabei ist diese Profilierung als Moment der wechselseitigen Integration der Typen zu verstehen. Auf das Merkmal der Wechselseitigkeit legen wir besonderes Gewicht; im Prinzip muß jeder Forschungstyp den „gesellschaftlichen Transfer" zu allen anderen realisieren, so daß der Übergang von Erfahrungen und Problemstellungen von der Entwicklung, Konstruktion und Erprobung bis zur Grundlagenforschung ebenso gesichert ist wie der Übergang von den Prinziplösungen, die die Grundlagenforschung liefert, bis zur praktischen Realisierung. Die verbreitete und populäre Vorstellung von der Kette Wissenschaft–Technik–Produktion verzerrt, sofern sie die Produktion ausschließlich als Akzeptor wissenschaftlicher Neuerungen darstellt, die wirklichen Verhältnisse.

d) *Leistungsspitzen und Breitenniveau*

Die intensive, insbesondere qualitative Entwicklung des Wissenschaftspotentials kann durch gleichmäßig undifferenzierte Orientierung nicht hinreichend gefördert werden. Ein hohes Durchschnittsniveau und Spitzenleistungen auf ausgewählten Gebieten hängen wechselseitig zusammen; beide Aspekte sollten auf die ihnen gemäße Weise gefördert und genutzt werden: Einmal kommt es darauf an, die Dynamik der qualitativen Entwicklung zu initiieren und zu beschleunigen, sich dabei auf die „Spitze" zu konzentrieren und sie durch die Schaffung günstiger, überdurchschnittlicher Bedingungen besonders zu stimulieren. Zum anderen ist dafür Sorge zu tragen, daß die für die Erreichung solcher Spitzenleistungen notwendige breite Basis an Potentialen mit einem guten qualitativen Niveau durch generelle gesellschaftliche Unterstützung der Potentialentwicklung in der Wissenschaft, die schon in der Oberschulbildung einsetzen muß, geschaffen wird. Insbesondere ist darauf zu achten, daß durch entsprechende effektive Aus- und Weiterbildungsprozesse und andere Formen der innerwissenschaftlichen und gesellschaftlichen Reproduktion Ergebnisse und Erfahrungen der leistungsstärksten Potentiale möglichst rasch und breit für das gesamte Potential nutzbar gemacht werden. Wichtige Wege hierbei sind zum Beispiel die engere und differenziertere Verbindung von Forschung und Lehre sowie der gezielte Kaderaustausch. Eine hohe Wirksamkeit selektiver Leistungsbewertung erscheint uns für die Ausschöpfung und Entwicklung der Leistungsfähigkeit des Wissenschaftspotentials sehr wesentlich. Dabei sollte unseres Erachtens nicht so sehr Gewicht auf die Installierung besonderer Bewertungsprozeduren neben dem FE-Prozeß gelegt werden; vielmehr ist der Gesamtprozeß der Forschung so zu gestalten, daß er auf die Potentialeinheiten fortlaufend bewertend wirkt.

Die Problematik der Leistungsbewertung und ihrer Maßstäbe ist an anderen Stellen dieses Buches ausführlich besprochen worden. Wir wollen hier lediglich darauf verweisen, daß die Bewertung nicht nur ein Faktor aktueller Leistung ist, sondern auch als Moment der Reproduktion und Entwicklung des Potentials in Betracht gezogen werden muß. So erscheint es uns notwendig, immer wieder auf eine stärker leistungsabhängige Verteilung und Umverteilung von Arbeitsbedingungen und Entwicklungsmöglichkeiten für Wissenschaftler und wissenschaftliche Kollektive hinzuweisen. Dieses Vorgehen könnte die Herausbildung von Spitzengebieten und ihre Fixierung in stabilen Traditionen wirksam fördern und hiervon ausgehend das Gesamtniveau günstig beeinflussen.[85]

85 Vgl. Probleme der Erhöhung der Leistungsfähigkeit der Grundlagenforschung, in: ITW-Studien und Forschungsberichte, 11/1979, S. 13f.

KAPITEL III

Kooperation und Kommunikation als Faktoren der Intensivierung der Forschung

In den folgenden Ausführungen beschäftigen wir uns ausschließlich mit Problemen, die in den Naturwissenschaften vor allem dann auftreten, wenn neue Methoden, Ansätze zu neuen Fragestellungen, konkurrierende Hypothesen und Modelle den wissenschaftlichen Meinungsstreit in Forscherkollektiven bestimmen. Die Direktive des X. Parteitages der SED zum Fünfjahrplan 1981–85 fordert, in den Forschungseinrichtungen „solche wissenschaftlichen und wissenschaftlich-technischen Ergebnisse zu erzielen, mit denen ein Höchstmaß an Effektivität und Qualität im Reproduktionsprozeß erreicht und auf entscheidenden Gebieten der fortgeschrittene internationale Stand mitbestimmt werden kann".[1] Folgerichtig heißt es im Anschluß an diese Forderung: „Dazu ist, beginnend bei der Aufgabenstellung, eine Atmosphäre des Wettstreits um höchste schöpferische Leistungen zu schaffen."[2] Genau um diese Atmosphäre geht es uns in den folgenden Ausführungen. Wir wollen Überlegungen und erste Untersuchungsergebnisse zu der Frage vorstellen, wie eine solche Atmosphäre in Gruppen der Grundlagenforschung entsteht, wovon sie abhängt und wie sie das Niveau der Forschung und deren Intensivierung beeinflußt.

Wie intensiv Wissenschaftler arbeiten, hängt in hohem Maße von ihrem Engagement für die Aufgabe ab. Starkes persönliches Engagement, ohne das keine bedeutende wissenschaftliche Leistung entstehen kann, ist aber niemals allein von der Beziehung des Forschers zu seinem Untersuchungsgegenstand bestimmt. Es hat immer auch soziale Komponenten und Implikationen. Eben diese kennzeichnen die Atmosphäre des Wettstreits. Sie ist in allen Phasen der Forschung wesentlich. Das gilt bereits für die Phase der Aufgabenstellung. Wofür eine Forschungsaufgabe auch immer wichtig sein mag – für die Befriedigung komplexer gesellschaftlicher Bedürfnisse, die Erfüllung volkswirtschaftlicher Produktions- und Reproduktionserfordernisse oder die Entwicklung der Wissenschaft selbst –, als ein Programm, das die Forschung orientiert und koordiniert, ist sie selbst ein

[1] Direktive des X. Parteitages der SED zum Fünfjahrplan für die Entwicklung der Volkswirtschaft in der DDR in den Jahren 1981 bis 1985, a. a. O., S. 21.
[2] Ebenda.

Resultat intensiver wissenschaftlicher Arbeit. Im Prozeß ihrer Erarbeitung spielen zwangsläufig viele, von persönlichen Sichtweisen des Problems geprägte Vorstellungen der Wissenschaftler über die künftigen Richtungen der Forschung und die anzustrebenden Resultate eine Rolle. Sie sind Gegenstand der Diskussion und des Meinungsstreites. Erst nach eingehender Prüfung verschiedener Vorschläge und Ansichten kann sich eine Fassung der Forschungsaufgabe herauskristallisieren, mit der sich das ganze Kollektiv der Bearbeiter identifiziert und die imstande ist, alle Kraft effektiv auf gesellschaftlich bedeutsame Ziele zu richten.

Das trifft zu für die kurz- und mittelfristigen Aufgaben, die im laufenden Forschungsbetrieb bei der Vorbereitung und Realisierung der Jahrespläne bestimmt werden. In noch höherem Grade trifft es für die Schaffung langfristiger Forschungskonzeptionen zu, aus denen sich die konkreten Aufgaben bestimmen lassen und die die Tätigkeit ganzer Kollektive für eine Fünfjahrplanperiode oder sogar für einen größeren Zeitraum prägen. Dabei ist überdies zu beachten, daß die Bearbeitung und Lösung vieler Probleme rückwirkend Veränderungen und Präzisierungen der Forschungskonzeption erzwingt, auf deren Grundlage sie ursprünglich bestimmt worden sind. Das Ziel, mit der Realisierung anspruchsvoller Forschungskonzeptionen hohe schöpferische Leistungen zu erreichen, setzt deshalb ein hohes Niveau der Leitung und Planung der Forschung voraus, die diese Zusammenhänge in Rechnung stellen und die Spezifik der Forschung auch in ihren Frühphasen berücksichtigen.

Wir konzentrieren uns in diesem Kapitel auf die Initialphase der Forschung, in der neue wissenschaftliche Methoden und Ideen in ersten Ansätzen, noch keimhaft entstehen. In dieser Phase ist oft noch nicht entscheidbar, welche der von Wissenschaftlern geäußerten konzeptionellen Vorstellungen sich tatsächlich zu tragfähigen Forschungskonzeptionen ausbauen lassen und Ergebnisse auf höchstem Niveau versprechen. Unsere besondere Aufmerksamkeit wird in diesem Zusammenhang drei Fragenkreisen gelten:

1. Nach welchen Kriterien und auf welche Weise wählen Wissenschaftler Gegenstände der objektiven Realität aus und erfassen sie als Objekte ihrer Forschung? Wie verändern sich Problemsicht und Fähigkeiten der Wissenschaftler im Prozeß der Erfassung von Forschungsobjekten? Wie werden solche Objekte auf reproduzierbare Weise identifiziert, und wie bilden sich die dafür geeigneten Standardmethoden und -verfahren heraus? In welchem Verhältnis stehen dabei die Entwicklung des praktischen Umgangs mit dem Forschungsobjekt und die Genese seiner ideellen Widerspiegelung zueinander?

2. Welcher Zusammenhang besteht zwischen dem bewußten Verhältnis der Forscher zum Gegenstand ihrer Untersuchung und den sozialen Beziehungen zwischen den Wissenschaftlern (sowohl im unmittelbaren Arbeits-

kollektiv als auch in größeren disziplinären oder institutionellen Gemeinschaften)? Wie verändern sich beide Seiten dieses Zusammenhangs mit dem Gang des Forschungsprozesses, und wie wirken sie auf dessen Entwicklung ein?

3. Wie kann die Leitungstätigkeit diesen Zusammenhang so beherrschen, daß der Forschungsprozeß intensiviert und beschleunigt wird? Welche Rolle spielt dabei die Schaffung prozeßgerechter Organisationsstrukturen?

Beim heutigen Stand der Erkenntnis ist es noch sehr schwierig, einen sicheren Zugang zur Erfassung der Initialphase von Forschungsprozessen zu finden. Zu einem Zeitpunkt, an dem ausformulierte Varianten von Forschungsaufgaben zur Diskussion gestellt werden, ist schon Wesentliches vorausgegangen, das sich wissenschaftssoziologischen Untersuchungsmethoden nicht ohne weiteres erschließt. Außerdem ist die Genese wissenschaftlicher Ideen, die später zum Kern fruchtbarer Forschungskonzeptionen werden, oft ein langwieriger Vorgang, der geschichtliche Dimensionen aufweist und mit wissenschaftshistorischen Methoden verfolgt werden muß. Wir halten es für aussichtsreich, bei der Erforschung solcher Phänomene einerseits psychologische und sozialpsychologische Methoden in die Analyse rezenter Forschungsprozesse einzubauen, andererseits aber die begleitende Analyse rezenter Prozesse mit wissenschaftshistorischen Längsschnitten an repräsentativen und für unsere Fragestellung gut geeigneten Fällen zu kombinieren.

Bevor wir die Diskussion dieser Probleme und die Darlegung unserer Untersuchungsergebnisse dazu beginnen, bedarf es jedoch zweier Vorbemerkungen zu den weltanschaulichen Voraussetzungen:

1. Forschung ist wie jedes andere Gebiet menschlicher Aktivität ein gesellschaftlicher Prozeß, in dem soziale Beziehungen zwischen Individuen und Gruppen realisiert werden und der nur vermittels solcher Beziehungen ablaufen kann. Der wirkliche Forschungsprozeß vollzieht sich stets in widersprüchlicher Einheit von gegenständlicher und sozialer Bedingtheit.[3] Für unsere Untersuchungen ist es ein gesicherter Ausgangpunkt, daß außerhalb sozialer Beziehungen zwischen Menschen, die letztlich von den Produktionsverhältnissen der Gesellschaft bestimmt werden, und unabhängig von diesen keinerlei Erkenntnis möglich ist. Es sei jedoch hervorgehoben, daß soziale Beziehungen Erkenntnisprozesse nicht nur einfach ermöglichen, sondern auch differenzierend auf diese einwirken, ebenso wie sich umgekehrt der Unterschied der Untersuchungsgegenstände auch in den Beziehungen zwischen den in der Forschung tätigen Menschen differenzierend äußert. Die differenzierende Wirkung sozialer Voraussetzungen zeigt sich bereits

[3] Vgl. M. G. Jaroševskij, Trechaspeknost' nauki i problemy naučnoj školy, in: Social'no-psichologičeskije problemy nauki. Učenyj i naučnyj kollektiv. Pod red. M. G. Jaroševskogo, Moskva 1973, S. 174–178.

in der Wahl der Forschungsgegenstände (wir verweisen auf die planmäßige Bestimmung der Hauptlinien der Forschung in Einklang mit den Erfordernissen der Gesellschafts- und Wirtschaftsstrategie des entwickelten Sozialismus, die damit verbunden ist, daß andere mögliche Forschungsgegenstände mit geringerer Intensität oder gar nicht bearbeitet werden). Sie macht sich jedoch auch – bei vorausgesetzten Forschungsgegenständen – im Unterschied der Wege ihrer Untersuchung geltend. Man kann behaupten, daß die differenzierende Wirkung sozialer Beziehungen um so stärker von persönlichkeitsbedingten Unterschieden beeinflußt sein wird, je weniger die Wahl des Forschungsgegenstandes und des „Ansatzes" seiner Bearbeitung auf normierte Kriterien und Prozeduren zurückgreifen kann. In der hier behandelten Frühphase von Forschungsprozessen ist eine solche Situation hoher Unbestimmtheit, in der sich die Individualität einzelner Persönlichkeiten und kleiner Kollektive stark bemerkbar macht, grundsätzlich gegeben. Die Berücksichtigung solcher Unterschiede ist daher wesentlich, wenn man die Genese von Forschungsprozessen untersuchen will.

„Fertige", geprüfte und als objektiv wahr erkannte Forschungsergebnisse werden in der Regel in einer Form dargeboten, in der die differenzierenden sozialen Voraussetzungen, die für ihr Zustandekommen maßgeblich waren, aufgehoben sind. Diese objektivierende Darstellungsweise, in der das Ergebnis als eindeutige und reproduzierbare objektiv wahre Auskunft über den Forschungsgegenstand erscheint und demgegenüber die Auskunft über den subjektiven Prozeß seiner Entstehung an die Peripherie gedrängt wird, ist keine konventionelle Vereinbarung, sondern ein unerläßliches Desiderat der gesellschaftlichen Funktion der Wissenschaft. Hier tritt der Unterschied von wissenschaftlichem Resultat und Kunstwerk sehr deutlich zutage. Marx hat diese Notwendigkeit explizit begründet und festgestellt, daß sich die Darstellungsweise eines wissenschaftlichen Ergebnisses „formell von der Forschungsweise unterscheiden" muß.[4] Ist das Gebäude einer wissenschaftlichen Theorie erst einmal fetiggestellt und fest fundiert, so werden die Gerüste entfernt, die notwendig waren, um es zu errichten.

Die vollständige Darstellung eines wissenschaftlichen Ergebnisses muß nun so erfolgen, daß die Aussagen über die Beschaffenheit des Untersuchungsgegenstandes nicht nur behauptet, sondern auch begründet werden. Diese Begründung gibt die Denk-, Beobachtungs- und Experimentalprozeduren an, bei deren Ausführung jeder, der über die erforderlichen Voraussetzungen verfügt, zu den mitgeteilten Aussagen über den Untersuchungsgegenstand selbst gelangen kann. In der Tatsache, daß in die Darstellung von Forschungsresultaten ein rekonstruiertes Bild des Forschungsprozesses zum Zwecke der Begründung zumindest implizit eingeschlossen wird, liegt eine erkennt-

[4] K. Marx, Das Kapital. Erster Band, Nachwort zur zweiten Aufl., a. a. O., S. 27.

nistheoretische Quelle für Täuschungen über die wirkliche Natur des Forschungsprozesses und damit auch über seine Bedingungen und begünstigenden Faktoren.

Die Rekonstruktion des Forschungsprozesses, die in der Mitteilung eines Ergebnisses enthalten ist, stellt nicht einfach eine verkürzte Rekapitulation des tatsächlichen Verlaufes dar. Sie ist vielmehr dessen Umbildung mit dem Ziel allgemeiner Reproduzierbarkeit des Ergebnisses. Man kann daher aus der Rekonstruktion nicht ohne weiteres auf den tatsächlichen Ablauf schließen. Weil nun insbesondere die aus den persönlichen Eigenarten der Forscher und ihren unmittelbaren sozialen Beziehungen entspringenden Differenzierungen bei der zu Darstellungs- und Begründungszwecken erfolgenden Rekonstruktion des Prozeßbildes weitgehend ausgeschlossen werden, kann leicht die Illusion entstehen, solche personalen und sozialen Momente seien für den wirklichen Forschungsprozeß bestenfalls unwesentlich und rein äußerlich, schlimmstenfalls aber hemmend gewesen. Verallgemeinert kann diese falsche Sicht zu einer fehlerhaften Beurteilung künftiger Forschungsprozesse und ihrer Bedingungen führen.

Dieser täuschende Schein, dessen unkritische Hinnahme zu direkten Schlüssen vom rekonstruierten Bild eines Forschungsprozesses auf dessen tatsächlichen Ablauf verführt, ist von einflußreichen Strömungen der bürgerlichen Erkenntnistheorie weltanschaulich verfestigt und dogmatisiert worden und hat in der Wissenschaftsforschung kapitalistischer Länder jahrzehntelang eine dominierende Rolle gespielt, deren Wirkungen auch heute noch festzustellen sind. Hier ist in erster Linie auf die sogenannte analytische Wissenschaftstheorie zu verweisen, die sich bewußt auf die Analyse der ideellen Ergebnisse der Forschung und ihres sprachlichen Ausdrucks (einschließlich der methodologischen Rekonstruktion der Forschungsprozesse) beschränkte und der Frage nach den wirklichen Bedingungen und Umständen der Erkenntnisgenese im Rahmen der Erkenntnis- und Wissenschaftstheorie jegliche wissenschaftstheoretische Legitimität absprach.[5] Ob diese Linie auf der philosophischen Basis des Neopositivismus oder anderer Varianten der bürgerlichen Philosophie vertreten wurde, ist zwar für eine konkrete kritische Analyse durchaus von Bedeutung, aber es ändert nichts an der dieser ganzen Strömung grundsätzlich eigenen individualistischen Auffassung vom Erkenntnisprozeß, die der marxistischen Erkenntnistheorie entgegengesetzt wurde. Als das eigentliche Subjekt der wissenschaftlichen Erkenntnis galt ihr das isolierte Individuum, das den zu erkennenden Gegenstand in seinen Aussagen entweder korrekt erfaßt oder irrt.[6] Mit der Intention, die sozial bedingten Differenzierungen des

[5] Vgl. K. Popper, Logik der Forschung, 5. Aufl. Tübingen 1973, S. 6.

[6] Vgl. auch H. Reichenbach, Der Aufstieg der wissenschaftlichen Philosophie, Gesammelte Werke, Bd. 1, Braunschweig 1977, besonders S. 156–164.

Forschungsprozesses als wissenschaftstheoretisch unwesentlich beiseite zu lassen, wird ein doppelter Fehler begangen: einmal eliminiert man die wirkliche Entstehung neuen Wissens aus dem Gegenstand der Forschung und liefert damit Wissenschaftstheorien, die das zentrale Moment der Wissenschaft ignorieren; zum andern schließt man aus der postulierten Unwesentlichkeit der differenzierenden Wirkungen sozialer Voraussetzungen auf den Prozeß der Erkenntnis der Wahrheit ganz zu Unrecht, daß das Erkennen seinem Wesen nach keine soziale Erscheinung, sondern eine Fähigkeit des isoliert gedachten Individuums sei.

Der Individualismus ist eine der möglichen Formen, in denen die bürgerliche Philosophie die idealistische Erklärung des menchlichen Erkennens durchzuführen sucht. Er ist zudem eine Form, in der der idealistische Ansatz besonders leicht zu erkennen ist. Es ist jedoch nicht richtig, Individualismus und Idealismus in der Erkenntnistheorie gleichzusetzen. Deshalb können wir die marxistische Position in dieser Frage nicht formulieren, indem wir das individualistische Bild einfach durch ein kollektivistisches ersetzen. Die marxistisch-leninistische Erkenntnistheorie betrachtet in letzter Instanz die Gesellschaft als Subjekt des wissenschaftlichen Erkennens,[7] weil das in der Forschung gewonnene Wissen gesellschaftlich neu sein muß und weil die Fähigkeit, solches Wissen zu erlangen, durch die ganze Geschichte der Gesellschaft erzeugt worden ist. Selbstverständlich sind es immer Individuen und Kollektive, in deren Forschungstätigkeit das Erkenntnisvermögen der Gesellschaft realisiert wird. Entscheidend ist dabei die Erklärung des Erkennens auf der Basis der materialistischen Geschichtsauffassung über die bestimmende Rolle der materialistisch begriffenen sozial-historischen Praxis als seine Grundlage, seinen Ausgangs- und Zielpunkt und sein Kriterium. Erst damit, nicht schon mit der bloßen Anerkennung sozialer Determiniertheit des Erkennens, grenzt sich der marxistische Standpunkt grundsätzlich von allen Varianten des bürgerlichen Denkens in der Wissenschaftsforschung ab – denn selbstverständlich können auch soziale Beziehungen idealistisch gedeutet werden. Das ist besonders wichtig angesichts des in den letzten zwei Jahrzehnten zu registrierenden Vordringens soziologischer und sozialpsychologischer Konzeptionen in der bürgerlichen Wissenschaftsforschung, deren idealistisches Fundament in der Regel weit schwieriger zu enthüllen ist, als es bei den Konzeptionen des Neopositivismus der Fall ist.

2. Forschung dient der Erkenntnis von Gegenständen, die vor der Forschungstätigkeit und unabhängig von ihr existieren.

Wahre Erkenntnis wird jedoch nicht durch passives Schauen gewonnen,

[7] Vgl. insbesondere: D. Wittich/K. Gößler/K. Wagner, Marxistisch-leninistische Erkenntnistheorie, Berlin 1978, S. 110; P. V. Kopnin, Vvedenije v marksistsko-leninskuju gnoseologiju, Kiev 1966, S. 62; Leninskaja teorija otraženija i sovremennaja nauka, Sofia 1973, S. 45.

sondern durch praktische Veränderungen des zu untersuchenden Ausschnitts der Realität. Damit ist sie das Resultat des Setzens, Austragens und Lösens des fundamentalen Widerspruchs zwischen der forschungsunabhängigen Beschaffenheit des Gegenstandes und seiner unvermeidlichen Veränderung durch forschungspraktische Operationen, und sie kommt nicht anders zustande als durch den Schluß von den aus der praktisch-verändernden Einwirkung auf den Gegenstand entspringenden Daten auf die forschungsunabhängige Beschaffenheit des Gegenstandes.

Diese generelle Dialektik des Erkenntnisprozesses hat in der Sphäre der Forschung vielfältige und komplizierte Erscheinungsformen, deren Untersuchung eine schwierige Aufgabe darstellt. In der Initialphase von Forschungsprozessen treffen wir auf diese Problematik bereits bei der Antwort auf die trivial erscheinende Frage, was eigentlich jeweils untersucht werden soll. Es ist leicht einzusehen, daß diese Frage nur scheinbar trivial ist, denn sie zielt darauf ab, den Untersuchungsgegenstand, von dem erst die ausgeführte Untersuchung das erforderliche Wissen liefern soll, bereits an ihrem Anfang hinreichend zu charakterisieren. Es ist kaum möglich, in einer allgemeingültigen Formulierung das zu Beginn eines Forschungsprozesses zu erfordernde Maß an Identifizierung des Gegenstandes zu bestimmen. Wir können das nur an konkreten Fällen erläutern; dies wird innerhalb der in dieses Kapitel einbezogenen wissenschaftshistorischen Untersuchungen geschehen. Jedenfalls muß die Identifizierung so weit getrieben sein, daß der intendierte Gegenstand von anderen Gegenständen, die gleichzeitig bearbeitet werden oder wenigstens bearbeitet werden könnten, erkennbar unterschieden ist, daß sich die teilnehmenden Wissenschaftler (gerade auch dann, wenn sie unterschiedlichen Disziplinen entstammen und unterschiedliche Methoden einsetzen) dessen bewußt sind, einen gemeinsamen Gegenstand zu untersuchen, und daß ihre Rollenverteilung und Kooperation in der Forschung auf diesen Gegenstand orientiert werden kann. „Hinreichend" bedeutet nicht absolut oder gleichgültig; es geschieht nicht selten, daß die Forschung übersehene Unterschiede innerhalb von ursprünglich als homogen betrachteten Gegenständen aufweist oder umgekehrt Gleichartigkeit von Gegenständen zeigt, die bis dahin allein unter dem Aspekt ihrer Unterschiedenheit betrachtet worden sind.

Forschungsgegenstände werden mit Hilfe von Experimental- und Beobachtungsprozeduren identifiziert (und unterschieden). Sind diese Prozeduren zuverlässig reproduzierbar, dann stellen sie für alle Wissenschaftler, die sich ihrer bedienen, einen Standard dar. Durch Gesamtheiten von Merkmalen, die sich auf reproduzierbare Weise empirisch feststellen lassen, werden konkrete Objekte bestimmt, die wir im weiteren als Forschungsobjekte bezeichnen werden. Solche Objekte sind beispielsweise biologische Präparate, synthetisierte Verbindungen, definierte Meßsituationen in der Physik, Probanden im psychologischen Versuch usw. Es fällt sofort auf, daß alle diese hier exemplarisch benannten Typen von Forschungsobjekten relativ zu den standardisierten Prozeduren ihrer Identifizierung bestimmt sind. Es sind praktische Prozeduren, durch die forschungsunabhängig existierende Gegebenheiten unvermeidlich Veränderungen erfahren; nicht allein die Ansichten der Wissenschaftler über sie ändern sich, sondern auch sie selbst, wenn sie zu Objekten der Forschung werden oder als Objekte der Forschung dienen. Es sei hier beiläufig darauf hingewiesen, daß der Unterschied zwischen der Identifizierung von Forschungsobjekten und ihrer weiteren Untersuchung relativ ist. Ergibt die nachfolgende Untersuchung von Forschungsobjekten, die nach einem bestimmten Satz von Merkmalen identifiziert worden sind, das Vorhandensein weiterer stabiler Merkmale, so werden auch diese künftig zu Identifizierungskriterien.

Zwischen den forschungsunabhängig bestehenden realen Gegebenheiten und den aus ihrer praktischen Erfassung und damit Veränderung hervorgehenden Forschungsobjekten muß unterschieden werden. Das wird in der marxistischen erkenntnistheoretischen und methodologischen Literatur im allgemeinen hervorgehoben,[8] auch wenn die Argumentation dazu nicht immer ganz konsequent ist und in der Behandlung dieses Sachverhaltes terminologische Differenzen bestehen.[9] Die erkenntnistheoretisch entscheidende Frage ist nun die nach der Möglichkeit, aus der Beschreibung und Analyse der veränderten Realität Erkenntnis über die forschungsunabhängige Realität zu gewinnen. Wir ziehen es vor, von „forschungsunabhängiger" Realität statt von „unberührten" Gegenständen zu sprechen, denn vielfach geht es darum, solche Gegenstände zu untersuchen, die von der Praxis der materiellen Produktion und des sozialen Lebens bereits umgestaltete Gegenstände darstellen; in solchen Fällen ist die Forschung natürlich nicht auf überhaupt praxisunabhängige Realitäten gerichtet, aber dies bedeutet keinen Abstrich daran, daß der Forschungsgegenstand vor seiner Untersuchung

[8] Vgl. z. B. V. A. Smirnov, Wissensebenen und Etappen des Erkenntnisprozesses, in: Studien zur Logik der wissenschaftlichen Erkenntnis, hg. von P. V. Tavanec, Berlin 1967, S. 40. Dort heißt es: „Wir unterscheiden also das Objekt der Wissenschaft von den Dingen und Prozessen der Realität, deren Modelle die Objekte der Wissenschaft sind. Vom Standpunkt des Materialismus aus untersucht die Wissenschaft letzten Endes die außerhalb und unabhängig vom Bewußtsein existierende objektive Realität. Aber daraus folgt nicht, daß die Objekte, über die etwas behauptet wird, mit der objektiven Realität identisch sind. Ein Objekt der Wissenschaft und ein real existierendes Ding sind nicht ein und dasselbe."

[9] Diese Unterscheidung klingt selbst dann an, wenn sie terminologisch nicht reflektiert wird, d. h.: „Das Objekt wird nicht in seiner Ursprünglichkeit genommen, sondern auf die Höhe einer für bestimmte Erkenntniszwecke notwendigen Beschaffenheit verändert" (Erkenntnistheoretische Aspekte des Schöpfertums in der Wissenschaft, Berlin 1981, S. 51).

und unabhängig von den zu diesem Zwecke eingesetzten forschungspraktischen Prozeduren gegeben ist.
In der methodologischen Literatur wird nicht selten zwischen „empirischen Objekten“ und „theoretischen Objekten“ unterschieden[10]; die Bezeichnung „theoretisches Objekt“ wird bisweilen selbst dann gebraucht, wenn man eine Theorie als ideelles Abbild eines bestimmten Ausschnitts der objektiven Realität kennzeichnet. Für unsere Zwecke ist dieser Gebrauch des Terminus „Objekt“ zu weit; in unserem Kontext könnte man nur dann von einem „theoretischen Objekt “sprechen, wenn es um die Erforschung einer Theorie geht.

Nach diesen Vorklärungen wollen wir einige Bemerkungen zum erkenntnistheoretischen Status des Forschungsobjektes machen. Das Forschungsobjekt als durch menschlichen Zugriff in diesem oder jenem Grade umgewandelte Realität figuriert im Forschungsprozeß in einer doppelten Bestimmung. Einmal ist es für den Forscher Repräsentant, Erscheinungsform des Untersuchungsgegenstandes; zum anderen ist es Mittel, um den Gegenstand zu untersuchen, und ordnet sich in dieser Funktion in den Gesamtkomplex der materiellen Mittel des Forschungsprozesses ein. Wir können das Forschungsobjekt als einen Bereich ansehen, in dem sich Mittel und Gegenstand der menschlichen Forschungstätigkeit überschneiden. In seiner Funktion als Mittel entspricht das Forschungsobjekt der aktiven, in seiner Funktion als Repräsentant der rezeptiven Seite der wissenschaftlichen Widerspiegelung. Erkenntnistheoretisch wesentlich ist dabei die Beachtung der dialektischen Einheit beider Bestimmungen. Trennt man den Mittelaspekt von der Bestimmung ab, Repräsentant des Gegenstandes zu sein, verabsolutiert man den Unterschied, dann gelangt man zu einer subjektivistischen Interpretation der Forschung und ist nicht mehr imstande, sie als Erkenntnis der objektiven Realität zu begreifen; ein typisches Beispiel für diesen erkenntnistheoretischen Fehler ist in der Geschichte der auf die Naturwissenschaft bezogenen methodologischen Konzeptionen des Operationalismus. Die Eigenart des Forschungsobjektes als Mittel der Erkenntnis, durch die es sich von den anderen Komponenten des Mittelkomplexes unterscheidet, besteht eben darin, dem Forscher als Repräsentant des Gegenstandes und damit als unmittelbare Quelle von Information über den Gegenstand zu dienen. Die praktische Umgestaltung der vorgefundenen Realität in der Forschung ist eben darauf gerichtet, daß das dabei gewonnene Forschungsobjekt dieser Bestimmung bestmöglich entspricht.

Die Beziehung des Repräsentantenseins, in der das Forschungsobjekt

[10] V. A. Smirnov, Wissensebenen und Etappen des Erkenntnisprozesses, a. a. O., S. 45/46; Vgl. D. Wittich/K. Gößler/K. Wagner, Marxistisch-leninistische Erkenntnistheorie, a. a. O., S. 176; Philosophisches Wörterbuch, hg. von G. Klaus/M. Buhr, 6. Aufl., Bd. 2, Leipzig 1969, S. 802 (Stichwort „Objekt, ideales“).

zum Gegenstand des Erkennens steht, kann man unseres Erachtens nicht als Modellbeziehung auffassen. In methodologischen Kontexten findet man oft eine extrem weite Verwendung des Terminus „Modell“, in der dieser im Grunde mit der ideellen Widerspieglung der objektiven Realität oder gar mit Widerspiegelungsbeziehungen jeglicher Art identifiziert wird. Nach unserer Ansicht tragen Formulierungen, in denen „Modell“, einfach als Synonym für „Abbild“ oder „ideelles Abbild“ verwendet wird, eher zu einer verwässerten als zu einer präzisierten Auffassung der erkenntnistheoretisch zentralen Beziehung von ideellem Abbild und Erkenntnisgegenstand bei. Ein sinnvoller und spezifischer Gebrauch dieses Terminus liegt vor, wenn als Modell ein Objekt angesehen wird, das ein anderes Objekt für das Subjekt in einer bestimmten Beziehung vertritt. Handelt es sich um eine Erkenntnisbeziehung, so vertritt das Modell das Original als Erkenntnisquelle, indem seine Untersuchung Ergebnisse liefert, die auf das Original rückbezogen werden können.[11] Dazu muß die wesentliche Ähnlichkeit zwischen Modell und Original bekannt sein; man muß also jene Gemeinsamkeiten beider kennen, die es erlauben, das Modell anstelle des Originals zu untersuchen, und jene Unterschiede, die die Möglichkeit des Schließens vom Modell auf das Original begrenzen und die andererseits den Grund dafür liefern, daß es vorteilhafter ist, mit dem Modell statt mit dem Original selbst zu arbeiten. Auf jeden Fall halten wir es für unkorrekt, das Forschungsobjekt, wenn es seinen Gegenstand repräsentiert, als Modell von diesem Gegenstand zu unterscheiden. Das Forschungsobjekt vertritt nicht den Gegenstand, sondern stellt ihn in gewisser Hinsicht selbst dar, denn das Allgemeine existiert bekanntlich nicht für sich in einer „dritten Welt“ der Ideen, sondern in den wirklichen Dingen in untrennbarer Einheit mit dem Einzelnen, von dem es nur in Gedanken geschieden werden kann, im wissenschaftlichen Erkenntnisprozeß aber auch unbedingt gedanklich geschieden werden muß. Eher kann man von einer durch das Allgemeine des Gegenstandes vermittelten Modellbeziehung zwischen dem Forschungsobjekt und den anderen konkreten Dingen des gleichen Gegenstandsbereiches sprechen, die außerhalb der Forschungspraxis existieren, wobei aber eine hinreichende gedankliche Differenzierung zwischen wesentlichen Gemeinsamkeiten und wesentlichen Unterschieden nicht vorausgesetzt werden kann, sondern im jeweiligen Forschungsprozeß erst erarbeitet werden muß. Zudem finden wir im Forschungsprozeß nicht selten Situationen, in denen nicht nur ein Objekt (eine Art von Objekten) untersucht wird, sondern eine ganze Objekthierarchie, zwischen deren Stufen Modellbeziehungen bestehen. Dies ist beispielsweise der Fall, wenn die katalytischen Eigenschaften irgendeiner komplizierten Verbindung A erforscht werden und dabei zur

[11] V. A. Smirnov, Wissensebenen und Etappen des Erkenntnisprozesses, a. a. O., S. 40.

Aufklärung des Mechanismus der katalytischen Wirkung eine bedeutend einfacher gebaute Verbindung A' betrachtet wird, in der die für den aufzuklärenden Effekt wesentliche funktionelle Gruppe ebenfalls vorkommt; in dieser Beziehung figuriert A' als ein Modellobjekt für A. Angesichts solcher Situationen wäre es möglicherweise angebracht, näher zwischen Modellobjekten und eigentlichen Forschungsobjekten zu unterscheiden, wobei die Bestimmung eines Objektes als das eine oder das andere davon abhängt, welche Seite des Gegenstandes jeweils untersucht wird.

Diese erkenntnistheoretisch-methodologischen Differenzierungen werden wir hier nicht näher verfolgen. Die explizite Darstellung einiger Grundpositionen der marxistisch-leninistischen Erkenntnistheorie hielten wir jedoch für unerläßlich, damit bei der Behandlung der Aktivität des erkennenden Subjekts im Forschungsprozeß, um die es bei unserem Thema im Grunde geht, keinerlei Verwischung der dialektisch-materialistischen Position bei der Lösung der philosophischen Grundfrage zugelassen wird. Interpretationen der subjektiven Forschungsaktivität, die nicht sorgsam erkenntnistheoretisch unterbaut werden, können daher leicht in die Irre gehen und zu subjektivistischen Konsequenzen führen. Bürgerliche Konzeptionen der Wissenschaft spekulieren nicht selten auf diesen Sachverhalt, und Autoren wie T. S. Kuhn, denen man nicht unbedingt eine bewußte subjektiv-idealistische Intention unterstellen muß, werden bei der Behandlung konkreten historischen Materials infolge der Schwäche ihres erkenntnistheoretischen Fundaments faktisch zu solchen Konsequenzen getrieben.

Sorgfalt in diesen Fragen ist um so wichtiger, als in der modernen Wissenschaft immer umfangreichere und kompliziertere Forschungstechnik eingesetzt wird, um Forschungsobjekte zu gewinnen und weiter zu untersuchen, so daß die subjektive Aktivität des Erkennens nicht nur vielfach vermittelt, sondern auch technisch potenziert erscheint. Der durch seine grundlegenden Arbeiten zur Widerspiegelungstheorie bekannte bulgarische Philosoph T. Pawlow bezeichnete es daher als einen großen theoretischen und methodologischen Fehler, die Rolle der Geräte und Instrumente in der Forschung zu ignorieren oder zu unterschätzen.[12] Angesichts des expandierenden Komplexes technischer Vermittlungen im wissenschaftlichen Erkennen ist es für die konkrete Wissenschaftsforschung von besonderer Wichtigkeit, den Standpunkt konsequent durchzuhalten, daß es stets um die adäquate ideelle Abbildung eines vom Forschungssubjekt unabhängigen Gegenstand geht. Andernfalls werden die durch praktische, häufig technikvermittelte Einwirkung erzeugten materiellen Forschungsobjekte an die Stelle der gedanklichen Resultate des wissenschaftlichen Erkennens gesetzt. In diese Gefahr gerät P. Ruben, wenn er die Schaffung solcher Objekte als die eigent-

[12] Vgl. T. Pawlow, Die Widerspiegelungstheorie. Grundfragen der dialektisch-materialistischen Erkenntnistheorie, Berlin 1973, S. 296.

liche Tat der Erkenntnis betrachtet, der gegenüber „die Frage, wie wir vom reellen zum ideellen Bild kommen, weit weniger wichtig ist".[13] Werden die materiellen Repräsentanten, „die als Vergleichsmittel, als Werkzeuge zur Identifikation von art- oder gattungsgleichen Sachverhalten dienen",[14] zudem noch als „materielle Abbilder" der natürlichen Sachverhalte aufgefaßt und wird das Erkenntnisproblem im philosophischen Sinne als „das Problem der Genesis materieller Gegenstände als Zeichen" gesehen,[15] während zugleich das Problem der Umsetzung von Materiellem in Ideelles, das Problem der Genesis ideeller Abbilder materieller Sachverhalte im Bewußtsein zu einer untergeordneten Frage degradiert wird, so werden Grundpositionen der dialektisch-materialistischen Erkenntnistheorie verlassen; damit wird die Grundfrage der Philosophie nach dem Verhältnis von Materie und Bewußtsein als für den wissenschaftlichen Arbeitsprozeß nicht relevant erklärt und letztlich unterlaufen.

Der Vorgang der praktischen Gewinnung materieller Forschungsobjekte aus der dem jeweiligen Forschungsprozeß vorgegebenen Realität kann nur auf einem stabilen marxistisch-leninistischem erkenntnistheoretischen Fundament näher untersucht werden. Dieser Vorgang ist nicht allein eine Voraussetzung des wissenschaftlichen Erkennens, sondern ein immanenter und sehr wichtiger Bestandteil des wissenschaftlichen Arbeitsprozesses selbst. Das ist eine Erscheinungsform jenes grundlegenden Zusammenhanges, der in der marxistisch-leninistischen Erkenntnistheorie durch das Prinzip der Praxis als Grundlage der Erkenntnis zum Ausdruck gebracht wird. In vielen bürgerlichen Konzeptionen der Erkenntnistheorie und Methodologie, die vom bornierten Standpunkt des „reinen" Theoretikers formuliert sind, wird die praktische Seite der Forschung dagegen als etwas hingestellt, das der eigentlichen Erkenntnis äußerlich ist. Damit wird – ebenso wie mit dem anderen Extrem, der Hypertrophie der praktischen Aktivität des Forschers – ein verzerrtes Bild des Forschungsprozesses geschaffen, dessen erkenntnistheoretische Quelle in der Verabsolutierung der arbeitsteiligen Position des Theoretikers gegenüber dem Experimentator besteht. Nur über die Praxis werden immer wieder neue Bereiche und Schichten der objektiven Realität für die wissenschafliche Erkenntnis erreichbar. Der Vorgang fortlaufender praktischer Gewinnung materieller Forschungsobjekte hat dabei eine Schlüsselposition inne, weil er – nicht für sich, sondern im Kontext des gesamten Erkenntnisprozesses – einerseits die Hervor-

[13] P. Ruben, Philosophie und Mathematik, Leipzig 1979, S. 76. Vgl. auch: „Es ist aber nicht wesentlich, daß die Reproduktion des materiellen Bildes im geistigen erfolgte" (P. Ruben, Wissenschaft als allgemeine Arbeit, in: Sozialistische Politik, Berlin (West), 2/1978, S. 26).

[14] P. Ruben, Philosophie und Mathematik, a. a. O., S. 76.

[15] P. Ruben, Wissenschaft als allgemeine Arbeit, a. a. O., S. 27.

hebung endlich vieler, in konkreten „Positionen“ des Wissens abbildbarer Bestimmungen der Realität einleitet und andererseits in seiner steten Erneuerung die Perspektive unbegrenzten Erkenntnisfortschritts ermöglicht.

1. Der gemeinsame Objektbereich als Voraussetzung produktiver Kooperation und Kommunikation. Interpersonelle Beziehungen in Forschergruppen

Jede naturwissenschaftliche Disziplin, jedes naturwissenschaftliche Arbeitsgebiet ist durch einen gemeinsamen Bereich der objektiven Realität, gekennzeichnet, der in der gemeinsamen Tätigkeit zahlreicher Wissenschaftler erforscht und abgebildet wird. Die grundlegende Gemeinsamkeit ihrer Tätigkeit ist dabei der Bezug auf ein und denselben Gegenstandsbereich. Dieser gemeinsame Bezug wird durch eine gewisse (nicht absolute) methodische Normierung der Tätigkeit gewährleistet, wobei es wesentlich ist, daß der Gesamtkomplex der Tätigkeit praktische (insbesondere experimentelle) Handlungen einschließt. Das Methodenarsenal hat so eine Schlüsselstellung in der Arbeit des Naturwissenschaftlers inne. Einerseits repräsentiert es die auf weitere Forschungstätigkeit bezogene „Wendung“ der theoretischen Konzeption, von der die Forschung jeweils ausgeht – eine Konzeption, die aus der bisherigen Wissenschaftsgeschichte herausgewachsen ist, aber gegenüber dem zu untersuchenden Gegenstand einen hypothetischen Status hat. Andererseits schließt es mit seiner Realisierung in methodisch gelenkter Forschungstätigkeit die Wissenschaftler materiell-praktisch (über den Bau und die Bedienung von Geräten, die Erzeugung von beobachtbaren Effekten, die Darstellung von Präparaten usw.) mit ihrem Untersuchungsgegenstand zusammen und gestattet so die Prüfung, Korrektur und Entwicklung, im Extremfall auch das Verwerfen der theoretischen Konzeption. Unabhängig von der prinzipiellen Möglichkeit, solche methodisch orientierten Handlungen auszuführen, kann das theoretische Wissen nicht auf seine Wahrheit geprüft und damit aus Hypothesen und Vermutungen in gesicherte Erkenntnis umgewandelt werden. Der gegenständliche Inhalt des theoretischen Wissens ist in letzter Instanz durch das praktische Verhältnis der Gesellschaft zur materiellen Wirklichkeit ihres Lebens bedingt. Daher muß es sich über die Orientierung praktischer Handlungen auf die gesellschaftliche Praxis rückbeziehen lassen. Dieser Rückbezug ist jedoch nicht immer direkt und momentan möglich. Es gibt Systeme des Wissens, deren Bezug zur Praxis über andere Wissenssysteme vermittelt ist. Die Geschichte der Wissenschaft kennt nicht wenige Beispiele bedeutender Einsichten, die jahrhundertelang nicht praktisch geprüft werden konnten.

Das Methodenarsenal und seine Realisierung im methodischen Vorgehen hat auch die Funktion, den Gegenstand der Forschung nach solchen Merkmalen zu identifizieren, das Objekt so zu strukturieren, daß dem Gegenstand adäquate koordinierte Forschungstätigkeit möglich wird. Das ist für den arbeitenden Naturwissenschaftler eine Selbstverständlichkeit, die meist gar nicht reflektiert wird. Deshalb wird der Zusammenhang der gegenständlichen Bedeutung von Theorie mit der Organisation der praktisch-experimentellen Tätigkeit auch häufig übersehen oder nicht richtig beurteilt. Das führt dann dazu, daß interdisziplinäre Kooperation und Kommunikation für bestimmte Ziele zwar notwendig wird, de facto aber nicht zustande kommt oder nicht produktiv gehalten wird, weil die gemeinsame experimentelle und begriffliche Basis nicht verfügbar ist. Diese Schwierigkeit fällt vor allem auf, wenn es *ein* Gegenstandsbereich ist, der von *verschiedenen* Disziplinen bearbeitet wird, die indes nicht zu gemeinsamer Arbeit und gemeinsamer Sprache finden. Es ist einsichtig, daß wissenschaftliche Arbeitskraft vergeudet wird, wenn objektiv herangereifte Möglichkeiten der Kooperation nicht genutzt werden. Unnütz verausgabt wird sie jedoch auch bei dem Versuch, Kooperation zu erzwingen, wenn die objektiven Voraussetzungen noch fehlen. Produktive Kooperation und Kommunikation setzen das Vorhandensein und die Verfügbarkeit eines gemeinsamen Objektes voraus; unseres Erachtens kann das Problem der Überwindung von Barrieren zwischen den Fachsprachen unterschiedlicher Disziplinen und Spezialgebiete in der Kooperation erst in Beziehung darauf sinnvoll gestellt und gelöst werden.

Jedes konkrete Ding, jeder Ausschnitt der Wirklichkeit ist „ein Ganzes vieler Eigenschaften".[16] Der unendlichen Vielzahl seiner objektiv-realen Beziehungen entspricht seine Unerschöpflichkeit. Es kann daher prinzipiell auf verschiedene Weisen zum Forschungsobjekt werden, je nachdem, welche Eigenschaften und Beziehungen die Forschung als die für ihre jeweiligen Zwecke wesentlichen identifizieren muß. „Diese verschiedenen Seiten und daher die mannigfachen Gebrauchsweisen zu entdecken, ist geschichtliche Tat."[17] Die Naturwissenschaft fixiert solche Bestimmungen empirisch und vergleicht ihre Objekte bezüglich solcher „Seiten" oder Merkmale, setzt sie also gleich oder unterscheidet sie. Dazu werden diese Objekte gedanklich (etwa durch Konzentration der Aufmerksamkeit des Beobachters auf sie) oder praktisch aus der Umgebung gelöst, in der sie vorgefunden werden. Oft geht die umgestaltende Einwirkung des Forschers wesentlich tiefer, so daß von der praktischen Erzeugung oder Herstellung neuer Forschungsobjekte gesprochen werden muß, die dann nach bestimmten Merkmalen verglichen und auf dieser Grundlage identifiziert bzw. unterschieden werden.

Die ideelle Abbildung der Forschungsobjekte schließt die Reflexion der zu ihrer Erzeugung angewandten Verfahren und Methoden ein. Die gegen-

[16] K. Marx, Das Kapital, Erster Band, a. a. O., S. 49. [17] Ebenda.

ständlichen Bedeutungen[18] der wissenschaftlichen Termini, mit denen man sich über die Forschungsobjekte verständigt, sind daher mit ihren operationalen Bedeutungen korreliert, die sich auf die praktischen Prozeduren der Erzeugung und Untersuchung dieser Objekte beziehen. Die Reflexion des praktischen Vorgehens polarisiert sich in die Abbildung der Objekte und in die Abbildung der vom Subjekt ausgeführten Prozedur. So ist beispielsweise die gegenständliche Bedeutung, die der Terminus „reiner Stoff" in der Chemie oder Physik jeweils hat, auch auf die Herstellungs- und Analysenverfahren bezogen, die dieser Terminus in seiner operationalen Bedeutung meint. Der historische Fortschritt dieser Methoden und Verfahren brachte eine entsprechende Veränderung der Kriterien mit sich, bei deren Erfüllung ein Stoff als rein aufgefaßt wird. Solange Schmelz- und Siedepunktbestimmung und Kristallisation die Methoden waren, galten Stoffe als *rein*, die dies unter Bedingungen der Arbeit mit chromatographischen Methoden nur in Ausnahmefällen sind.[19] Es kann dabei sehr wohl *ein* und derselbe Gegenstandsbereich sein, der (im wörtlichen Sinne) mit verschiedenen Methoden *aufgearbeitet* wird und verschiedene Objekte der Forschung liefert. Ziel der wissenschaftlichen Arbeit ist dabei immer, aus der unendlichen Vielfalt wechselseitiger Zusammenhänge jene zu isolieren, die für das jeweilige Forschungsanliegen wesentlich sind. Diese Arbeit ist wie jede Arbeit Einsatz von Denken und gegenständlicher Tätigkeit, und die identifizierten Gegenstände, das heißt die Forschungsobjekte, stellen diese Einheit real dar. Wissenschaftliche Erkenntnis, ausgedrückt in der Sprache, ist in dem Maße kommunizierbar, in dem auch das gegenständliche Forschungsobjekt verfügbar ist. So ist das Forschungsobjekt funktional bestimmtes gegenständliches Resultat wie Voraussetzung wissenschaftlicher Arbeit. Es vermittelt zwischen der forschungsunabhängig existierenden Realität und dem menschlichen Erkennen.

Die Funktion des Forschungsobjekts, wesentliche Seiten, Zusammenhänge usw. des realen Gegenstands zu repräsentieren, wird besonders in solchen Fällen deutlich, in denen sie nicht erfüllt, als Forschungsobjekt für die betreffende Erkenntnisaufgabe also nicht verwendbar ist. Wenn zum Beispiel Strukturen präpariert werden, die nur Produkt der angewandten Methoden sind, ohne wesentliche Seiten des realen Gegenstandes darzustellen, ist kein Repräsentant des Wesens realer Gegenstände und damit kein wirkliches Forschungsobjekt erzeugt worden, sondern ein Artefakt. Das gilt natürlich nur in bezug auf ein bestimmtes Erkenntnisziel, dessen Erreichen durch „Artefakte" behindert wird, weil die für dieses Ziel wesent-

[18] „Gegenständliche Bedeutung" meinen wir im Sinne der Frage, „ob dem menschlichen Denken gegenständliche Wahrheit zukomme". K. Marx, Thesen über Feuerbach, in: MEW, Bd. 3, Berlin 1969, S. 5, 533.

[19] Das ist in jedem Lehrbuch der Chemie illustriert; vgl. H. Beyer, Lehrbuch der organischen Chemie, 8. Aufl. Leipzig 1961, S. 3–8.

lichen Züge des Forschungsgegenstandes für das Subjekt nicht hervorgehoben, sondern im Gegenteil verdeckt werden. Für eine andere Fragestellung kann das gleiche Objekt den Charakter eines echten Forschungsobjektes haben. Die Möglichkeit, zwischen Artefakten und adäquaten Objekten zu unterscheiden, ist in der Erforschung von Zellstrukturen lange diskutiert worden. Zur Illustration dieser Problematik zitieren wir aus einer älteren Praktikumsanleitung[20]: „Nicht nur das mikroskopische Sehen will jetzt durch planmäßige Übung erlernt werden, sondern auch die kunstgerechte Zubereitung der zu beobachtenden Gegenstände, da ohne eine solche auch mit dem besten Mikroskop nur wenig zu erzielen ist." „Vor allem gilt es aber, an den durch Fixierung gewonnenen Bildern des Zellinhaltes das auseinanderzuhalten, was wirkliche Struktur, die auch dem lebenden Objekt zukommen dürfte, und was nur Fällungserscheinung ist." „Andererseits ist sicher, daß manche Granulation, netzartige Strukturen und anderweitige Erscheinungen an fixierten Objekten durch die fixierende Flüssigkeit veranlaßt worden sein könnte ..."

Auch in der Aufklärung der Struktur chemischer Verbindungen spielt diese Problematik eine Rolle. Nehmen wir nur die Diskussionen darüber, ob Diketopipearazine, die sich in Hydrolysaten von Proteinen finden, Hydrolyseprodukte sind oder in der Verknüpfung der Aminosäuren zu biologisch aktiven Eiweißen strukturbildende Funktionen haben. Die Neuauflage des eigentlich in den 20er Jahren bereits zugunsten der Peptidbindung entschiedenen Streites in den 60er Jahren ist gewiß ein Extremfall, läßt aber das Problem besonders deutlich werden: Endgültig ist die Entscheidung erst nach der Synthese biologisch aktiver Eiweiße gefallen. Damit war klar, daß es Peptidbindungen sind, die Aminosäuren zu langen Ketten verknüpfen. Wir haben es, in den Worten von Engels[20a], selbst gemacht und damit endgültig bewiesen. Das heißt, die Frage, ob Artefakt oder nicht, wird letztendlich durch die „Rückverwandlung" des Objekts in den funktionsfähigen Zusammenhang, aus dem es ursprünglich herausgelöst worden ist, entschieden. Wo diese „Rückverwandlung" nicht möglich ist, weil das Objekt durch irreversible Veränderungen aus dem Gegenstand gewonnen wurde (etwa die Präparate der Elektronenmikroskopie), wird die Frage dann beantwortet, wenn andere Methoden zu gleichen Resultaten führen und der Prozeß, in dem das veränderte Objekt entsteht und ein Bild von ihm gewonnen wird, aufgeklärt und zuverlässig reproduziert werden kann. Es ist, wie die Frage nach der gegenständlichen Wahrheit generell, also keine „rein" theoretische Frage. Die Erkenntnis eines Forschungsgegenstandes ist mit der Verfügung über Forschungsobjekte verbunden, die ihn

[20] E. Strassburger, Das botanische Praktikum, 6. Aufl., bearb. von M. Koernicke, Jena 1921, S. V, 61, 671.

[20a] F. Engels, Dialektik der Natur, in: MEW, Bd. 20, a. a. O., S. 520.

repräsentieren und die als solche Repräsentanten identifiziert sein müssen. Solange ein direkter oder wenigstens indirekter Zugang zu praktisch identifizierten Forschungsobjekten nicht gegeben ist, bleibt die Erkenntnis hypothetisch, und die Aufgabe, entsprechende Forschungsobjekte zu gewinnen, steht weiter auf der Tagesordnung. Die Tatsache, daß die Verfügung über Forschungsobjekte praktische Aktion einschließt, verweist auf das dialektische Verhältnis, die widersprüchliche Einheit von Forschungsgegenstand und Forschungsobjekt und damit von Wesen und Erscheinung. Entsprechend geht auch die simple Identifizierung von Erscheinung und Wesen, z. B. der Empirismus, mit der Ignoranz der erkenntnistheoretischen Bedeutung der forschungspraktischen Operationen zur Gewinnung und Untersuchung von Objekten einher. In der Sicht empiristischer Erkenntnislehren erscheint das Erkennen daher kontemplativ. Tritt der Empirismus in idealistischer Gestalt auf, dann verschwindet nicht nur der Unterschied von Erscheinung und Wesen im Abgebildeten, sondern auch noch der zwischen Abgebildetem und Abbild. Die prinzipielle Identifizierung von Bewußtseinsinhalt, Zeichen, Forschungsobjekt und Forschungsgegenstand findet man in ausgeprägter Form im Neopositivismus und seiner Konzeption der Beobachtungssprache.[21]

Mit der Nichtunterscheidung von Wesen und Erscheinung, von Forschungsgegenstand und Forschungsobjekt läßt sich auch der Unterschied von unmittelbarer Erfahrung und wissenschaftlicher Erkenntnis nicht mehr begründen.[22] Wie K. Marx treffend bemerkte, wäre unter diesen Voraussetzungen alle Wissenschaft überflüssig.[23] Wir wollen mit den folgenden Fallstudien zeigen, wie die Entwicklung neuer Methoden zu neuen Forschungsobjekten führt und wie damit zusammenhängend wissenschaftliche Kooperation und Kommunikation den Fortschritt der Wissenschaft entscheidend beeinflussen.

Formen und Bedingungen der Kommunikation und Kooperation erweisen sich als wichtige Faktoren der Intensivierung wissenschaftlicher Arbeit. Originelle Arbeiten, an denen sich Mitarbeiter aus unterschiedlichen Spezialgebieten oder Disziplinen beteiligen, beginnen in der Regel, ohne daß die Teilnehmer bereits volle Klarheit über das Problem und ein hin-

[21] In konsequenter Weise durchgeführt etwa von Carnap. Vgl. R. Carnap, Der logische Aufbau der Welt, Berlin-Schlachtensee 1928.

[22] Siehe dazu die treffende Argumentation von H. N. Jahnke in: Zum Verhältnis von Wissenschaftsentwicklung und Begründung in der Mathematik — Beweisen als dialektisches Problem. Material und Studien des Instituts für Didaktik der Mathematik, Bd. 10, Bielefeld 1978, S. 16/17, 70/71, 80/81.

[23] Vgl. K. Marx, Das Kapital, Dritter Band, a. a. O., S. 825; „... und alle Wissenschaft wäre überflüssig, wenn die Erscheinungsform und das Wesen der Dinge unmittelbar zusammenfielen." (Vgl. K. Marx, Brief an Kugelmann vom 11. Juli 1968, in: MEW, Bd. 32, Berlin 1965, S. 552/553.)

reichendes Maß an Übereinstimmung erreicht haben. Eine gewisse Übereinstimmung ist natürlich unerläßlich – andernfalls gäbe es gar kein Motiv für die Zusammenarbeit. Es ist nun eine auch für die Leitung der Forschung wesentliche Frage, bis zu welchem Grad die Übereinstimmung der Beteiligten jedenfalls entwickelt werden muß, um eine fruchtbare Kooperation in der systematischen interdisziplinären Forschung und damit auch einen forschungsfördernden Meinungsstreit von Vertretern unterschiedlicher wissenschaftlicher Standpunkte zu erreichen. Nach unserer Auffassung in Einklang mit den bereits dargestellten Überlegungen ist dieses notwendige Minimum an Übereinstimmung der Konsensus bezüglich der Methoden und Verfahren, mit denen die zu untersuchenden materiellen Forschungsobjekte praktisch gewonnen werden, und bezüglich der Merkmalsgesamtheiten, die als Kriterien der Identifizierung dieser Objekte dienen. Dabei können durchaus bedeutende Differenzen in den theoretischen Auffassungen vom Wesen des Forschungsgegenstandes bestehen, doch die genannte Übereinstimmung ermöglicht prinzipiell, daß solche unterschiedlichen Standpunkte nicht beziehungslos nebeneinander artikuliert, sondern in produktivem Meinungsstreit ausgetragen werden.

Die Schwierigkeit, jenes notwendige Minimum an Übereinstimmung tatsächlich zu erreichen, darf nicht unterschätzt werden. Wenn die Partner aus unterschiedlichen Disziplinen kommen und ihre Erfahrungen in verschiedenen Spezialgebieten gesammelt haben, dann unterscheiden sich die Methoden, mit denen sie vertraut sind, und sie identifizieren den Untersuchungsgegenstand nach unterschiedlichen empirischen Merkmalen. Der Heterogenität des Objektverständnisses entsprechen Divergenzen im Gebrauch der fachsprachlichen Mittel. Erst die mit ständiger Arbeit an der Normierung und Integration der Methoden verbundene Kommunikation, die die fachsprachlichen Barrieren allmählich abträgt, führt schließlich zu der erforderlichen Übereinstimmung in der Identifizierung und Handhabung des Forschungsobjektes.

Vergleichbare Situationen treten auch in bereits gefestigten Forschungskollektiven ein, wenn neue Ideen zunächst als Vermutungen geäußert werden, die unter Umständen zu neuen Methoden und auch zu neuen Forschungsobjekten führen können. Das ist stets der Fall, wenn Wissenschaftler zu der Feststellung gelangen, daß geltende Konzepte, Methoden und verfügbare Handlungsprogramme nicht geeignet sind, einer Anforderung zu genügen.

In solchen Situationen, die das Bedürfnis nach neuen Methoden, Konzepten und Handlungsprogrammen erzeugen, spielen die persönlichen Beziehungen zwischen den Teilnehmern an einer kooperativen Forschungsarbeit eine spezifische Rolle, weil sie partiell die orientierende und regulierende Wirkung ersetzen, die bei Vorhandensein eines gemeinsamen Objektverständnisses von den akzeptierten Methoden und Kriterien für die Gewinnung, Identifizierung und Handhabung des Forschungsobjekts übernommen und damit gewissermaßen objektiviert wird. Sie haben vor allem dann eine große Bedeutung, wenn im Arbeitsprozeß Vertreter unterschiedlicher Auffassungen aufeinander treffen. Je tiefgreifender das erforderliche neue Konzept ist, um so ausgeprägter werden diese Beziehungen wirksam. Der Grund liegt darin, daß die objektivierten, von persönlichen Eigenheiten unabhängigen Normen und Standards bisher erfolgreicher Forschung in Frage stehen. In solchen Situationen sind die Erkenntnisse, sowohl die theoretischen Vermutungen als auch die gemessenen Daten, von denen, die sie erarbeitet haben, noch nicht zu trennen. Sie sind noch nicht in einer Sprache mitteilbar, die einer größeren Gemeinschaft verständlich ist. Insofern liegt noch keine *fertige* Erkenntnis vor, sondern Wissen im Zustand seines Werdens. Das Vertrauen in eine neue Hypothese oder in eine neue Methode ist noch nicht von dem Vertrauen zu trennen, das ihrem Vertreter gilt. Solche persönlichkeitsverbundenen subjektiven Momente spielen in den Phasen, in denen neue Aufgaben entstehen, eine viel größere Rolle als in der wissenschaftlichen Arbeit, die zu ihrer späteren Erfüllung zu leisten ist. Wir nehmen an, daß für diese unterschiedlichen Phasen des Forschungsprozesses auch unterschiedliche psychologische und soziale Regulationsmechanismen relevant sind.

Wenn das zutrifft, ergibt sich die Frage, wie die Leitung der Forschung die Herausbildung solcher Aufgabenstellungen fördern kann, deren Lösungen mit ausreichender Wahrscheinlichkeit einen hohen gesellschaftlichen Nutzen erbringen. Wir werden deshalb hier einige Überlegungen zu diesen beiden Phasen – der Aufgabenstellung und der Erfüllung der Aufgabe – darstellen. Beide sind nicht streng voneinander unterschieden. Man könnte auch von Momenten in der Forschung sprechen, die ihr immer eigen sind. Da sie aber in zeitlicher Folge unterschiedlich stark wirksam sind, sprechen wir dennoch von zwei Phasen.

In der ersten Phase, in der sich eine qualitativ neue Aufgabe abzeichnet, werden psychologische Mechanismen wesentlich, die die Neuorientierung, den Wandel von individuellen und interpersonellen Handlungs- und kognitiven Strukturen betreffen. Sie sind mit der Auflockerung von alten Strukturen, ihrer Neuorientierung, der Entwicklung von neuen Ideen, Einstellungen und Haltungen und mit Herausbildung von neuen sozialen Beziehungen verbunden. In sozialen und psychologischen Umstrukturierungen spiegelt sich im Wandel befindliches oder verändertes Verhalten zum Gegenstand wider; ebenso bereiten solche Umstrukturierungen inhaltliche Veränderungen vor.

In der zweiten Phase des Forschungsprozesses geht es um die Stabilisierung und Optimierung von Strukturen, die für die Erprobung von Forschungsprogrammen geeignet sind. Da in dieser Phase zumindest einige der zur Lösung des Problems notwendigen Operationen bereits bekannt sind, können hierfür bereits vorliegende Erkenntnisse aus der Psychologie herangezogen werden, die sich auf Problemlösungsgruppen mit schon bekanntem Lösungsalgorithmus beziehen. Damit soll nicht in Abrede gestellt werden, daß auch in dieser Phase psychologische Mechanismen wirken, die mit der Entwicklung von neuen Handlungsstrukturen verbunden sind. Bei der phasenspezifischen Akzentuierung psychologischer Mechanismen handelt es sich lediglich um eine Gewichtsverlagerung der betreffenden Komponenten.

Wir wenden uns im weiteren jener Phase des Forschungsprozesses zu, in der die primäre wechselseitige Bestimmung von Objekt, Methode und theoretischem Konzept erfolgt, weil in ihr bereits wichtige Entwicklungsbedingungen für die nächste Phase ausgebildet werden, und werden im folgenden psychologische Regulationsmechanismen diskutieren, die für diese erste Phase besonders relevant sind.

Forschungen, die sich im Rahmen wohlbestimmter, festverankerter Traditionen bewegen, haben auch spezifische Formen der Kooperation und Kommunikation ausgebildet, in denen die Persönlichkeiten als Repräsentanten objektiv gesicherten Wissens und bewährter Methoden gelten. Von jedem Wissenschaftler wird erwartet, daß er diese fixierten Strukturen akzeptiert und seine persönlichen Eigenheiten in diesen Rahmen einpaßt. Diese Bedingung kann ein Wissenschaftler aber *nicht* mehr erfüllen, wenn er sich in seiner Arbeit zu einem wesentlich neuartigen Vorgehen gezwungen sieht, weil das erwartungsgemäße Vorgehen nicht zum Ziel führte bzw. ein verändertes Vorgehen effektiver ist. Die experimentelle Neuerung oder die neue Idee hat jedoch nur dann Aussicht auf Erfolg, wenn sie nicht nur ihrem Autor allein als solche bewußt bleibt, sondern auch von anderen anerkannt wird und es letztlich gelingt, sie als eine gegenstandsadäquate Methode bzw. als objektiv wahres ideelles Abbild des Gegenstandes zu erweisen. Uns interessierten deshalb die Fragen: Wie entstehen solche Neuerungen und neue Ideen, und wie werden aus ihnen allgemein anerkannte Methoden und Erkenntnisse?

So profiliert und erfahren ein Wissenschaftler auch sein mag, die neue Idee läßt sich, wenn sie in seinem Denken aufkommt, nicht so eindeutig formulieren wie die Sätze, die gesichertes Wissen reproduzieren. Wenn er in wissenschaftlicher Kooperation an ihr arbeitet, muß er in der Regel versuchen, sie anderen mitzuteilen. Dabei kann es sich erweisen, daß jeder Versuch ihrer klaren und verständlichen Formulierung in einem wissenschaftlichen Text daran scheitert, daß die Sprache, in der die neue Idee kommunizierbar ist, erst geschaffen werden muß. Dabei sind es weniger syntaktische Neuerungen, die Schwierigkeiten bereiten. Vielmehr geht es um Bedeutungsveränderungen, die mit neuen Methoden entstehen und deshalb mit Veränderungen des praktischen Kontextes der Sprache verbunden sind.

In solchen Situationen kann es sich erweisen, daß die Anerkennung einer neuen Idee nicht nur von der Anerkennung der für sie sprechenden wissenschaftlichen Argumente abhängt, die noch einen hohen Unbestimmtheitsgrad haben, sondern daß die Bewertung der Persönlichkeit ihres Urhebers die Bereitschaft anderer Wissenschaftler, die Idee in ihrer Bedeutung zu erwägen, entscheidend beeinflußt. Vor allem dann, wenn der Unbestimmtheitsgrad der Argumente sehr hoch ist, greift der Wissenschaftler in seiner Einstellung zu den Argumenten auf Wertungen zurück, die er während der Kooperation mit dem betreffenden Kollegen in der Vergangenheit entwickelt hat. Auf jeden Fall ist es für die Anerkennung einer neuen Idee wesentlich, daß die betreffende Forschergemeinschaft überhaupt bereit ist, sie zu diskutieren. Findet der Wissenschaftler in seiner Gruppe oder im Institut kompetente Kommunikationspartner, die seine Idee verstehen und diese auf der Grundlage eines gemeinsamen Hintergrundwissens positiv bewerten? Herrscht in der Gruppe eine für neue Ansätze aufgeschlossene Atmosphäre oder werden neue Ideen, die ein geltendes Programm in Frage stellen, erst gar nicht diskutiert? Welche Voraussetzungen bei den anderen Gruppenmitgliedern bewertet der Wissenschaftler als geeignet für die Ausgestaltung und Realisierung seines Konzepts? Welche Beiträge anderer hält er dabei für wesentlich, und welchen Beitrag wollen die betreffenden Kollegen selbst leisten? Kommt es zu einem Konsens, auf dessen Grundlage gemeinsames Handeln möglich wird, oder bildet sich ein davon abweichendes Konzept heraus? Wer setzt sich mit welchen Mitteln durch? Welche sozialen Positionen haben die jeweiligen Konzeptträger in der Gruppe oder im Institut? Diese Vielfalt von Fragen soll darauf hinweisen, welche Bedeutung gerade in dieser Phase individuelle Persönlichkeitseigenschaften und interpersonelle Beziehungen haben.

Auffällig ist, daß die meisten Wissenschaftler zunächst von sich annehmen, ganz objektiv an die Beurteilung eines von einem Kollegen aufgeworfenen Problems heranzugehen: „Mich interessiert nur das wissenschaftliche Problem bei der Diskussion und nichts anderes.“ Aber aus der Reflexion der wissenschaftlichen Meinung des anderen geht häufig hervor, daß man diesem schon mit einem Vorurteil begegnet.

Das soll die folgende Schilderung eines Diskussionsverlaufs zeigen.[24] Jedesmal, wenn Wissenschafter A eine Meinung äußerte, hörten sich die anderen den Vorschlag abwertend an und suchten dann gemeinsam nach Argumenten, um die Unbrauchbarkeit dieses Vorschlags nachzuweisen. B entgegnete immer wieder mit härtesten Gegenargumenten und versuchte selbst unterschwellig, seinen eigenen Vorschlag in die Argumentation ein-

[24] Mitteilungen über Ergebnisse empirischer Analysen müssen das Prinzip der Anonymität wahren, um so mehr, wenn die Untersuchungen persönliche Meinungen und Verhaltensweisen erfassen. Aus diesem Grunde bleibt uns nur die Möglichkeit der schematischen Darstellung.

Verschiedene Versuche, den wisenschaftlichen Inhalt der Kontroversen einzubeziehen, ließen sich leider nicht verwirklichen, weil sofort ersichtlich würde, wer die jeweiligen Opponenten und Proponenten waren bzw. sind.

fließen zu lassen. Er verstand, seine Meinung so darzustellen, daß im weiteren Diskussionsverlauf nur noch über den von ihm geäußerten Vorschlag diskutiert wurde. A geriet dadurch für längere Zeit in Vergessenheit und kam auch nicht weiter zu Wort, bis er zum Schluß der Diskussion feststellte, daß er überhaupt nicht verstanden worden sei; keiner hätte nur einen Schein davon begriffen, was er hätte sagen wollen.

Bei der gegenseitigen Reflexion der wissenschaftlichen Standpunkte achten Wissenschaftler kaum darauf, ob und in welchem Maße beim Verständnis der wissenschaftlichen Meinung der anderen Person die Einstellung mit eingeht, die sie zur Persönlichkeit ihres Partners haben. Ein wissenschaftlicher Meinungsstreit kann allein durch Spannungen, die sich durch Konfrontation unterschiedlicher Persönlichkeiten unter den Teilnehmern ergeben, zur Farce werden.

Introvertierte, nüchterne, rational kalkulierende Kollegen reagieren in der Diskussion oft stark allergisch auf extrovertierte, impulsive, hektische Menschen, die ständig „neue Ideen“ haben, aber keine zu Ende führen. Erstere werden auch die guten Ideen ihrer Partner nur sehr schwer wahrnehmen. Wird andererseits ein Gruppenmitglied, das die Probleme ständig analysierend hin und her wälzt und immer wieder auf die vermeintlichen Schwierigkeiten hinweist, aber nicht fähig ist, sich für eine Forschungsstrategie zu entscheiden, in der Diskussion mit einem Mitarbeiter konfrontiert, der die Ideen anderer schnell und entschlossen aufgreift und keine Bedenken hat, diese auch gegen den Widerstand von anderen durchzusetzen, wird dieser eher verschlossen als entgegenkommend reagieren.

Bei unseren Beobachtungen konnten wir in dieser Hinsicht folgende Diskrepanzen feststellen: Einerseits tragen Wissenschaftler nicht selten eine Tendenz zur Disziplinierung zur Schau, die Neigung, alle differierenden subjektiven Faktoren, wie persönliche Meinung, persönliche Eigenart usw. als Störfaktoren zu bezeichnen; andererseits werden sie in ihrem spontanen Verhalten mit den persönlichen Eigenarten und Meinungen ihrer Kollegen konfrontiert und reagieren selbst, vor allem, wenn sie engagiert arbeiten, in voller Subjektivität.

Daß derartige Faktoren sogar in der Mathematik eine Rolle spielen, zeigen die Bemerkungen von Hilbert: „Ich staune am meisten über die Tatsache, daß überhaupt auch im Kreise der Mathematiker die Suggestivkraft eines einzelnen temperamentvollen und geistreichen Mannes die unwahrscheinlichsten und exzentrischsten Wirkungen auszuüben vermag.“[25]

In die Wertschätzung des Standpunktes eines Wissenschaftlers durch die Teilnehmer an der Diskussion geht – bewußt oder unbewußt – auch die fachliche und politisch-moralische Achtung, die er genießt, und seine

[25] Zitiert nach H. N. Jahnke, Zum Verhältnis von Wissenschaftsentwicklung und Begründung in der Mathematik, a. a. O., S. 59.

mit der Ausübung von Funktionen verbundene Autorität ein. Wissenschaftliche Anerkennung von Konzepten heißt immer auch soziale Anerkennung. In ihre Durchsetzung sind soziale Vergleichsprozesse einbezogen. Hohe Wertschätzung erhält vor allem der Forscher, der anderen in seinem wissenschaftlichen Standpunkt näher ist. Dabei besteht häufig die Möglichkeit, daß der Vergleichsprozeß mit Repräsentanten entfernterer Standpunkte nicht durch wissenschaftliches Überprüfen der Argumente gekennzeichnet ist, sondern man sich weigert, diese Argumente zur Kenntnis zu nehmen. Diese Fragen berühren schon Probleme des sozialen Klimas solcher Diskussionen, das ja von übergreifenden wissenschaftlichen Institutionen mitbestimmt wird. In dieser Hinsicht konnten wir wiederholt folgende Beobachtungen machen: Wird die Arbeit nach einem neuen Konzept in einem zu frühen Stadium offiziell zu einem Programm erklärt und dadurch gefördert, ist damit eine Erhöhung des formellen sozialen Status des Urhebers des Konzepts verbunden. Diese Prozesse haben unterschiedliche Auswirkungen auf die Anerkennung des neuen Konzepts. Während die Proponenten ihre Befürwortung verstärken, nimmt die Ablehnung bei den Opponenten zu. Bei Vertretern neutraler Positionen kommt es zu einer Änderung des Urteils: sie werden zu Befürwortern des Konzepts, zu dem sie vorher keine Meinung hatten. Wenn ihr so gewonnener Standpunkt nicht durch eigene Arbeit begründet wird, sind sie indes auf die Dauer gesehen schlechte Vertreter des Neuen. Die zu früh getroffene Entscheidung erweist sich damit als sehr problematisch für das Niveau der weiteren Arbeit, weil sie Mitarbeiter anzieht, die primär nicht von der Sache her überzeugt sind.

Zu Beginn des Forschungsprozesses wird man also starke Diskrepanzen zwischen der neuen Sichtweise und den bisher üblichen Sichtweisen finden.

Im Prozeß der Herausbildung und allmählichen Anerkennung der neuen Ideen gleichen sich die individuellen Meinungen immer mehr an, bis – im Idealfall – Konsensus existiert (im Sinne von Normierungsprozessen). Die Kompliziertheit dieses Prozesses besteht darin, daß die neue Sichtweise selbst im Meinungsstreit umgeformt wird. Das Objektverständnis entwickelt sich auf der Basis experimenteller Methoden zusammen mit den interpersonellen Beziehungen. Näher ausgeführt heißt das: Die Konzeptbewertung in der Gruppe, die sich im konzeptionellen Herangehen, in der Methodenauswahl, in den akzeptierten Forderungen an die Genauigkeit der Ergebnisdarstellung, die Solidität der Meßwerte, die Art der Beweisführung, das disziplinäre Profil usw. zeigt, korreliert deutlich mit der Art und Weise der interpersonellen Beziehungen (wer mit wem kommuniziert und kooperiert, wer sich mit wem gut versteht, wer wen sympathisch findet usw.). Dieser Zusammenhang läßt sich auch umgekehrt verfolgen.

Die Mitarbeiter, die einen hohen Konsens in bezug auf die Bewertung des neuen Konzepts aufweisen, haben in der Regel eine engere Beziehung zueinander als die Kollegen, deren Ansichten über das Konzept auseinandergehen. Subjekt- und Objektwahrnehmung stehen dabei in Wechselwirkung. Die Art des Konzeptverständnisses spiegelt die Erfahrungen im praktischen Umgang mit den Gegenständen wider und ist untrennbar mit der Wahrnehmung der Kooperationspartner verbunden.

Aus sozialpsychologischen Untersuchungen ist bekannt, daß soziale Wahrnehmungsprozesse reflexiven Charakter haben. Individuen, die miteinander in sozialen Beziehungen stehen, berücksichtigen in ihrem Urteil über ihre Partner auch die Einstellung, die diese Partner mutmaßlich zu ihnen selbst haben. Bezieht man sich zunächst auf das Verständnis eines Forschungskonzepts, so müssen folgende Ebenen in Betracht gezogen werden:

1. Mitarbeiter x versteht das Forschungskonzept auf spezifische Weise.

2. Soll x mit y kooperieren, verschafft er sich ein spezifisches Verständnis davon, wie y das Forschungskonzept versteht.

3. Für die Auswahl des Kooperationspartners berücksichtigt x ebenfalls, wie y die von x vertretene Konzeptauffassung reflektiert.

Dasselbe gilt auch für y. Dieser Prozeß der interpersonellen Wahrnehmung wird von uns nach Siegrist als reflexive Koorientierung bezeichnet.[26] Zwei Forscher sind zur Kooperation bereit, wenn sie auf der Grundlage des wechselseitigen Verständnisses der Perspektiven es für nützlich erachten, sich aufeinander zu orientieren und auf der Grundlage reflexiver Koorientierung zur Abstimmung ihrer Handlungen zu kommen. Erst im Prozeß der reflexiven Koorientierung werden die Standpunkte der Partner als wertvoll oder nicht wertvoll eingeschätzt. Dabei antizipiert jeder Partner die Möglichkeiten, die der wissenschaftliche Standpunkt des anderen für das zu erarbeitende Konzept bietet. Erst wenn sich aus diesem sozialen Vergleichsprozeß auf reflexiver Grundlage bei beiden Partnern das Urteil ergibt, daß sich ihre Ideen und Auffassungen bei der Erforschung des jeweiligen Problems ergänzen, ist Kooperation produktiv und die Koordination der einzelnen Auffassungen zu einem gemeinsamen Konzept möglich. Verhaltenskoordination schließt also immer reflexive Beziehungen ein.

In unserem Konsensverständnis ist der Vergleich der unterschiedlichen Reflektionsebenen der Kooperationspartner mit eingeschlossen, das heißt, uns interessiert nicht nur, ob die Gruppenmitglieder das Forschungskonzept gleich bewerten, sondern auch, welche Übereinstimmung und Diskrepanzen sie selber in der eigenen Bewertung und den Bewertungen anderer Gruppenmitglieder reflektieren und welche Vorstellungen sie darüber haben, wie sie selbst bewertet werden. Für produktive Kommunikation und Kooperation ist nicht völlige Übereinstimmung in den wissenschaftlichen Meinungen der Gruppenmitglieder Bedingung, sondern gemeinsames Hintergrundwissen, auf dem individuelle Variationen produktiv werden können, insbesondere (wie wir weiter oben angeführt haben) ein gemeinsames Verständnis des Forschungsobjekts.

[26] Vgl. S. Siegrist, Das Consensusmodell, Stuttgart 1977.

Das günstigste Maß an Übereinstimmung der Standpunkte als Voraussetzung für produktive Kooperation und Kommunikation ist wahrscheinlich nicht in allen Fällen gleich und kann nur mit Hilfe empirischer Untersuchungen näher bestimmt werden. Es ist aber sehr kompliziert, der Fragestellung angemessene Methoden zu entwickeln und ein geeignetes Untersuchungsfeld zu finden.

Bei einer vergleichenden Untersuchung von multidisziplinär zusammengesetzten Forschungsgruppen mit unterschiedlichem Profil legten wir die Erwartung zugrunde, daß sich mit den Bewertungsstrukturen auch die interpersonellen Beziehungen im Forschungsprozeß verändern. Im einzelnen gingen wir von folgenden Annahmen aus:

1. In den frühen Phasen des Forschungsprozesses hängt das Verständnis des Forschungsobjektes auf seiten der Gruppenmitglieder in starkem Maße vom Verhältnis zu den Personen ab, die Träger der Ideen und Konzepte sind. In dem Maße, wie das Forschungsobjekt genauer bestimmt wird, verliert die Personenwahrnehmung an Einfluß auf die Beurteilung des Forschungsobjektes.

2. Die Neuorientierung von grundlegenden Theorien und Methoden ist mit einem Wandel oder einer Umstrukturierung der interpersonellen Beziehungen innerhalb der Gruppe verbunden.

Die Methoden der Untersuchung sind in Kurzfassung so zu charakterisieren: Zur Erfassung der Bewertungsstrukturen wurden den Untersuchungspersonen Pro- und Kontraargumente in bezug auf die beiden Konzepte vorgelegt. Die Versuchspersonen hatten auf den unterschiedlichen Reflexionsebenen einzuschätzen, inwieweit sie persönlich mit den Argumenten übereinstimmen. Im Interview wurde versucht, das „Hintergrundwissen" der Versuchspersonen zu erfassen, welches sich in den Theorien und Methoden widerspiegelt, die der individuellen Bewertung der Hypothese zugrunde liegen. Aus diesen Aussagen sollte Aufschluß über das Wissen erhalten werden, an dem Vertreter der unterschiedlichen Hypothesen festhalten, um auf dieser Grundlage die individuelle Variation zu erfassen. Weiterhin wurden mit ausgewählten Fragen Informationen über die Kommunikations- und Kooperationsbeziehungen gewonnen. Die Untersuchung wurde in Form einer Längsschnittuntersuchung durchgeführt. In der kurzen Diskussion der Resultate gehen auf Grund der Forderung, die Anonymität zu wahren, allerdings einige wesentliche Besonderheiten verloren. Wir untersuchten Bewertungsstrukturen in Forschungsgruppen in bezug auf ein neues Konzept. Die Analyse wies auf zwei Gruppen hin, die sich auch durch intensive Kommunikations- und Kooperationsbeziehungen auszeichneten. Die Bewertung des Konzepts wurde vor allem vom disziplinären Profil bestimmt. Die Repräsentanten verschiedener Gruppen, die einen dominierenden Platz in der Bewertungsstruktur einnahmen, waren Vertreter verschiedener Disziplinen. Es konnte aber auch gezeigt werden, daß das disziplinäre Profil nicht die einzige Determinante der Bewertungsstrukturen ist. In beiden Gruppen, die sich in der Bewertung des Konzepts signifikant unterschieden, arbeiteten Vertreter unterschiedlicher Disziplinen. Dabei orientierten sich in der einen Gruppe die Mitarbeiter weitgehend an der Denkweise und den Standards der Disziplin, aus der ihr Leiter kam, in der anderen Gruppe dagegen wurden Methoden und Theorien dieser Disziplin als Ergänzung und Bereicherung empfunden, ohne zu dominieren.

Wir konnten Argumente für die These gewinnen, daß die Entscheidung für oder gegen ein Konzept keine leicht beeinflußbare Wahl ist, sondern auf Grund von Erfahrungen und Ergebnissen eigener Arbeit getroffen wird. Die Überzeugung vom Charakter des Wesens der zu untersuchenden Erscheinungen, die Voraussetzungen der Fragen, die zu stellen sind, um von Vermutungen über den Gegenstand zum Wissen über seine Struktur und Funktion zu gelangen, sind relativ fixierte Einflußfaktoren, die nicht beliebig frei verfügbar sind. So müssen wohl auch Befürworter und Ablehner eines bestimmten Konzepts in erster Linie nach ihren theoretischen Vorstellungen und ihrem methodisch-experimentellen Vermögen unterschieden werden. Forscher mit gleichem Ausbildungsweg und ähnlichem methodischem Vorgehen können durchaus verschiedener Auffassung über bestimmte Konzepte sein, wie Wissenschaftler verschiedener disziplinärer Herkunft einer Meinung sein können. Wesentlich ist, daß jedem Wissenschaftler nur ein begrenzter Kreis von Möglichkeiten verfügbar ist, engagiert und mit Einsatz aller seiner Fähigkeiten zu arbeiten.

In Situationen, in denen durch Anwendung experimenteller und theoretischer Methoden einer Disziplin zur Lösung von Problemen anderer Disziplinen große Erfolge errungen werden, verändern sich die Strukturen der gegenseitigen Bewertung ihrer Vertreter. Aus der Geschichte ist bekannt, daß Biologen die Möglichkeiten, die sich mit der Anwendung der Physik ergeben, häufig unterschätzt haben, während Physiker glaubten, das Rätsel des Lebens allein mit den Mitteln ihrer Disziplin rasch und umfassend lösen zu können.

Die Schwierigkeiten, die sich in der wechselseitigen Verständigung ergeben, sind selten bloße „Sprachprobleme“. Der Grund liegt primär in der Verwendung verschiedener Objekte bzw. in der Verwendung gleicher Objekte auf unterschiedliche Art und Weise, in Unterschieden der Praxis. Damit es zu einem Problem der „Übersetzung“ zwischen den Sprachen werden kann, müssen diese Objekte und die Verfahren ihrer praktischen Handhabung vergleichbar gemacht werden.

Die Differenzierung in mehrere Gruppierungen und die Bevorzugung bestimmter Modellvorstellungen ist möglich, weil die Experimente, die zu Entscheidungen führen könnten, sehr schwierig sind und so zwischen verschiedenen Vorstellungen vorerst nicht entschieden werden kann. Es muß aber auch darauf hingewiesen werden, daß es den befragten Wissenschaftlern nicht um Experimente zur „Entscheidung“ zwischen unterschiedlichen

Annahmen ging. Die Modellvorstellungen wurden als Mittel zur Präzisierung von Fragestellungen und zur Schaffung eines Gesamtbildes des Gegenstandes (so vorläufig es auch sein mag) und nicht als das eigentliche Resultat der Forschung betrachtet.

Die befragten Naturwissenschaftler äußerten die Auffassung, daß die von ihnen verwendeten Modellvorstellungen zwar imstande seien, dieses oder jenes Objektverhalten unter experimentell geschaffenen Bedingungen abzubilden, auf das „natürliche Verhalten" des Gegenstandes vorerst jedoch noch keine sicheren Schlüsse zuließen. Ein nächster Schritt in der Zukunft müsse die Unterscheidung und Entscheidung zwischen verschiedenen Strukturmodellen sein, dies sei aber jetzt noch nicht möglich. Dabei ist zu beachten, daß die Kriterien für eine solche Entscheidung nicht ohne weiteres fertig aus einer der beteiligten Disziplinen übernommen werden können. So wird zum Beispiel das Kriterium der Exaktheit auf Grund der unterschiedlichen theoretischen und experimentellen Standards und der nicht direkt vergleichbaren Bedingungen von Physikern anders gehandhabt und verstanden als von Biologen. Mit biologischen Methoden sind zum Beispiel die Mehrzahl der Zellbestandteile „biologisch exakt" zu ermitteln, während physikalische Methoden zwar den „exakten" Wert einer physikalischen Größe liefern, aber dieser mitunter einen Mittelwert über alle vorhandenen biologischen und chemisch verschiedenen Bestandteile darstellt. Da physikalische und biologische Methoden und Denkweisen nicht unmittelbar vergleichbar sind, kann eben „Exaktheit" im physikalischen Denken einen hohen Mathematisierungsgrad und Formalisierung meinen, im biologischen Denken aber Übereinstimmung mit den realen Gegebenheiten. Erst mit zunehmender Einsicht in die verschiedenen Zusammenhänge entgeht man der Gefahr, nur einseitige Betrachtungsweisen zu benutzen. Dann ergibt sich als Haltung: Je mehr man kennt, um so weniger baut man Modelle, und um so vorsichtiger geht man vor.

Vertreter von Gruppen, in denen verschiedene Konzepte dominieren, die verschiedenen Disziplinen zugeordnet sind, reflektieren einander in einer Weise, die auch durch die Eigenart der Wissenschaftsgebiete beeinflußt ist. Die Gruppe (1) ging vor allem davon aus, daß die andere Gruppe (2) nicht über die entscheidenden Methoden verfügte, um die jeweils interessierende Strukturebene zu analysieren. Das wird unter anderem daran deutlich, daß engere Kommunikations- und Kooperationsbeziehungen vor allem zwischen Vertretern derselben Disziplin bestanden, unabhängig von ihrer Zugehörigkeit zu einer der beiden Gruppen. In der Gruppe (2) waren die Vertreter unterschiedlicher Disziplinen davon überzeugt, daß jeder von seiner Disziplin ausgehend einen wesentlichen Beitrag zur Problemerarbeitung liefern kann; aber auch in dieser Gruppe wurde sichtbar, daß die Vertreter einer Disziplin untereinander mehr kommunizieren als Vertreter verschiedener Disziplinen.

Aus der Untersuchung eines solchen Prozesses, die sich der Natur der Sache nach über mehrere Jahre erstreckt, sind nun nur bedingt Schlußfolgerungen zu ziehen. Wir belassen es deshalb bei den Andeutungen im Text, die allerdings durch Beispiele aus der Literatur gestützt werden. Sie stimmen darin überein, daß der Bildung von Gruppen entsprechend den Kooperations- und Kommunikationsbedürfnissen der Wissenschaftler größere Aufmerksamkeit zuteil werden muß.[27] Voraussetzung dafür ist allerdings ein hohes Niveau der Forschung, in die eingeschlossen ist, daß das Interesse wissenschaftlich wie praktisch wichtigen Problemen gilt.

Abschließend wollen wir den Zusammenhang zwischen der Anerkennung eines neuartigen Konzepts und sozialen Umstrukturierungen in Gruppen beschreiben; ob diese Beschreibung typisch sein könnte, muß die weitere Diskussion zeigen. Wir schildern das Schema einer Situation:

Ein Abteilungsleiter A braucht für die Forschung, die sich an seinem neuen Konzept orientiert, bestimmte Spezialisten, die in einer anderen Abteilung arbeiten. Es gelingt ihm, die Hälfte der Kollegen einer anderen Abteilung zur Mitarbeit an seinem Konzept zu gewinnen. Das geschieht ohne Absprache mit dem Leiter dieser anderen Abteilung. Aus der Sicht der Spezialisten, die er für seine Interessen gewonnen hat, stellt sich das so dar: „A kam auf uns zu, sprach über sein Konzept und fragte, ob wir nicht mit an seiner Sache arbeiten möchten." Sie erklären sich vor allem deshalb einverstanden, weil sein Modell nach ihrer Meinung am besten mit modernen Forschungsergebnissen übereinstimmt. Ihnen lag die Denkweise von A, und sie sahen eine Möglichkeit, selbständige Beiträge leisten zu können. So entwickelten sich enge Kommunikations- und Kooperationsbeziehungen mit allen, die an diesem Konzept arbeiteten. Auch wenn viele Kollegen noch Aufgaben in ihren eigentlichen Abteilungen hatten, nutzten sie einen großen Teil ihrer Zeit für die Mitarbeit am Konzept von A. Der Leiter der anderen Abteilung, aus der A Mitarbeiter gewonnen hat, und noch mehrere Kollegen akzeptieren das Konzept von A nicht. Sie waren eher Vertreter eines Gegenkonzepts.

In dieser in der Forschung nicht selten entstehenden Situation besteht die Gefahr, daß sachlich unvermeidbare Widersprüche zu vermeidbaren hemmenden Unstimmigkeiten führen. Die organisatorisch fixierten Verhältnisse geraten in einen Gegensatz zu den realen Kooperations- und Kommunikationsbeziehungen. Mit veränderter Verteilung der fachlichen Autorität können alte Leitungsstrukturen uneffektiv werden.

Nach unseren Beobachtungen wäre es ein großer Fehler, die organisa-

[27] Vgl. Social'no-psichologičeskije problemy nauki, a. a. O.; Wissenschaftliche Schulen, Bd. 1, hg. von S. R. Mikulinskij/M. G. Jaroševskij/G. Kröber/H. Steiner, Berlin 1977; Wissenschaftliche Schulen, Bd. 2, hg. von S. R. Mikulinskij/M. G. Jaroševskij/H. Steiner/R.-L. Winkler unter Mitarbeit von P. Altner, Berlin 1979; D. C. Pelz/F. M. Andrews, Scientists in Organization, New York/London 1966.

torischen Konsequenzen dieser Prozesse zu ignorieren. Eine auf den Inhalt der Forschung orientierte Leitung muß sichern, daß Kooperation und Kommunikation auf die aussichtsreichsten Konzepte und deren Vertreter orientiert werden. Das wurde in einer unserer Untersuchungen ganz deutlich, als in einer Situation, die durch zwei konkurrierende Konzepte charakterisiert war, ein junger, erst kürzere Zeit mit der Thematik befaßter Wissenschaftler ein drittes Konzept zur Diskussion stellte und nach anfänglichem Widerstand rasch Interesse fand. Er verfügte über Fähigkeiten, die ihn zur erfolgreichen Arbeit auf diesem Gebiet prädestinierten. Dieser Kollege hatte die Möglichkeit, sich ein breiteres Spektrum von Methoden anzueignen, da er zuvor in methodisch unterschiedlich orientierten Abteilungen gearbeitet hatte und so in der Lage war, die in der Literatur diskutierten Modelle aus der Sicht unterschiedlicher Methoden zu bewerten. Das von ihm erarbeitete Modell vereinigte auf originelle Weise eine große Anzahl von Literaturdaten, die bisher nicht so in Beziehung gebracht werden konnten.

Wie wird eine solche Leistung in Gruppen, die davon berührt sind, reflektiert? Wie zu erwarten, waren die Meinungen geteilt. Einige Mitarbeiter argumentierten für das neue Konzept: „Es gibt keine experimentellen Daten, die dagegen sprechen. Es ist relativ weit ausgereift.“ Andere Kollegen sind der Meinung, daß das Konzept vorschnell präsentiert und vertreten wird und daß der Autor unzulässig verallgemeinert hat. Interessant ist, daß Argumente *für* dieses Konzept von Kollegen vorgebracht wurden, die sich bisher auf das Konzept von A bezogen hatten: sie waren nun der Meinung, das neue Konzept sei „auf einem höheren Niveau ausgearbeitet“ als alle schon existierenden. Viele betonten aber, daß beide Konzepte so lange gleich wahrscheinlich sind, wie die experimentelle Entscheidung noch aussteht. Der Kollege A, der bisher im Mittelpunkt stand, hielt sich bei offizieller Bewertung des neuen Konzepts zurück, trat aber in wissenschaftlichen Diskussionen als heftiger Kritiker des neuen Konzepts auf. Interessant ist auch hier wieder die Frage nach dem Zusammenhang zwischen Person- und Objektbewertung. Einige Kollegen, die das neue Konzept ablehnten, hatten auch der Person gegenüber Vorbehalte. Die Kollegen, die das Konzept akzeptierten, hatten diese Vorbehalte nicht. Die Arbeiten an dem neuen Konzept führten zu einer raschen Umbewertung auch unter den Mitarbeitern der Abteilung von A. Viele äußerten nun: „Das Konzept von A ist nicht mehr in der Diskussion. In der Literatur gibt es keinen Hinweis, daß es noch eine Rolle spielt.“ Nur wenige Mitarbeiter standen noch eindeutig zu diesem Konzept, weil es, wie sie meinten, „zur Zeit noch kein besseres gibt“. Der Autor selbst stellte sein Urteil zurück und betonte, daß es darauf ankomme, Experimente zu machen, die die Konzepte *entscheidend* verbessern können. Auch Kollegen aus anderen Abteilungen meinten: „Das Konzept von A ist nicht mehr aktuell. Jetzt gibt es ein besseres Konzept.“ Andere Mitarbeiter waren bereit, in einem Forschungsprogramm am neuen Konzept mitzuarbeiten.

So könnte eine neue Gruppe gebildet werden, deren Wachstum und Stabilisierung vom Erfolg abhängt, der aber nur unter günstigen Bedingungen gelingen wird. Der Konjunktiv in der Formulierung ist wesentlich; solange der Erfolg nicht sicher ist, kann nicht entschieden werden, ob sich die Gruppe tatsächlich bilden soll und bilden wird. Das verstärkt die Forderung, die Aufmerksamkeit auf die Frage zu richten, wie der Inhalt der wissenschaftlichen Arbeit solche Gruppenstrukturen erzwingen kann, die rasche Fortschritte in der Intensivierung der Forschung ermöglichen. Von besonderer Wichtigkeit ist es, den Spielraum zu bestimmen, in dem sich Gruppen mit stabiler Zusammensetzung neuen Aufgaben entsprechend neu strukturieren können, und in welchen Situationen das nicht möglich ist. Dann kann eine der neuen Aufgaben adäquate Struktur nur dadurch erreicht werden, daß die Mitarbeiter wechseln.

Es ist nun einleuchtend, daß die neue Aufgabe schon auf einer hohen Stufe bearbeitet sein muß, wenn es möglich sein soll, aus ihrer Struktur die geeignete Zusammensetzung und innere Organisation angemessener Gruppen abzuleiten. Dieses Vorgehen ist in der Regel nur möglich, wenn Vorbilder schon bekannt sind, wenn es darum geht, einen Rückstand aufzuholen. Es ergeben sich aber grundsätzliche Schwierigkeiten, wenn Wissenschaftler in Neuland vorstoßen. Dann muß eine Wechselbeziehung zwischen „Sachzwang" und Gruppenstruktur gewährleistet sein, in der sich beide Momente des Zusammenhanges gegenseitig erst bestimmen.

2. Der gemeinsame Objektbereich als Voraussetzung produktiver Kooperation und Kommunikation Historischer Exkurs

Die Voraussetzungen, von denen die Wissenschaftsleitung ausgeht, wenn neue Forschungsprojekte zu konzipieren sind, sind selbst Resultate vorausgegangener wissenschaftlicher Arbeit. Um die Widersprüche, die sich im Aufbau leistungsfähiger Gruppen ergeben, produktiv beherrschen zu können, muß man diese Vorgeschichte berücksichtigen. Wir werden deshalb an historischem Material zu zeigen versuchen, wie solche Voraussetzungen in einem Entwicklungsprozeß entstanden sind.

Wir wählen Beispiele aus der Geschichte der Molekularbiologie, der Biochemie und der Genetik und wollen an ihnen die weiter oben in allgemeiner Form vorgestellten Gedanken über die Rolle der Gewinnung, Identifizierung und Untersuchung von Forschungsobjekten im kooperativen Forschungsprozeß konkret belegen. Vor allem wollen wir zeigen, daß die Bestimmung von Forschungsobjekten und die praktische und theoretische Verfügung über sie auf der einen und die Herausbildung und Festigung erkenntnisorientierter Kommunikation und Kooperation auf der anderen

Seite zwei Seiten des Forschungsprozesses sind, die zusammengehören und sich in wechselseitiger Bestimmung entwickeln. Dies ist besonders wichtig, wenn Vertreter unterschiedlicher Disziplinen beteiligt sind. Die betrachteten Fälle machen deutlich, daß die Kooperation erst dann, wenn ein gemeinsamer Objektbereich verfügbar ist, Stabilität und Kontinuität gewinnt. Die Beispiele sind auch für gegenwärtige Situationen interdisziplinärer Forschung besonders günstig. Außerdem weisen sie uns mit der Unterscheidung von „in vivo“ und „in vitro“ sowie der Artefaktproblematik beständig auf das dialektische Verhältnis von Übereinstimmung und Unterschied zwischen Forschungsgegenstand und Forschungsobjekt hin.

Die Merkmale, nach denen der Biophysiker DNS im Küvettenglas („in vitro“) identifiziert, wenn er eine spektroskopische Untersuchung durchführt, sind nur ein Teil der Eigenschaften, die im Zellkern eines lebenden Organismus („in vivo“) wirksam sind. Ebenso ist die in einem langwierigenPräparations-, Reinigungs-, Fixierungs- und Kontrastierungsprozeß hergestellte DNS-Probe für elektronenmikroskopische Untersuchungen nach Merkmalen identifiziert, die von denen verschieden sind. welche vom gleichen Material in den Sequenzanalysen vermittels Restriktionsenzymen ermittelt werden.

Der gleiche Forschungsgegenstand kann je nach den angewandten Beobachtungs- und Experimentalmethoden von unterschiedlichen Forschungsobjekten repräsentiert werden. Wissenschaftler, die den gleichen Gegenstand vermittels unterschiedlicher Objekte studieren, können zu differierenden Ansichten über den Gegenstand gelangen, die sich nicht ohne weiteres vereinbaren lassen. Andererseits führen unterschiedliche Ansichten über den Gegenstand auch zur Bevorzugung verschiedener Methoden und Untersuchungsobjekte.

Das ist für das Verständnis aktueller Kooperations- und Kommunikationsbarrieren und der Möglichkeiten ihrer Überwindung von großer Bedeutung. Auch Kontroversen, die den gegenwärtigen Meinungsstreit bestimmen, lassen sich mitunter nicht verstehen, wenn dieses gegenständliche Moment unberücksichtigt bleibt. Häufig wird in diesem Zusammenhang auf den historisch bedingt verschiedenen „Background“ hingewiesen, den Wissenschaftler auch dann haben, wenn sie sich mit dem gleichen Gegenstand beschäftigen. W. Nagl meint dazu, daß diesem Unterschied entsprechend auch die mehr oder weniger unbewußt akzeptierten Dogmen und die Bereitschaft, ein neues Ergebnis anzuerkennen, verschieden sind. „Wissenschaftler, die sich mit dem Zellkern beschäftigen, haben oft einen sehr unterschiedlichen *Background* (Hervorhebung d. Verf.), je nachdem, ob sie von der Biochemie oder von der klassischen Cytologie kommen. Dementsprechend unterschiedlich sind ihre mehr oder weniger unbewußt akzeptierten Dogmen und die Bereitschaft, ein neues Ergebnis anzuerkennen. Mit wachsender Erkenntnis erweitert sich jedoch oft der Blickpunkt für ein Problem, so daß eine Revision des eigenen Standpunktes notwendig wird, soll nicht aus Trägheit oder Prinzip eine falsche Hypothese für alle Zeiten fixiert werden." [28] Ob es dabei, wie Nagl meint, nur um Trägheit und Dogmen geht, oder primär um die reale Möglichkeit, praktisch in vergleichbarer Weise mit den Gegenständen umzugehen, vergleichbare Objekte zu gewinnen, soll diskutiert werden.

Die Schwierigkeit, auf diese Frage eine gültige Antwort zu finden, wird am Beispiel der zahlreichen Gruppen deutlich, die sich die Erforschung der Zelle, ihres Aufbaus und ihrer Funktionen zum Ziel gestellt hatten. Die Kooperation begann produktiv zu werden, als die verschiedenen Methoden, vor allem die physiologisch-chemischen und morphologischen, vergleichbar wurden.

Wenn aus gleichem Material verschiedene, nicht vergleichbare Objekte gewonnen werden, entsteht das gemeinsame Objekt in der Regel nicht dadurch, daß sich alle, bis auf das „richtige", als Artefakte ausscheiden lassen. Viel häufiger wird erkannt, in welchem Verhältnis die Objekte zueinander stehen, so daß sie als verschiedene Seiten ein und desselben Gegenstandes erkennbar, damit zu *einem* komplexen Objekt integrierbar werden, das den Gegenstand allseitiger repräsentiert. Auf diesem Wege wird das Objekt den Erfordernissen der Erkenntnis des Gegenstandes immer mehr angenähert. Um auf diesem Wege voranzukommen, ist es die Pflicht jedes experimentell arbeitenden Wissenschaftlers, nicht nur das von ihm bearbeitete Objekt, die gewonnenen Daten und die von ihm daraus gezogenen Schlußfolgerungen in seiner Arbeit darzustellen, sondern auch alle wesentlichen Bedingungen der praktischen Erzeugung dieses Objekts (Ausgangsmaterial, Geräte, Hilfsmittel, Testverfahren etc.) anzugeben.

Bemerkenswert ist in diesem Zusammenhang, wie sich z. B. M. Delbrück um die Normierung der Experimente und der Sprache in der Phagenforschung mühte. Th. F. Anderson sagte von ihm, er habe darauf bestanden, „daß wir unsere Aufmerksamkeit auf eine Reihe von sieben Phagen desselben Wirtes konzentrieren, den jetzt berühmten E. coli – Stamm B und seine Mutanten in Nährbouillon bei 37 °C. Er verlangte, daß jedermann unter diesen Standardbedingungen arbeitete ...". [29] Diese Standardisierung erforderte ihre Durchsetzung, die nicht ohne Konflikte verlief, in der betreffenden wissenschaftlichen Gemeinschaft. Gleichzeitig ermöglichten aber Abweichungen davon die Entstehung und Erklärung neuartiger Phänomene, die wiederum in ein entsprechendes Verhältnis zu den jeweiligen anerkannten Standards zu setzen waren. „... aber es zeigte sich, daß einige von uns ziemlich widerspenstig waren. Die Reihe der auserwählten Phagen ... wurde aus einer großen Anzahl von Phagen als ‚gut geeignet' ausge-

[28] W. Nagl, Zellkern und Zellzyklen, Stuttgart 1976, S. 5.

[29] Th. F. Anderson, Elektronenmikroskopie von Phagen, in: Phagen und die Entwicklung der Molekularbiologie, hg. von J. Cairns/G. Stent/J. D. Watson, Berlin 1972, S. 82.

wählt, das heißt, sie gaben leicht zählbare Plaques, und die phagenresistenten B-Stämme können von den Phagen frei gemacht werden, gegen die sie resistent sind. ... die anderen von temperierten Phagen gezeigten Phänomene, wie Transduktion, sollten später durch Außenseiter aufgeklärt werden, die nicht dem Pakt beigetreten waren, die aber trotzdem auf der soliden Grundlage ... der sieben Phagen des T-Systems aufbauen konnten."[30]

Experimentelle Ergebnisse werden nur dann wirklich zur Kenntnis genommen und als Resultat der wissenschaftlichen Arbeit gewertet, wenn ihre Mitteilung alle Angaben einschließt, die für eine Wiederholung des Experiments erforderlich sind. Ergebnisse, die von anderen nicht reproduziert werden können, werden als irrelevant verworfen.

Substanzen, Präparate, Reaktions- und Funktionssysteme, über die Theorien Aussagen treffen, werden nach standardisierten Methoden hergestellt, und für den nicht seltenen Zustand, in dem verschiedene standardisierte Methoden anerkannt sind, wird auf den Hinweis, auf welchem Wege das Präparat gewonnen wurde, der größte Wert gelegt. Wir wollen nun zeigen, daß die Methoden in der Molekularbiologie auch dadurch zum revolutionierenden Element wurden, daß sie die Vereinheitlichung der Objekte ermöglicht haben. Dieser Prozeß war mit dem Aufsteigen von relativen Wahrheiten bestimmter Ordnung zu solchen höherer Ordnung verbunden.

Seit es der organischen Chemie in der 2. Hälfte des 19. Jahrhunderts gelungen war, schrittweise kompliziertere Substanzen zu identifizieren, die aus Organismen gewonnen waren, gab es an der biologischen Bedeutung der Eiweiße nie einen Zweifel. Die organische und physiologiche Chemie gliederte das zuerst undifferenzierte Material — die biologisch aktive Substanz, in der Hauptsache das Protoplasma — schrittweise in verschiedene Stoffklassen auf. Sie gewann (und gewinnt) damit aus einem Material verschiedene Objekte der Chemie, die nach chemischen Kriterien identifiziert werden.

Im Verlauf solcher Arbeiten stieß F. Miescher, der in Tübingen bei F. Hoppe-Seyler, einem der Begründer der physiologischen Chemie, an der Aufklärung der chemischen Struktur von Eiterzellen arbeitete, auf eine Substanz, die nicht aus Eiweiß bestand. Das ursprüngliche Ziel seiner Arbeiten beschrieb Miescher selbst: „Nachdem die Eiterzellen präpariert waren, stand die Frage nach den Zielen und Methoden der Untersuchung ... sie stellten selbst die Aufgabe, eine so genau als mögliche Aufstellung der charakteristischen chemischen Bestandteile zu geben, von deren Mannigfaltigkeit und Anordnung die Struktur der Zellen resultiert."[31]

Auf Grund des Verhaltens der Substanzen, die Miescher aus den Zell-

[30] Ebenda, S. 83.

[31] F. Miescher, Die Histochemischen und Physiologischen Arbeiten, Leipzig 1881, Bd. 1, S. 23.

kernen isolieren konnte (mittels Einwirkung von Alkali- und Erdalkalisalzlösungen und der Fällung aus alkalischer Lösung nach vorheriger Behandlung mit Säuren), schloß er auf eine bisher unbekannte Verbindung, die einen wesentlichen Teil des Zellkerns ausmacht, und nannte sie deshalb „Nuklein". An der Beschreibung seiner Arbeiten fällt auf, daß eine enge Verflechtung von historisch-mikroskopischem und chemisch-analytischem Vorgehen gewählt wurde. So kontrollierte Miescher ständig das mikroskopische Aussehen der Zellen, die er chemisch behandelte. Ebenso schloß er jeweils von Beobachtungen und Kenntnissen auf histologischem Gebiet auf die Chemie und umgekehrt. Das von ihm isolierte Nuklein, von dem er nachgewiesen hatte, daß es fast ausschließlich im Zellkern vorkommt, überraschte durch einen relativ hohen Phosphoranteil. Die Isolation und Reinigung des Nukleins erwies sich als recht kompliziert. So schrieb Miescher: „Aber da gerieth ich in einen hübschen Sumpf. Denn es gibt nichts misslicheres als scharfe Trennung auf dem Gebiet eiweissartiger Körper. Ich begreife wohl, dass die Definitionen derselben so schwankend und streitig sind; und das ist eben der Fluch der amorphen Körper, dass man keine Gewähr der Reinheit seines Präparates hat. Deshalb scheuten sich auch die echten Chemiker so sehr davor."[32]

Diese Arbeiten blieben jedoch nicht unwidersprochen. Man teilte gerade in Chemikerkreisen nicht die Meinung, mit dem Nuklein sei eine *neue* chemische Verbindung präpariert worden. Spätere Arbeiten bestätigten jedoch die Ergebnisse Mieschers und trugen zum weiteren Fortschritt auf diesem Gebiet bei. Von großer Bedeutung waren die Arbeiten Richard Altmanns, dem es 1889 gelang, eine Methode der Präparation von proteinfreiem Nuklein zu entwickeln, die sich als gut reproduzierbar erwies. Das proteinfreie Nuklein bezeichnet er als Nukleinsäure. Basis seines Erfolges war, daß er mit seiner Methode Nukleinsäuren aus verschiedenen Zellkernen gewinnen konnte.

Nukleinsäure war nun ein neues Objekt der organischen Chemie geworden. Die Präparationen und Kriterien, die zu ihrer Identifizierung dienten, waren Arbeitsweisen der Chemie des 19. Jahrhunderts. Mit der Isolierung waren die Voraussetzungen für die Aufklärung der Struktur und Zusammensetzung dieser Substanz gegeben. A. Kossel wurde zu einem der ersten Vertreter der Nukleinsäurechemie. In der Folgezeit gelangten wesentliche Schritte in der Ermittlung und chemischen Charakterisierung der Bestandteile der Nukleinsäuren, besonders der vier Purin- bzw. Pyrimidinbasen. Über die Struktur dieser Bestandteile und die Art, in der sie zum ganzen Molekül verknüpft sind, bestanden noch keine Vorstellungen. Erste vorläufige Ergebnisse dazu wurden erst zu Beginn unseres Jahrhunderts erzielt.

Zeitlich parallel zu dieser Entwicklung bildete sich die vorwiegend mor-

[32] Ebenda, S. 36.

phologisch orientierte Zellphysiologie heraus. Ihre raschen Fortschritte begannen mit der Einführung des Mikroskops und der Anerkennung der Zelltheorie von Schwann und Schleiden. Im Zusammenhang damit konnten Fragen nach der Fortpflanzung und Befruchtung auf zellulärem Niveau gestellt werden. Beziehungen zwischen der Morphologie dieser Prozesse zu den Erkenntnissen der Chemie herzustellen, gelang noch nicht. Erst spätere zytologische Studien lenkten die Aufmerksamkeit auf den Zellkern, der in der Zellteilung eine besondere Rolle zu spielen schien; in diesem Zusammenhang fand auch das Nuklein das Interesse der Zytologen. Grundlage dieser Entwicklung war die Einführung neuer Techniken, besonders verbesserter Mikroskope, des Mikrotoms zur Herstellung von Gewebeschnitten und die Verwendung synthetischer Farbstoffe zum Anfärben biologischer Gewebe. Diese Verbesserungen waren von entscheidender Bedeutung für die Entwicklung der Zytologie. Mit ihnen wurde es möglich, Bestandteile der Zelle zu identifizieren, die als Objekt der Zytologie bis dahin nicht bekannt waren.

Nach 1877 kamen weitere neue chemische Färbetechniken (Farbstoffe wie Karmin, Menthylgrün) hinzu, mit denen sich besonders der Zellkern gut anfärben ließ. Diese Anfärbbarkeit der Bestandteile des Zellkerns bildete das Merkmal für die Identifizierung von Strukturen, die als „Chromatin" bzw. „Chromosomen" bezeichnet wurden. Flemming gab folgende Definition des Chromatins: „Das Gerüst verdankt sein Lichtbrechungsvermögen, die Art seiner Reaction und insbesondere seine bedeutende Färbbarkeit einer Substanz, die ich mit Rücksicht auf die letztere vorläufig Chromatin genannt habe. Es ist möglich, daß diese Substanz geradezu identisch ist mit Nucleinkörpern; jedenfalls geht aus den Versuchen von Zacharias hervor, daß sie die Trägerin derselben ist, und wenn nicht aus Nuclein selbst, doch aus den Verbindungen besteht, aus denen dasselbe abgespalten wird. Ich behalte den Namen Chromatin so lange bei, bis der Entscheid hierüber durch die Chemie gegeben wird, und bezeichne mit ihm ganz empirisch die Substanz im Zellkern, die bei Kerntinctionen die Farbe aufnimmt."[33]

Es galt als nicht entscheidbar, ob es sich um Merkmale ein und desselben Gegenstandes handelte oder nicht. Folglich wurden sie als zwei verschiedene Objekte behandelt, die mit unterschiedlichen Methoden aus dem gleichen Material gewonnen worden waren. Es ließen sich viele weitere Zeugnisse dafür beibringen, daß es an subjektivem Bemühen, Beziehungen zwischen Strukturen, die mit morphologischen Methoden identifiziert waren, Funktionen, die mit physiologischen Methoden bestimmt waren und Präparaten, die mit chemischen Methoden herzustellen waren, nicht fehlte. Die dazu notwendige Vereinfachung der Methoden und die mit der Entwicklung der Theorien einhergehenden verschärften Begriffsbestimmungen erbrachten zunächst Argumente für die Verschiedenartigkeit der Objekte;

[33] W. Flemming, Zellsubstanz, Kern und Zellteilung, Leipzig 1882, S. 129.

die Kooperation konnte aus objektiven Gründen noch nicht intensiver werden.

Der von Flemming als Chromatin bezeichnete Teil der Zellkerne wurde 1885 gleichzeitig und unabhängig voneinander von A. Weismann, E. A. Strassburger und R. A. Kölliker als Träger der Erbeigenschaften erkannt, und T. Boveri kam in seinen „Zellenstudien“ 1888 zu der Hypothese, Chromosomen behielten ihre Individualität auch während der Kernruhe zwischen zwei Zellteilungen. Diese Hypothese erweiterte er 1890 (unter Verwendung der Arbeiten E. van Benedens) zur Vorstellung, daß bei der Befruchtung die Chromosomen des Eizellkerns und des Spermakernes gleichmäßig auf das neue Individuum verteilt werden. Daraus sowie aus der Annahme der Individualität der Chromosomen ließ sich die Hypothese ableiten, daß die Chromosomen als Träger der Erbanlagen fungieren.

Die Fragestellungen, die zur Genetik als Teilgebiet biologischer Wissenschaften führten, orientierten sich zunächst an phänotypischen Merkmalen und ihrer Erhaltung bzw. Veränderung in den Generationsfolgen. Seit Mitte des 19. Jahrhunderts nahm man „discrete Teile der Vererbung“ (Delage, 1895) an, so die „physiologischen Einheiten“ (Spencer, 1864), „Gemmulen“ (Darwin, 1868), „Plastidulen“ (Haeckel) oder „Stirpe“ (Galton, 1876). Nach den Entdeckungen von Boveri u. a. wurden diese „Einheiten“ in den Zellkern verlegt. Man sprach von „germ-plasma“ (Weismann) oder „Idioplasma“ (Nägeli, 1884), „Pangenen“ (de Vries, 1889), „Bioblasten“ (Altmann, 1890) bzw. „Biophoren“ (Weismann, 1892). Dabei waren die „Idioblasten“ (Hertwig, 1892) den „Genen“ (Johannsen, 1909) am ähnlichsten.

Alle diese Vorstellungen haben gemeinsam, daß „Teilchen der Vererbung“ korpuskular und die Träger der Erbanlagen materiell gedacht wurden. Die „Träger“ sollten ihre Funktion auf Grund „spezifischer molekularer (das heißt chemischer!) Konstitution“ als „Determinanten“ des Vererbungsprozesses realisieren können. Die Vielzahl der Bezeichnungen war nicht durch Einigung auf einheitlichen Sprachgebrauch zu überwinden. Vielmehr spiegelte sie die Verschiedenartigkeit der verwendeten Methoden wider, die zur Identifizierung nach verschiedenen Merkmalen führen mußten. Theoretische Vorstellungen konnten den Mangel an allgemeingültigen, standardisierten Methoden nicht ausgleichen. Flemming resümierte: „Wie die differenten Theile ... zu benennen sein werden ..., das wird am besten dem Sprachgebrauch überlassen sein, der sich im Laufe der weiteren Arbeit herausbildet. Die Arbeit ist das beste Scrutirium für solche Dinge, sie wird sich die zweckmäßigsten und bequemsten Namen aneignen, und ich werde ihre Entscheidung abwarten und befolgen.“[34]

W. L. Johannsen führte in seiner Darstellung, die den Erkenntnisstand

[34] Ebenda, S. 82.

um 1900 umfassend wiedergibt[35], die Bezeichnungen „Gen“ für eine Merkmalsanlage oder einen Erbfaktor, „Phänotypus“ für das äußere Erscheinungsbild („einen statistischen bzw. deskriptiv hervortretenden Typus“) und „Genotypus“ für die Summe der Merkmalsanlagen (den „Veranlagungstypus“) in die Vererbungsforschung ein. Damit erwies sich, daß die Verbindung der Genetik zur Chemie nicht realisierbar war. Die Genetiker begannen sich überwiegend mit Chromosomenkarten, der Analyse von Positionseffekten, der Analyse modifizierter Gene zu beschäftigen und entwickelten so ein komplexes, funktionelles Modell vom Gen, als dessen „Träger“ die Chromosomen gedacht wurden.

„Jedes Chromosom hat eine definierte und konstante Morphologie und besteht aus Segmenten, von denen jedes ein charakteristisches Muster von chromatischen Linien oder breiteren Bändern besitzt ... Diese Entdeckung gibt uns zum ersten Mal eine qualitative Methode in die Hand, Chromosomen zu analysieren und sobald die normale Morphologie jedes gegebenen Elements durch Studium der Chromosomenordnung mit bekanntem genetischem Charakter bekannt ist, können wir morphologische Positionen auf Genloci übertragen und Chromosomenkarten konstruieren mit einer viel größeren Exaktheit, als es bisher möglich war.“[36]

Wir konstatieren, daß es um 1900, durch unterschiedliche experimentelle Methoden bedingt, *verschiedene* Objekte waren, die aus dem gleichen Material, dem lebenden Organismus (bzw. der Zelle), gewonnen wurden. Es war in dieser Zeit häufig nicht zu bestimmen, ob sie durch Identifikation verschiedener Merkmale des gleichen Naturgegenstandes gewonnen waren oder ob es verschiedene Gegenstände waren, die von ihnen repräsentiert wurden. In solchen Situationen sind die gegenständlichen Bedeutungen der Termini, in denen die Forschungsobjekte und materiellen Modelle beschrieben werden, verschieden und nicht miteinander verbunden; die Beziehungen zwischen ihnen sind noch nicht hergestellt, und sie lassen sich deshalb nicht ineinander übersetzen. Über die Beziehungen der Genetik zur Chemie sagte R. Burian: „Es ist in der Tat unwahrscheinlich, daß die Resultate der *chemischen* Forschung uns helfen werden, einen wirklichen Fortschritt auf diesem Gebiet (der Vererbungsforschung, d. Verf.) zu erreichen. Die formbestimmenden Qualitäten der Chromosomen in einen engeren kausalen Zusammenhang zu ihrer chemischen Beschaffenheit zu setzen, erscheint noch als ein unerreichbares Ziel. Dessenungeachtet wäre es ein bedeutender Schritt in dieser Richtung, wenn es jemandem gelänge, die experimentell festgestellte Ungleichmäßigkeit von Chromosomen und Chromosomen-

[35] W. L. Johannsen, Elemente der exakten Erblichkeitslehre, 3. dtsch. Aufl., Jena 1926.

[36] T. S. Painter, A new Method for the Study of Chromosome Rearrangements and the Plotting of Chromosome Mape, in: Science (Washington) 78 (1933), S. 585.

segmenten in Beziehung zum Nachweis ihrer *chemischen* Verschiedenheit zu setzen."[37]

Aus heutiger Sicht charakterisiert der Molekularbiologe F. Jacob die damaligen Beziehungen zwischen Genetik und Chemie so: „Beide Wissenschaften haben ihr eigenes Modell. Einerseits sprechen die Chemiker von molekularen Strukturen und von Enzymkatalyse; sie berichten, wie die Organismen ihre Energie dem Milieu entziehen und sich damit dem natürlichen Lauf der Dinge entgegenstellen: nicht nur ein Strom von Materie durchfließt den Organismus, sondern auch ein Energiestrom. Andererseits beschreiben die Genetiker Anatomie und Physiologie einer Struktur ..., die sich in den Chromosomen befindet; in deren Beständigkeit sehen sie das Gedächtnis der Art und in ihren Veränderungen das Auftauchen neuer Arten. Die Eigenschaften der Lebewesen beruhen letztlich auf zwei neueren Einheiten: die Biochemiker nennen sie Protein und die Genetiker bezeichnen sie als Gen."[38]

Erst durch die Forschungen zwischen 1900 und 1955 wurden schrittweise Voraussetzungen dafür geschaffen, daß Fachleute mit unterschiedlicher Grundausbildung lernten zusammenzuarbeiten. Voraussetzung war, daß sie nicht nur mit dem gleichen Material am gleichen Forschungsziel arbeiteten, sondern auch durch verbesserte Methoden gleiche oder vergleichbare Objekte gewonnen hatten. „Einst gezwungen, sich zur Festlegung ihrer Objekte und Methoden abzusondern, wird die Biologie jetzt dazu gebracht, sich eng mit Physik und Chemie zu vereinen."[39]

Dies geschah im wesentlichen durch eine Vielzahl instrumenteller Neuentwicklungen und damit möglicher neuer theoretischer Voraussetzungen.

Die Fortschritte in der Bearbeitung der DNS-Struktur mündeten in einem Modell von Levene u. a., das die DNS als eine Kette aus vier Nukleotiden aufgebaut vorstellte. „Nukleotid", zunächst nur Bezeichnung der Abbauprodukte der Nukleinsäuren, bedeutet nun „Verbindung von Purin- bzw. Pyrimidinbasen, Pentose (d-Ribose) und Phosphatgruppe."

DNS wurde danach als Tetranukleotid aus den vier Basen und der entsprechenden Menge Zucker sowie Phosphat aufgefaßt. Ihr Molekulargewicht wurde mit ca. 1300 angegeben.

Erst die Entwicklung physikalischer Methoden zur Bestimmung des Gewichts großer Moleküle im Verein mit Präparationsmethoden, die das Molekül in seiner biologisch wirksamen Größe erhalten, konnte Voraussetzungen für neue Messungen der Molekülgröße schaffen. Die Ultrazentrifuge (Svedberg) ermöglichte unter Nutzung der Ergebnisse der Viskositätsuntersuchungen, der Bestimmung von Diffusionskoeffizienten und der Sedi-

[37] R. Burian, Chemie der Spermatozoen II, in: Ergebnisse der Physiologie, *5* (1906) H. 7, S. 846.

[38] F. Jacob, Die Logik des Lebenden, Frankfurt a. Main 1972, S. 261.

[39] Ebenda, S. 267.

mentationsgeschwindigkeit Parameter zu ermitteln, nach denen sich DNS-Moleküle als dünne Stäbchen oder Fäden mit einem Länge-Dicke-Verhältnis von 1 : 300 erweisen. Das ungefähre Molekulargewicht wurde nun mit 500000 bis 1000000 angegeben. Die Tetranukleotidtheorie wurde jedoch beibehalten; nur waren Tetranukleotide jetzt als Bausteine der großen Moleküle vorzustellen. Sie wurde bis 1950 „als eine praktische Arbeitshypothese betrachtet, die hilfreich bei der Interpretation der experimentellen Ergebnisse ist, vorausgesetzt, man vergegenwärtigt sich ihre Grenzen."[40] DNS galt nun als fadenförmiges Makromolekül, aus identischen Bausteinen aufgebaut, die statistisch (zufallsbedingt) angeordnet sind. Da sie während des Zellzyklus zu entstehen und zu vergehen schien, war es unwahrscheinlich, daß sie in der Zellteilung und Vererbung eine wesentliche Rolle spielt. Für die Physiologie dieser Prozesse sollte nach allgemeingeltenden Vorstellungen das Protein verantwortlich sein.

Die genetische Forschung entwickelte sich auf dem seit der Jahrhundertwende eingeschlagenen Weg weiter und stellte die Analyse der Chromosomen in bezug auf bestimmte erbliche Merkmale in den Vordergund. In seiner Nobelrede schätzte T. H. Morgan 1933 den Stand der Genetik ein: „Was sind Gene? ... Nachdem wir sie nun in den Chromosomen lokalisiert haben, sind wir berechtigt, sie als materielle Einheiten, als chemische Körper höherer Ordnung, als Moleküle, anzusehen? Offen gesagt, dies sind Fragen, mit denen sich der arbeitende Genetiker nicht sehr befaßt, außer um ab und zu über die Natur der postulierten Elemente zu spekulieren. Es gibt keinen Meinungskonsensus unter den Genetikern über die Natur der Gene – darüber, ob sie real oder bloße Fiktionen sind – da es auf dem Niveau, auf dem die genetischen Experimente liegen, keinen Unterschied macht, ob das Gen eine hypothetische Einheit oder ein stoffliches Teilchen ist. In jedem Fall ist die Einheit mit einem spezifischen Chromosom verbunden und kann dort durch rein genetische Analyse aufgezeigt werden. Folglich ist das Gen, wenn es eine materielle Einheit ist, ein Teil eines Chromosoms; wenn es eine fiktive Einheit ist, muß es auf einen definierten Chromosomenort bezogen werden – auf denselben Ort wie in der anderen Hypothese. Deshalb macht es in der aktuellen genetischen Arbeit keinen Unterschied, welchen Standpunkt man einnimmt."[41]

Die Arbeiten, als deren Resultat in den 50iger Jahren die molekulare Theorie der Vererbung entstand, begannen Mitte der 30er Jahre mit der Hypothese: Gene *sind* Moleküle. Der Hintergrund, auf dem diese Hypothese ihre Bedeutung gewann, und die zahlreichen Ergebnisse vieler Disziplinen,

[40] J. M. Gulland, Some Aspects of the Chemistry of Nucleotides, in: Journal of the Chemical Society, (London) 2/1944, S. 216.

[41] T. H. Morgan, The Relation of Genetica to Physiology and Medicine (1933), in: Nobel Lectures: Physiology and Medicine 1922–1941, Amsterdam 1965, S. 315.

die sie zu einem Programm experimenteller Forschung werden ließen, werden später geschildert.[42]

Neben vielen anderen Entdeckungen spielte die „Ein-Gen-Ein-Enzym-Hypothese“ in der Herausbildung der Molekularbiologie eine wesentliche Rolle. Ihre experimentelle Basis macht den Zusammenhang, um den es uns geht, besonders deutlich: Mit Methoden der Biochemie konnten Stoffwechseldefekte festgestellt werden, deren Ursache defekte oder fehlende Enzyme sind. Die weitere Analyse solcher Defekte ergab, daß dem fehlenden Enzym ein nicht intaktes Gen entspricht, so daß der Schluß möglich war: „Die für einen Organismus typischen Leistungen im Stoffwechsel, die zur Ausbildung seiner Merkmale führen, sind nur möglich, wenn alle Gene intakt sind. Fällt eines der Gene aus, wird auch das Enzym nicht mehr gebildet, und die Stoffwechselleistung, die somit durch dieses Enzym katalysiert wurde, fällt aus oder läuft nur sehr langsam ab. Als Folge davon wird ein Merkmal verändert oder gar nicht ausgeprägt.“[43] Die auf diesem Weg möglich gewordene chemische Beschreibung der Genwirkung war zwar noch keine Aufklärung der Chemie der Gene, aber *eine* wesentliche Brücke zwischen Genetik, Biochemie und Chemie war geschlagen.

Der nächste und in vielerlei Beziehung entscheidende Schritt war nun möglich geworden, nämlich Gegenstände auszuwählen, die alle Merkmale der Genfunktion aufweisen und so einfach sind, daß sie den Methoden der Chemie und Physik genügen, das heißt Objekt dieser Wissenschaft sein können. „Die von den Genetikern verwendeten Organismen eigneten sich nicht für die Chemiker und umgekehrt. Um ihre Bemühungen zu vereinen, mußten sie ein gemeinsames Material finden. Entgegen jeder Erwartung waren es die Mikroorganismen, die dieses Material lieferten ...“[44] Über viele Jahre hinweg untersuchten O. T. Avery und seine Mitarbeiter die genetischen Umwandlungen bestimmter Bakterientypen untereinander. Ihre Bemühungen waren schließlich 1944 von Erfolg gekrönt; sie fanden heraus, daß die Substanz, welche diese Umwandlungen maßgeblich bewirkte, DNS war.

Dies wiederum motivierte einige Chemiker, der Struktur der DNS erhöhte Aufmerksamkeit zu schenken. Die wichtigsten Beiträge kamen hier von E. Chargaff und Mitarbeitern sowie von A. Boivin, R. und C. Vendrely und J. Brachet. Voraussetzung dafür war die Entwicklung der Papierchromatographie zu einer quantitativen Analysemethode, die es gestattete, die Bestandteile der DNS zu trennen und zu identifizieren. Diese Methode geht auf Tswett (1906) zurück und nutzt die unterschiedliche Adsorptionsfähig-

[42] Vgl. Abschnitt 3 dieses Kapitels.

[43] E. Günther, Gene, in: DNS-Schlüssel des Lebens, hg. von E. Geißler, Berlin 1972, S. 110.

[44] Vgl. F. Jacob, Die Logik des Lebenden, a. a. O., S. 278.

keit verschiedener Verbindungen für deren Trennung aus. Zwischen 1946 und 1950 ermittelte Chargaff eine große Anzahl analytischer Daten über sorgfältig isolierte und gereinigte DNS aus verschiedenen biologischen Quellen (Kalbsthymus, Leber, Sperma, Hefe, Bazillen – also den klassischen, „miescherschen" Quellen!). Von den physikalischen Methoden der Strukturaufklärung, die besonders wirksam wurden, muß die Röntgenstrukturanalyse hervorgehoben werden.

Nach Daten aus Röntgenstrukturanalysen konnte nach 1945 zuerst (Pauling/Corey 1950) ein Modell der räumlichen Anordnung der Peptidketten in Proteinen, die sogenannte α-Helix, aufgestellt werden, später (Vorarbeiten von Furberg (1951) und Wilkins/Franklin (1953)) gaben solche Daten wesentliche Hinweise für das Doppel-Helix-Modell der DNS. Unter Benutzung vieler chemischer, physikalischer und genetischer Daten und Vorstellungen gelang es 1953 Watson und Crick, dieses Modell der Sekundärstruktur (das heißt der räumlichen Anordnung eines Makromoleküls mit definierter Primärstruktur, das heißt der Folge der monomeren Bestandteile) der DNS zu entwickeln. Nach über zwei Jahren intensiver Arbeit wurde das Doppel-Helix-Modell geschaffen, welches die Daten über die Röntgenstrukturanalyse kristalliner DNS, die Symmetrieverhältnisse und die Chargaff'schen Basenpaarungen widerspruchsfrei vereinigte. Durch diese Arbeit wurde nach einem langen Entwicklungsweg der verschiedenen Forschungsrichtungen mit der DNS-Doppelhelix ein Strukturmodell vorgestellt, dessen Vorzug darin liegt, daß es wesentliche Funktionen gut erklären kann. Damit war produktive Kooperation und Kommunikation zwischen verschiedenen Teildisziplinen, vor allem morphologisch und physiologisch orientierten Richtungen, in neuer Qualität möglich. Infolgedessen gewann die Integration dieser Teilgebiete eine neue Qualität.

In den Jahren 1940 bis 1960 sind Methoden erarbeitet und mit ihnen theoretische Konzepte entwickelt worden, die das Bild von der Struktur biologischer Makromoleküle und ihrer Funktion im Leben der Zelle auch heute noch prägen. Das ist der wesentliche Inhalt der neuen Disziplin, der Molekularbiologie, die, wie jede Disziplin, ihren Gegenstand in spezifischer Weise bestimmt. Darauf, wie wesentlich für diese Gegenstandsbestimmung die praktisch-experimentelle Basis ist, weisen die zahlreichen Vorschriften und Festlegungen hin, die einzuhalten sind, wenn z. B. DNS, Chromatin oder Enzyme zum Zwecke ihrer Untersuchung hergestellt werden. Dieser Teil der Wissenschaft, die Handlungen, die Geräte und Methoden zur Gewinnung der Objekte und seine Beschreibung in Vorschriften und Anweisungen, ist Grundlage aller Theorie; er bildet die operationalen Bedeutungen der theoretischen Termini, die mit ihren gegenständlichen Bedeutungen und so mit dem „Inhalt" der Theorien eng verbunden sind. Das läßt sich vielleicht auch durch den Hinweis deutlich machen, daß es z. B. für die Präparation von DNS verschiedene Methoden gibt. Im „Handbuch der

Histochemie“ werden 18 Fixiermethoden und 12 bis 16 Hydrolisierverfahren in elektronenoptischen Untersuchungen beschrieben.[45] In Originalarbeiten muß folglich das gewählte Präparationsverfahren angegeben sein. Bei Durchsicht solcher Arbeiten ist festzustellen, daß bei der Angabe der Materialien und Methoden der Isolation sowie der Prüftechniken für die Reinheit der Präparate bestimmte Standardarbeiten gehäuft auftreten. Allerdings gibt es nur wenige „verbindliche“ Standardmethoden, auf die sich Autoren verschiedenster Einrichtungen gleichermaßen berufen. Vielmehr wird meist Bezug auf Verfahren genommen, die in den eigenen bzw. Gruppen von Kooperationspartnern entwickelt wurden.

Methoden und mit ihnen erzeugte Denkmuster gelten mitunter als „naturgegeben“. „Sie werden ... auf eine informelle Weise, durch Nachahmung und Anleitung erlernt; und sie sind im Weltbild des reifen Wissenschaftlers so tief verankert, daß sie ihm schließlich völlig ‚natürlich‘ erscheinen. Man kann sich keinen intelligenten Erwachsenen vorstellen, der nicht zählen kann; und ebenso ist es für einen Naturwissenschaftler (oder einen Lehrer der Naturwissenschaften) schwer begreiflich, daß es intelligente und gebildete Erwachsene gibt, die nicht mit solchen Grundbegriffen wie ‚Masse‘ oder ‚Beschleunigung‘ umgehen können.“[46]

Da man sich bei der Lösung grundsätzlich neuer Probleme, die mit der Erzeugung und Standardisierung neuer Forschungsobjekte entstehen, nicht von Beginn an auf die gleichen Objekte beziehen kann, wird den Wissenschaftlern erst in solchen Situationen bewußt, daß ihre eigene Aktivität nicht erst mit der Untersuchung der Objekte einsetzt, sondern bereits in den praktischen Operationen zur Gewinnung dieser Objekte wirksam wird. „Hätte die Kenntnis der Vererbungsgesetze in den siebziger Jahren des 19. Jahrhunderts ein Band herstellen können, das die Darwinschen Variationen und die chemische Substanz des Zellkerns in ein und demselben Forschungsobjekt hätte vereinigen können? Die Antwort muß lauten: ganz gewiß nicht. Denn diesem Projekt hätte das Objekt gefehlt. Unter Objekt verstehen wir den Forschungsgegenstand, das Arbeitsmaterial, für das die Geschichte der Wissenschaften uns ein weiteres Mal die Behauptung aufzustellen gestattet, daß die theoretisch-experimentelle Bearbeitung der Erkenntnisse dieses Material erst konstituiert und es keineswegs fertig vorfindet ... Betrachten wir heute ein DNS-Kristall. Dieses neue Objekt der Biologie steht im Schnittpunkt der Techniken der Mikroextraktion und der Mikrodissektion, der Kombinatorik, der Statistik, der Elektronenoptik und der Chemie der Enzyme. Aber das neue biologische Objekt hat zum

[45] Vgl. Handbuch der Histochemie, Bd. I, Allgemeine Methodik, Teil 3, hg. von W. Graumann/K. Neumann, Stuttgart – New York 1977, S. 178–239.

[46] J. R. Ravetz, Die Krise der Wissenschaft, Neuwied – Berlin 1973, S. 165/166.

Korrelat eine neue Biologie, die aus der gleichen Arbeit hervorgegangen ist, die auch ihren Gegenstand hervorgebracht hat."[47]

Der Wissenschaftshistoriker G. Canguilhem, von dem dieses Zitat stammt, beschreibt hier den von uns intendierten Zusammenhang in Termini, die teilweise mißdeutbar sind. Wir wollen an dieser Stelle ausdrücklich hervorheben, daß wir es vorziehen, auf Termini wie „Objektkonstituierung" oder „Objektkonstitution" zu verzichten, um uns auch terminologisch von der Hypertrophie der subjektiven Aktivität in den modischen idealistischen Konstitutionstheorien der Erkenntnis abzugrenzen. Statt dessen sprechen wir – wie weiter oben angeführt – von der Gewinnung, Herstellung oder Erzeugung von Forschungsobjekten und meinen damit standardisierte forschungspraktische Methoden und Verfahren, mit denen das der Untersuchung vorgegebene Material in Objekte mit einem bestimmten Satz identischer Merkmale umgewandelt wird. Entscheidend ist jedoch nicht die Terminologie, sondern der philosophische Standpunkt: Diese Vorgänge werden nicht als Projektion von Ideen in die Realität oder gar als Schöpfung der Realität aus der Idee, sondern als materielle reproduzierbare Umgestaltung objektiv-realer Gegebenheiten verstanden.

Die eingangs gestellte Frage nach den Bedingungen produktiver Kooperation und Kommunikation kann also, wie gezeigt wurde, nicht getrennt werden von der Frage, mit welchen Methoden der Gegenstand bearbeitet wird. Vor allem die Beantwortung dieser Frage liefert die objektive Grundlage für die Gestaltung von Kooperation und Kommunikation.

3. Beziehungen zum Gegenstand und soziale Beziehungen in der Entwicklung von Forschungskollektiven

Historischer Exkurs

Mit der Entwicklung der Wissenschaft, mit neuen Methoden und Theorien ändern sich die Kooperations- und Kommunikationsstrukturen in der Arbeit der Wissenschaftler. Die einem Problem angemessenen Arbeitsgruppen, ihre geeignete Zusammensetzung und die effektiven Formen der Kooperation und Kommunikation können erst dann als Folgerungen der Problemanalyse bestimmt werden, wenn die Arbeit bereits ein hohes Niveau erreicht hat. Vor diesem Stadium beeinflussen die jeweilige Zusammensetzung der Kollektive und die in ihnen bestehenden Möglichkeiten der Kooperation und Kommunikation den Arbeitsprozeß ebenso, wie die jeweils festgestellten Erfordernisse der Sache Arbeitsbeziehungen strukturieren. Diesem Zusammenhang widmen wir unsere Aufmerksamkeit nun in einer weiteren historischen Analyse.

[47] G. Canguilhem, Wissenschaftsgeschichte und Epistemologie, hg. von W. Lepenies, Frankfurt a. Main 1979, S. 145–148.

Wir meinen, einer wesentlichen Seite der Genese wissenschaftlicher Erkenntnis auf die Spur zu kommen, wenn wir die sozialen Prozesse, die Beziehungen, die Wissenschaftler in der Bearbeitung des Gegenstandes eingehen, durch die sie Arbeitsgruppen bilden, in ihrem Zusammenhang mit den Beziehungen der Wissenschaftler zum Gegenstand der Erkenntnis untersuchen. Die sozialen Beziehungen sind nach unseren Vorstellungen den Erkenntnisprozessen nicht äußerlich, die Überzeugung von der sozialen Natur des Erkennens gehört bekanntlich zu den Grundpositionen der marxistisch-leninistischen Erkenntnistheorie. Mit diesen Positionen sind Konzepte, die das Erkennen lediglich auf Prozesse der Informationsverarbeitung im Zentralnervensystem reduzieren, nicht vereinbar. Daraus, daß Erkenntnis und wissenschaftliche Erkenntnis in besonderer Weise an Sprache gebunden ist, geht schon hervor, daß ihre Entstehung als sozialer Prozeß begriffen werden muß. Neue Erkenntnis geht mit Veränderungen der Sprache sowohl auf der syntaktischen als auch auf der semantischen Ebene einher. Diese Veränderung schließt ein, daß zuerst individuell vertretene Auffassungen geprüft, korrigiert und schließlich anerkannt oder auch verworfen werden. Diese Prüfungen, Korrekturen, Ablehnungen und Zustimmungen spiegeln auch Veränderungen im Experiment wider, die diesen entweder vorausgehen, sie begleiten oder vorbereiten. Uns stellt sich also das Problem, den Weg zu verfolgen, auf dem zunächst persönlichkeitsgebundene Ideen und individuelle Besonderheiten im experimentellen Arbeiten zu gesellschaftlich anerkanntem Wissen führen.

Diese persönlichkeitsgebundenen Ideen und Besonderheiten des experimentellen Arbeitens sind als solche auf das Wissen und die Methoden bezogen bestimmt, die als gesichert gelten. Die Normierung der Methoden ist den jeweiligen Erfordernissen angepaßt, wobei Abweichungen von ihnen in einem gegenstandsbedingten Rahmen durchaus üblich und zugelassen sind. Die Frage ist nun, unter welchen Bedingungen solche Abweichungen Keime neuer Ideen darstellen, in deren Folge sich das Wissen in größeren Zusammenhängen umstrukturiert, neue Standards für Experimente entstehen und für Methoden neue Normen gelten. Uns kommt es darauf an, den Prozeß solcher Umstrukturierungen in seiner dialektischen Vermittlung, in der Wechselbeziehung von Individuum und Kollektiv, von kognitiver und sozialer Seite des Forschungsprozesses zu verfolgen.

Wir hatten bereits festgestellt, daß in der Initialphase eines Forschungsprozesses die Zielvorstellungen und Objektsichten der Teilnehmer in der Regel wesentlich differieren. Wir meinen dabei solche Verschiedenheiten, die nicht Ausdruck von Irrtümern sind, sondern in denen sich Unterschiede im methodischen Herangehen, in Fähigkeiten, Wissensstrukturen und Einstellungen bei der wissenschaftlichen Arbeit bemerkbar machen, die sich in der gesamten Persönlichkeitsentwicklung herausgebildet haben. In dieser Phase, in der sich die ersten Ansätze einer neuen Sichtweise herausbilden, entstehen neue Gemeinsamkeiten im wissenschaftlichen Vorgehen, die von den bereits bekannten und eingeführten Standards abweichen. Sie prägen sich in einer entsprechend orientierten Kommunikation zwischen den Teilnehmern aus, die ihre Kooperation ermöglicht. Die in der Kooperation reflektierten persönlichkeitsgebundenen Besonderheiten der Auffassungen bedingen konfliktreiche Wechselbeziehungen, die zur Ausweitung der theoretischen und experimentellen Grundlagen veranlassen. In diesem Prozeß wird ein Partner favorisiert, der am ehesten in der Lage ist, die noch vage bestimmten Gemeinsamkeiten zu repräsentieren. Diese Wahl äußert sich darin, daß er im weiteren als Bezugsperson fungiert. Damit wird eine neue Etappe eingeleitet. Mit dem über das Verhalten der Bezugsperson identifizierbaren Standard ist die Möglichkeit gegeben, Kooperationspartner zurückzuweisen oder zu wählen. Die Bezugsperson hat für die Gruppenentwicklung die Funktion, durch ihren Status die noch unvermeidliche Unbestimmtheit des Arbeitsprozesses über die Aktivierung einer bestimmten Programm- und Handlungsrichtung zu reduzieren.

Durch die Abarbeitung eines Forschungsprogramms ist eine weitere Etappe gekennzeichnet. Während die ersten beiden Etappen zur ersten Phase des weiter oben angegebenen Zweiphasenschemas des Forschungsprozesses gehören, ist die dritte Etappe mit der dort gekennzeichneten zweiten Phase identisch. Über die allmähliche Verfügbarkeit von Resultaten stabilisiert sich die Bindung von Merkmalen an den untersuchten Sachverhalt unter Abtrennung vom Verhalten der Bezugsperson.

Mit der Verselbständigung erster kognitiver Standards sind Voraussetzungen geschaffen, die Handlungen der Beteiligten als unterschiedlich wirksam zu bewerten. Aus dem Vergleich der angenommenen Grade an Bedeutsamkeit, die den von den Beteiligten ausgeführten Handlungen und Operationen beigemessen werden, entwickelt sich die Normierung der Kompetenz jedes einzelnen. So kann gesagt werden, daß sich in der Art wechselseitiger Personenbewertung das erreichte Niveau der Objektgewinnung repräsentiert, wie sich das Niveau der Personenbewertung in der weiteren Standardisierung der Erkenntnishaltungen abbildet. Die Muster der Einstellungen zum Forschungsgegenstand und zur Kompetenz der Partner bedingen einander wechselseitig und bilden so ein Entwicklungsverhältnis.

Die relative Verselbständigung der Auffassungen vom Forschungsgegenstand und von den Methoden seiner Untersuchung ermöglicht zugleich Kommunikation auch über den Rahmen der konstituierten Gruppe hinaus. Dadurch wird es möglich, weitere Wissenschaftler für das neue Forschungsobjekt zu interessieren. Die Basis für ihre gezielte Rekrutierung ist wiederum über die relative Verselbständigung der Kompetenzstruktur nach festliegenden Bewertungskriterien (Normen) gegeben.

Um die Darstellung unserer Auffassung über den Zusammenhang des

Verhältnisses zum Forschungsgegenstand mit den sozialen Beziehungen zwischen den Beteiligten zu erleichtern, wollen wir den umfassenden Begriff „Soziales“ differenzieren. Es erscheint uns notwendig, drei unterscheidbare, aber real ineinander aufgehobene Ebenen gesondert zu betrachten. Die *erste Ebene* bilden auf der Basis der jeweiligen Produktionsweise die historisch gewachsenen gesellschaftlichen Verhältnisse. Über die historisch-materialistische und soziologisch-ökonomische Analyse dieser objektiven gesellschaftlichen Gegebenheiten und ihres Vermittlungszusammenhanges mit der Wissenschaft im allgemeinen und bestimmten Disziplinen im besonderen werden die auf einer bestimmten Stufe der Produktivkraftentwicklung basierenden Erkenntnismöglichkeiten verständlich.

In der *zweiten Ebene* erscheint das Soziale in Gestalt der dem konkreten Lebensprozeß der Wissenschaftlerpersönlichkeit zugrunde liegenden sozialen Beziehungen und Verhältnisse, die sich in relativ stabilen Verhaltensweisen der Persönlichkeit,[48] in ihren Bedürfnissen, Einstellungen usw. äußern. Diese sozial bedingten Verhaltensweisen der Wissenschaftlerpersönlichkeit sind Gegenstand persönlichkeitspsychologischer Analysen; sie sind selbstverständlich nicht allein Ausdruck und Resultat wissenschaftlicher Erfahrung, sondern wurzeln im gesamten Lebens- und Entwicklungsprozeß eines Wissenschaftlers als eines gesellschaftlichen Individuums. Die fixierte Persönlichkeitsstruktur des Wissenschaftlers wird zur Voraussetzung für aktuelle Kooperation mit anderen Wissenschaftlern. Diese aktuellen interpersonellen Beziehungen, die auch bei der Bildung neuer Forschungsgruppen wirksam sind, betrachten wir als die *dritte Ebene* des Sozialen. Sie sind Gegenstand der sozialpsychologischen Analyse.

Die Forschungsobjekte der Naturwissenschaft sind durch die Wechselbeziehung zwischen dem Gegenstand, den sie repräsentieren, und den zu ihrer Gewinnung verwendeten praktischen Methoden und Verfahren bestimmt. Welche Verfahren jeweil sverfügbar und welche Forschungsobjekte von Interesse sind, hängt selbstverständlich vom Entwicklungsstand der Gesellschaft im allgemeinen und der Wissenschaft im besonderen ab. Das Material, an dem dieser Zusammenhang demonstriert und differenziert werden soll, entstammt der Entstehungsgeschichte der Molekularbiologie in der ersten Hälfte der 30er Jahre. Zu den herangezogenen Quellen gehört der 1935 in den „Nachrichten von der Gesellschaft der Wissenschaften zu Göttingen“ erschienene Aufsatz „Über die Natur der Genmutation und der Genstruktur“.[49] Er gilt heute als eine wichtige Urkunde in der Entstehungsgeschichte der molekularen Genetik. Dieser Artikel enthält nicht nur die

[48] Vgl. L. Séve, Marxismus und Theorie der Persönlichkeit, Berlin 1972, S. 183.

[49] N. W. Timoféeff-Ressovsky/K. G. Zimmer/M. Delbrück, Über die Natur der Genmutation und der Genstruktur, in: Nachrichten von der Gesellschaft der Wissenschaften zu Göttingen, Mathematisch-physikalische Klasse, Fachgruppe VI, Biologie, Neue Folge, Bd. 1, 13/1935, S. 190–238.

Ergebnisse der Forschungsarbeit, sondern vermittelt uns auch wichtige Hinweise auf den Entstehungsprozeß dieser Resultate und auf den Kontext, in dem sich dieser Prozeß vollzogen hat.

Mit der im Artikel vorgestellten Auffassung war das Forschungsobjekt noch nicht soweit bestimmt, daß es die Forschung zu orientieren vermochte. Dieser Punkt war erst erreicht, als Phagen zum Studium der Vererbungsprozesse genutzt wurden. Wir beziehen uns folglich nur auf die ersten zwei Phasen der Erarbeitung des neuen Objekts, die Anfangsstadien der Herausbildung des neuen Gebietes.

In den 20er Jahren vollzog sich in vielen Industrieländern ein relativ umfassender Aufschwung des wissenschaftlichen und kulturellen Lebens. Diesen Aufschwung bewirkten in der Physik haupsächlich Zentren der Forschung, wie sie in Kopenhagen, Göttingen, Cambridge und Berlin entstanden waren. Zu diesem Aufschwung der Wissenschaft trug die schon vor dem 1. Weltkrieg bestehende liberale Handhabung des Universitätsstudiums bei; dem Studierenden war unter anderem die Wahl des Faches oder der Fächer, des Ortes, der Lehrer, der Vorlesungen freigestellt. Das ermöglichte besonders Begabten, sich einen eigenen Weg zur Wissenschaft zu suchen. So war Göttingen einer der Orte, die viele junge, begabte Physiker anzogen.[50] Die Vorzüge solchen Studierens konnte natürlich nur genießen, wer die erforderliche finanzielle Sicherheit aufzuweisen in der Lage war.

Im Zusammenhang mit den Bedingungen des Studiums ist auch eine weitere Vertiefung internationaler Beziehungen zwischen Wissenschaftlern zu sehen; junge, als begabt geltende Wissenschaftler verbrachten eine bestimmte Spanne ihrer Ausbildungszeit (meist als Assistent) an einem ausländischen Institut oder an einer ausländischen Hochschule. Dabei auftretende finanzielle Schwierigkeiten wurden in einigen Fällen, vor allem bei besonderen Begabungen, durch Stiftungen ausgeglichen. Mit dem Ziel, die Anwendung der Physik auf die Biologie zu unterstützen, finanzierte die Rockefeller Foundation zwischen 1936 und 1938 drei Treffen, auf denen von Physikern und Genetikern Probleme im Verständnis des Gens und der Chromosomenstruktur diskutiert wurden.

In den zwanziger und dreißiger Jahren unseres Jahrhunderts wurden viele Instrumente, Techniken und Verfahren für die physikalische, chemische und biologische Forschung entwickelt. Unter ihnen spielte die Ultrazentrifuge für die biologische Grundlagenforschung eine bedeutende Rolle. Dazu gehörte auch die Entwicklung verfeinerter Methoden zur Aufklärung der Struktur und Funktion der Zellbestandteile.[51] Durch sie wurde es möglich,

[50] Vgl. W. Heisenberg, Der Teil und das Ganze – Gespräche im Umkreis der Atomphysik, München 1971; B. L. van der Waerden, Sources of Quantum Mechanics, Amsterdam 1967, besonders S. 19–22.

[51] Vgl. L. Träger, Einführung in die Molekularbiologie, Jena 1975, S. 110–113; (siehe auch: J. Sykes, Centrifugal Techniques for the Isolation and Charac-

einzelne Gene im Chromosom unter dem Mikroskop zu lokalisieren. Es wurden Verfahren geschaffen, die die Meßgenauigkeit bei der Verwendung von Röntgenstrahlen sichern halfen.[52] Dies war eine wichtige Voraussetzung für die Verwendung ionisierender Strahlung in der Genetik. Die Entwicklung des Elektronenmikroskops bot schließlich die Möglichkeit, näher an die Feinstruktur genetischen Materials heranzukommen.[53]

In den ersten Jahrzehnten unseres Jahrhunderts war das gesellschaftliche Interesse an genetischen Forschungen beträchtlich gestiegen. Verständnis und Interesse für Vererbungsregeln waren zu Beginn des Jahrhunderts so weit entwickelt, daß die Mendelschen Regeln wieder- oder neu entdeckt werden mußten. Maßgebend dafür war nicht zuletzt, daß die praktischen Fragen der Tier- und Pflanzenzüchtung eine wissenschaftlich gesicherte Antwort forderten. Zudem gab es in den zwanziger Jahren beachtliche Fortschritte in der experimentellen genetischen Forschung, die für pseudowissenschaftliche Begründungen rassistischer Auffassungen mißbraucht wurden.[54]

terisation of Sub-Cellular Components from Bacteria, Chapter II, S. 55–207, in: Methods in Microbiology, Ed. by J. R. Norris and D. W. Ribbons, Vol. 5 B, London–New York, 1971.

52 Vgl. H. Küstner, Zehn Jahre Erfahrungen in der Wartung der ‚r'-Einheit und in der Meßgenauigkeit und der Konstanz der Eichstandgeräte, in: Physikalische Zeitschrift, (Frankfurt und Leipzig), 21/1938, S. 773–777; vgl. H. Holthusen/R. Braun, Grundlagen und Praxis der Röntgenstrahlendosierung – Dosismessung und Dosisforschung, Leipzig 1933.

53 Vgl. R. Reichelt/G. Wangermann, Biomoleküle im Elektronenmikroskop, in: Wissenschaft und Fortschritt, 3/1980, S. 115; Th. F. Anderson berichtet, daß die erste Anwendung der Elektronenmikroskopie auf Viren 1940 erfolgte. (Vgl. Th. F. Anderson, Elektronenmikrospie von Phagen, a. a. O., S. 73.) Dagegen schreibt M. v. Ardenne, daß Phagen im Frühjahr 1938 erstmalig elektronenmikroskopisch untersucht worden seien, in: M. v. Ardenne, Elektronenmikroskopie, Berlin 1940, S. 362.

54 J. R. Beckwith, Einführung in das Buch von E. R. Koch/W. Keßler, Menschen nach Maß – Manipulation der Erbanlagen – Eingriff in das Gehirn. Ein kritischer Bericht aus den Werkstätten der Biomedizin, Reinbek bei Hamburg 1976, S. 16; U. Seemann, Über den Anteil naturwissenschaftlicher Theorienentwicklung an der politischen Theoriebildung am Beispiel der rassistischen Theorie und Praxis des deutschen Faschismus – ein Beitrag zum Zusammenhang von Wissenschaft und Ideologie, in: Rostocker wissenschaftshistorische Manuskripte, 3/1979, S. 89–101. U. Seemann schreibt u. a.: „Der faschistische Rassismus war keineswegs nur Ergebnis des pervertierten Denkens von faschistischen Politikern, sondern entwickelte sich aus bestimmten Fragestellungen, die in der Entwicklung der Naturwissenschaften aufgeworfen worden waren, besonders der Genetik, der Ethologie und der Anthropologie. Die rassistischen Konsequenzen waren die folgerichtige Fortführung solcher Fragestellungen von der Position der imperialistischen Ideologie" (S. 90).

Das alles waren Voraussetzungen dafür, daß der genetischen Forschung Gelder zuflossen, die ihrer weiteren Ausdehnung zugutekamen.

Seit ihrer Herausbildung als Spezialgebiet der Biologie hatte sich die Genetik mit zwei Hauptfragen auseinandergesetzt:

1. Wie erklärt sich die über viele Generationen von Lebewesen zu beobachtende relative Konstanz von Merkmalen?

2. Wie kommt es zu erblichen Änderungen (Mutationen)?

Drei Jahrzehnte intensiver Forschungsarbeit, die zur Auswahl mehrerer geeigneter Objekte geführt hatte und lichtmikroskopisch bei Einsatz spezifisch wirksamer Färbetechniken bis zur Darstellung der Chromosomen und ihres Verhaltens während der Zellteilung vorgedrungen war, hatten den Sinn dieser Fragestellungen präzisiert und bereichert. Gleichzeitig wurde klar, daß die verfügbaren Forschungswerkzeuge dem weiteren Vordringen eine unüberschreitbare Grenze setzten.

Der lichtmikroskopischen Untersuchung waren nur die bereits Ende des 19. Jahrhunderts entdeckten Riesenchromosomen zugänglich; sie waren vor allem in den Speicheldrüsen von Dipteren (Fliegen, Mücken) während der Zellteilung und in der Teilungsruhe bearbeitbar. Der dominierende Typ genetischer Arbeiten jener Tage konnte nur klassifikatorischer Art sein. Man war besonders darauf aus, eine vorläufige Ordnung in die Beziehungen zwischen den für die Vererbung relevanten und fixierbaren Merkmale zu bringen. So war es zum Beispiel das Bestreben, durch unterschiedliche Agenzien (u. a. ionisierende Strahlung) hervorgerufene erbliche Veränderungen in ihrer Abhängigkeit von Dosis und Temperatur der Auslösemechanismen so genau wie möglich zu erfassen.

In zahlreichen Versuchen war nachgewiesen worden, daß erbliche Veränderungen eine strukturelle Grundlage in den Chromosomen haben, und so erschien die Klassifikation von Veränderungen in der Struktur der Chromosomen und den modifizierten Merkmalen ihrer Zellen bzw. Organismen als eine besonders wesentliche Frage. Mit diesen Arbeiten, dem zentralen Gebiet der experimentellen Genetik, gelang die Aufstellung genetischer Chromosomenkarten. Sie stellten in linearer Folge die so ermittelten Erbeinheiten in ihren Entfernungen voneinander dar. In der Aufstellung dieser Karten gipfelte die „... mittels der Kreuzungsmethode durchgeführte und auf der modernen Chromosomentheorie der Vererbung aufgebaute Analyse der Struktur des Genotyps“.[55]

Interessante und wichtige Beziehungen ergaben sich zu den Untersuchungen mit zytologischen Methoden; zytologische Experimente zeitigten ein Bild, das den in den Chromosomenkarten fixierten Anschauungen unter anderem zur zytologischen Struktur im Speicheldrüsenchromosomensatz entsprach.

[55] N. W. Timoféeff-Ressovsky, Eine biophysikalische Analyse des Mutationsvorganges, in: Nova acta Leopoldina, Neue Folge, Bd. 9 (Halle), 60/1940, S. 209.

Diese Erfolge legten den Versuch nahe, die Erbeinheiten, Gene, als Moleküle zu begreifen. Vorläufig blieb es jedoch bei einem eher metaphorischen Charakter solcher Betrachtungen, da keine Methoden verfügbar waren, solche stabilen Merkmale zu identifizieren, die ein Molekül aufweisen muß.

Die folgenden Äußerungen seinerzeit anerkannter Genetiker erscheinen uns gut geeignet, die Anfang der 30er Jahre vorherrschende Auffassung vom Gen zu charakterisieren. C. D. Darlington schrieb 1932 im „Glossary" seiner „Recent Advances in Cytology": „Gene, the unit of reproduction and variation in the hereditary material. It may correspond with parts or the whole of a chromomere. It is the genetical atom and is hypothetical to the same extent as the chemical atom used to be."[56] In ähnlichem Sinne äußerte sich A. Cohen-Kysper 1933: „Die Vererbungswissenschaft befindet sich heute in ähnlicher Lage wie seinerzeit die Chemie, als das Atom noch ein umstrittener hypothetischer Begriff war ... Die materielle Beschaffenheit der Gene ist noch völlig im Dunkeln."[57]

Die Arbeiten der Genetiker jener Tage waren insgesamt, wenn man sie sehr grob und vereinfacht charakterisiert, durch ein Streben nach der Aufdeckung von direkten Zusammenhängen zwischen phänotypischen Merkmalen und Eigenschaften der Gene, nach linearer Kausalität gekennzeichnet. Phänomene des Lebens wurden im wesentlichen als mechanische Probleme im Sinne der Newtonschen Physik gesehen. Mit Hilfe der Newtonschen Mechanik ließ sich aber die Stabilität der Gene nicht erklären.[58] Da es ganz sicher keine statistische Stabilität sein konnte, ebnete erst die Entdeckung der Quantenmechanik den Weg zum aktuellen Verständnis der dynamischen Stabilität; sie vermittelte unter anderem eine präzise Vorstellung von der energetischen Struktur von Molekülen, das heißt davon, daß die Stabilität der ein Molekül bildenden Konfiguration seiner Atome durch ein energetisches Gleichgewicht der intra- und intermolekularen Wechselwirkungen bedingt ist. Veränderungen sind nur dann möglich, wenn eine Potentialschwelle durch einen bestimmten Zuwachs an Energie (Aktivierungsenergie) überschritten wird. Dieses Überschreiten folgt einer wahrscheinlichkeitstheoretischen Struktur, in der das Zufällige eine grundsätzliche Bedeutung

[56] C. D. Darlington, Recent Advances in Cytology, London 1932. Da es sich um eine Definition handelt, bei der sprachliche und begriffliche Nuancen von Bedeutung sind, geben wir das Zitat in der Originalsprache wieder.

[57] A. Cohen-Kysper, Die Bedeutung des Gens für Determination und Entwicklung, in: Naturwissenschaften, Berlin 12/1933, S. 229.

[58] Der Gedanke, daß die Stabilität der Gene mit der Stabilität der Moleküle zusammenhängt, spielte in Delbrücks Überlegungen eine wesentliche Rolle. Siehe in: N. W. Timoféeff-Ressovsky/K. G. Zimmer/M. Delbrück, Über die Natur der Genmutation und der Genstruktur, a. a. O., S. 226–230.

besitzt.[59] Auf diesem Hintergrund gewann – wie wir heute wissen – das durch N. Bohr bei Physikern entfachte Interesse für die Biologie an Bedeutung. Der Gedanke, daß es in der Biologie eine ähnliche Komplementaritätsbeziehung geben könnte, wie sie in der Quantenphysik für die Erklärung von Elementarvorgängen formuliert worden war, wurde von Biologen wie Physikern lebhaft diskutiert. Bohr meinte, ein Lebensvorgang könnte nicht gleichzeitig stattfinden und beobachtet werden. Man müsse den Organismus zum Zweck genauer Beobachtung biologischer Elementarvorgänge so weit schädigen, daß der dann beobachtbare Vorgang nicht mehr der ursprüngliche Lebensprozeß selbst sei. Auf diese Weise sei keine kausale Einsicht in das Lebensgeschehen zu gewinnen.[60]

Von den Biologen scharf abgelehnt wurde die in diesem Zusammenhang geäußerte Vorstellung, daß sich in Chromosomen Quantensprünge vollziehen könnten, die dann als Ursprung einer Mutation zu bezeichnen wären. Das zu bemerken ist wesentlich, weil sich an solche Hypothesen zahlreiche ideologisch motivierte Spekulationen anschlossen.

Voraussetzung dafür, im Kontext der Quantentheorie Fragen zu formulieren, die den Anschluß an die Genetik, eine vollkommen selbständige Theorie, ermöglichten, war die Entdeckung, daß Röntgenstrahlen Mutationen auslösen. Die Wirkung von Strahlung verschiedener Wellenlänge, von J. A. Crowther, F. Dessauer u. a. in der Treffertheorie systematisch dargestellt, bot Physikern und Biologen die Möglichkeit, eine gemeinsame Objektsicht zu entwickeln und produktiv zu kommunizieren. Den Ausgangspunkt bildeten Analysen von Dosis-Effekt-Kurven.[61] Dosis-Effekt-Kurven der Strahlung unterscheiden sich von solchen Kurven, die die Wirkung chemischer Agenzien (z. B. Gifte) darstellen. Die Wirkung von Giften führt nach dem Passieren eines Schwellenwertes zum vollen Effekt (Absterben der betroffenen Organismen). Dosis-Effekt-Kurven der Strahlung hingegen verlaufen flacher, sie weisen keinen Schwellenwert auf; die wirksame Strahlungsenergie ist geringfügig. Strahlenwirkungen lassen sich als Funktion der absorbierten Strahlungsenergie, als Funktion der Dosis, darstellen und aus der Form der erhaltener Dosis-Effekt-Kurven kann man auf die wirkenden Mechanismen schließen. Die Dosis verkörpert einen statistischen Erwartungswert für die in einem bestimmten Volumen absorbierte Energie. Je kleiner das zur Untersuchung stehende Volumen, desto größer

[59] Vgl. M. Born, Quantenmechanik und Statistik, in: Physik im Wandel seiner Zeit, Braunschweig 1966, S. 6.

[60] Vgl. N. Bohr, Licht und Leben, in: Atomphysik und menschliche Erkenntnis, Bd. I, Braunschweig 1964.

[61] Unter Dosis-Effekt-Kurven versteht man die geometrische Darstellung der gemessenen Reaktion in Abhängigkeit von der Dosis eines Pharmakons in einem Koordinatensystem. Siehe dazu: L. Cavalli-Sforza, Biometrie – Grundzüge biologisch-medizinischer Statistik, Jena 1972, S. 98.

ist die Schwankung der tatsächlich absorbierten Energie; diese ist eine Zufallsgröße.[62] Der Verlauf der Dosis-Effekt-Kurven deutet also darauf hin, daß die Absorption der Strahlungsenergie nach Wahrscheinlichkeitsgesetzen statistisch vor sich geht.

Mehrere Treffer wurden als statistisch unabhängige Ereignisse angenommen. Die Anzahl der Treffer folgt einer Poissonverteilung. Die Zahl der Absorptionsprozesse kann dementsprechend, wenn verschiedene, aber gleichartige biologische Einheiten unter gleichen Bedingungen bestrahlt wurden, unterschiedlich sein. Die Ursache ist dann nicht, wie ursprünglich angenommen, die biologische Variabilität. Das schließt jedoch nicht aus, daß auch sie für den Verlauf experimenteller Dosis-Effekt-Kurven von Bedeutung ist. Ein Treffer wurde ein wohldefiniertes physikalisches Ereignis, seine Funktion bei der Mutation als Erzeugung einer Ionisation bestimmt. Der beobachtbare biologische Effekt wurde als Folge der chemischen Veränderungen erkannt. Damit wurde angenommen, daß der Genmutation die Absorption der Energie einer Ionisation in einem kleinen Volumen in oder am Gen zugrunde liegt, das als Trefferbereich bezeichnet wurde.

Mit diesen Ausführungen zum „Trefferprinzip der biologischen Strahlenwirkung", das nach der Darstellung von Timoféeff-Ressovsky und Zimmer aus der diskontinuierlichen Natur der Energieabgabe durch Strahlung an den durchstrahlten Stoff erklärt werden muß, wollten wir zeigen, auf welchem Wege sich die Verknüpfung zwischen Quantentheorie und Genetik anbahnte.

Zusammenfassend läßt sich feststellen, daß getrennt voneinander in den verschiedensten Gebieten der Wissenschaft Bedingungen erarbeitet wurden, die retrospektiv als Voraussetzungen für ein quantentheoretisches Herangehen an genetische Probleme erkennbar sind. Daß diese Bestimmung nur aus der Retrospektive möglich ist, ergibt sich schon daraus, daß für die klassischen Genetiker ursprünglich kein Bezug zu quantentheoretischem Denken bestand, ja daß dieses mit ihrer Arbeitsweise weitgehend unvereinbar zu sein schien. Die biologische Modellvorstellung vom Gen war zwar geeignet, das Interesse von Chemikern und Physikern zu wecken, bot selbst aber keine Möglichkeiten der Integration dieser verschiedenen Disziplinen. Die

[62] Vgl. K. Günther, Das Trefferprinzip in der Theorie der biologischen Strahlenwirkung – Vortrag auf der Jahreshaupttagung der Physikalischen Gesellschaft der DDR, Berlin 1969 (unveröff.). Zu den in den dreißiger Jahren in der Diskussion stehenden Fragen der Dosis-Messung vgl. W. Friedrich, Das Problem der Dosimetrie, in: Strahlentherapie, 2/1938, S. 225–235; K. G. Zimmer, Dosimetrische und strahlenbiologische Versuche mit schnellen Neutronen, in: Strahlentherapie, 3/1938, S. 517–527; W. Gerlach, Über Neutronen, in: Strahlentherapie, 3/1938, S. 506–526; F. Dessauer, Quantenbiologie – Einführung in einen neuen Wissenszweig, Berlin (West) – Göttingen – Heidelberg 1954, S. 73.

Zusammenarbeit von Biologen, Medizinern und Physikern hatte zunächst nur methodische Gründe. Aber sie bot zugleich auch wichtige Voraussetzungen für Innovationen, die den Anfang der modernen Molekulargenetik gebildet haben.

Der Einfluß, den Delbrück auf diese Entwicklung genommen hat, ist derart groß, daß eine genauere Betrachtung seiner Wirksamkeit gerechtfertigt ist. Wir verfolgen damit das Ziel, auf die Bedeutung der Arbeit einzelner für die Naturwissenschaft unseres Jahrhunderts hinzuweisen.

M. Delbrück, Sohn eines Professors der Geschichte, stammt aus einer Familie von politisch interessierten Wissenschaftlern und Bankiers.[63] Sowohl von den finanziellen als auch von den intellektuellen Bedingungen her war ihm damit ein breiter Spielraum zur Entfaltung seiner Persönlichkeit gegeben. In seiner wissenschaftlichen Laufbahn spiegelt sich diese besondere Situation auch in dem Interesse und der Möglichkeit wider, an führenden wissenschaftlichen Zentren der physikalischen Forschung seine Fähigkeiten und Kenntnisse zu erweitern.

M. Delbrück studierte an den Universitäten Tübingen, Berlin, Bonn und Göttingen Astrophysik und theoretische Physik, daneben auch Mathematik und Philosophie. Er war bei M. Born in Göttingen Assistent.[64] In Göttingen arbeiteten zu jener Zeit auch Heisenberg und Jordan, die bedeutenden Anteil an der Weiterentwicklung der Quantentheorie hatten, sowie Fermi, Hund und Heitler.[65] Ferner war Delbrück Forschungsassistent an der Universität von Bristol. Mit seiner Dissertation über homöopolare (kovalente) Bindung hatte Delbrück (1930) im Anschluß an eine Arbeit von Heitler und London (1927), in der zum ersten Mal die chemischen Valenzkräfte auf der Grundlage der Quantenmechanik physikalisch erklärt wurden, einen Beitrag zur Beantwortung der Fragen nach der Art der Wechselwirkungen zwischen den Elektronen und den Ursachen der Bindungsenergie geleistet.[66]

[63] Gesichtspunkte für eine Darstellung der historiographischen Auffassungen und eines Teils der politischen Aktivitäten H. Delbrücks und seiner führenden Rolle unter den Historikern finden sich in F. Meinecke, Gedanken über Welt- und Universalgeschichte – Aphorismen und Skizzen zur Geschichte. Von der Krisis des Historismus – Ernst Troeltsch, Einleitung zu den Spektator-Briefen, in: F. Meinecke, Zur Theorie und Philosophie der Geschichte, hg. und eingeleitet von E. Kessel, Werke, Bd. 4, Stuttgart 1959, S. 141, 143, 197, 380/381.

[64] Vgl. G. S. Stent, The 1969 Nobel Prize for Physiology and Medicine, in: Science (Washington), Vol. 166, 24, Oct. 1969, S. 479–481.

[65] Vgl. F. Hund, Göttingen, Kopenhagen, Leipzig im Rückblick, in: E. Bopp (Hrsg.), Werner Heisenberg und die Physik unserer Zeit, Braunschweig 1961, S. 1–5.

[66] Vgl. M. Delbrück, Quantitatives zur Theorie der homöopolaren Bindung, Dissertation, Göttingen 1930. Eine Zusammenfassung der bis 1931 über die Erklärung der chemischen Bindung durch die Quantenmechanik gewonnenen Er-

Von Göttingen ging Delbrück zunächst nach Bristol, dann nach Kopenhagen, um eine Zeit unter Niels Bohr, dem Schöpfer des quantentheoretischen Atommodells, zu arbeiten. Dort traf er wiederum mit zahlreichen führenden theoretischen Physikern (auch mit Gamow und Landau) zusammen. In Kopenhagen vervollkommnete er nicht nur sein Fachwissen und seine experimentellen Fähigkeiten, sondern ebenso wesentlich scheint zu sein, daß er einiges von der Arbeits- und Denkweise des von ihm hochgeschätzten Physikers übernahm. Bei Bohr erlebte er den Mut, mit dem man besonders problematische Fragen angehen muß; Widersprüche zu erkunden und darzustellen galt dabei als besonders erstrebenswert.[67]

Die Arbeitsweise M. Delbrücks war stets durch Bohrs Art zu forschen bestimmt. 1972 nach den Besonderheiten seiner Phagen-Gruppe befragt, charakterisierte er sie in dem gleichen Sinne, wie er die Kopenhagener Physikergruppe um Bohr kennengelernt hatte: als „offen und kooperativ".[68] Dieser Geist von Offenheit und Kooperativität bot die Möglichkeit, neue Gedanken frei zu äußern. Damit war zugleich verbunden, daß alle Beiträge einer scharfen Kritik unterworfen wurden.

Diese Arbeitsweise stellte an alle, die mitarbeiten wollten, höchste Anforderungen; wer dazu gehören wollte, mußte nicht nur produktiv sein, sondern sich auch dieser prinzipiellen Kritik stellen. Erst dadurch erwies er sich als Mitglied der Gruppe. Wer in dieser Weise seine Fähigkeiten ausgewiesen hatte, dem wurden, wie auch das Beispiel Watson zeigt, auch besondere Arbeitsbedingungen geboten.

Auf Delbrück machte Bohrs Vortrag „Licht und Leben" einen nachhaltigen Eindruck, zumal sich in ihm die Überzeugung gebildet hatte, daß mit der Quantenmechanik in der Physik das letzte Wort gesprochen sei. Delbrück bekannte in einem Interview,[69] daß ihn das von Bohr aufgestellte Komplementaritätsprinzip, seine Auswirkungen auf andere Wissenschaften als die Physik, besonders die Biologie, außerordentlich beschäftigten. So entschied er sich, als Assistent zu L. Meitner nach Berlin zu gehen und das Angebot, in Zürich Assistent bei W. Pauli zu werden, auszuschlagen.

kenntnisse gab M. Born, Chemische Bindung und Quantenmechanik, in: Ergebnisse der exakten Naturwissenschaften, Bd. 10, Berlin 1931, S. 387–444.

67 Vgl. C. F. von Weizsäcker, Niels Bohr, der Schöpfer des Atommodells, in: Zum Weltbild der Physik, 7. erw. Aufl., Stuttgart 1958; K. Meyer-Abich, Korrespondenz, Individualität und Komplementarität – eine Studie zur Geistesgeschichte der Quantentheorie in den Beiträgen Niels Bohrs, Dissertation, Hamburg 1965; W. Heisenberg, Niels Bohr zum fünfzigsten Geburtstag am 7. Oktober 1935, in: Naturwissenschaften (Berlin), 40/1935, S. 44.

68 Vgl. R. Olby, The Path to the Double Helix, London 1974, S. 238.

69 From Interview with Max Delbrück by Carolyn Harding, in: Caltech Archives, 1979 (California Institute of Technology); Professor M. Delbrück überließ uns freundlicherweise Auszüge aus diesem Interview.

Als Grund nannte Delbrück, daß in Berlin die unmittelbare Nachbarschaft zum Kaiser-Wilhelm-Institut für Biologie gegeben war. Er war sich darüber klar, daß er tiefer in die Biologie eindringen mußte, wollte er Fragen beantworten, die das Verhältnis von Atomphysik und Biologie zum Inhalt hatten.

In dem 1979 gegebenen Interview erinnerte sich M. Delbrück: „It was sufficiently intriguing for me, though, to decide to look more deeply specifically into the relation of atomic physics and biology and that means learn some biology." [70]

Während seiner Tätigkeit bei Lise Meitner (1932–1937) in der Abteilung Kernphysik des Kaiser-Wilhelm-Instituts für Chemie in Berlin wurde er mit strahlenden Medien vertraut und arbeitete selbst an der theoretischen Deutung der Streustrahlung bei γ-Strahlen.[71]

Überhaupt ist es für Delbrück kennzeichnend, daß das Lernen in den verschiedenen Etappen mit der produktiven Beteiligung an wichtigen Entwicklungen der Physik jener Zeit verknüpft war. Seine Arbeiten mündeten jeweils in Publikationen, die von führenden Fachvertretern anerkannt wurden.[72]

Ein wesentliches Merkmal des Entwicklungsweges von Delbrück bestand darin, daß seine Ausbildung ihn an die Orte führte, an denen sich die jeweils führenden Forscher zusammengefunden hatten. Das traf ebenso für Göttingen (Born) wie für Kopenhagen (Bohr) oder Berlin (Meitner) zu. In diesen Kreisen war ein Arbeitsvermögen konzentriert, an dem nur ein relativ kleiner Kreis partizipieren konnte. In Fachbüchern und Zeitschriften hatten die Ergebnisse noch keine Verbreitung gefunden. Delbrück wurde also mit den wirklich neuesten Erkenntnissen vertraut gemacht. Seine Leistungen verschafften ihm Gelegenheit zur intensiveren Kommunikation mit den führenden Fachvertretern. Die verschiedenen „Interaktionszonen" kulminierten in seiner Person zu einer Fähigkeits-, Wissens- und Einstellungsstruktur, die ihn in bezug auf die Verknüpfung von quantenmechanischen, chemischen sowie strahlungstheoretischen Arbeitsergebnissen mit seiner biologisch orientierten Interessenlage und seiner widerspruchsorien-

[70] Ebenda.

[71] Vgl. L. Meitner/H. Kösters. Über die Streuung kurzwelliger γ-Strahlen, in: Zeitschrift für Physik (Berlin), 3/1933, S. 137. (Zusatz bei der Korrektur von M. Delbrück, S. 144); L. Meitner/M. Delbrück, Der Aufbau der Atomkerne, Berlin 1935.

[72] So wird zum Beispiel eine gemeinsam mit G. Molière verfaßte und 1936 veröffentlichte Abhandlung über „Statistische Quantenmechanik und Thermodynamik" noch 1944 in H. Zeises „Thermodynamik auf den Grundlagen der Quantentheorie, Quantenstatistik und -spektroskopie" als Versuch gewürdigt, die Quantenstatistik systematisch aufzubauen, indem die thermodynamischen Gesetze mit der Quantenmechanik und Statistik verknüpft werden; vgl. Abhandlungen der Preußischen Akademie der Wissenschaften, 1936, Physikalisch-mathematische Klasse, Nr. 1, Berlin 1937.

tierten Arbeitsweise zu einer besonderen, mit keiner anderen vergleichbaren Persönlichkeit machten. Es sind wohl gerade diese Besonderheiten, zum Beispiel seine experimentellen Fertigkeiten, seine Übung in physikalischem und mathematischem Denken, seine Einstellung zur Forschung, die Delbrück später befähigten, „... seinen sorgsam ausgewählten Trupp auf dem letzten Abschnitt des engen Pfades zur zentralen Festung der Biologie ..."[73] zu führen. Die Überzeugung Delbrücks, daß in der Physik nicht mehr viel passieren werde, sowie die durch Bohr induzierte Vorstellung einer möglichen Komplementarität von Biologie und Physik, auch in der Hinsicht, daß in der Biologie große Entdeckungen, die ähnlich dem sogenannten Welle-Korpuskel-Dualismus Paradoxa klären müßten, noch ausstünden, führten ihn mit großem Interesse in einen Diskussionskreis über genetische Probleme. Das quantenmechanische Denken, die Suche nach Phänomenen, „deren Auftreten an eine Nichtbeobachtbarkeit jener Art gebunden ist, wie sie für eine mit den Begriffen der Atomphysik vereinbare Interpretation gefordert wird,"[74] war für ihn zum bestimmenden Forschungsziel geworden.

So bahnte er seinen Übergang in die Genetik und später in die Neurophysiologie. Er wollte dort arbeiten, wo nach seiner Meinung die großen Widersprüche noch aufzuklären waren. Nach diesem Bezugssystem bewertete er die bisherige Biologie als letztlich mechanisch, weil in ihr keine Voraussetzung für die Erforschung und Lösung von Widersprüchen bestünden. Das führte ihn dazu, seine späteren Mitarbeiter in der Diskussion mit Widersprüchen zu konfrontieren und zu verlangen, daß sie ihnen auf den Grund gehen.[75] Das mag auch seiner 1969 geäußerten Wertschätzung für S. Beckett und das absurde Theater zugrunde gelegen haben, denn in den Stücken des absurden Theaters werden die Widersprüche der handelnden Personen in ein Extrem getrieben.[76]

Rückblickend erscheint der Weg Delbrücks wie eine fast systematisch von Stufe zu Stufe fortschreitende Vorbereitung auf seine Beiträge zur Genetik. Das betrifft sowohl seine Arbeit an einer Theorie der Bindungskräfte als

[73] N. K. Jerne, Die natürliche Selektionstheorie der Antikörperbildung; zehn Jahre danach, in: Phagen und die Entwicklung der Molekularbiologie, a. a. O., S. 288.

[74] M. Delbrück, Ein Physiker betrachtet die Biologie, in: Ebenda, S. 31.

[75] Vgl. ebenda.

[76] Zum absurden Theater vgl. W. Mittenzwei, Gestaltung und Gestalten im modernen Drama – zur Technik des Figurenaufbaus in der sozialistischen und spätbürgerlichen Dramatik, Berlin-Weimar 1969, S. 99–124 und W. Hildesheimer, Becketts Spiel und über das absurde Theater, Frankfurt a. Main 1976, S. 68. In manchen Stücken von Beckett tritt der Gegensatz von Erwartung und Erfüllung, den M. Delbrück als eine Grundtatsache des Lebens überhaupt bezeichnete, besonders grell in Erscheinung.

auch seine experimentelle und theoretische Beschäftigung mit γ-Strahlungen und der Wahrscheinlichkeitstheorie. In diesen Tätigkeiten hat er sich praktische Fähigkeiten und theoretisches Wissen erworben, die ihn später in die Lage versetzten, in Kooperation mit Biologen die Wissenschaft von den Vererbungsmechanismen in das System physikalisch und chemisch orientierter Disziplinen zu integrieren.

Es ist zu beachten, daß die Besonderheit Delbrücks als Wissenschaftlerpersönlichkeit nicht über ein passives Zusammenfügen der einzelnen Interaktionszonen zustande kam. Es war in jedem Fall eine aktive Aneignung der Kenntnisse, Fertigkeiten, Fähigkeiten und Interessen und ihre Festigung in der Anwendung. Daraus erklärt sich, daß die Einzigartigkeit, in der er als Persönlichkeit einen Stand der wissenschaftlichen Entwicklung repräsentierte, produktiv werden konnte.

Wir wollen nun das „Soziale" unter dem dritten Aspekt als aktuelle Entfaltung interpersoneller Beziehungen im wissenschaftlichen Arbeitsprozeß Delbrücks darstellen.

Delbrück wurde gemeinsam mit Timoféeff-Ressovsky zum Initiator und Zentrum einer kleinen Gruppe von Naturwissenschaftlern, die zwischen 1932 und 1937 private informelle Treffen veranstaltete; zuerst wurden Fragen der Physik, danach auch der Biologie diskutiert.[77] Daß jener Kreis „privat" und „informell" war, lag vor allem daran, daß bereits in den zwanziger Jahren in Deutschland eine wüste Hetze gegen die theoretische Physik eingesetzt hatte. Zur Macht gekommen, diffamierten die Faschisten dieses Wissenschaftsgebiet regierungsoffiziell, zum Beispiel in der führenden Nazizeitung „Völkischer Beobachter", als „jüdische Physik".[78] Nach 1933 wurden öffentliche wissenschaftliche Diskussionen auf dem Gebiet der theoretischen Physik kaum mehr möglich: „... official seminars became dull, many people emigrated, others did not leave but were not being permitted to come to official seminars."[79]

Das Ziel der Diskussionen bestand nicht von Beginn an darin, eine Vorstellung von der Natur des Gens und der Mutation zu entwickeln. Die einzelnen Beteiligten verbanden das Treffen anfangs mit sehr unterschiedlichen Zielstellungen. In bezug auf Delbrück hatten wir bereits erwähnt, daß ihn die Aufklärung des Widerspruchs zwischen dem Stoffwechsel innerhalb des

77 Vgl. M. Delbrück, Ein Physiker betrachtet erneut die Biologie – zwanzig Jahre später, in: Wissenschaftliche Welt, 6/1970, S. 15.

78 Die dem deutschen Faschismus eigene wissenschaftsfeindliche Haltung ist dargestellt in: S. Grundmann, Der deutsche Imperialismus, Einstein und die Relativitätstheorie (1914–1933), in: Relativitätstheorie und Weltanschauung, Berlin 1967, S. 157–257, siehe auch A. Hermann, Theoretische Physik in Deutschland, in: Berichte zur Wissenschaftsgeschichte, Bd. I, Wiesbaden 1978.

79 From Interview with Max Delbrück by Carolyn Harding, a. a. O., vgl. dazu Anmerkung 69.

lebenden Organismus und der zum Zwecke der Analyse isolierten Teile anzog. Von anderen Teilnehmern der Diskussion ist bekannt, daß sie Interesse an Fragen der Photosynthese und der Enzymologie hatten. Timoféeff-Ressovsky arbeitete vermutlich an einer Erklärung der Wirkungsmechanismen der Röntgenstrahlen, wenn sie Mutationen auslösen. Er hatte zu diesem Zweck bereits Verbindungen zum Institut für Physikalische Grundlagen der Medizin in Frankfurt/Main aufgenommen, weil F. Dessauer, einer der Begründer der Treffertheorie, dort Direktor war. Da Delbrück zu dieser Zeit bei L. Meitner an der theoretischen Deutung der Streuung kurzwelliger γ-Strahlen arbeitete, ergab sich die Möglichkeit, gemeinsam interessierende Probleme zu beraten. Diese ersten Ansätze von Gemeinsamkeiten entwickelten sich in der Diskussionsgruppe nach anfangs stärker wechselnden Themen zu einer größeren Konzentration auf die Experimente Timoféeff-Ressovskys. Das führte allmählich zu einer Reduzierung der Teilnehmer. Übrig blieben Delbrück, Timoféeff-Ressovsky und Zimmer sowie der Physikochemiker Wohl.

Die Versuche und theoretischen Interpretationen, die Timoféeff-Ressovsky zur Diskussion stellte, erschlossen die Problematik der Genetik in optimaler Weise. Er galt 1934 auf dem Gebiet der experimentellen Genetik als führender Forscher. H. Stubbe beruft sich in dem Artikel „Die Bedeutung der Mutation für die theoretische und angewandte Genetik", soweit es sich um Drosophila-Experimente handelt, vor allem auf die von Timoféeff-Ressovsky erzielten Resultate, um den erreichten Entwicklungsstand der Mutationsforschung zu demonstrieren und einzuschätzen.[80]

C. Stern hebt in seinem „Bericht über den VI. Internationalen Kongreß für Genetik" (1932) einen Vortrag von Timoféeff-Ressovsky über „Mutationen in verschiedenen Richtungen" hervor, in dem Timoféeff-Ressovsky über erfolgreiche Versuche gesprochen hatte, an Drosophila mit Hilfe von Röntgenstrahlen Mutationen zu erzeugen.[81]

Eine besondere Rolle spielte im Denken Timoféeff-Ressovskys die unter Genetikern verbreitete These, daß Gene als „mendelnde Spaltungseinheiten" in Form materieller Teilchen linear in den Chromosomen angeordnet seien.[82] Gleichzeitig hatten „Gene" auch die Bedeutung von „Mutations- oder Änderungseinheiten".

Denkt man an die in einigen Zügen beschriebene Struktur des Wissens und Könnens von Delbrück, die von Bohr induzierte Vorstellung über die Beziehung von Physik und Biologie, so wird evident, daß ihn die vorherr-

80 Vgl. H. Stubbe, Die Bedeutung der Mutation für die theoretische und angewandte Genetik, in: Naturwissenschaften, 47/1934, S. 781–787.

81 Vgl. C. Stern, VI. Internationaler Kongreß für Genetik in Ithaka, USA, 24.–31. August 1932, in: Naturwissenschaften, 49/1932, S. 885–888.

82 Vgl. N. W. Timoféeff-Ressovsky, Eine biophysikalische Analyse des Mutationsvorganges, a. a. O., S. 298.

schende Auffassung, Gene seien die „Atome" der Genetik im Sinne unstrukturierter und nicht teilbarer Einheiten, nicht befriedigen konnte. Einem Physiker, der nach Erklärungen der Wirkungsmechanismen sucht, die sich als Mutationen manifestierten, konnte diese Annahme nicht als Voraussetzung seiner Arbeit dienen.

Wenn sich die Formulierung der Frage „Wie entsteht erbliche Variabilität, und wie wird sie übertragen?" in den Worten auch kaum von denen der Genetiker um 1930 unterschied, gewann sie über den Bezug zur Physik dieser Jahre doch einen ganz entscheidend neuen Sinn. Für Delbrück lag die Bedeutung der in genetischen Experimenten gewonnenen Ergebnisse darin, daß

1. „in ihnen (den Genen, d. Verf.) die gleichen Atome in der gleichen unveränderlichen Weise stabil angeordnet sind", daß sie also „einen wohldefinierten Atomverband" bilden[83] und

2. ihre hohe Stabilität sich daraus ergibt, daß jede Veränderung der Konfiguration des Moleküls[84] eine Zufuhr an Energie von außen (Strahlung, Elektronenstoß, energieliefernde chemische Reaktionen) oder Schwankungen der Wärmeenergie, die sich aus der statistisch-kinetischen Natur der Wärme erklären, voraussetzt.

Mutationen sind demnach Umlagerungen eines Atomverbandes von einer stabilen Gleichgewichtslage in eine andere, die durch Überwindung einer Potentialschwelle erfolgen.[85]

Timoféeff-Ressovsky war offensichtlich unzufrieden mit den Erklärungsmöglichkeiten, die in der Genetik für Mutationen geboten wurden. Mit seinen Arbeiten variierte er bereits den in der Genetik geltenden Standard, ohne ihn aber bis dato durchbrochen zu haben. Er hoffte, mit Hilfe der Quantenmechanik eine bessere Deutung dieses Vorgangs zu finden. Wir erwähnten schon, daß er bereits in den 20er Jahren zu diesem Zweck Kontakte mit Physikern aufgenommen und sich einige Zeit im Institut für Physikalische

[83] N. W. Timoféeff-Ressovsky/K. G. Zimmer/M. Delbrück, Über die Natur der Genmutation und der Genstruktur, a. a. O., S. 226.

[84] Konfiguration meint die geometrische Form eines Moleküls im Gegensatz zu Konformation. Mit diesem Begriff wird das fixierte Schema der Sekundärbindung gekennzeichnet. Vgl. L. A. Blumenfeld, Probleme der molekularen Biophysik, Berlin 1977, S. 57.

[85] Vgl. N. W. Timoféeff-Ressovsky/K. G. Zimmer/M. Delbrück, Über die Natur der Genmutation und der Genstruktur, a. a. O., S. 226; Summary of discussions on mutations (hold by H. J. Muller/N. W. Timoféeff-Ressovsky/N. Bohr/M. Delbrück and others) at Copenhagen, 28/29 IX 1936 (Summary drawn up by M. Delbrück/N. W. Timoféeff-Ressovsky on the basis of facts and considerations presented by all present: Statement agreed to also by H. J. Muller. Eine Kopie dieser Aufzeichnung wurde von Professor M. Delbrück zur Verfügung gestellt. Vgl. C. H. Waddington, Some European Contributions to the Prehistory of Molecular Biology, in: Nature (London), Vol. 221, Jan. 25, 1969.

Grundlagen der Medizin aufgehalten hatte.[86] Mit der Anwendung der Treffertheorie auf die Strahlenwirkung (gemeinsam mit Zimmer erarbeitet) war er auch für Physiker zu einem interessanten Diskussionspartner geworden. Er vereinigte also in seinem Wissensprofil und seiner Einstellung in mehrfacher Hinsicht Voraussetzungen zu einer wechselseitig bereichernden Zusammenarbeit mit Delbrück:

1. Er beherrschte das Gebiet der Genetik und vor allem die experimentellen Herangehensweisen und Resultate.

2. Ihm reichten die Erklärungsmöglichkeiten der Genetik nicht aus. Mit der Hinwendung zur Physik, insbesondere zur Quantenmechanik, hatte er sich in gewissem Maße von dem Denkschema der Genetik zu lösen begonnen.

Seine Bereitschaft, quantenphysikalische Deutungen des Gens aufzunehmen, war also groß. In Delbrück sah er einen sehr befähigten Vertreter dieses Faches. Die Unbestimmtheit der Vorstellungen, mit denen Delbrück argumentierte, löste bei anderen Genetikern heftige Ablehnung aus; Timoféeff-Ressovsky betrachtete sie offensichtlich als zur Zeit unvermeidlich. Tatsächlich war ja der Ausgangspunkt, das Gen als Molekül zu behandeln, noch nicht beweisbar. Die Überzeugungskraft der Ideen war also bei einer objektiv hohen Unbestimmtheit abhängig von der Einstellung zur Quantenphysik und der Bereitschaft, in dieses Fachgebiet einzudringen. Beides wurde in dem notwendig hohen Maße geweckt, weil mit Delbrück eine Bezugsperson für diese Denk- und Arbeitsweise gegeben war, der Timoféeff-Ressovsky die Eignung zusprach, die Deutung des Gens als Atomverband für die Aufklärung des Mutationsvorganges „arbeiten“ lassen zu können. Die sachbezogen noch „offene“ Situation wurde so für Timoféeff-Ressovsky entscheidbar.

Delbrück erkannte in den Versuchsergebnissen von Timoféeff-Ressovsky, Demerec u. a. Eigenschaften der Gene, die bei der Interpretation von den Genetikern unbeachtet geblieben waren. So wurde zum Beispiel im Zusammenhang mit der experimentellen Zielstellung, durch verschiedenartige Agenzien induzierte Mutationen so genau wie möglich zu erfassen, festgestellt, daß Hin- und Rückmutationen gleichartig erzeugt werden können. Für Delbrück wurde letzteres in der Hinsicht wesentlich, weil für ihn dadurch nahegelegt war, in einer Mutation einen elementaren Umlagerungsprozeß eines Atomverbandes zu sehen.[87]

Mit der Hypothese, es handle sich bei Genen um wohldefinierte Atomverbände, war ein neues Bezugssystem gegeben. Dieses ermöglichte solche biophysikalischen Experimente, die – über die wahrscheinlichkeitstheoretische Auswertung ihrer Resultate – gestatteten, neue Eigenschaften (Invarianten)

[86] Im besonderen mit F. Dessauer und B. Rajewsky.

[87] Vgl. N. W. Timoféeff-Ressovsky/K. G. Zimmer/M. Delbrück, Über die Natur der Genmutation und der Genstruktur, a. a. O., S. 231.

des Gens zu klassifizieren. So wurde die Aktivierungsenergie neu ermittelt, und es wurde eine Korrektur an den Bestimmungen des Temperaturkoeffizienten vorgenommen.[88]

„In der Mitte der dreißiger Jahre war das keine triviale Feststellung. Gene waren damals die algebraischen Einheiten der kombinatorischen Wissenschaft der Genetik, und es war alles andere als klar, daß diese Einheiten Moleküle waren ...“[89] Führende Genetiker wiesen die Einführung solcher Vorstellungen zurück. Stubbe meinte, es sei eine nicht zu belegende Auffassung[90], und der Physiologe Meyerhof kennzeichnete sie als „unbeweisbare Spekulationen“.[91] Wenn wir solche Entwicklungen darstellen und diskutieren, ist immer zu bedenken, daß die Wahrheit Resultat wissenschaftlicher Arbeit ist, daß die Konkurrenz sich ausschließender Konzepte erst als entschieden gilt, wenn sich Theorien bewährt haben und die Wahrheit ihrer Aussagen bewiesen ist. In wesentlichen Etappen der Entwicklung waren die Hypothesen noch ohne ausreichende experimentelle Basis, und ihre Bedeutung stand noch nicht fest. Ohne weitere Entwicklung der experimentellen Basis konnten wesentliche Fragen der Forschung nicht entschieden werden; der Fortschritt der Forschungspraxis konnte nicht durch theoretische Überlegungen ersetzt werden. Erst unter Berücksichtigung dessen kann die Bedeutung der subjektiven Faktoren des Forschungsprozesses für den Fortschritt in der Erkenntnis der objektiven Wahrheit in vollem Umfang erfaßt werden.

Aber auch mit dem Artikel „Über die Natur der Genmutation und die Genstruktur“, den N. W. Timoféeff-Ressovsky, K. G. Zimmer und M. Delbrück gemeinsam erarbeitet hatten, war noch kein Durchbruch der neuen Auffassung erreicht. Die Vorstellung gründete auf Annahmen, die einer empirischen Beweisführung weit vorauseilten.

Erst rückblickend erscheint alles folgerichtig und objektiv begründet. Das ist deshalb so, weil wir eben gerade diese Gruppe betrachtet haben, die wir heute als Anfang der molekularen Genetik von den anderen Gruppen, die in den dreißiger Jahren mit anderen Auffassungen von der Natur der Gene und dem Wesen der Vererbung arbeiteten, unterscheiden können. Die anderen Konzepte lassen sich nur noch mühevoll aus den Zeitschriften rekonstruieren. Die Wissenschaftler, die diese Konzepte vertraten, hatten selten Anlaß, Interviews zu geben.

[88] Vgl. H. Bauer, Genetische Wirkungen von kurzwelligen und Korpuskularstrahlungen, in: B. Rajewsky (Hrsg.), Naturforschung und Medizin in Deutschland 1939–1936, Bd. 21, Biophysik, Teil I, Wiesbaden 1948, S. 73–88.

[89] M. Delbrück, Ein Physiker betrachtet erneut die Biologie – zwanzig Jahre später, a. a. O., S. 16.

[90] Vgl. H. Stubbe, Die Bedeutung der Mutationen für die theoretische und angewandte Genetik, a. a. O., S. 781.

[91] Vgl. O. Meyerhof, Betrachtungen über die naturphilosophischen Grundlagen der Physiologie, in: Naturwissenschaften, 20/1934, S. 311.

Das Profil der Gruppe um Delbrück und Timoféeff-Ressovsky war am Anfang so einmalig, wie es die führenden Persönlichkeiten waren, die sie bildeten. Später wurde die Kooperation von Physikern und Genetikern durchaus üblich. In den dreißiger Jahren aber war es wesentlich, daß sich gerade Delbrück und Timoféeff-Ressovsky trafen. Weder der eine noch der andere war durch einen anderen Physiker oder Genetiker zu ersetzen.

Sollen grundlegende Arbeiten – wie die hier geschilderten – auf hohem Niveau gelingen, müssen Voraussetzungen gegeben sein, die in erster Linie Arbeits- und Entwicklungsbedingungen von Wissenschaftlern und ihren Arbeitsgruppen charakterisieren. Es darf keine feste Bindung der Wissenschaftler, die Partner in der Kooperation und Kommunikation sind, an das alte Modell bestehen, da dann Argumente, die für die neue Theorie sprechen, nicht als solche anerkannt werden. Darwin brachte, ähnlich wie viele bedeutende Naturwissenschaftler, diesen Gedanken mit folgenden Worten zum Ausdruck: „Obwohl ich von der Richtigkeit der ... Ansichten durchaus überzeugt bin, erwarte ich keineswegs auch die Zustimmung solcher Naturforscher, deren Geist von Tatsachen erfüllt ist, die sie jahrzehntelang von einem entgegengesetzten Standpunkt aus ansehen ... Aber ich sehe mit großem Vertrauen in die Zukunft. Junge aufstrebende Naturforscher werden unparteiisch die beiden Seiten der Frage prüfen können.“[92]

Der Initiator der neuen Vorstellung muß geeignet sein, als Bezugsperson zu fungieren, das heißt, seine Persönlichkeit muß so entwickelt sein, daß sich andere mit ihr identifizieren können. Die ursprüngliche Einheit in der Bewertung von Schöpfer und Idee ist in jedem konkreten Einzelfall ein wesentliches Moment für die breite Anerkennung einer neuen wissenschaftlichen Idee. Diese löst sich allmählich über Kooperation und Kommunikation von ihrem Urheber und gewinnt in den kooperativen Arbeitsprozessen schließlich ihre fertige Gestalt als objektive Erkenntnis.

Diese von uns dargestellten konkreten Beziehungen auf persönlicher Ebene in einzelnen Gruppen beschreiben die Mechanismen, in denen sich der Fortschritt der Wissenschaft realisiert; später aber, wenn die Ergebnisse reproduzierbar sind, spielen sie in der Wissenschaft keine Rolle mehr.

4. Zur Rolle von Leitungs- und Organisationsstrukturen als Intensivierungsfaktoren der Forschung

Der XXVI. Parteitag der KPdSU hat darauf orientiert, „die Organisation des gesamten Systems wissenschaftlicher Forschung zu verbessern“.[93] Vor allem dann, wenn Vorlauf in der Grundlagenforschung zu erarbeiten ein

92 Ch. Darwin, Die Entstehung der Arten, Stuttgart 1982, S. 668.

93 Rechenschaftsbericht des Zentralkomitees der KPdSU und die nächsten Aufgaben der Partei in der Innen- und Außenpolitik, a. a. O., S. 58.

hohes Maß an Originalität verlangt, gewinnt die Forderung, in der Organisation der Forschung flexibler zu werden, größte Bedeutung. Flexibilität schließt die Veränderlichkeit der institutionalisierten Strukturen, der Versorgung mit Forschungsmitteln, den Aufbau von Kooperationsbeziehungen und anderes ein. Davon, wie wir diese Prozesse besser beherrschen lernen, wird auch abhängen, wie wir bestimmte größere Teilgebiete der Forschung so zu erschließen vermögen, „daß sie international Domänen der DDR-Wissenschaften repräsentieren."[94] Zur Lösung dieser großen Aufgabe lassen sich auch aus den hier erörterten Untersuchungen einige Hinweise entnehmen.

In den Fallstudien haben wir eine wichtige Besonderheit der Forschungsarbeit beschrieben, die sie von Arbeitsprozessen in anderen Bereichen des gesellschaftlichen Lebens, insbesondere in der materiellen Produktion, unterscheidet: Die Kooperations- und Kommunikationsbedürfnisse sowie die Fähigkeiten zu Kooperation und Kommunikation, die in beiden Bereichen Voraussetzung erfolgreichen Arbeitens sind, bilden sich in der Forschung – und das ist ein Spezifikum gegenüber der materiellen Produktion – erst im Prozeß der Arbeit heraus und sind in diesem Sinne ihr Produkt. Daraus ergibt sich ein objektiver Widerspruch, der nicht vermieden, wohl aber produktiv beherrscht werden kann.

Als Beispiele haben wir bewußt Entwicklungen in den Biowissenschaften gewählt. Die Verbindung zwischen Disziplinen, die getrennte Entwicklungswege gegangen waren und sich wenig wechselseitig beeinflußt hatten, wurden zuerst produktiv durch den direkten Kontakt ihrer Vertreter. Das Wissenschaftsgebiet mußte reif sein dafür, daß diese Kontakte zum Ausgangspunkt ausgedehnter und erfolgreicher Kooperationen werden konnten. Aber mit der Entwicklung eines Gebietes verschwinden nicht die alten institutionellen Strukturen. Vielmehr stabilisieren sie sich in mancherlei Hinsicht, wenn in einer Disziplin auf der Basis hochentwickelter Methoden und Theorien wohlbegründete Programme die Forschung orientieren. Deshalb ist nicht damit zu rechnen, daß sich die Kooperation auf breiter Front effektiv organisieren läßt, bevor sie Pioniere nicht dafür vorbereitet haben.

In unseren Untersuchungen und zahlreichen Diskussionen sind wir darauf gestoßen, daß der Arbeit dieser „Pioniere" noch nicht allerorts die Aufmerksamkeit zuteil wird, derer sie bedürfen. Während es gut gelingt, Forschung nach relativ gesicherten Programmen zu organisieren, befindet sich die Arbeit zur Vorbereitung solcher Programme häufig noch nicht auf dem notwendig hohen Niveau. Mit *Programm* meinen wir den methodischen und theoretischen Inhalt der Forschungspläne, das also, was übrig bleibt, wenn von den der materiell-technischen Versorgung, Leitung und Kontrolle dienenden Maßnahmen und Terminen abgesehen wird. Da sie im Plan ent-

[94] W. Scheler, Unsere Wissenschaft für Frieden und Sozialismus, a. a. O., S. 6.

halten sind, müssen sie vor der Aufstellung des Plans erarbeitet worden sein. Dabei ist klar, daß es nicht die Ausarbeitung der Pläne und die Plandiskussion sein kann, in der diese Arbeit geleistet wird. Vielmehr geht es um eine Art Vorlauf in der Forschung, der geschaffen sein muß, damit im Plan Aufgaben mit dem objektiv notwendigen hohen Anspruchsniveau gestellt werden können.

Wir sind zu der Auffassung gelangt, daß der Meinungsstreit vor allem in Phasen der Arbeit, deren Resultat solche Programme sind, eine konstruktive Rolle spielen muß. Es ließ sich theoretisch begründen und empirisch belegen, daß fundamental neue wissenschaftliche Ideen als individuelle Meinungen ins Leben treten, die sich im Meinungsstreit erst bewähren und durchsetzen müssen. Deshalb muß man konzeptionelle Meinungsverschiedenheiten, die zurückgestellt werden müssen, weil ihre ausführliche Diskussion von der Erfüllung des Plans ablenken würde, von den notwendigen Kontroversen unterscheiden, in denen sich neue tragfähige wissenschaftliche Ideen ankündigen.

Diese Unterscheidung gehört zu den wichtigsten und schwierigsten Aufgaben der Leitung in der Wissenschaft. Situationen, in denen solche Entscheidungen zu treffen sind, kommen nicht auf Bestellung, etwa genau dann, wenn die Pläne ausgearbeitet werden. Sie treten unter Umständen gerade dann auf, wenn sie am meisten stören. Aber sie dulden dennoch keinen Aufschub. Je häufiger und je länger sie zurückgedrängt werden, um so mehr verlieren die Urheber einer originellen Idee an Interesse und Engagement. Es ist deshalb auch und vielleicht sogar in erster Linie ein Problem der Kaderentwicklung, das hier zur Diskussion steht.

Da wir speziell Ideen im Auge haben, die zwar in einem bestimmten Planzeitraum entstehen, deren Realisierung jedoch nicht mit den laufenden Planarbeiten identisch ist, beschreiben wir damit gleichzeitig Situationen, in denen Wissenschaftler neue Kommunikationsbeziehungen anknüpfen und Kooperationsbedürfnisse entwickeln, die im Plan bis dahin nicht vorgesehen sein konnten. Solange sie nicht zu Bestandteilen eines planmäßigen Forschungsprogramms geworden sind, bleiben sie „Randelemente“. Die Frage ist, wie dieser Prozeß, in dem ein fundamental neues Forschungsprogramm entwickelt und dabei qualitativ neue Kompetenz-, Kommunikations- und Kooperationsbeziehungen ausgeprägt werden, von den bestehenden Leitungs- und Organisationsformen beeinflußt und vor allem gefördert werden kann.

Hier kommt unseres Erachtens der konsequenteren Durchsetzung des sozialistischen Leistungsprinzips in der Wissenschaft eine große Bedeutung zu.[95] Eine der wirkungsvollsten Formen, erfolgreiche und gesellschaftlich nützliche Arbeit eines Wissenschaftlers anzuerkennen, besteht darin, ihn

[95] Vgl. K. Hager, Die Gesellschaftswissenschaften vor neuen Aufgaben, a. a. O., S. 34.

bei der Schaffung von Bedingungen zu unterstützen, die es ihm erleichtern, neuen Ideen folgend zu arbeiten oder sich einer Forschungsgruppe anzuschließen, an deren Arbeit er besonders interessiert ist. Wenn die Neubildung von Forschungsgruppen, die an neuen tragfähigen wissenschaftlichen Ideen arbeiten, und die Umstrukturierung bestehender Gruppen durch den Wechsel ihrer Mitarbeiter in Abhängigkeit von bisher gezeigten Leistungen erfolgt, kann die so verstandene Anwendung des Leistungsprinzips in der Grundlagenforschung zu einer beträchtlichen Erhöhung des Niveaus der Forschung führen. Die Sicherheit des Arbeitsplatzes als wesentlicher Bestandteil sozialer Sicherheit, die der Sozialismus verbürgt, wird dadurch ebensowenig beeinträchtigt, wie das grundlegende Recht auf Arbeit überhaupt. Vielmehr gilt es, diesen Vorzug des Sozialismus zu einer starken Triebkraft des wissenschaftlichen Fortschritts werden zu lassen, indem die gesellschaftliche Anerkennung wissenschaftlicher Arbeitsergebnisse sich nicht nur in materiellen und moralischen Stimuli, wie Gehälter, Prämien, Auszeichnungen u. a., ausweist, sondern stärker auch in der gezielten Zuerkennung von Arbeitsbedingungen erfolgt, die der Erzielung hoher wissenschaftlicher Leistungen besonders förderlich sind. In diesem Zusammenhang ergeben sich aus den Prinzipien Leninscher Wissenschaftspolitik auch heute noch aktuelle Forderungen.

Eine komplizierte Frage, die im Hintergrund solcher Überlegungen immer mitschwingt, betrifft die Art und Weise, in der Wissenschaftler mit dem, was sie tun, verbunden sind. Es gibt ja immer eine große Anzahl von Aufgaben und Problemen, die Wissenschaftler mit einer bestimmten Qualifikation lösen können. Sie müssen diese Aufgabe unter vorweg bekannten Bedingungen in einer bestimmten Zeit genauso erledigen, wie das von einem Industriearbeiter, Handwerker oder Angestellten verlangt wird. Dazu gehören durchaus nicht nur Routineverpflichtungen. Aber der Zustand, in dem sich die Aufgaben objektivieren lassen und angebbar ist, welche Wissenschaftler mit welcher Qualifikation die geforderten Leistungen wirklich zu erbringen vermögen, ist in der Forschung nie nur Ausgangszustand; er ist immer Resultat bereits vollzogener wissenschaftlicher Arbeitsprozesse und der Bewertung ihrer Ergebnisse.

Die praktischen Konsequenzen, die das Verständnis der widersprüchlichen Natur dieser doppelten Bestimmung hat, wollen wir durch die Schilderung einer Situation, die nicht sehr selten sein dürfte, andeuten. Wenn in einer wissenschaftlichen Einrichtung ein Leiterwechsel erfolgt, findet der neue Leiter eine über längeren Zeitraum gewachsene Struktur vor. Die in der Einrichtung arbeitenden Wissenschaftler haben ihre Aufgaben; die Kommunikations- und Kooperationsbeziehungen haben sich in und zwischen den Gruppen ausgeprägt. Nehmen wir nun an, daß der Leiter als führender Wissenschaftler auf seinem Gebiet ein Programm verwirklichen will, das vom bisherigen Profil des Instituts abweicht. Er wird dann nach einer Zeit des Bekanntwerdens Veränderungen in der Institutstruktur anstreben, zu denen auch Umstrukturierungen, das heißt Umbildungen von Arbeitsgruppen gehören. Mit dem inhaltlichen Profil der Forschung verändern sich auch die Strukturen ihrer Organisation, eine Reihe von Wissenschaftlern stehen damit vor der Frage, ob sie sich eine andere Arbeitsstelle suchen, in der sie wie bisher weiterarbeiten können, oder ob sie die neue Aufgabe übernehmen, in die sie sich erst einarbeiten müssen. Bei den betroffenen Wissenschaftlern und nachgeordneten Leitern werden diese Maßnahmen in der Regel sehr widersprüchlich aufgenommen. Einige, unter ihnen vor allem Leiter, deren Gruppen verkleinert werden, sind in solchen Situationen emotional stark davon berührt. Sie erleben es als einen indirekten Beleg für ein Versagen, dessen sie sich selbst nicht bewußt sind. Sie meinen, es hätte lange gedauert, eine stabile soziale Gemeinschaft einschließlich persönlicher Bindungen herauszubilden, deren Klima für eine produktive Forschungsarbeit unbedingt notwendig sei, und nun werde das alles einfach auseinandergerissen; statt dessen würden Gruppengrenzen zwischen Personen aufgebaut, die vorher in jeder Beziehung gut zusammengearbeitet hätten.

Andere meinen, daß diese Veränderungen seit längerem notwendig gewesen seien. Kollegen, die bereits zusammengearbeitet haben, hätten verschiedensten Gruppen angehört, in denen sie kaum fachliche Kontakte hatten. Außerdem hätten sich in den bisher bestehenden Gruppen Autoritätsstrukturen ohne ausreichende wissenschaftliche Berechtigung herausgebildet. Durch frühere hohe wissenschaftliche Leistungen wären Personen mit Autorität ausgestattet, die es ihnen über die Zeit hinaus ermöglichte, bestimmend in den Forschungsprozeß vieler Wissenschaftler einzugreifen, obwohl es ihre eigene gegenwärtige wissenschaftliche Leistung nicht mehr rechtfertige. Andere Wissenschaftler hingegen, deren fachliche Beiträge viel versprächen, hätten nicht die Möglichkeit, Gruppen nach ihren Vorstellungen zu organisieren. Von diesem Personenkreis wird die Umstrukturierung als Chance für aufstrebende Wissenschaftler aufgefaßt, als Leiter von Gruppen ihre Fähigkeiten zu beweisen; inhaltlich vorbereitete Entwicklungen würden organisatorisch begünstigt.

Die Annahme, solche Widerspruchssituationen wären nur Ausdruck mangelnder Vorbereitung der Veränderungen, ist unseres Erachtens eine nicht zutreffende Vereinfachung. Vielmehr sind sie Ausdruck dafür, daß sich Neues gegen Altes durchsetzen muß, indem er sich diesem als überlegen erweist. Natürlich haben wir mit diesem Standpunkt unterstellt, daß der neue Leiter auf die Funktion berufen wurde, weil es sich wissenschaftlich ausgewiesen und damit die Möglichkeit erworben hat, sein Programm zur Grundlage der Orientierung der Forschung zu machen. Die Berechtigung solcher Entscheidungen wird wohl immer angezweifelt, wenn es sich um Programme handelt, die in Neuland vorstoßen. Auf Einstimmigkeit konnte in solchen Fällen zu keiner Zeit gerechnet werden.

Von großer Bedeutung für die Intensivierung der Forschung ist allerdings, mit welchen Mitteln, in welcher Art und in welchen Zeiträumen die Meinungsverschiedenheiten ausgetragen werden. Einerseits schließt das erforderliche Engagement des schöpferischen Wissenschaftlers in vielen Fällen aus, daß er seine Meinung rasch ändert, sich schnell überzeugen läßt. Andererseits ist die Übereinstimmung in den grundlegenden Fragen häufig unabdingbare Voraussetzung für produktive Arbeit. Deshalb ist die Frage, ob ein Wissenschaftler seine Meinung, sein Arbeitsgebiet oder seine Arbeitsstelle wechseln soll, keineswegs erfunden oder abwegig. Und in zahlreichen Fällen dürfte es der in jeder Beziehung erfolgreichere Weg sein, die Arbeitsstelle und nicht das Thema zu wechseln. Dies kann als gesicherte Erkenntnis gelten. Die Schwierigkeit besteht nur darin, diese Fälle auch als solche zu erkennen.

Wir müssen nochmals feststellen, daß damit Arbeiten und Situationen beschrieben sind, in denen neue Forschungsprogramme vorbereitet werden oder grundlegende Änderungen eingetreten sind. Von den sogenannten Programmphasen sprechen wir, wenn Konsens über die Grundlagen und Ausgangsthesen entwickelt ist, so daß sie nicht mehr in Frage gestellt, sondern konkretisiert und präzisiert werden, wenn also über die Präferenz von Problemen, über Experimente, die als beispielhaft gelten, übereinstimmend geurteilt wird und wenn die Anforderungen an Kenntnisse, Fähigkeiten und Fertigkeiten der Beteiligten sowie die Kriterien zur Bewertung ihrer Ergebnisse hinreichend fixiert sind. In diesem Stadium der Entwicklung sind mit den die wissenschaftliche Arbeit regelnden Normen und Standards auch Grundmuster der sozialen Beziehungen zwischen allen, die kooperieren, ausgeprägt. Insbesondere besteht in entwickelten Gruppen eine deutliche Differenzierung der Leistungsfähigkeit. Dabei kristallisiert sich zwangsläufig auch ein Personenkreis heraus, der unter der spezifischen Gruppennorm für die optimale Realisierung des Programms als weniger befähigt eingeschätzt wird. Aus der für die rationelle Arbeit notwendigen Tendenz, einen Gruppenstandard zu erhalten, erwächst das Bestreben, solche „Randpersonen" nach erfolglosen Entwicklungsversuchen auszugliedern und zu ersetzen. Der Wunsch, Kader zu ersetzen, ist in der Regel zuerst mit der Suche nach anderen, bereits „bewährten" Wissenschaftlern verbunden.

Es ist von grundsätzlicher Bedeutung, wie wir solche Situationen und Bestrebungen einschätzen. Uns kommt es darauf an, die Beispiele zu diskutieren, in denen sie Ausdruck des Bestrebens sind, den Leistungsstandard zu erhöhen, mehr zu leisten, rationeller zu arbeiten. Kann man erwidern, das ließe sich auch dadurch erreichen, daß alle Mitarbeiter einer Gruppe befähigt werden, den höheren Maßstäben zu entsprechen? Wann ist eine solche Forderung sinnvoll?

Wir vertreten nach den Ergebnissen unserer Untersuchungen die Ansicht, daß Erfindungen und Entdeckungen, neue Methoden wie theoretische Fortschritte auf hohem Niveau, die den Charakter von Spitzenleistungen haben, um so wahrscheinlicher werden, je günstiger die Bedingungen dafür sind und daß unter diesen Bedingungen die Auswahl der Kader, die solche Leistungen erbringen können, eine vorrangige Rolle spielt. Bekanntlich gibt es zur Beurteilung dessen, wer zu Spitzenleistungen befähigt ist, keine objektivierbaren Kriterien, die mehr Sicherheit bieten als das Urteil der Wissenschaftler, die zusammenarbeiten. Deshalb halten wir Fluktuationen, die durch das Urteil der Gruppe reguliert werden, für einen ganz wesentlichen Intensivierungsfaktor. Unter den gegenwärtigen Bedingungen ist ein Kaderaustausch nach wie vor mit hohem Aufwand an Überzeugungsarbeit, Arbeitsbeschaffung und unter Umständen auch Beschaffung von Wohnraum verbunden, so daß Leiter zögern, notwendige Veränderungen durchzusetzen. Bei den hohen volkswirtschaftlichen Erwartungen an die Wissenschaft entstehen dadurch mit Sicherheit Effektivitätsverluste.

In unserem Fallbeispiel haben wir gezeigt, wie die Mitglieder der kleinen Gruppierungen von Timoféeff-Ressovsky und Delbrück in verschiedenen Forschungseinrichtungen arbeiteten. Bei allen Zufälligkeiten, die ihr Zusammentreffen bestimmte, scheint uns diese Tatsache nicht zufällig zu sein. Es gab in den dreißiger Jahren keine Projekte oder Programme, in denen diese ganz unterschiedlichen Gebiete vereinigt waren. Folglich mußte ein Programm, das aus der Kooperation von Physikern, Genetikern, Treffertheoretikern und Chemikern hervorgehen sollte, zuerst so beschaffen sein, daß es sich in keine der herkömmlichen Institutionen einpaßte. Kein leitender Wissenschaftler hätte es verantworten wollen, das Gebiet vor seiner Entwicklung zu institutionalisieren und zu finanzieren; es war ja noch gar nicht da, oder es existierte vorläufig nur in der Absicht von Delbrück, Timoféeff-Ressovsky und Zimmer sowie in der Bereitschaft einiger weiterer Wissenschaftler, ihren Beitrag zu seiner Ausarbeitung zu leisten.

Wir haben feststellen können, daß sich in Forschungskollektiven in Phasen der Arbeit, in denen grundsätzliche Entscheidungen über die Orientierung der weiteren Arbeit zur Diskussion stehen, Beziehungen zwischen den Wissenschaftlern ausbilden und wirksam sind, die sich keineswegs auf den sachlichen Gehalt der Problemlage reduzieren lassen. Die durch einen Gegenstand bedingte Struktur einer Gruppe ist ja erst Resultat eines oft langen Prozesses, in dem die verschiedenen Seiten des Gegenstandes identifiziert und damit auch die Gruppe formiert wird. Ein Programm kann erst erarbeitet und realisiert werden, wenn dieser Prozeß ein Niveau erreicht hat, auf dem gemeinsame Methoden verfügbar sind und ein Konsensus bezüglich der Ziele stabilisiert ist. Um den qualitativen Sprung von einer stabilen über eine labile zu einer neuen stabilen Phase verfolgen zu können, haben wir gefragt, von welchen Kriterien die Wissenschaftler ausgehen, wenn sie bei fehlenden experimentellen Beweisen Bewertungen von Hypothesen und

Vermutungen vornehmen. Fragt man direkt danach, fällt zunächst auf, daß sich der Wissenschaftler ambivalent zur Voraussetzung der Frage verhält. Einerseits reduziert er den Forschungsprozeß auf die Aktivitäten, die rational rekonstruierbar erscheinen; andererseits reagiert er im spontanen Verhalten durchaus als ganze „Persönlichkeit“ und antizipiert auch die individuellen Eigenarten der Kollegen, deren Ideen in seiner Arbeit bereits bewertet werden, auch bewertet werden müssen, obwohl sie noch nicht bewiesen sind. Wissenschaftler tendieren dazu, die persönlichen Eigenschaften, die individuellen Meinungen und die sozialen Beziehungen der Wissenschaftler als dem Forschungsprozeß nicht zugehörig, höchstens nebengeordnet oder sogar als störend anzusehen. Hier wird ein interessanter Bewertungskonflikt deutlich: Einerseits wird offensichtlich infolge eines „tief verinnerlichten Disziplinierungszwanges“ – der durch Kriterien der Wissenschaftlichkeit bedingt ist – der Forschungsprozeß auf seine rational rekonstruierbaren Momente reduziert; andererseits ist das reale Verhalten des Wissenschaftlers nicht von subjektiven Momenten frei. Jeder Wissenschaftler steht mehr oder weniger ständig in diesem Konflikt. Unsere Untersuchungsergebnisse weisen darauf hin, daß in den programmvorbereitenden Phasen der Forschung ein besonders enger Zusammenhang zwischen der Bewertung der wissenschaftlichen Argumente selbst und der Person, die sie vertritt, wirksam ist. Hinweise darauf, daß die Ablehnung der wissenschaftlichen Argumente auch häufig mit der Ablehnung der Person verbunden ist, die die Argumente vertritt, sind mit Sicherheit keine Ausnahme.

In Diskussionen zu aktuellen Problemen, in denen kontroverse Hypothesen vertreten werden, von denen noch keine allgemein anerkannt ist, reagieren beteiligte Wissenschaftler selbst auf Daten, die objektivierbar sind, stark emotional. Gezielt geführte Gespräche zu solchen Reaktionen lassen deutlich werden, daß wissenschaftliche Argumente unbewußt mit ihrem Produzenten assoziiert wurden. In diesem Zusammenhang ist der Schluß naheliegend, daß bestimmte Persönlichkeitseigenschaften des Wissenschaftlers (wie Exaktheit, Ehrlichkeit und Solidität der wissenschaftlichen Arbeit) zu positiven oder negativen Stellungnahmen bei der Beurteilung seiner wissenschaftlichen Argumente führen. Andererseits führte die Befürwortung oder Ablehnung von wissenschaftlichen Argumenten zu Sympathie- oder Antipathiebeziehungen dem Wissenschaftler gegenüber, der sie aufstellte.

Offenbar hängt mit dem Einfluß dieser sozialpsychologisch faßbaren Faktoren die Tatsache zusammen, daß in dieser Phase die Bereitschaft zur offiziellen wechselseitigen Wertung der Argumente sehr gering ist. Zahlreiche Reaktionen zeigen vielmehr, daß Wissenschaftler in frühen Phasen der Forschung, in Situationen, wo Entscheidungen noch nicht durch Beweise gerechtfertigt werden können, bestrebt sind, sich nach außen hin abzuschließen, ihre „Kommunikation“ nicht nach außen dringen zu lassen.

Der führende Vertreter einer Gruppe, die an einem originellen Konzept arbeitete, äußerte die Meinung: „Ich diskutiere erst über wissenschaftliche Ergebnisse, wenn sie in Form von Zeitschriftenartikeln oder zumindest als Vortrag vorliegen.“ Diese „Selbstschutzhaltungen“ können von Außenstehenden tatsächlich leicht so mißverstanden werden, daß der „eigentliche Forschungsprozeß“ objektiven allgemeingültigen Regeln folgt, wie sie aus den Darstellungen der Forschungsergebnisse in Zeitschriften, Vorträgen oder Forschungsberichten zu erschließen sind. Wird aber von den Phasen abstrahiert, die noch stark mit den persönlichen Eigenarten des Forschers verbunden sind, bleibt die Ideen- und Konzeptentwicklung in ganz entscheidenden Schritten unerklärt. Die frühen Phasen des Forschungsprozesses, in denen die subjektiven Momente der Forschung eine besondere Rolle spielen, wo bisher anerkannte Sätze, Regeln und Methoden in Frage gestellt werden, die neuen Ansätze aber noch nicht in präziser Form darstellbar sind, werden von den Wissenschaftlern meist als ihrer „Intimsphäre“ zugehörig betrachtet, zu der Außenstehenden möglichst kein Zutritt gewährt werden soll.

Die von den Wissenschaftlern als „Intimsphäre“ bezeichnete Atmosphäre tritt sowohl innerhalb der Forschungsgruppen wie auch nach außen hin auf. Dabei führt die Unbestimmtheit der Situation in frühen Phasen der Forschung zur Vorsicht in der Darstellung neuer Modelle, Konzepte u. a. und zur selektiven Gerichtetheit der Kommunikation. Dies ist innerhalb der Forschungsgruppen und (meist zeitlich verschoben) gegenüber der Öffentlichkeit (Institut und darüber hinaus) der Fall. Dabei stehen sich größtmögliches Überzeugtsein von den eigenen Forschungsergebnissen und die noch unvollkommene Fähigkeit der überzeugenden Darstellung für andere gegenüber.

Wir heben diese subjektive oder „Innenseite“ des wissenschaftlichen Arbeitsprozesses hervor, weil sie unseres Erachtens häufig unterschätzt wird. Die aus ihr resultierenden Widersprüche im wissenschaftlichen Arbeitsprozeß sind mehr als lediglich Ausdruck der Unvollkommenheit der Wissenschaftler. Unsere Untersuchungen sprechen dafür, daß sie in den Phasen, in denen Erkenntnisse ihren objektiven Charakter erst gewinnen, das heißt in der Sprache erst kommunizierbar und im Experiment und der Praxis erst prüfbar *werden*, notwendigerweise und in jedem Fall auftreten.

Das gilt uns als Ausdruck des gesellschaftlichen Charakters wissenschaftlicher Erkenntnis, deren Subjekt immer ein Kollektiv ist. Die Aktivität der Individuen setzt folglich immer voraus, daß sie Bedingungen vorfinden, unter denen sich Kollektive zum Zwecke neuer Erkenntnisproduktion formieren können. Darin weist sich aus, daß sich Wissenschaftler zu den objektiv-realen Gegenständen der Forschung nur verhalten, diese also nur erkennen können, indem sie diesen Gegenständen angemessene Beziehungen zu anderen Wissenschaftlern eingehen. Der Zusammenhang zwischen diesen beiden Momenten, dem praktischen Verhalten zum Gegenstand und der Integration in eine Gemeinschaft (die damit gebildet wird), ist in der Forschung unauflösbar. In der Reproduktion wissenschaftlicher Erkenntnisse, die in jedem Fall Voraussetzung für die Neuproduktion ist, sind sie klar unterscheidbar und gegeneinander relativ selbständig. In der Neuproduktion sind sie das noch nicht. Wir rechnen daher zu den Resultaten wissenschaftlicher Arbeit *erstens* die wissenschaftlichen Erkenntnisse, die sprachlich formuliert werden; *zweitens* die Geräte, Substanzen, Muster etc., deren Herstellung, Gewinnung und Eigenschaften beschrieben werden; *drittens* die Wissenschaftler selbst, deren Wissen und Können sich im Resultat der Forschung entwickelt hat, einschließlich der sozialen Beziehungen, die sie eingehen, wenn sie ihre Ergebnisse reproduzieren. Zu jedem Resultat wissenschaftlicher Arbeit gehört seine Reproduzierbarkeit. In ihrer tatsächlichen Reproduktion werden die Ergebnisse wissenschaftlicher Arbeit zu Voraussetzungen neuer wissenschaftlicher Arbeitsprozesse. Wie sie sich aus Ergebnissen wissenschaftlicher Arbeit in Voraussetzungen weiterer wissenschaftlicher Arbeitsprozesse verwandeln lassen, bestimmt wesentlich die Intensivierung der Forschung.

KAPITEL IV

Die Bestimmung von Forschungszielen im Entwicklungsprozeß der Grundlagenforschung

Die Planung der Forschung ist das wichtigste Mittel und die zentrale Aktivität, mittels derer die Entwicklung der Forschung in der Einheit von Themen- und Potentialaspekten durch Leitungstätigkeit bewußt gesteuert und in dieser Entwicklung die Verwirklichung der sozialistischen Wissenschaftspolitik gewährleistet wird. Es ist theoretisch einsichtig und durch Erfahrung belegt, daß die Spezifik der Grundlagenforschung ebenso wie die Eigenart der Wissenschaft überhaupt dem Prinzip der Planmäßigkeit keine Grenzen setzt, daß aber zugleich die Wirksamkeit der Planung entscheidend davon abhängt, wie genau sie diese Besonderheiten berücksichtigt.

Der erste niveaubestimmende Schritt in der Planung der Grundlagenforschung ist wie in jeglicher Planung die Bestimmung der Ziele. Gewiß ist die Qualität eines Planes nicht allein von der Festlegung der anzustrebenden Ziele abhängig. Niveaubestimmend ist die Bildung der Ziele jedoch insofern, als Einbußen, die aus unqualifizierter Zielfestlegung resultieren, auch durch noch so hohe Perfektion in allen weiteren Planungsaktivitäten nicht mehr wettgemacht werden. Deshalb gebührt der Zielbestimmung der Grundlagenforschung besondere Aufmerksamkeit. Ihre wissenschaftspolitische Bedeutung geht daraus hervor, daß die volkswirtschaftlich notwendige durchgreifende Beschleunigung des wissenschaftlich-technischen Fortschritts heute wesentlich von der Ergiebigkeit der Grundlagenforschung und damit auch von der Qualität ihrer Ziele abhängt. Wir sind daher berechtigt, im Prozeß der Zielbildung einen wichtigen Ansatzpunkt für die Intensivierung der Grundlagenforschung zu sehen.

Die Beschäftigung mit diesem Ansatzpunkt ist auch deshalb so notwendig, weil über den Prozeß der Zielbildung in der Grundlagenforschung bisher wenig Allgemeingültiges bekannt ist. Es ist jedoch offenkundig, daß es sich hier in der Tat um einen ausgedehnten und komplizierten Prozeß handelt, in dem die Eigenarten der Grundlagenforschung konzentriert zum Ausdruck kommen und der von den Wissenschaftlern ein Maximum an schöpferischen Fähigkeiten verlangt. Die wesentlichen Kriterien, denen die Zielbildung für die Grundlagenforschung im Sozialismus unterliegt, sind im Programm der SED zusammenfassend formuliert worden: „Die Sozialistische Einheitspartei Deutschlands hält es für erforderlich, daß die Aufgaben für die Forschung in allen Instituten, Hochschulen und wissenschaftlichen Einrichtungen stets zugleich aus den Bedürfnissen der Gesellschaft, aus den Reproduktionsbedingungen der sozialistischen Volkswirtschaft und dem Entwicklungsstand der jeweiligen Wissenschaftsdisziplin abgeleitet werden."[1]

Bereits die Tatsache, daß diese Aussage in das zentrale Dokument unserer Gesellschaftsstrategie aufgenommen worden ist, unterstreicht den politischen Rang einer qualifizierten Zielbildung in der Forschung. Die formulierten Kriterien, die als einheitlicher Komplex aufzufassen und anzuwenden sind, enthalten zugleich Einsichten in den Prozeß der Zielbildung selbst, indem sie darüber Auskunft geben, von welchen Voraussetzungen unbedingt auszugehen ist. Die Orientierung der Forschung auf wichtige gesellschaftliche Bedürfniskomplexe, die mit der Bestimmung ihrer Ziele beginnt, ist die erste und grundlegende Konsequenz aus der sozialen Stellung der Wissenschaft im Sozialismus. Dabei sind diese Bedürfniskomplexe selbst in ihrer Entwicklung zu sehen und beziehen sich damit auch auf den Erkenntnisvorlauf, der von der Grundlagenforschung erwartet wird. Indes hängt es von den in der Wissenschaft objektiv herangereiften Erkenntnismöglichkeiten ab, ob und in welcher Weise gesellschaftlichen Bedürfnissen entsprochen werden kann. Sozialistische Planung ist auch auf dem Gebiet der Forschung jeglichem Voluntarismus, jeglichem Wunschdenken strikt entgegengesetzt. Das Heranreifen der Erkenntnismöglichkeiten läßt sich in bestimmten Fällen durch eine zielstrebige Wissenschaftsstrategie fördern, aber es läßt sich nicht dekretieren. In der Hauptsache geht es bei der Zielbildung um die Diagnose, Prognose und Ausnutzung von bereits herangereiften Erkenntnismöglichkeiten. Diese Möglichkeiten sind mit dem vorhandenen Erkenntnisstand verbunden, doch sie werden für die Gesellschaft konkret durch ihr verfügbares Wissenschaftspotential und dessen reale Leistungsfähigkeit repräsentiert. Die Dokumente des X. Parteitages der SED bestimmen die hauptsächlichen Entwicklungslinien des wissenschaftlich-technischen Fortschritts, auf die das Forschungs- und Entwicklungspotential der DDR vorrangig konzentriert werden muß.[2] Speziell werden die Richtungen ausgewiesen, in denen die Grundlagenforschung den Erkenntnisvorlauf hauptsächlich ausbauen muß.[3]

Sehr wichtig ist die gesonderte Hervorhebung der Reproduktionsbedingungen der Volkswirtschaft als ein Ausgangspunkt der Zielbestimmung. Sie bilden das vermittelnde Glied zwischen gesellschaftlichen Bedürfnissen und Erkenntnismöglichkeiten, das die historisch-konkrete Gestalt ihrer

[1] Programm der Sozialistischen Einheitspartei Deutschlands, a. a. O., S. 47/48.

[2] Bericht des Zentralkomitees der Sozialistischen Einheitspartei Deutschlands an den X. Parteitag der SED, a. a. O., S. 50/51; Direktive des X. Parteitages der SED zum Fünfjahrplan für die Entwicklung der Volkswirtschaft der DDR in den Jahren 1981 bis 1985, a. a. O., S. 12, 21/22.

[3] Ebenda, S. 21/22.

dialektischen Einheit bestimmt. Von ihnen hängt ab, welche legitimen Bedürfnisse bei vorhandenen Erkenntnismöglichkeiten über Investitionen usw. real befriedigt werden können. Damit beeinflussen sie maßgeblich die Rangordnung bei der Bedürfnisbefriedigung und die Prioritäten der Forschungsziele. Stets müssen Forschungen auch danach bewertet werden, inwieweit sie zur Verbesserung der Reproduktionsbedingungen – und das heißt heute: zur intensiv erweiterten Reproduktion – beitragen. Zugleich üben die volkswirtschaftlichen Reproduktionsbedingungen – z. B. über die Größe und Zusammensetzung der für die Wissenschaft jeweils verfügbaren Fonds – einen Einfluß darauf aus, wie bestehende Erkenntnismöglichkeiten genutzt werden können und wie das Heranreifen neuer Möglichkeiten zu fördern ist (vgl. dazu das Kapitel über das Wissenschaftspotential). Die wesentlichen Veränderungen in den Reproduktionsbedingungen der Volkswirtschaft, die in jüngster Zeit eingetreten sind, wurden für die Bestimmung der Wirtschafts- und Wissenschaftsstrategie der SED in den 80er Jahren gründlich analysiert und in den Grundsatzdokumenten für den bevorstehenden Zeitraum berücksichtigt. Die Direktive zum Fünfjahrplan 1981–1985 stellt fest, daß diese Veränderungen es notwendig machen, „in den achtziger Jahren zielstrebig zu einem höheren Niveau der Produktivität und Effektivität überzugehen“ und dazu „die neuen strategischen Entwicklungsrichtungen von Wissenschaft und Technik, die Entwicklung und Anwendung neuer Wirkprinzipien, effektiver Technologien und Verfahren, die Organisierung eines kräftigen Rationalisierungsschubs und die erforderlichen qualitativen Veränderungen für die Gestaltung der Struktur der Volkswirtschaft und des Produktionsprofils planmäßig zu verwirklichen“.[4]

In diesem Kapitel können wir nicht den Gesamtkomplex der Zielbildung in der Grundlagenforschung behandeln. Es bedarf zudem noch ausführlicher Untersuchungen, ehe genauere Aussagen über die Wirkung der volkswirtschaftlichen Reproduktionsbedingungen auf die Vermittlung von gesellschaftlichen Bedürfnissen und wissenschaftlichen Erkenntnismöglichkeiten bei der Bildung der Forschungsziele getroffen werden können. Im vollen Bewußtsein der Unvollständigkeit unserer Darstellung wollen wir uns im weiteren auf die Beschreibung und Interpretation von Erfahrungen konzentrieren, die das Aufkommen von Problemideen (Ideen, die die Keimform wissenschaftlicher Probleme darstellen) im Forschungsprozeß, ihr Ausreifen zu hinreichend formulierten Problemen und ihre Rolle bei der Vorbereitung von Planzielen in der Grundlagenforschung betreffen. Dabei werden wir bestrebt sein, die Bedingungen dieses Prozesses so weit wie möglich aufzuhellen.

[4] Direktive des X. Parteitages der SED zum Fünfjahrplan für die Entwicklung der Volkswirtschaft der DDR in den Jahren 1981 bis 1985, a. a. O., S. 11, 12/13.

Hier wird auch deutlich, daß die Problemgenerierung zwar ein sehr entscheidender Prozeß für die Zielbildung in der Forschung ist; aber er ist nicht allein maßgebend und tritt häufig gegenüber anderen Faktoren zurück (z. B. können nicht alle hervorgebrachten Probleme auch mit der nötigen Intensität bearbeitet werden; oder: bei notwendigen Nachentwicklungen – nicht überall kann ein Land an der Spitze sein – entscheiden nicht in erster Linie Problemgenerierungen über Forschungsziele, sondern volkswirtschaftliche Erfordernisse und Forschungsvoraussetzungen).

Da die Zielstellung kein isolierter Arbeitsschritt, sondern ein zentrales Phänomen der gesellschaftlichen Planung der Forschung ist, erscheint es uns zweckmäßig, einiges zum Wesen der Forschungsplanung in der sozialistischen Gesellschaft vorauszuschicken.

1. Einige Gesichtspunkte zum Wesen der Forschungsplanung

Die nachstehend genannten Leitsätze haben unseres Erachtens sowohl deskriptive als auch normative Bedeutung. Sie beschreiben real vorhandene wesentliche Charakterzüge der Forschungsplanung, doch sie sind zugleich Prinzipien, die dazu auffordern, diese Zusammenhänge bewußt zu beachten und nach ihren günstigen Realisationsformen zu suchen. In dieser Doppelbedeutung wollen auch die späteren Aussagen zur Forschungsplanung verstanden werden.

1.1. Forschungsplanung im Sozialismus als ein notwendiges Moment der Planung der gesellschaftlichen Gesamtentwicklung

Forschungsplanung ist keine isolierte Disposition über eine bestimmte Klasse von Prozessen, keine Ressortplanung. Sie findet – obgleich sie auf einen spezifischen Bereich der Gesellschaft gerichtet ist – ihren Sinn und Wert nur in bezug auf das Ganze der Gesellschaft. Der gesamtgesellschaftliche Entwicklungsprozeß kann nicht effektiv geplant werden, wenn der Plan nicht alle seine wesentlichen Komponenten erfaßt – und die Forschung ist unter den Bedingungen der wissenschaftlich-technischen Revolution eine solche Komponente, die seine Dynamik entsprechend mitbestimmt. Andererseits gibt erst die Gesamtplanung der gesellschaftlichen Entwicklung der Forschungsplanung die nötige Stabilität; außerhalb dieses Bezuges wäre Forschungsplanung höchstens fragmentarisch möglich. Wirksame Verbesserungen der Forschungsplanung lassen sich daher nicht isoliert vornehmen; sie müssen eingebettet sein in ein System der Vervollkommnung der Normen und Arbeitsweisen der Leitungs- und Planungstätigkeit überhaupt, in die die Forschungsplanung integriert ist.

Für alle Bereiche der gesellschaftlichen Aktivität gilt bekanntlich das Prinzip der *Einheit von Leitung und Leistung.* Die Leitung steht einerseits dem Ausführungsprozeß orientierend und organisierend gegenüber, andererseits bilden Leitung und Ausführung arbeitsteilig verbundene Momente ein und desselben Produktionsprozesses. In der Forschung ist die Einheit von Leitung und Leistung besonders offenkundig — denn ein Teil der im Leitungsprozeß hervorgebrachten Ideen ist notwendig nicht nur eine Art Baugerüst, das verschwindet, wenn das „Endprodukt" fertig ist, sondern geht substantiell in das Resultat ein. In der Planung kulminiert die Erkenntnisproduktivität der Leitungstätigkeit.

Nun stehen die von praktischen Erfordernissen repräsentierten Erkenntnisbedürfnisse und die vom vorhandenen (bzw. im betrachteten Zeitraum aufbringbaren) Wissenschaftspotential repräsentierten Erkenntnismöglichkeiten einander auf verschiedenen Aggregationsstufen oder Systemebenen gegenüber und bedürfen auf diesen unterschiedlichen Niveaus einer jeweils spezifischen Vermittlung. Mit anderen Worten: Die gesellschaftliche Vermittlung von Erkenntnisbedürfnissen und Erkenntnismöglichkeiten ist hierarchisch gegliedert. Das findet seinen Ausdruck im Stufenbau des Leitungssystems, der den Systemcharakter des gesellschaftlichen Reproduktionszusammenhangs berücksichtigt. Die Konsequenz daraus kann nur sein, daß auf *allen* Stufen der Forschungsleitung Erkenntnisbedürfnisse der gesellschaftlichen Praxis rezipiert und Erkenntnisleistungen vollbracht werden, und zwar auf jeweils spezifische Weise. Wir wollen das so formulieren, daß das Verhältnis zwischen den verschiedenen Ebenen der Leitung in der Forschung notwendig zugleich ein *Forschungsverhältnis* sein muß — ein Verhältnis, das insbesondere in der Plangenerierung wirksam wird.

Es wäre nach unserer Auffassung also keineswegs richtig, das gesellschaftliche System der Forschung so darzustellen, als erfolge die „eigentliche" Forschung, die Arbeit des Erkennens, nur auf der Ebene der sogenannten Primärkollektive, und die Aufgabe der übergeordneten Leitungen beschränke sich darauf, die Erkenntnisbedürfnisse der gesellschaftlichen Praxis stufenweise so weit aufzugliedern, bis ihnen Erkenntnisprobleme der Primärkollektive zugeordnet und die Prioritäten und Potentiale entsprechend verteilt werden können. In der Realität verhält es sich keineswegs so; aber allein schon das Vorhandensein von Vorstellungen, die sich diesem einseitigen Modell annähern, kann dazu führen, daß die Erkenntniskomponente der Leitungstätigkeit abgeschwächt wird. Die Folge ist aber dann, daß die planmäßigen Vermittlungen von Erkenntnisbedürfnissen und Erkenntnismöglichkeiten partikularisiert sind, während sich der gesellschaftliche Gesamtertrag aus den geplanten Einzelleistungen mehr oder minder spontan einstellt. Sollte nicht die Tatsache, daß unter den vielen praxiswirksamen Leistungen unserer Grundlagenforschung solche, die für ganze Zweige oder gar für die gesamte Volkswirtschaft von Bedeutung sind, bisher in einem zu geringen Maße vorliegen, mit Mängeln in der Ausprägung des Forschungsverhältnisses zwischen den Leitungsebenen in Verbindung stehen?

Seit längerem wird wiederholt die Forderung ausgesprochen, daß in der Forschung Leiter aller Ebenen selbst Forschungsarbeit leisten müssen und daß die Organisation ihrer Arbeit entsprechend eingerichtet sein muß, um ihnen dazu die realen Möglichkeiten zu geben. „Die Erfahrungen besagen, daß eine längerfristig auszuübende forschungsleitende Tätigkeit die unmittelbare, wissenschaftlich aktive Teilnahme am Forschungsprozeß erforderlich macht.“[5] Das ist in jedem Fall günstig, denn es erhöht die Sensitivität der Leiter für die realen Probleme der von ihnen zu leitenden Prozesse. Wir möchten jedoch dem hinzufügen, daß nach unserer Ansicht jede Leitungsebene spezifische, nur ihr eigene Forschungsaufgaben hat, die nicht beliebig auf andere Ebenen delegiert werden können. Sie sind sozusagen funktionsgebunden und stellen eine der jeweiligen Ebene entsprechende Einheit von Synthese und Analyse (der von den untergeordneten Ebenen kommenden Beiträge und der von den übergeordneten Ebenen kommenden Vorgaben) dar.

1.2. Forschungsplanung als Entwicklungsplanung

Da die gesellschaftliche Gesamtplanung die Planung eines Entwicklungsprozesses ist, in dem qualitativ Neues entsteht, ist auch jede Teilplanung ihrem Wesen nach Entwicklungsplanung. Selbst dann, wenn sich der unmittelbare Inhalt des betrachteten Teilprozesses im Planungszeitraum nicht qualitativ ändern soll und das Resultat verglichen mit dem Ausgangszustand als Wachstum, Erhaltung oder Abnahme beschrieben werden kann, ist der entsprechende Prozeß Planungsgegenstand gerade infolge seiner Eigenschaft, Moment des Entwicklungsprozesses der ganzen Gesellschaft zu sein. Die Forschung ist nun ein Bereich, in dem der Entwicklungscharakter des gesellschaftlichen Prozesses gleichsam zugespitzt zum Ausdruck kommt, denn hier wird die Erzeugung von qualitativ Neuem zum professionellen Zweck. Es erscheint uns aber wichtig, den Entwicklungscharakter der Forschung nicht nur aus den inneren Merkmalen des Erkennens zu erklären, sondern weiterzugehen und den Entwicklungscharakter der Gesellschaft im ganzen als Bezugsinstanz zur Erklärung der Entwicklung der Forschung zu nehmen. Eben hier liegen auch die letztlich entscheidenden Triebkräfte der Forschungsentwicklung. Nur als sich entwickelndes System kann die Gesellschaft Forschung einschließen.

Diese bekannten Argumente haben wir hier nochmals angeführt, um uns mit ihnen entschieden von einer eingeengten Auffassung über die Planung zu distanzieren, die man in der Forschungspraxis durchaus noch antrifft. Danach reduziert sich Forschungsplanung auf die Vorausplanung absehbarer Resultate. Die Konsequenz einer derartigen Ansicht ist, daß das

[5] H. Klemm, Erhöhung des Leistungsniveaus der Forschung, in: Einheit, 5/1979, S. 830.

Unvorhersehbare, die fundamental neuartige Idee, das in höchstem Grade Kreative neben der Planung steht. Diese Auffassung ist ein Vorurteil, das dem Wesen der sozialistischen Forschungsplanung nicht entspricht. Wenn aber Forschungsplanung praktisch auf die Programmierung des Absehbaren beschränkt bleibt, dann organisiert sie – insbesondere in der Grundlagenforschung – tatsächlich den Nachtrab: einmal stimuliert sie unvorhersehbare fundamentale Durchbrüche nicht, und zum anderen setzt sie auch die Möglichkeit ihrer spontanen Entstehung noch weiter herab, indem sie ihnen das Potential entzieht. Treffend bemerkt dazu W. Kalweit: „Werden daher die Ergebnisformen in der Planung der Wissenschaft *einseitig* in den Vordergrund gestellt, kann dies die Suche nach wirklich neuen Erkenntnissen behindern; die Erfüllung und Überbietung des Planes erweisen sich dann mitunter nur als scheinbare Erfolge. Der effektiv erzielte Erkenntnisfortschritt ist und bleibt letztlich das entscheidende Kriterium erforderlichen wissenschaftlichen Schaffens."[6]

Deshalb ist das Zentrum der Forschungsplanung die *Ermöglichung von Schöpfertum.* Sie muß die Entstehung qualitativ neuen Wissens von hohem potentiellem Wert für die gesellschaftliche Praxis möglich machen. Alle Planungsaktivitäten – auch jene, die unmittelbar nicht auf den Forschungsprozeß selbst, sondern auf seine Voraussetzungen gerichtet sind – gruppieren sich um dieses Zentrum.

Dieses Kapitel befaßt sich vorrangig mit einer Problematik, die den Schlüssel dazu liefert, die Auffassung von der Forschungsplanung als Entwicklungsplanung entschieden durchzuführen. Es ist eine Binsenweisheit, daß eine Planung, die ein durch Forschung zu erreichendes Erkenntnisresultat vorwegnehmen könnte, den Forschungsprozeß selbst überflüssig machen würde. Eine wesentlich vollständige gedankliche Vorwegnahme des Resultats gibt es in der Forschungsplanung also prinzipiell nicht. Wenn der Plan aber Forschungsziele setzt, Angaben über Fristen der Erreichung, über die erforderlichen Aufwendungen und über die voraussichtliche Verwendbarkeit der Lösung enthält, dann ist das nur sinnvoll, wenn dazu ein wohlformuliertes, bewertetes (nach dem Erkenntniswert und der praktischen Bedeutung des zu erwartenden Resultats, nach der Ausführbarkeit des Forschungsprozesses und nach der Umsetzbarkeit eines angestrebten Resultats entsprechend den volkswirtschaftlichen Reproduktionsbedingungen) und hinsichtlich des erforderlichen methodischen Vorgehens analysiertes Forschungsproblem vorliegt.

Das „wohlformulierte Forschungsproblem" ist aber selbst das Resultat von Forschungsarbeit, und manche Autoren meinen, daß es zur Hälfte oder mehr gelöst ist, wenn eine solche explizite Formulierung vorliegt. Offen-

[6] W. Kalweit, Der Sozialismus – eine Herausforderung an die Wissenschaft, in: Einheit, 5/1979, S. 498.

kundig ist der Weg, der *vor* der entscheidungsreifen Planaufgabe liegt, für die gesamte Forschung niveaubestimmend. Werner Scheler, Präsident der Akademie der Wissenschaften der DDR, schreibt dazu: „Grundsätzlicher Ausgangspunkt für eine Intensivierung der Grundlagenforschung ist und bleibt die Wahl der Thematik, die richtige Problem- und Aufgabenstellung. Wenn die Festlegung getroffen wurde, daß uns in vielen Fällen die Originalität, das wissenschaftliche Gewicht und die volkswirtschaftliche Wirksamkeit der Akademieforschung noch nicht befriedigen können, so müssen wir als erstes prüfen, inwieweit vielleicht schon bei der Auswahl und Planung der Forschungsaufgaben ein Rückstand zur Weltspitze bewußt oder unbewußt in Kauf genommen wird."[7]

Wie gelangt die Forschung zu ihren Zielen, und wie kann die Planung *diesen* Prozeß beherrschen? Wie fördert die Planung das Herausarbeiten innovativer Potenzen in der Forschung? Das ist die spezielle Frage, der wir weiter nachgehen wollen.

Wird die Genese plankonstitutiver Ideen als wichtiger Bestandteil des Forschungsprozesses erkannt und betrachtet, dann darf seine Planung nicht nur unter der Voraussetzung des Vorhandenseins bereits wohlformulierter Probleme untersucht werden. Vielmehr werden wir den Forschungsprozeß in seiner historischen Dimension als einen Entwicklungsprozeß zu betrachten haben, *der Voraussetzungen für seine Fortsetzung produziert und daher Eigenschaften der Selbstreproduktion aufweist.* „Die weitere Ausarbeitung der perspektivischen Aufgaben der Wissenschaft erfolgt in Einheit mit der Verwirklichung bereits beschlossener Projekte. Aus dieser konkreten Forschung erwachsen und reifen die besten Ideen und Vorstellungen für die kontinuierliche Fortsetzung der Arbeit. Das ist auch der Weg, die Übereinstimmung zwischen dem gesellschaftlichen Auftrag und der persönlichen Identifikation des Wissenschaftlers und seiner Aufgabe zu sichern."[8] Die Selbstreproduktion der Forschung ist, wie wir wissen, stets nur partiell, nur ein Moment des gesellschaftlichen Reproduktionsprozesses, aber es ist notwendig, damit sich Forschung überhaupt reproduzieren kann.

Wenn wir annehmen, daß explizit formulierte und bewertete Probleme Voraussetzung für terminierte Planaufgaben in der Forschung sind, dann müssen wir auch anerkennen, daß diese Probleme ein Produkt früherer Forschungsarbeit darstellen. Vieles spricht dafür, daß die Erzeugung neuer Probleme nicht *neben* der Lösung alter abläuft, sondern ein organischer Bestandteil dieser Lösung ist. Es ist eine verschiedentlich gemachte Beobachtung, daß Forschung zu ihren fundamentalen Problemen nicht durch

[7] W. Scheler, Positionen – Meinungen – Lösungswege, in: Spectrum, 11/1979, S. 7.

[8] W. Kalweit, Der Sozialismus – eine Herausforderung an die Wissenschaft, a. a. O., S. 498.

eine umstürzlerische, avantgardistische Haltung gelangt, sondern im Gegenteil durch ständig fortschreitende Verfeinerung der Arbeiten nach den akzeptierten Standards, weil nur auf diesem Wege die Nichteliminierbarkeit gewisser Anomalien in den empirischen Befunden relativ zum vorhandenen Wissen überhaupt bemerkt werden kann. Deshalb ist es auch so schwierig, eine „vollkommen neue" Forschungsrichtung zu etablieren, die nicht aus den im Lande bisher durchgeführten Forschungen herauswächst. Hier muß auf geeigneten Wegen der Anschluß an die problemgenerierende Forschungstradition anderer Länder hergestellt werden.

Wir können damit – grob, aber im Prinzip zutreffend – behaupten: Das Stadium der Problembearbeitung und -lösung für frühere Forschungsaufgaben ist *zugleich* das Stadium der Problemgenerierung für künftige Forschungsaufgaben. Eben hier setzt Forschungsplanung an, die den Zielbildungsprozessen gerecht wird. Die ganze Schwierigkeit besteht darin, dieses „zugleich" zu meistern. Es ist ein großer Unterschied, ob neue Probleme als Ergebnisse der Forschung betrachtet werden, die mindestens ebenso wichtig sind wie die Lösungen der alten, oder ob man sie als ein unbedeutendes oder gar mißliebiges Nebenprodukt ansieht. Wird der Aspekt der Problemgenerierung in der Planung unterdrückt, so ergibt sich möglicherweise ein geringfügiger Vorteil im Zeit- und Potentialaufwand (darin liegt auch die Verlockung, diese Funktion der Forschung zu dämpfen), doch geschieht dies auf Kosten der Zukunft. In diesem Fall wird die gedankliche Vorbereitung neuer Forschungen tatsächlich zu einer von den früheren Arbeiten abgelösten Phase, und so ergibt sich für die Gesamtsequenz der Vorhaben eine Variante, die hinsichtlich des Bedarfs an Aufwand und Kalenderzeit schlechter ist. H. Nick hält es mit Recht für wichtig, daß „nicht nur das Lösen, sondern auch das Finden von Problemstellungen für Wissenschaft und Technik als Neuererleistung anerkannt und gefördert wird".[9] Im Prozeß der Problemgenerierung spielt ein möglichst genaues Wissen der Forscher von dem, was die Gesellschaft braucht (in der Einheit von Bedürfnis und Realisierung), und auch das persönliche Empfinden der Dringlichkeit dieses Bedürfnisses eine überragende Rolle. Dieses Bewußtsein muß bei der Bildung der Probleme selbst präsent sein, damit die Entwicklungsbedürfnisse der gesellschaftlichen Praxis den Forschungsprozeß effektiv determinieren können. Die bloße Selektion unter bereits ausformulierten Problemen aus der Sicht gesellschaftlicher Bedürfnisse kann ein Defizit auf dieser Ebene nicht wettmachen. Auf diesen ganzen Komplex gehen wir in den folgenden Abschnitten näher ein.

Hier wollen wir nur noch bemerken, daß die Planung der als Entwicklungsprozeß aufgefaßten Forschung selbst ein evolutionierender Mechanis-

[9] H. Nick, Moderne Technik für oder wider menschliches Wohl, in: Einheit, 3/1981, S. 230.

mus sein muß. Ebenso wie spätere Forschungen auf den früheren aufbauen, hat auch die Planung der späteren Forschungen die Planung der früheren zur Voraussetzung. Auch auf der Ebene der allgemeinen Normen gibt es kein ein für allemal perfektes Regime der Forschungsplanung. Vielmehr hängt die Effektivität der Forschungsplanung sehr weitgehend davon ab, inwieweit sie als selbstlernender Mechanismus angelegt ist und sich reflexiv zu ihren früheren Erfahrungen zu verhalten vermag. Entwicklungsplanung ist notwendig sich entwickelnde Planung. Daher ist in der Forschungsleitung stets die Frage aktuell, ob wir in der Forschung auch „reflexiv" genug sind, ob wir die Erfahrungen des bisherigen Vorgehens für die Weiterentwicklung der Planung genügend intensiv auswerten.

1.3. Forschungsplanung in bewußter Ausnutzung der objektiven Gesetzmäßigkeiten und Bedingungen des Forschungsprozesses

Planung kann Forschungstätigkeiten in dem Maße und in den Beziehungen vorausbestimmen, in dem diese durch ihre Voraussetzungen objektiv determiniert sind. In der adäquaten subjektiven Realisierung des objektiven Zusammenhangs der Forschungsprozesse liegt auch die objektive Begründetheit der Planung. In diesem Sinne führt H. Klemm aus: „Weitere Reserven für die Erhöhung des Leistungsniveaus der Forschung lassen sich erschließen, wenn es gelingt, die Planung der Forschung wissenschaftsspezifischer zu gestalten ..."[10] Der Forschungsprozeß besitzt infolge seines Entwicklungscharakters wesentliche innere Unbestimmtheiten.[11] Wenn die Planung diese Unbestimmtheiten berücksichtigt und nicht etwa ignoriert, dann bedeutet das keinesfalls (wie es von manchen Wissenschaftlern auf der Basis eines zu engen und einseitigen Planungsverständnisses mitunter noch gefaßt wird) eine Abweichung vom Prinzip der Planmäßigkeit, sondern im Gegenteil dessen konsequente Realisierung. Wir brauchen weder Pseudogenauigkeit von Plänen dort, wo das der Sache nach nicht möglich ist, noch Ungenauigkeiten dort, wo eine höhere Präzision erreicht werden kann und muß.

Es gibt ein ganzes Ensemble einander ergänzender Verfahren, um die objektiven Unbestimmtheiten des Forschungsprozesses in seiner Planung

[10] H. Klemm, Erhöhung des Leistungsniveaus der Forschung, a. a. O., S. 832.

[11] Vgl. D. Friederichs, Zum Problem von Unbestimmtheit und Risiko in der Forschung, Berlin 1975 (ITW der AdW der DDR, Studien und Forschungsberichte, H. 7); D. Friederichs, Zu einer Möglichkeit der Quantifizierung der Unbestimmtheiten der Forschungstätigkeit und ihrer Berücksichtigung in der Forschungsplanung, Berlin 1975, S. 70–75 (ITW der AdW der DDR, Kolloquien H. 11); G. Kröber, Wissenschaft als Objekt gesellschaftlicher Leitung, in: Leitung der Forschung, Probleme und Ergebnisse, Berlin 1976, S. 74–82; P. Hanke, Planungsprobleme in der Grundlagenforschung, Berlin 1975, S. 20–24, 99–104.

zu berücksichtigen und damit das schöpferische Moment der Forschung direkt in den Mittelpunkt ihrer Planung zu stellen. Dazu gehören:

– Vorsehen von thematisch nicht fixierten Freiräumen für Individuen und Kollektive, insbesondere in Abhängigkeit von bisherigen Leistungen;

– Flexibilität (Reaktionsfähigkeit und Umstellungsvermögen) der Forschungsorganisation;

– Bereitstellung von Potentialreserven (insbesondere relativer Reserven, die durch Umstellung der Einsatzprioritäten für ein neues Gebiet mobilisiert werden);

– Vorgabe von Planfestlegungen in bewußt allgemeiner Fassung mit der Auflage, sie mit dem Fortgang der Forschung sukzessiv zu präzisieren und zu konkretisieren;

– Einführung von Momenten des Selbstlernens in den Plan durch permanente Rückkopplung mit dem geplanten Forschungsprozeß usw.

Vor allem ist auch zu berücksichtigen, daß die Unbestimmtheiten der Forschung auf verschiedenen Gebieten, Stufen und Ebenen des Forschungsprozesses sehr unterschiedlich in Erscheinung treten und daher auch der Planungsmodus bedingungsabhängig variiert werden muß.[12]

Die Entwicklung der Forschungsplanung ist selbstverständlich nicht nur davon abhängig, wie sich die zu planenden Prozesse verändern, sondern auch davon, wie unser Wissen von den Gesetzmäßigkeiten dieser Prozesse voranschreitet. Bisher sind die Entwicklungsgesetze des Forschungsprozesses nur in geringem Maße in expliziter theoretischer Formulierung bekannt. Das bereitet zweifellos Schwierigkeiten, aber es bedeutet durchaus nicht, daß wir über diese Gesetzmäßigkeiten nichts wissen. Vieles ist auf dem Niveau der Beschreibung von Tendenzen und Regelmäßigkeiten zugänglich, und noch weit mehr implizites Wissen von den Gesetzmäßigkeiten ihres eigenen Voranschreitens besitzt die Wissenschaft auf dem Niveau der Forschungserfahrung (und damit auch Planungserfahrung), die vorläufig von den konkreten Gebieten, in denen sie gewonnen worden ist, kaum abgehoben werden kann, aber für die weitere Planung auf diesen Gebieten von unschätzbarem Wert ist. Unseres Erachtens ist es nützlich, Forschungs- und Planungserfahrungen auch dann beschreibend mitzuteilen, wenn eine begriffliche Verallgemeinerung einstweilen nicht möglich ist. Diese Mitteilung kann, ohne verbindlich zu sein, für die Planung auf anderen Gebieten der Forschung sehr anregend wirken – der heuristische Wert von Analogien in der Wissenschaft wird durch ihre ganze Geschichte unter Beweis gestellt.[13]

Schließlich gibt es auch allgemeines Wissen, aus dem sich Angaben über bestimmte Eigenschaften der Gesetze des Forschungsprozesses entnehmen

[12] Vgl. Probleme der Erhöhung der Leistungsfähigkeit der Grundlagenforschung, a. a. O., S. 53–60.

[13] Vgl. Gesetzmäßigkeiten und Planung der Forschung, Berlin 1977.

lassen, auch wenn uns diese Gesetze selbst noch nicht bekannt sind. Da es sich jedenfalls um Entwicklungsgesetze handelt, werden sie den Forschungsprozeß als Einheit von Gegensätzen ausdrücken müssen.[14] Die Forschungsplanung tut also gut daran, den Forschungsprozeß auf seine objektiven inneren Widersprüche hin zu analysieren. In der Praxis stößt die Forschungsplanung ständig auf solche Zusammenhänge – so die Dialektik von Themen- und Potentialplanung, die Dialektik von Bestimmtheit und Unbestimmtheit u. a. Selbst wenn sich die genaue Gestalt der Einheit der Gegensätze noch nicht bestimmen läßt, kann man die einseitigen Extreme angeben, die vermieden werden müssen, und auch die Aufgabe einer Synthese der Gegensätze in der Erkenntnis der Forschungsprozesse stellen.

Heute liegen bereits einige Kenntnisse über die innere Differenziertheit des Forschungsprozesses vor, die allgemein genug sind, um für die Qualifizierung der Forschungsplanung in größerem Maße genutzt werden zu können. In der *Differenzierung* der Forschungsplanung gemäß den objektiven Unterschieden der zu planenden Objekte sehen wir einen Weg zu ihrer weiteren Vervollkommnung, dessen Inangriffnahme relativ kurzfristig zu einer Intensivierung der Forschung führen kann.

Drei Aspekte dieser Differenzierung seien hervorgehoben:

Die erste ist die Differenzierung der Planung nach *Forschungstypen*. Im Potentialkapitel haben wir die Annahme ausgeführt, daß die übliche Differenzierung nach Grundlagenforschung, angewandter Forschung und Entwicklung für die Leitung ein zu schwaches Raster darstellt, und eine Unterscheidung von sechs Forschungstypen vorgeschlagen, die auch Unterschiede in der Planung impliziert.

Die zweite ist die Differenzierung der Planung nach *Forschungsebenen*. Auf den verschiedenen Hierarchieebenen von der Forschungsgruppe bis zum gesamtstaatlichen Plan unterscheidet sich die Planung nicht nur quantitativ nach dem Umfang der zu steuernden Prozesse, sondern auch qualitativ nach den Ganzheitseigenschaften der zu beherrschenden Prozeßgesamtheiten. Ein wichtiges Moment der qualitativen Ausgestaltung der Planungshierarchie haben wir berührt, als wir das Verhältnis zwischen den verschiedenen Ebenen der Forschungsleitung auch als ein Forschungsverhältnis kennzeichneten.

Die dritte schließlich ist die Differenzierung der Planung nach *Forschungsstufen* (oder Forschungsphasen). Generell gilt die Erfahrung, daß mit dem Fortschreiten eines Forschungsvorhabens seine Planung sukzessiv detaillierter und genauer werden kann. Unsere weiteren Ausführungen widmen wir speziell dieser dritten Differenzierungsdimension und konzentrieren

[14] Vgl. H. Fetzer, Zum Erkenntnisstand von Gesetzmäßigkeiten der Wissenschaftsentwicklung im Sozialismus (Auswertung sowjetischer Literatur), Berlin 1975, S. 6–20, (Institut für Theorie, Geschichte und Organisation der Wissenschaft der AdW der DDR, Studien und Forschungsberichte H. 6).

uns dabei auf Eigenarten der primären Ideenbildungsprozesse und deren Berücksichtigung in der Planung.

Darüber hinaus verdienen natürlich weitere differenzierende Gesichtspunkte beachtet zu werden, die hier jedoch nicht näher erläutert werden können, z. B. die Besonderheiten der verschiedenen Disziplinen oder die spezifischen Eigenschaften der verschiedenen bedürfnisorientierten Forschungskomplexe.

2. Die Zielbildung in der Grundlagenforschung – von der neuen Idee bis zur Reife einer Planaufgabe

Die folgende Darstellung fußt auf unseren Arbeiten zu Fragen der Zielbestimmung in der Forschung.[15] Zugleich stützt sie sich auf eine Reihe von konkreten empirischen Analysen zur Entwicklung bestimmter thematischer Richtungen der Forschung. Diese waren darauf gerichtet, das Herausbilden einer neuen komplexen Problematik zu untersuchen bzw. das Zusammenwirken verschiedener Leitungsebenen im Prozeß der Problemgenerierung und Zielbestimmung in Primärkollektiven zu erfassen. Sie betrafen die Themen „Gesellschaftliche Grundlagen der Ernährung", „Genetic Engineering", „Revertase", „Peptidforschung", „Si-Forschung" und wurden ergänzt durch systematische Befragung und Gespräche in sechs Akademieinstituten.

2.1. *Die Zielbestimmung als Prozeß und ihre Bedeutung in Forschung und Planung*

Was Forschung jeweils erreichen kann, hängt bereits vom Niveau der Ziele ab. Die ganze Geschichte der Wissenschaft lehrt, daß echte Forschungsprobleme – noch dazu fundamentale – überaus schwierig zu formulieren

[15] Vgl. G. Lickert, Grundlagen und Möglichkeiten der Gestaltung von Zielbildungsprozessen – insbesondere als Teil der Prognosetätigkeit, in: Gesetzmäßigkeiten und Planung der Forschung, Berlin 1977, S. 76–100; P. Hanke, Einige Planungsprobleme bei der Herausbildung neuer Richtungen der Grundlagenforschung, in: Spezifik der Grundlagenforschung und ihre Berücksichtigung bei der Planung – Probleme und Erfahrungen aus der ČSSR und der DDR, a. a. O., S. 90–114; P. Hanke/H.-A. Ketz/G. Lickert/G. Lewerenz, Ansätze und Perspektiven eines gemeinsamen Forschungsprogramms von Natur- und Gesellschaftswissenschaftlern – Herausbildung und Verwirklichung der Strategie zur Erforschung der gesellschaftlichen Grundlagen der Ernährung, in: Ernährung – gesellschaftlich bedingt. Entwicklungsprobleme einer neuen Forschungsrichtung, Berlin 1981.

sind. Sie kommen nicht anders als im Ergebnis höchstqualifizierter Forschungsarbeit zustande, auch wenn sie mitunter das zufällige Produkt einer glücklichen Intuition zu sein scheinen. Die Ziele großer Vorhaben, wie sie in der Planungsdokumentation erscheinen, lassen ihren Problemcharakter oft gar nicht mehr deutlich erkennen; sie haben sich in ein System von Aufgaben, Abläufen, bereitzustellenden Ressourcen usw. verzweigt. *Dieses* Stadium des voll ausgebildeten Forschungsziels ist aber das Finale eines langen Arbeitsprozesses, der mit keimhaften und oft ganz vagen Ideen beginnt. Ihrem Wesen nach sind Forschungsziele weiter nichts als bewertete Probleme – Probleme, bewertet nach der voraussichtlichen Bedeutsamkeit ihrer Lösung (diese Bewertung schließt Vorstellungen über die Realisierbarkeit und den Nutzen der Problemlösung für die gesellschaftliche Praxis ein), nach ihren Lösungschancen (prinzipiell und in einem bestimmten Zeitraum), nach Art und Größe ihres voraussichtlichen Lösungsaufwandes.

Die Forschungsplanung muß der Zielbildung und insbesondere dem Initialprozeß der Problemgenerierung verstärkte Beachtung schenken. Erstens sind die Ziele niveaubestimmend für die Forschung; zweitens nimmt die Problemgenerierung bedeutende, oft sogar sehr lange Zeiträume in Anspruch, und drittens verlangt sie einen Potentialaufwand, den die Planung sicherstellen muß. Die bisherige Planungspraxis in der Grundlagenforschung erfüllt diese Forderung noch nicht in ausreichendem Maße. Oft genug erscheint die Planung vor allem als Ausarbeiten von Plandokumenten, wobei die Probleme bereits als gegeben vorausgesetzt werde. Unter dieser Voraussetzung konzentriert sich die Planung vor allem auf bestimmte vorhersehbare Schrittfolgen, Teilaufgaben usw. Nicht selten begegnet man auch heute noch in der Praxis der Forschungsplanung einer Tendenz zum bevorzugten Fest- und Fortschreiben einmal eingenommener Positionen, die dem Auftreten von grundsätzlich Neuem nicht förderlich ist. Eine dominante Orientierung der Planung auf bereits fertig formulierte Probleme würde zudem auch noch den Nachlauf begünstigen, denn fundamental neuartige Problemideen findet man in der Regel nicht in ausgearbeiteter Form vor.

Gegenüber dem Vorgang der Zielrealisierung hat der Prozeß der Zielbildung Eigenheiten, die eine effektive Planung berücksichtigen muß. Zwischen schöpferischen Ideen, die erst die Keimform von Forschungszielen sind, und hinreichend beurteilbaren Ziel-Mittel-Relationen muß unterschieden werden. Dabei wäre es ein Fehler zu glauben, daß der Zielbildungsprozeß im Vergleich zum Prozeß der Zielrealisierung sehr kurz wäre. Uns sind keine statistischen Untersuchungen über das Verhältnis der Zielbildungs- und Zielrealisierungsprozesse in der Forschung bekannt, aber wir halten es nicht für ausgeschlossen, daß die Zielbildung vielfach sogar die größere Zeitdauer in Anspruch nimmt. Sie vollzieht sich nicht genau parallel zu Planungsperioden und reicht oft über mehrere Planungszeiträume hinweg.

Jedenfalls ist effektive Forschungsplanung nicht berechtigt, den Vorgang der Zielbildung als ein Momentanereignis anzusehen. Sie muß ihn – mit allen Konsequenzen – als einen ausgedehnten Prozeß behandeln. Beispielsweise gingen Spezialisten in der DDR 1979 daran, eine Strategie für die weitere Entwicklung von Gentransfer-Forschungen auszuarbeiten. Diese Arbeit basierte auf vorangegangenen Forschungen, die nicht weniger als sechs Jahre in Anspruch genommen hatten.

Für die *Generierung von Forschungsproblemen* kann der landläufige Begriff des Zieles als gedankliche Vorwegnahme des Resultats, der schon für die Bearbeitung wohlformulierter Probleme nur sehr eingeschränkt gilt, noch weit weniger in Anspruch genommen werden. Das Ziel der Problemgenerierung läßt sich nur mit hoher relativer Unbestimmtheit – eben dem Spielraum für das schöpferische Bemühen der dabei tätigen Forscher – im voraus angeben, und die Respektierung dieser Unbestimmtheit durch die Planung entspricht den objektiven Charakteristika des zu planenden Prozesses. Im Grunde genügt hier eine hypothetische Zuordnung von Gegenstandsbereichen der Forschung und Bedürfnissen der Gesellschaft, beide hinreichend allgemein charakterisiert, und das, was in diesem Feld als ein Problem „produziert" wird, ist jeweils eine konkrete Entwicklungsmöglichkeit für die Forschung. Wenn die Planung der Forschung generell Ausdruck ihrer gesellschaftlichen Bewußtheit ist, so ist die Erzeugung von Problemen für künftige Forschungsziele Zuwachs an Bewußtheit. Bewußtheit, Planmäßigkeit und Organisiertheit der Forschung sind bereits in der Phase des individuellen schöpferischen Begreifens gesellschaftlicher Problemsituationen möglich und erforderlich.

Die Entscheidung darüber, welche Ziele als Planaufgaben fixiert werden, kann dem Optimum angenähert werden, wenn zuvor mehrere einschlägige Probleme formuliert worden sind, aus denen zu wählen ist. Die Auswahl hängt dann von dem erkennbaren Zusammenhang zwischen gesellschaftlichen Bedürfnissen und Erfordernissen, volkswirtschaftlichen Reproduktionsbedingungen und realen Möglichkeiten des Forschungspotentials ab. Oft ist es faktisch so, daß eine größere Zahl von Problemen oder Problemvarianten zur Entscheidung steht und daß allein schon aus Potentialgründen eine radikale Auswahl geboten ist. Von einem rein erkenntnistheoretisch-methodologischen Standpunkt, der den Aufwand der Problemgenerierung nicht in Rechnung stellt, wäre es am günstigsten, wenn die Planungsentscheidungen in einem möglichst ausgebreiteten Feld von Problemen erfolgen könnten. Da aber der Prozeß der Problemgenerierung einen nicht unbeträchtlichen Aufwand kostet, setzt die Ökonomie der Forschung der wünschenswerten Mannigfaltigkeit zu entwickelnder Problemvarianten für die Entscheidungen Grenzen. Außerdem hängen die Möglichkeiten, neue, tragfähige Probleme hervorzubringen, sehr eng mit dem Spektrum und der Intensität der laufenden Forschung (den Problembearbeitungsprozessen) zusammen. Das vorhandene Potential orientiert auch in gewisser Weise die Richtung der Problemgenerierung.

Die nähere Beschäftigung mit dem Prozeß der Zielbildung von der ersten Problemidee bis zur Stufe einer Planaufgabe zeigt, daß dieser Prozeß nicht allein ausgedehnt ist, sondern auch das ganze Repertoire der allgemeinen Forschungsverfahren einschließt. Er beschränkt sich nicht auf die theoretische Arbeit der Konzeptionsbildung, sondern verlangt auch empirische Untersuchungen, insbesondere Experimente, die das potentielle Untersuchungsfeld vorerkunden. Dabei erfüllen experimentelle Untersuchungen in verschiedenen Phasen des Zielbildungsprozesses unterschiedliche Funktionen bei der sukzessiven Präzisierung der Aussagen über Ziele, Mittel und Bedingungen des vorzubereitenden Vorhabens. Ein instruktives Beispiel bietet die Herausbildung der Forschungen zum genetic engineering in der DDR, die mit Arbeiten zur mikrobiellen Synthese des Proteohormons Insulin begann. Anfang der 70er Jahre wurde hier die Frage diskutiert, ob es als sinnvoll und prinzipiell für möglich erachtet wird, Bakterienstämme zu gewinnen, die genotypisch und phänotypisch Insulinproduzenten sind. Zu dem dargelegten Grundgedanken, das Insulingen aus tierischen Zellen zu gewinnen und es über eine Transformation in kompetente Zellen zu manövrieren, wurden hypothetische Lösungswege erörtert und eine Reihe von Fragenkomplexen diskutiert, um verschiedene Varianten für mögliche und notwendige Forschungen zu entwickeln und abzuschätzen.

Jeder dieser Fragenkomplexe korrespondierte mit Entdeckungen und theoretischen Aussagen aus verschiedenen Gebieten der Biowissenschaften, die in den sechziger Jahren erarbeitet wurden.

Dabei wurde angestrebt, *mögliche Schlüsselexperimente* und *fehlende Informationen* herauszuarbeiten, die für die weitere Forschungsarbeit wesentlich sind. Anschließend wurden Vorschläge erarbeitet, welche Potentiale wie eingesetzt werden können, um die Erkenntnislücken zu schließen, die die Beantwortung der Entscheidungsfragen eines Projektes Insulinsynthese behinderten.

Nach mehrmonatiger Arbeit wurde 1972 ein Konzeptionsentwurf zu einem Forschungsthema über die Schaffung eines Mikrobenstammes mit inhärenter, stabiler Insulinsynthese (Insulin aus Mikroben) vorgelegt. Dieser Entwurf bestimmte ein System von Zielen, konzentrierte sich auf einige der ursprünglich diskutierten Fragenkomplexe und gab zu jedem Fragenkomplex einen Satz von Methoden an.

Wir erkennen hier charakteristische Züge eines qualifizierten Zielbildungsprozesses in der Grundlagenforschung. Der Prozeß läuft stufenweise ab, wobei seine Zwischenergebnisse jeweils nicht nur nach ihrem Erkenntniswert, sondern auch nach solchen, für die Leitung der Forschung wesentlichen Parametern, wie Lösungschancen, voraussichtlicher Aufwand usw. eingeschätzt werden. Die Stufenfolge drückt einen Lernprozeß aus, der über die Wechselwirkung von theoretisch-konzeptioneller Arbeit (Hypothesenentwicklung), Literaturauswertung, eigenen Experimenten („Schlüsselexperimente") und Reflexion der Erfordernisse der gesellschaftlichen Praxis und der Wirkungsmöglichkeiten der Forschungsleitung verläuft. In diesem Komplex ist das eigene Experimentieren von größter Bedeutung. Sowohl das angedeutete Beispiel als auch weitere Fallstudien belegen, daß ohne die Durchführung von „Schlüsselexperimenten" (bzw. anderen entsprechenden Untersuchungen auf Gebieten, wo Experimente nicht möglich oder nicht zweckmäßig sind) Leitungsentscheidungen über längerfristige Forschungsprogramme nicht in der notwendigen Qualität vorbereitet werden können. Begrenzt man die Informationsbasis für Zielentscheidungen auf die Auswertung schriftlicher oder mündlicher Informationen, so kommt der Zielsetzungsprozeß kaum über die konzeptionelle Phase hinaus. Vor allem die Chance, eigene originelle Wege zu finden, wird dadurch stark reduziert. Natürlich muß die Bereitstellung der materiellen Bedingungen für solche empirisch-experimentellen Arbeiten planmäßig gesichert werden.

Das zeigt auch die Weiterführung der Forschungen zum Gen-Transfer. Drei Bedingungen waren vor allem maßgebend für die Stabilität der in der Folgezeit erarbeiteten Plandokumente: erstens die erarbeiteten Einsichten in die Struktur des Problemfeldes, zweitens die Bestimmtheit der Einzeldarstellungen und drittens die erreichte methodische und materielle Ausstattung. Die Herausbildung dieser neuen Thematik vollzog sich auf der Grundlage von mehrjährigen experimentellen Pilotarbeiten *und* konzeptionellen Studien.

Auch bei der Entwicklung einer langfristigen Konzeption der Peptid-Forschung im Rahmen der Wirkstofforschung der DDR in der zweiten Hälfte der 70er Jahre wurde ein Zielsystem systematisch aufgebaut und schrittweise konkretisiert. Das geschah nicht durch Vorwegnahme der Forschungsresultate, sondern durch fortschreitende Präzisierung der Probleme und sukzessiv vollständigere Angaben der Bedingungen der Problemlösung und ihrer Wechselwirkung. Für jeden Bearbeitungsschwerpunkt wurden folgende Charakteristika dargestellt:

- eine objektive praktische Problemsituation,
- ein zu bearbeitendes Problemfeld,
- zu erwartende Anwendungsgebiete der wissenschaftlichen Problemlösungen,
- das Ausgangsniveau der wissenschaftlichen Arbeit im Planjahr,
- mögliche Fortschritte der durchgängigen Bearbeitung für die nächsten fünf Jahre.

Dabei wurden die Möglichkeiten deutlich gemacht, wissenschaftliche Grundkenntnisse der Peptidforschung in einen wesentlichen ökonomischen Beitrag zum Wachstum der pharmazeutischen Industrie umzusetzen und in diesem Prozeß neue Formen der Zusammenarbeit zwischen Wissenschaft und Produktion allmählich zu entfalten.

Alle von uns untersuchten Fälle weisen die Zielbildung als einen Prozeß aus, der sich stufenweise lernend auf eine entscheidungsreife Zielformulierung hinbewegt. Er gibt eine konkrete Antwort auf grundlegende Fragen zu neuralgischen Punkten unserer Wissenschaftsentwicklung: „Bereiten wir ausreichend durch wohlüberlegte Initiativforschung die Forschungsschwerpunkte von morgen vor? Wie originell sind die Ideen unserer erkenntnis- und vorlauforientierten Forschung; legen sie neue Fundamente?“ [16]

In diesem Prozeß deutet sich eine allgemeine Struktur an: Ideengenerierung – Konzeptentwurf – Programmsynthese – Ausarbeitung der Plandokumente. Diese Folge von Phasen (die nicht streng voneinander abgegrenzt sein müssen) gibt die Entwicklungsrichtung des Prozesses an. Der Lerncharakter des Zielbildungsprozesses wird nach unserer Auffassung in den zur Zeit genutzten Leistungsstufen für die Grundlagenforschung [17] noch nicht ausreichend berücksichtigt; es erscheint überlegenswert, die geltende Nomenklatur in dieser Richtung zu vervollkommnen.

2.2. Zur Einheit von Zielbestimmung und Forschungsprozeß

Wenn der Problemgenerierung eine niveaubestimmende Rolle für den Fortschritt der Forschung insgesamt zukommt, dann ist die Frage wesentlich, wie neue Problemideen entstehen.

Wir haben aus einer Reihe von Darstellungen, die Wissenschaftler über ihr Arbeitsgebiet, ihren Arbeitsprozeß, die erzielten Ergebnisse und die Zukunftsaussichten gaben, Hinweise auf die Art und Weise notiert, wie tragfähige Forschungsprobleme entstehen. Es zeigte sich ein sehr breites Spektrum, dessen Vielfalt und Differenziertheit sich bei Zuhilfenahme weiterer Quellen noch erheblich vergrößern ließe. In der konkreten Differenziertheit der Situationsbeschreibungen zeigt sich aber ein gemeinsamer Zug: Neue Probleme kommen nicht *neben* den vorhergehenden Forschungsprozessen auf, sondern sind deren Produkte. Das entspricht dem allgemeinen Prinzip der Entwicklungsdialektik, demzufolge das Neue nicht neben dem Alten und unabhängig von ihm, sondern aus ihm als dessen dialektische Negation entsteht. Die Forschung produziert die Möglichkeit ihrer eigenen Fortsetzung. Probleme und Ziele sind nicht allein Ausgangspunkt der Forschung, sondern ebenso ihr Ergebnis. Problemlösungen bilden Ausgangspunkte für neue Forschung. In der intensiven, detaillierten Konfrontation des bisherigen Wissens mit der objektiven Realität, die im

[16] W. Scheler, Positionen – Meinungen – Lösungswege, a. a. O., S. 7.

[17] Vgl. Nomenklatur der Arbeitsstufen und Leistungen von Aufgaben des Planes Wissenschaft und Technik vom 28. 5. 1975, in: GBl. d. DDR, Teil I, 23/1975, S. 426.

planmäßigen Prozeß der Bearbeitung und Lösung von Problemen erfolgt, zeigen sich am ehesten die Grenzen dieses Wissens wie auch die Möglichkeiten ihrer Überschreitung – und beides zusammen macht ja eben das Wesen eines wissenschaftlichen Problems aus. So ist der laufende Forschungsprozeß die wichtigste Grundlage für Erneuerungsprozesse. „Bei der erkenntnisorientierten *Grundlagenforschung* ist zu beachten, daß sich *deren Probleme nicht nur aus den vordringlichen sowie sich perspektivisch abzeichnenden gesellschaftlichen Bedürfnissen ergeben, sondern daß auch aus dem Fortschreiten des Erkenntnisprozesses selbst neue Fragen resultieren.*“[18]

Es gibt schon deshalb keine vom vorhergehenden Forschungsprozeß unabhängigen Wege der Problemgenerierung, weil jedes Problem an bisheriges Wissen – das seinerseits Produkt von Forschung ist – anknüpfen muß. Die spezifischen Methoden der Ideenproduktion, die in der Literatur angegeben werden (Ideenkonferenzen, Zielbaumkonstruktionen, Delphi-Befragungen usw.), sind letztlich Techniken, um die problembildende Potenz früherer Forschungsprozesse vollständiger auszuschöpfen, indem sie das reflexive Verhalten zu diesen Prozessen organisieren oder durch intensive Kommunikation das Zustandekommen problemträchtiger Verknüpfungen zwischen Resultaten unterschiedlicher früherer Forschungen erleichtern. Der Weg zu neuen Problemen ist aber übermäßig schwierig und zeitaufwendig, wenn der Übergang von den vorhergehenden Forschungsprozessen zur Generierung neuer Probleme *ausschließlich* über die fertigen Ergebnisse der ersteren vermittelt wird. Dann liegt zwischen beiden Prozessen ein zeitliches Intervall, und sie sind voneinander zwar nicht unabhängig, wohl aber voneinander getrennt.

Es ist letztlich einsichtig, daß die Forschungsentwicklung unvergleichlich intensiver ist, wenn solche Intervalle nicht auftreten und die Lösung alter und die Generierung neuer Probleme simultan erfolgen, zwei Seiten ein und desselben Prozesses sind. Diese lebendige Kette der Forschungen ist jeweils das Zentrum der Bildung neuer Ziele, von dem aus auch fertiges Wissen verschiedenster Art im erforderlichen Ausmaß problemspezifisch rezipiert und aktiviert werden kann. Dafür sprechen wissenschaftstheoretische Überlegungen, und das bezeugen auch die von uns durchgeführten empirischen Analysen. Berücksichtigt man dies, dann wird eine fundamentale Konsequenz für die Haltung der Forschungsleitung gegenüber dem Forschungsprozeß deutlich. Der Forschungsprozeß darf nicht mehr zu einer Menge unabhängiger, sukzessiv abgearbeiteter „Vorhaben“ (Ziel-Resultat-Zyklen) idealisiert werden. Vielmehr ist es notwendig, die Forschung als historischen Prozeß, als aufsteigende Folge von Problemlösungsprozessen zu begreifen. Die einzelnen „Vorhaben“ sind dann keine autonomen Objekte, sondern Stadien des historischen Zusammenhangs. Jedes Stadium ist nicht

[18] W. Scheler, Wissenschaft in der Welt von heute, in: Einheit, 4/1979, S. 394.

allein nach der Übereinstimmung seines Ergebnisses mit seinem Ziel zu beurteilen, sondern auch danach, inwieweit sich in ihm die Ziele weiterentwickelt haben, und besonders danach, inwieweit es Voraussetzungen für künftige Stadien schafft, die im einzelnen noch nicht bekannt und programmiert sind, inwieweit es also *Entwicklungsfähigkeit* reproduziert.

Der Unterschied der beiden Sichtweisen ist keinesfalls nur theoretisch. Er betrifft das reale Leitungs- und Planungsverhalten, denn er hat einschneidende Differenzen in der planmäßigen Disposition über das Forschungspotential zur Folge. Wir haben bereits ausgeführt, daß die Problemgenerierung einen nicht unbedeutenden Aufwand kostet. Obwohl die Quelle der neuen Probleme in vorhergehenden Forschungsprozessen liegt, ist die Ausarbeitung dieser Probleme bis zur Entscheidungsreife durch diese Forschungsprozesse keineswegs automatisch garantiert. Wenn die neuen Probleme den Forschern als unbedeutender Abfall ihrer eigentlichen Arbeit gelten, dann bleiben sie im Embryonalstadium. Werden sie aber als wertvolles Ergebnis angesehen, dann werden sie auch weiter verfolgt, entfaltet und auf ihre Tragfähigkeit geprüft – dies jedoch fordert unvermeidlich Potential.

Darin eben liegt die Schwierigkeit des effektiven Übergangs zur Beherrschung der Forschung als Entwicklungsprozeß in Leitung und Planung. Die Konzentration der Leitung auf die Lösung vorgegebener Probleme ist notwendig und ökonomisch. Ihr Grad an Effektivität und Ökonomie kann jedoch erhöht werden, wenn die einzelnen Vorhaben bewußt als Glieder der Entwicklung des Forschungsprozesses im ganzen gesehen und gestaltet werden. Damit erhalten Problemideen als Ergebnisse von Forschungsprozessen einen hohen Rang. Ihre Fixierung und Ausarbeitung gehört einfach zu einer effektiven „Verwertungsstrategie“, die *alle* Ergebnisse der Forschungsarbeiten – und nicht nur jene, die unmittelbar Lösungen der vorgelegten Probleme sind – für die Gesellschaft nutzt. Überall dort, wo sich im laufenden Forschungsprozeß die Entstehung aussichtsreicher neuer Problemideen andeutet, ist es sinnvoll, planmäßig einen *Potential- bzw. Zeitanteil für weiterführende Problementwicklungen* vorzusehen und nicht die gesamte Kapazität für vorveranschlagte Problembearbeitungsprozesse mit bereits weitgehend konkretisierter und detaillierter Zielstellung „auszuplanen“. Ob und in welchem Umfang ein solcher Potentialanteil gewährt wird, sollte in Abhängigkeit von den bisherigen Leistungen der Kollektive und ihrer weiteren Entwicklungsfähigkeit entschieden werden. Dabei spielt es eine wesentliche Rolle, ob die betreffenden Kollektive das selbst wollen und begründete Vorstellungen darüber entwickeln, wie diese Möglichkeit zu nutzen ist.

Für die Grundlagenforschung ist ein solcher „Spielraum“ offensichtlich lebensnotwendig. W. Scheler, Präsident der AdW der DDR, machte eindringlich auf diese Problematik aufmerksam: „Häufig wird noch der aktuelle praktische Nutzen gesellschaftlich höher bewertet und honoriert als das öffentlich weniger sichtbare Bahnen neuer Erkenntnisse und Wege; dieses aber bestimmt in hohem Maße unsere zukünftige Entwicklung ...[19] Unsere enge Verflechtung mit der gesellschaftlichen Praxis und die Identifizierung mit den Bedürfnissen und Anforderungen der Gesellschaft als Ausgangspunkte für die Grundlagenforschung bringen ein Problem mit sich: die mögliche Unterschätzung der erkenntnisorientierten Forschung, die ja a priori nicht unmittelbar der Befriedigung gesellschaftlicher Bedürfnisse dient ...[20] Die Grundlagenforschung braucht neben ihrer planwirksamen Integration in den gesellschaftlichen Reproduktionsprozeß einen beträchtlichen Anteil solcher erkenntnisorientierten Forschung, sie braucht dafür die notwendige Flexibilität und den Freiraum für die Sondierung neuer Ideen, für die Prüfung akut im Forschungsprozeß auftauchender Fragen, für Anfragen und Wünsche der Nachbardisziplinen für wesentliche interdisziplinäre Probleme."[21]

Es erscheint zweckmäßig, für die Phasen der Zielbildung – vor allem bei vornehmlich aus dem Erkenntnisprozeß induzierten Problemstellungen, bei der Erschließung neuer Erkenntnisbereiche oder -richtungen – auf sehr detaillierte Planfestlegungen zu verzichten und die Planung an größeren Zusammenhängen („Erkenntnisleitlinien") zu orientieren (z. B. an einem sozialbiologischen Konzept der Ernährungsforschung oder an dem Ziel einer mikrobiellen Insulinherstellung). Nach Bestätigung durch übergeordnete Leitungen (bei Erkundungen von sehr großer Bedeutung durch das Präsidium der Akademie) sollte den betreffenden Wissenschaftlern eine eigenverantwortliche Arbeitsweise einschließlich der Verfügung über entsprechende Fonds ermöglicht werden. Die Freizügigkeit, welche die Leiter durch derartige Planungen oder Orientierungen gewähren, muß zu schöpferischen Leistungen anregen und differenziert sein je nach der Art der Aufgabenstellung, der Aggregationsebene und dem erreichten Entwicklungsstand (Reifegrad) der Erkenntnis. Inwieweit das erreicht wird, hängt sehr von der vertrauensvollen und konstruktiven Zusammenarbeit zwischen Leitern (auch übergeordneter Ebenen) und Bearbeitern ab.

Zur bewußten Nutzung früherer Forschungen als Entwicklungsmöglichkeit für spätere gehört es auch, ständig Planungserfahrungen zu verarbeiten, das heißt, die Forschungsplanung als ein lernendes System zu gestalten. Mit dem Fortschritt der Forschung werden offensichtlich nicht nur neue Forschungsprobleme, sondern auch neue Entstehungsweisen solcher Probleme herausgebildet. Eine wahrscheinlich weiter an Gewicht gewin-

[19] W. Scheler, Wissenschaft und Produktion wirken immer enger zusammen a. a. O., S. 185

[20] Ebenda, S. 186.

[21] Ebenda, S. 187.

nende Art der Entstehung neuer Forschungsprobleme ist die interdisziplinäre Arbeit. „Die Geschichte der Entwicklung der Wissenschaft liefert zahlreiche Beispiele dafür, daß sich an den Kreuzungs- und Schnittpunkten der wissenschaftlichen Disziplinen das entscheidende Wachstum der Erkenntnis vollzieht ... Der Wissenschaftler sollte eine Verpflichtung darin sehen, die Begegnung mit den Vertretern anderer Disziplinen zu suchen, um damit zielgerichtet und aktiv an der Findung und Lösung komplexer Probleme mitzuwirken."[22] Interdisziplinäre Problemgenerierung setzt eine gewisse disziplinäre Reife voraus; zugleich setzt sie auch in den beteiligten Disziplinen neue Problematisierungsakzente und vermindert die Gefahr disziplinärer Vereinseitigung.

Die Planungstätigkeit muß sich daher zur laufenden Forschung auch deshalb reflexiv verhalten, um aufkommende neue Wege der Problemgenerierung frühzeitig diagnostizieren zu können. Planung ist eine mit der Erkenntnisentwicklung und der gesellschaftlichen Funktion der Forschung eng verbundene Tätigkeit, die sich mit dem Forschungsprozeß und dessen sozialen Zusammenhängen selbst weiterentwickelt. Da die Forschungsplanung ihrem Wesen nach mit dem Inhalt der zu planenden Forschung verbunden ist, wird es niemals ein absolut perfektes, für jeden beliebigen Inhalt gleichermaßen geeignetes Planungsverfahren geben können.

Wir hatten gesehen, daß eine wichtige – und durch Planung gut beherrschbare – Quelle neuer Problemideen in der problembezogenen Ausschöpfung des vorhandenen Wissensfundus und der laufenden Forschungsprozesse zu suchen ist und daß eigene empirische Arbeiten, insbesondere Experimente, notwendig sind, um diese Auswertung zu ermöglichen sowie kritisch und produktiv zu gestalten. Es gibt nun einige Arbeitsformen, die dabei erfahrungsgemäß günstig anwendbar sind, und einige gleichfalls aus der Forschungserfahrung zu entnehmende Hinweise, wie dafür das Potential zweckmäßig einzusetzen ist. Wir behandeln im folgenden kurz den Einfluß der Ausarbeitung von Studien, der Forschungserfahrungen der Wissenschaftler, der Kenntnis von Problemen, Methoden und Untersuchungstechniken in international führenden Zentren, der sozialen Beziehungen im Forschungsprozeß und des Zusammenwirkens von Mitarbeitern und Leitern auf die Konstituierung von Planzielen. Auf den Einfluß anderer wichtiger Faktoren – insbesondere der Durchführung von Schlüsselexperimenten – hatten wir bereits verwiesen.

[22] H. Hörnig, Komplexe Aufgaben fordern komplexe Lösungen, in: Spektrum, 4/1978, S. 11.

2.2.1. Die Ausarbeitung von Studien

Eine sehr wichtige Rolle zur Aktivierung des vorliegenden Wissens für die Erzeugung neuer Probleme können *Studien* spielen, in denen die Forschungsmöglichkeiten und ihre Realisierungsbedingungen erörtert und bewertet und die vorgeschlagenen Konzeptionen wissenschaftspolitisch eingeordnet und begründet werden.[23] So wurden bei der bereits erwähnten Vorbereitung des Forschungsprogramms zum genetic engineering in der Arbeit mit solchen Studien, die unter anderem die Möglichkeiten und Bedingungen zellulärer und zellfreier Insulin-Biosynthese erörterten, sehr gute Erfahrungen gesammelt. Ein bemerkenswertes Moment dieser Erfahrungen ist die Feststellung, daß *eine* Studie nicht ausreicht; vielmehr ist es wichtig, solche Studien *wiederholt*, aufeinander aufbauend und neue Erkenntnisse einbeziehend anzufertigen. In verschiedenen Phasen der Ausarbeitung eines Forschungsprogramms systematisieren sie verschiedenartiges Wissen, um jeweils die folgenden Phasen vorzubereiten und ihr Hauptkettenglied zu finden.

In der Ausarbeitung guter Studien gehen Erkenntnis- und Leitungstätigkeit eine Synthese ein. Mit ihrer Anfertigung sollten die qualifiziertesten und erfahrensten Spezialisten betraut werden, denn Studien dieser Art sind selbständige wissenschaftliche Leistungen von hohem Rang. Werden übergeordnete Leiter als Experten in die Bearbeiterkollektive für die Studien einbezogen oder liefern eigenständige Zuarbeiten, so wirkt sich das vorteilhaft auf das Niveau der Studien aus. Ebenso geben meist auch solche Experten, die nicht an der Ausarbeitung der Studien selbst beteiligt sind, in Aussprachen, Beratungen und Verteidigungen wesentliche Anregungen.

Auf jeden Fall sollte der wissenschaftliche Meinungsstreit zum Zeitpunkt verbindlicher Entscheidungen über Fünfjahrplan- und Jahresplanthemen zu hinreichend einheitlichen Anschauungen über Inhalt, methodische Bedingungen, Risiken, Lösungszeiträume und andere wichtige Momente des jeweiligen Problemlösungsprozesses geführt haben. Dazu tragen solche Studien nicht unwesentlich bei.

Für die Herausbildung neuen Wissens ist es wesentlich, daß verschiedenartige Fragmente des bereits vorliegenden Wissens in eine problembezogene Verbindung gebracht werden. Die wissenschaftliche *Kommunikation* liefert dafür eine Grundlage, denn verschiedene Wissenschaftler sind Träger unterschiedlicher Wissensbestände. Uns geht es hier insbesondere um die unmittelbare Kommunikation im lebendigen Meinungsaustausch und Meinungsstreit. Die Arbeit der Expertengruppen, die die erwähnten Studien schaffen, bildet in der Vorbereitung von Forschungsprogrammen gewissermaßen

[23] W. Scheler, Für eine hohe Effektivität der Forschung, in: Einheit, 1/1981, S. 13.

Kommunikationskerne, doch insgesamt muß der Rahmen der Kommunikation in dieser Periode viel weiter gespannt werden. Die befragten Wissenschaftler bezeichnen konstruktive wissenschaftliche Diskussionen verschiedener Form als sehr anregend für neue Fragestellungen. Allerdings wurde auch angemerkt, daß Tagungen in sehr unterschiedlichem Maße ergiebig sind. Am höchsten bewertet wurden gut vorbereitete Klausurberatungen in einem kleineren Kreis interessierter Fachleute sowie Diskussionen, in denen die Sichtweisen von Vertretern verschiedener Disziplinen oder von Wissenschaftlern aus verschiedenen Bereichen der Volkswirtschaft und anderen Sphären der gesellschaftlichen Praxis im Rahmen eines gemeinsam interessierenden Problemfeldes miteinander konfrontiert werden. Allerdings werden die Möglichkeiten der Teilnahme an lohnenden wissenschaftlichen Diskussionen heute oft noch nicht systematisch genug genutzt, und auch die dabei gewonnenen Informationen und Anregungen werden nicht immer genügend ausgewertet. Sehr wichtig ist es, die Plandiskussion im Rahmen der für den Erkenntnisprozeß selbst notwendigen Beratungen zu führen. Wenn bei Plandiskussionen dagegen äußerliche, formelle Fragen dominieren, dann ist die anregende Wirkung auf die Problementwicklung gering oder bleibt völlig aus.

2.2.2. Die Forschungserfahrungen der Wissenschaftler

Die Notwendigkeit, alle Potenzen früherer Forschungsprozesse für die Problemgenerierung zu nutzen, hat Konsequenzen für die Gestaltung und den Einsatz des Potentials. Zu diesen Potenzen gehört auch *Forschungserfahrung*, die sich nicht ohne „Rest" von ihren Trägern abtrennen oder objektiviert darstellen läßt. (Vgl. dazu auch die Ausführungen über das Kaderpotential der Forschung in diesem Buch.) Forschungserfahrung, umfassende und detaillierte Kenntnis eines Forschungsgegenstandes und Beherrschung wissenschaftlicher Arbeitsmethoden, enthält auch viel nichtverbalisiertes „know how". Sie ist die Grundlage, auf der der „Blick" für neue Probleme und tragfähige Ziele erwächst. Deshalb gehören erfahrene Spezialisten in den Kreis jener, die zur Vorbereitung neuer Forschungsprogramme unbedingt herangezogen werden sollten. Wir hatten darauf schon im Zusammenhang mit der Ausarbeitung der Studien hingewiesen. Beispielsweise unternahmen engagierte erfahrene Wissenschaftler (Forscher und Leiter) bei der Ausarbeitung der Forschungsstrategie zum Gentransfer enorme Anstrengungen, um den für die Zielbestimmung notwendigen Zuwachs an Bewußtheit zu erreichen. Sie leisteten selbständige analytisch-prognostische Arbeiten zur internationalen Entwicklung auf diesem Gebiet und entwickelten produktive Beziehungen zu den dabei führenden Zentren, um ihre Sensibilität für heranreifende Ideen zu erhalten und zu entwickeln;

sie eigneten sich – speziell auch durch Aufenthalte in internationalen Zentren – neue Methoden an und führten Experimente durch, die der Testung der im Weltmaßstab erzielten Fortschritte und der Prüfung der Bedingungen für einen schnellen und erfolgreichen Vorstoß der Forschungen in der DDR dienten. Vor- und Nachteile der verschiedenen Varianten wurden möglichst allseitig beurteilt. Die Tätigkeit der Diskussionsgremien (wissenschaftliche Räte, Expertengruppen und informelle Kollektive) wurde so gestaltet, daß sie die Berichterstattung über laufende Themen mit dem Entwurf neuer Konzepte verband. Schließlich trug der Leiter des Projektes auch Sorge für eine weitsichtige Kaderentwicklung, um das in Vorbereitung befindliche Forschungsprogramm auch personell zu sichern.

Freilich darf man diese Aussagen über die Rolle erfahrener Fachleute trotz ihrer hohen Bedeutung für die Problemgenerierung nicht verabsolutieren. Wenn die Zielbildung ausschließlich in den Händen der älteren Wissenschaftlergeneration bleibt, dann läßt sich die Gefahr der autoritativen Festschreibung von zwar bewährten, aber eben doch herkömmlichen Standpunkten nicht völlig ausschließen – ganz abgesehen davon, daß ein Forschungsprogramm, mit dem sich nicht auch die jüngeren Wissenschaftler auf Grund eigener Mitwirkung identifizieren, kaum mit Erfolg verwirklicht werden kann. Deshalb ist unbedingt für ein Miteinander der verschiedenen Wissenschaftlergenerationen auch im Prozeß der Zielbildung zu plädieren. Für junge Wissenschaftler, die ihre Einarbeitungszeit in der Forschung hinter sich haben, ist die Einbeziehung in Arbeiten zur Konzeptbildung an der Seite führender Spezialisten eine unersetzliche Schule: reine Jugendkollektive als ständige Einrichtung können diese Schule nicht ersetzen. Zugleich aber sind die kühnen, mitunter avantgardistischen Einfälle junger Wissenschaftler, deren Aussprechen durch den relativen Mangel an eigener Forschungserfahrung psychologisch erleichtert wird, ein gesundes Gegengewicht gegen das oft vorsichtige, auf möglichst allseitige Sicherung der vorgetragenen Hypothese bedachte Vorgehen der erfahrenen Fachleute, insbesondere in der Phase der Zielbildung. Deshalb ist „die Frage nach hohen Leistungen in der Wissenschaft ... weitgehend mit der Auswahl und zielstrebigen Entwicklung junger Kader verbunden, die fähig sind, den Anforderungen der wissenschaftlichen Arbeit zu entsprechen. Jungen befähigten Wissenschaftlern sollte eher die Möglichkeit gegeben werden, Verantwortung zu übernehmen und sich weiter zu bewähren."[24]

Für eine qualifizierte Zielbildung ist es vorteilhaft und oft unumgänglich, auch „fremde" Forschungserfahrung heranzuziehen, über die die betreffenden Kollektive nicht unmittelbar verfügen. Die Einladung von Experten aus anderen Institutionen zur Diskussion und zur Abgabe von Gutachten zu

[24] Bericht des Zentralkomitees der Sozialistischen Einheitspartei Deutschlands an den X. Parteitag der SED, a. a. O., S. 89.

Studien und anderen Arbeitspapieren wurde bereits erwähnt. Es wird berichtet, daß manches neue Problem seine Entstehung auch dem Eintreten eines oder mehrerer neuer Mitarbeiter in ein Kollektiv verdankt. Um in der Forschung eine Atmosphäre der Problemoffenheit zu bewahren, ist eine gewisse Kaderfluktuation offenbar günstig; entsprechend der jeweiligen Problemstellung sollte sie auch bewußt gesteuert werden. Eine vorteilhafte Lösung für die Gestaltung des Kaderpotentials für die Vorbereitung anspruchsvoller Forschungsprogramme wird erreicht, wenn es gelingt, einen Stamm befähigter Mitarbeiter durch wechselnde Mitarbeit anderer Kollegen zu ergänzen.

2.2.3. Kenntnis von Problemen, Methoden und Untersuchungstechniken in international führenden Zentren

Einen exponierten Platz in der Herstellung von Verbindungen zwischen der eigenen Problementwicklung und anderen laufenden Forschungen nehmen *Arbeitskontakte zu international führenden Zentren des betreffenden Gebietes* ein. Dabei sind in erster Linie alle Möglichkeiten der internationalen sozialistischen Forschungskooperation und insbesondere des Besuches führender Forschungseinrichtungen der UdSSR voll auszuschöpfen. Darauf orientiert auch die Direktive zum Fünfjahrplan 1981–1985: „Zur Sicherung eines hohen Entwicklungstempos und hoher volkswirtschaftlicher Wirksamkeit von Wissenschaft und Technik sind die Ergebnisse aus der internationalen wissenschaftlich-technischen Kooperation mit der UdSSR und den anderen RGW-Ländern verstärkt zu nutzen. Die internationale wissenschaftlich-technische Zusammenarbeit ist als effektiver arbeitsteiliger Prozeß planmäßig zu vertiefen.“ [25] In den Ausführungen zur Entwicklung des Kaderpotentials der Forschung haben wir diese Frage bereits berührt. Die wirksamste Form solcher Kontakte sind längere Arbeitsaufenthalte führender Spezialisten und befähigter Nachwuchswissenschaftler an solchen Instituten. So konnten Wissenschaftler der DDR bei der Arbeit an Problemen des Genetic engineering bei Aufenthalten in Instituten des Auslands wichtige Methoden, wie die enzymatische DNS-Synthese an RNS-Matrizen, die Hybridisationstechnik für das Oozyten-Translationssytem erlernen bzw. erarbeiten, eigene Genprodukte testen und erste Klonierungsexperimente in Sicherheitslabors dieser Einrichtungen realisieren. In Aussprachen, die wir mit diesen Wissenschaftlern führten, hoben sie die enorme Beschleunigung ihrer eigenen Forschungen hervor, die durch solche Auslandsaufenthalte ermöglicht

[25] Direktive des X. Parteitages der SED zum Fünfjahrplan für die Entwicklung der Volkswirtschaft der DDR in den Jahren 1981 bis 1985, a. a. O., S. 21. Vgl. auch: C. Grote, Zusammenarbeit mit der UdSSR in der Grundlagenforschung, in: Einheit, 3/1981, S. 234–239.

wurde. Der frühe Zugang zu noch nicht publizierten Resultaten ausländischer Forschungsgruppen machte aufwendige Untersuchungen in der DDR überflüssig. Alle Erfahrungen zeigen aber auch, daß Verträge und Vereinbarungen zum Wissenschaftleraustausch für sich allein noch nicht den Erfolg solcher Arbeitsaufenthalte für die Forschungsentwicklung in der DDR garantieren. Sie sind ein geeigneter organisatorischer Rahmen, der verantwortungsbewußt ausgefüllt werden muß und in der Hauptsache von der Qualifikation und dem Ideenreichtum jener Wissenschaftler abhängt, die zu solchen Aufenthalten entsandt werden. Wenn sie fähig sind, an den Forschungsprogrammen der Partnergruppen schöpferisch mitzuwirken, dann entstehen stabile Kooperationsmöglichkeiten, die zur Lösung beiderseitig interessierender Forschungsaufgaben führen. Die Schließung methodischer Lücken über die Auswertung und die Nacharbeit von Literatur nimmt nach Ansicht der Wissenschaftler viel zu lange Zeit in Anspruch, um bei der Planung der eigenen Arbeiten mit der internationalen Entwicklungsdynamik Schritt halten zu können.

Auf keinen Fall darf man jedoch annehmen, ein Mangel an eigenen Konzepten könnte durch Arbeitsaufenthalte im Ausland ausgeglichen werden. Unter diesen Umständen führen Arbeitskontakte leicht zu einseitigen Abhängigkeiten. Zur Vorbereitung von Entscheidungen über Vorhaben, die der Sicherung der DDR-Aktivitäten an Durchbruchstellen der Wissenschaftsentwicklung dienen, gehören folgerichtig Vorschläge für den gezielten Austausch von Wissenschaftlern. Dabei muß besonders beachtet werden, daß diese Wissenschaftler bereits über ein Mindestmaß eigener konzeptioneller Vorstellungen verfügen, die sich auf von ihnen selbst durchgeführte Arbeiten gründen und die es ihnen ermöglichen, den Weltstand aktiv zu nutzen und dieser Analyse wesentliche Anregungen für Problemgenerierung und Zielbestimmung zu entnehmen.

2.2.4. Soziale Beziehungen im Forschungsprozeß und zwischen Mitarbeitern und Leitern

Der Gang der Zielbildungsprozesse wird maßgeblich von den *organisatorischen Regelungen* und *sozialen Beziehungen* in den betreffenden Kollektiven und Einrichtungen beeinflußt, denn diese Bedingungen wirken auf die Motivation, die Leistungsbereitschaft jener Wissenschaftler, von denen die neuen Ideen erwartet werden.

Es ist bekannt, daß die Planung nicht wirksam sein kann, wenn sie sich ausschließlich auf die zu erbringenden Leistungen konzentriert und die Gestaltung der Arbeitsbedingungen und Lebensverhältnisse jener, die jene Leistungen zu erarbeiten haben, unbeachtet läßt. In der Forschung wird die Zielbildung besonders von den sozialen Beziehungen beeinflußt, denn die embryonalen neuen Ideen sind meist noch so stark an die Arbeitsweise der

Individuen und die kommunikativen Beziehungen in den Kollektiven gebunden, daß sie sich vielfach vorerst nicht explizit in einer auch darüber hinaus verständlichen Form darstellen lassen. Die Planung der sozialen Beziehungen in der Forschung hat jedoch verständlicherweise einen beträchtlichen Einfluß darauf, ob und wann die neuen Ideen die Reife intersubjektiver Darstellbarkeit als Forschungsprobleme erreichen.

Wir wollen hier nur einige diesbezügliche Gesichtspunkte erwähnen, auf die wir bei unseren Arbeiten zum Zielbildungsprozeß aufmerksam wurden.

„In der Forschungstätigkeit spielt der subjektive Faktor bereits bei der Ausarbeitung der Zielstellung eine entscheidende Rolle ... Eine unkritische, ungenügend auf die Entfaltung der individuellen schöpferischen Fähigkeiten der Mitarbeiter in den Forschungskollektiven gerichtete Atmosphäre führt zu wenig anspruchsvollen Aufgabenstellungen, deren Erfüllung von vornherein – ohne jede Schwierigkeit und ohne jedes Risiko – garantiert ist. Ein Forscherkollektiv dagegen, in dem hohe Ansprüche gestellt und die individuellen Fähigkeiten der Mitarbeiter gefördert werden, geht bei der Ausarbeitung der Forschungsziele davon aus, den höchsten Nutzen für die Gesellschaft zu erzielen, und ist bereit, ein vertretbares Risiko zu übernehmen.“[26]

Im Prozeß des Entstehens neuer Probleme werden von verschiedenen Wissenschaftlern differierende Ansichten vertreten. Diese Differenzen manifestieren sich natürlich auch in den Beziehungen zwischen den Wissenschaftlern in ihrer Stellung in ihrem Kollektiv (beziehungsweise in den verschiedenen wissenschaftlichen Gemeinschaften, in denen sie sich jeweils simultan befinden), denn die verschiedenen Ansichten haben eine unterschiedliche Zukunftsbedeutung und damit auch eine unterschiedliche Wertigkeit für den potentiellen wissenschaftlichen Erfolg ihrer Vertreter. In solchen Stadien wird von der Leitung gefordert, die vorhandenen Differenzen im Problemverständnis als einen produktiven Entwicklungswiderspruch zu beherrschen.

Diese Differenzen sind vielgestaltig. Gehen z. B. Themenbearbeiter und Forschungsgruppenleiter bei der Planung in der Regel von den bisher erzielten Befunden und absehbaren Aussichten für Arbeitsprozesse aus, so sehen Mitarbeiter der Wissenschaftlichen Sekretariate, Bereichsleiter und Institutsdirektoren die Planung gewöhnlich bereits aus dem Blickwinkel, der mehr durch Anforderungen und Maßstäbe übergeordneter Leitungen

[26] H. Klemm, Erhöhung des Leistungsniveaus der Forschung, a. a. O., S. 828; Vgl. auch: K.-H. Müller, Praktische Erfahrungen bei der Realisierung des wissenschaftlich-technischen Fortschritts in der Produktion, in: W. Sydow (Hrsg.), Wie den wissenschaftlich-technischen Fortschritt beschleunigen?, a. a. O., S. 87.

geprägt wird. Während jüngere Mitarbeiter (Absolventen) oft angeleitet werden wollen und anregende Vorgaben dankbar aufnehmen, möchten erfahrenere meist mitbestimmen und mitorientieren. Es ist auch unterschiedlich, ob beispielsweise das Problem „Ernährung“ von Agrarwissenschaftlern aus der Sicht der Produktion, von Physiologen unter dem Gesichtspunkt des Stoffwechsels und der Nährstoffnormen oder von Soziologen und Psychologen mit dem Blick auf das Ernährungsverhalten und schließlich von Ökonomen volkswirtschaftlich betrachtet wird. Von Vertretern staatlicher Organe oder der Wirtschaft an die Forschung herangetragene gesellschaftliche Anforderungen oder Erfordernisse sind noch keine Forschungsprobleme oder -programme. Diese damit angedeuteten Unterschiede bleiben natürlich auf die Sichtweise von Problemen und Zielen, auf Problemgenerierung und Zielbestimmung nicht ohne Einfluß. Es kommt darauf an, diese Unterschiede bewußt zu machen, damit sie einen niveauvollen Meinungsstreit ermöglichen und in ihm ausgetragen werden können.

Die Schwierigkeit besteht darin, daß in dieser Situation noch nicht mit Sicherheit über die reale Bedeutung der verschiedenen Auffassungen geurteilt werden kann und noch nicht erklärt ist, welche der neuen Ideen tatsächlich neue Erkenntnis darstellen oder versprechen. Daher müssen verschiedene Varianten eine Chance erhalten, sich im Meinungsstreit durchzusetzen. Zugleich aber brauchen neue Ideen auch Zeit zum Reifen, und es ist dem Erkenntnisfortschritt nicht gedient, wenn sie schon im embryonalen Stadium einem so harten Selektionsdruck unterworfen werden (und Unvollkommenheiten lassen sich an unfertigen Ideen immer finden), daß ihre Vertreter entmutigt werden und die Arbeit an einer vielleicht vielversprechenden Erkenntnisrichtung aufgeben.

Im Stadium der Problemgenerierung bedürfen also die sozialen Beziehungen zwischen den teilnehmenden Wissenschaftlern einer solchen planmäßigen Gestaltung, daß die Widersprüche zwischen den Ansichten nicht geglättet, sondern in offener kameradschaftlicher Diskussion ausgetragen werden, andererseits aber den „Ideenembryonen“ auch ein hinreichender Schutz zum Ausreifen gewährt wird.

Beim kritischen Abwägen aller relevanten Ideen kommt auch den wissenschaftlichen Räten eine hohe Verantwortung zu. Je angespannter in einem Institut die Arbeitssituation und der Leistungsdruck sind, um so größer ist die Gefahr, daß neuartige Fragestellungen infolge ihrer Unausgereiftheit der Konkurrenz langfristig bearbeiteter Themenfolgen unterliegen, weil das subjektive Interesse an den Fortsetzungsthemen sicherer begründet und als gesellschaftliches Erfordernis dargestellt werden kann. Erfolgreich arbeitende Forschungspotentiale haben Mechanismen des Schutzes gegen Umstellungen; diese Mechanismen sind eine wichtige Bedingung für die Aufrechterhaltung der Stabilität der Potentiale, doch in Fällen ernster gesellschaftlicher Notwendigkeit müssen sie auch außer Kraft gesetzt werden.

In unseren Analysen haben wir beispielsweise festgestellt, daß das Engagement der Experten bei der Erarbeitung qualifizierter Studien stark davon abhängt, ob der auftraggebende Leiter wirklich bereit bzw. in der Lage ist, notwendig werdende Änderungen des Forschungspotentials oder anderer Bedingungen auch tatsächlich herbeizuführen.

Die Durchsetzung neuer Ideen und Arbeitsrichtungen wird oft dadurch gefördert, daß sie offensichtlich wichtigen Anwendungsforderungen entsprechen und die erfolgreiche Anwendung von Teilergebnissen schon zu Anerkennungen führt. Das wachsende Ansehen der betreffenden Kollektive in ihren Instituten und darüber hinaus wirkt wiederum positiv auf deren Leistungsbereitschaft zurück. Ein Beispiel dafür ist die Durchsetzung ökonomischer und soziologischer Arbeitsrichtungen in der Ernährungsforschung. Die Einsicht in die Nützlichkeit derartiger Arbeiten wurde u. a. direkt von der Notwendigkeit der Überführung ernährungswissenschaftlicher Resultate in staatliche Maßnahmen beeinflußt. Ein ähnlicher Effekt läßt sich beobachten, wenn staatliche oder wirtschaftliche Einrichtungen den Nutzen wissenschaftlicher Resultate attestieren. Die Kollektive können dazu nicht nur durch die Ergebnisse selbst, sondern auch durch deren „nutzerfreundliche“ Aufbereitung wesentlich beitragen.

Diese sanktionierende und verstärkende Einflußnahme auf die Zielbildung in der Forschung ist gesellschaftlich sehr wichtig. Bei Durchbrüchen zu fundamental neuartigen Problemen kann dieser Mechanismus jedoch ohne Wirkung bleiben oder unter Umständen sogar hemmend wirken; erfolgt doch die hier angedeutete Auszeichnung bestimmter Forschungsrichtungen auf der Grundlage des vorhandenen Wissens und der Beurteilung der gesellschaftlichen Bedürfnisse auf dieser Basis. Hier ist und bleibt die gesellschaftlich verantwortliche beharrliche Arbeit der Autoren neuer Ideen die entscheidende Instanz. Sie benötigen Durchstehvermögen, das aus der Überzeugung von der Richtigkeit und Bedeutsamkeit ihrer Ideen erwächst, auch wenn sie zunächst keine Anerkennung finden. Es liegt an ihnen, inwieweit es ihnen gelingt, den Wert, die Bearbeitbarkeit und den potentiellen Nutzen der neuen Probleme überzeugend nachzuweisen. Leiter wissenschaftlicher Einrichtungen brauchen ihrerseits ein feines Gespür für sich andeutende Neuerungen, um so früh wie möglich mit den Mitteln der Planung zur Gestaltung günstiger Prüf-, Bewährungs- und Durchsetzungsbedingungen für die neuen Ideen beitragen zu können.

2.3. *Zur Dialektik von Bestimmtheit und Unbestimmtheit im Zielbildungsprozeß*

Planung von Entwicklungsprozessen muß, wie wir weiter oben bereits erörtert haben, auf den dialektischen Zusammenhang von Bestimmtheit und Unbestimmtheit in den geplanten Abläufen Bezug nehmen. Wenn die betrachteten Entwicklungsprozesse Forschungsprozesse sind, so tritt das Moment der Unbestimmtheit sehr stark in Erscheinung, und besonders ausgeprägt ist es in jenen Phasen, in denen die Ziele der Forschung erst gebildet werden. Das Moment der Bestimmtheit äußert sich in der Voraussehbarkeit der Problementwicklung und in der entsprechenden Programmierbarkeit des Ressourceneinsatzes. Das Moment der Unbestimmtheit tritt zutage, wenn in der Entwicklung der Problemidee — beispielsweise im Ergebnis von „Schlüsselexperimenten" — nicht voraussehbare oder zumindest nicht vorausgesehene Wendungen erfolgen, die für den Einsatz der Ressourcen und die Strukturierung der Potentiale mehr oder minder weitreichende Konsequenzen einschließen.

Unseres Erachtens gibt es mindestens drei Stufen, in denen sich im geplanten Prozeß der Problemgenerierung die Unbestimmtheiten dieses Prozesses geltend machen können:

1. sukzessive Konkretisierung der ursprünglichen Ideen ohne Prioritätenwandel. Der durch die primäre Problemidee vorgegebene Zielrahmen des potentiellen Forschungsprogramms bleibt erhalten und wird sukzessiv weiter „untersetzt". Das Projekt für künftige Forschungen entfaltet sich von seiner ganzheitlichen Idee her in eine Hierarchie von Subsystemen. Dies ist gleichsam der unproblematische Idealfall, wie der Lernprozeß von der Problemidee bis zur entscheidungsreifen Planaufgabe verlaufen könnte.

2. Wandel im Prioritätsmuster der Subziele unter Beibehaltung der Grundidee für das künftige Forschungsprogramm. Damit gehen notwendigerweise auch veränderte Dispositionen über das einzusetzende Forschungspotential einher. Auch dieser Wandel ist als Entwicklung innerhalb eines mit entsprechenden Flexibilitäten ausgestatteten Planes zu beherrschen.

3. Veränderung der grundlegenden Problemidee und damit des Zieles und des Charakters des künftigen Forschungsprogramms. Wandlungen von dieser Fundamentalität sind weniger häufig, aber angesichts der Eigenart der Forschung als Produktion neuer Erkenntnis muß prinzipiell mit ihnen gerechnet werden. Dieser Prozeß ist nicht mehr als Entwicklung innerhalb eines vorgegebenen Planes zu beherrschen. Hier unterliegen die Grundpositionen des Planes selbst der kritischen Revision. Leiter und Kollektive müssen sich prinzipiell auch auf solche Situationen einstellen. Darauf weisen auch Überlegungen von H. Klare hin: „Mir wird wohl kaum jemand ernsthaft widersprechen, wenn ich behaupte, daß man risikofreudig sein muß, um kreativ zu sein. Das wirft aber sofort ein Problem auf, über das meines Erachtens noch zu wenig nachgedacht wurde. Sehr anspruchsvolle Forschungsaufgaben lassen sich nicht alle und nicht immer derartig selbstverständlich erfüllen und überbieten, wie es unsere Planabrechnungen in der Regel aufweisen. So paradox es klingen mag, mich beunruhigt diese anscheinend konfliktlose Erfüllung und Überbietung der Forschungs- und Ent-

wicklungspläne, ... und für mich ergibt sich daraus die Frage, ob wir nicht ein größeres Risiko eingehen müssen."[27]

Erfahrene Forschungsleiter versuchen, die Reaktionsbereitschaft ihrer Kollektive auf Neues zu erhöhen, damit unvorhergesehene Ereignisse im Ablauf der Arbeiten genügend genau erfaßt und nach Möglichkeit sogar in Potenzen der Entwicklung verwandelt werden können. Dabei legen sie größten Wert darauf, die bekannten und neuerkannten Zusammenhänge der Problemfelder und Arbeitsprozesse so weit wie möglich strukturiert zu erfassen. Beim Auftreten unerwarteter Ereignisse können so deren mögliche Auswirkungen auf den Lösungsansatz besser erkannt und bewertet werden. Vorherige Festlegungen von Knotenproblemen und Kontrollpunkten begünstigen Plankorrekturen bei Minimierung negativer Folgen. Zugleich bemühen sie sich darum, die Voraussicht der folgenden Arbeitsschritte ständig auf aktuellem Stand zu halten, Änderungsfaktoren möglichst frühzeitig zu erkennen und neue Arbeitsmöglichkeiten zu erkunden. Sie drängen dann auch auf entsprechende Veränderungen im Potential.

Wir werden uns hier darauf beschränken, kurz die ersten beiden Stufen als Entwicklung innerhalb eines mit Flexibilitäten ausgestatteten Planes zu kommentieren.

Für die Planung des Zielbildungsprozesses sind staatliche Vorgaben von großer Bedeutung. Zentrale Dokumente von Partei und Regierung, Orientierungen durch die wissenschaftsleitenden Gremien und andere Vorgaben fixieren Schwerpunktrichtungen und kennzeichnen bestimmte für die DDR wichtige Bedingungen und Akzente. Sie lassen weite Möglichkeiten der Entwicklung zu konkretisierten Zielstellungen für die Forschung. Sie enthalten somit Spielräume für verschiedene Problem- und Zielentwicklungen und für verschiedene Bearbeitungsmöglichkeiten zu ein und derselben Zielstellung. Inwieweit es gelingt, hier schnell auf die Schlüsselfragen weiterführender Forschung zu stoßen, hängt in starkem Maße von Fähigkeit und Verhalten der Forscher ab. Es ist zunächst nicht ausgemacht, welche Vorstellungen in die Kernzone der zu erschließenden Problematik führen und welche an ihrer Peripherie verbleiben. Eben weil die Vorgaben Spielräume und nicht exakte Themen bestimmen, lassen sich diesen gegenüber auch verschiedenen Themen als bearbeitungswürdig begründen. Hier können und sollen nicht Entscheidungen vorweggenommen werden, sondern Prüf- und Bewährungsmöglichkeiten für die verschiedenen Varianten organisiert werden. Hilfreich ist es, wenn es gelingt, den Vorgabenspielraum durch Alternativen zu strukturieren, so daß die Entscheidung für eine Variante bereits vom Inhalt her die andere ausschließt; aber eine solche Polarisierung der Möglichkeiten läßt sich im Stadium der Zielbildung nicht häufig erreichen.

[27] H. Klare, Wissenschaftliches Schöpfertum im Sozialismus, in: Einheit, 1/1980, S. 35.

Die Spielräume, welche Vorgaben für Zielbildungsprozesse bieten, sind Möglichkeiten für schöpferisches Verhalten, die bewußt genutzt werden müssen. Nicht immer sind Wissenschaftler darauf vorbereitet. Wir sind gelegentlich der Ansicht begegnet, die Vorgaben seien „zu allgemein“, und mit derart allgemeinen Themen könne man im Arbeitskollektiv „nichts anfangen“. Unseres Erachtens ist diese Haltung für ein hohes Niveau der Planmäßigkeit in der Forschung unangemessen, denn sie läuft darauf hinaus, die inneren Widersprüche der Entwicklung von Planthemen zu umgehen – entweder führt sie zu der Forderung, fertige konkrete Themen übertragen zu bekommen und die Verantwortung für die Zielbildung von den Schultern des Forschers zu nehmen, oder auch zu der Praxis, eigene Themen zu verfolgen, die keinen echten inhaltlichen Bezug zur Vorgabe aufweisen und sich auf diese nur äußerlich beziehen, statt aus ihr entwickelt worden zu sein. Ein Kollektiv ist jedoch dann am ehesten imstande, ein Planthema mit Erfolg zu bearbeiten, wenn es dieses – von allgemeinen Vorgaben und Voraussetzungen ausgehend – über die Generierung und Entfaltung von Problemen selbst entwickelt hat. Inwieweit die generellen Vorgaben tatsächlich stimulierend wirken, hängt wesentlich von der Zusammenarbeit der verschiedenen Leitungsebenen mit den Forschungsgrundeinheiten im Prozeß der Erarbeitung und der Umsetzung dieser Vorgaben ab.

Zu dieser Frage hat ein Kollektiv der molekularbiologischen Grundlagenforschung positive Erfahrungen gesammelt, auf die wir kurz hinweisen wollen. In unserem Kollektiv wurden von Anfang an die wissenschaftspolitischen Begündungen seiner Thematik herausgearbeitet, Möglichkeiten vertiefter und erweiterter Zusammenarbeit mit profilierten sowjetischen Arbeitsgruppen gesucht und realisiert und die integrativen Funktionen bestimmt, die dieses Vorhaben sowohl in der AdW als auch innerhalb des Gesamtforschungspotentials von Medizin und Landwirtschaft in der DDR ausüben kann. Es wurden mögliche wichtige Ergebnisse der Vorlaufforschung (in-vitro-Biosynthese von definierten Genen) und der Anwendungsforschung (biochemische Diagnostik bestimmter Leukose auslösender Viren) genannt. Unter den verschiedenen Möglichkeiten, die sich für die DDR zur Mitarbeit am Revertaseproblem – um das es sich hier handelt – abzeichneten, orientierten sich die Forscher auf die Auswahl derjenigen, die möglichst rasch zu einem eigenen aktiven Beitrag in einem internationalen, multilateralen Projekt führen könnten.

Die Konkretisierung der Vorhaben kann dadurch komplizierter gestaltet werden, daß sich im Prozeß der Problemgenerierung das Prioritätsmuster der Teilziele verändert oder bestimmte Teilziele durch andere substituiert werden müssen. Solche Veränderungen verlangen zusätzliche Reaktionsfähigkeit.

In der Entwicklung des Si-Programms erwies es sich beispielsweise als notwendig, zu einem gegenüber dem ursprünglichen Ansatz größeren Durchmesser der Siliziumstäbe bei der „tiegelfreien Züchtung“ überzugehen, weil dadurch die Ausbeute an verwendbarem Si-Material beträchtlich erhöht werden konnte.

In der Revertaseforschung entwickelte sich eine Möglichkeit, die im ursprünglichen Konzept noch als Nebenlinie gekennzeichnet worden war (Anwendung des Testsystems in Medizin und eventuell Veterinärmedizin), zu einer Hauptlinie der DDR-Beteiligung am multilateralen Projekt.

Ähnliche Entwicklungen, bei denen sich die konkreten Inhalte und Zusammenhänge im Arbeitsprozeß herausbilden und nicht vorprogrammierbar sind, treten nicht nur in der Grundlagenforschung auf. Untersuchungen in einem Kombinat zeigten beispielsweise für bestimmte komplexe verfahrensorientierte Untersuchungen die Entstehung verschiedener neuer Entscheidungssituationen im Bearbeitungsprozeß.[28]

Den inhaltlich-gegenständlichen Spielräumen beim Aufbau einer Forschungsthematik müssen Einsatz- und Entwicklungsspielräume des Potentials entsprechen. Diese Entsprechung ist die wohl entscheidende Bedingung für den Erfolg von Zielbildungsprozessen und sollte in der Planung dieser Prozesse sorgfältig gewährleistet werden. Hier liegt ein neuralgischer Punkt in der Einheit von Themen- und Potentialplanung. Es ist einsichtig, daß die Arbeit an der Problemgenerierung und besonders an der Entfaltung einer Problemidee zu einem System von Teilzielen stark beeinträchtigt wird, wenn die Bearbeiter die Bereitstellung entsprechender Potentiale als nahezu unmöglich ansehen. Unterbleiben rechtzeitige Entscheidungen übergeordneter Leiter über praktische Forschungsvoraussetzungen, so kann das Risikobewußtsein aus einem fördernden in einen hemmenden Faktor für die Neuerungsbereitschaft der Wissenschaftler umschlagen. Sind die Forscher andererseits davon überzeugt, daß eine der veränderten Problemlage entsprechende Umstrukturierung des Forschungspotentials im Fall ihrer Notwendigkeit ohne administrative Hemmnisse (jede Umstellung im Forschungspotential ist auch dann noch schwierig genug, wenn sie von allen relevanten Leitungsebenen aktiv unterstützt wird) erfolgen wird, dann werden Initiativen und Schöpfertum selbstverständlich gefördert.

Die folgenden Hinweise auf wichtige Potentialbedingungen für das Revertaseprojekt veranschaulichen, wie kompliziert, vielseitig verflochten und dynamisch die Potentialgrundlage für anspruchsvolle Vorhaben ist. Solche Bedingungen waren:

– die materielle Sicherung der Virusproduktion, die die Voraussetzung zur Enzympräparation bildete, darunter

– die Aneignung der methodischen Kenntnisse und Fertigkeiten,

[28] Vgl. G. Voigt, Zur Verbesserung der Entscheidungsfindung in Forschung und Entwicklung, in: Wissenschaftliche Zeitschrift der Technischen Hochschule Ilmenau, 4/1979, S. 121–132, besonders S. 121/122, 129–131.

– die Übernahme sowjetischer Erfahrungen der Revertase-Produktion und die Übergabe eigener Materialien sowie methodischer Erfahrungen an den sowjetischen Kooperationspartner;

– die Sicherung der Hilfeleistung für die Virusproduktion in der DDR durch die Tschechoslowakische Akademie der Wissenschaften (ČSAV);

– die Entwicklung der Kooperation zu verschiedenen Institutionen der Veterinärmedizin;

– die Beschaffung von Chemikalien zur Isolierung und zum Nachweis des Enzyms;

– die Beschaffung und Untersuchung von Blutproben.

Die Herstellung dieser Voraussetzungen in der Forschungsgruppe wurde beschleunigt durch persönliche Kontakte zu führenden Forschern aus anderen Einrichtungen, beispielsweise durch gemeinsame Arbeit in wissenschaftlichen Gremien, und durch Arbeitsaufenthalte an sowjetischen Instituten. Die Kooperationsbereitschaft der Partner wurde wiederum durch eigene Leistungen der Forscher aus dem Revertasekollektiv stimuliert.

Die Möglichkeit, durch eine der Aufgabe adäquate Potentialgestaltung die experimentelle und theoretische Arbeit zu fördern, hängt sehr davon ab, wie es gelingt, schrittweise die Probleme und Erfordernisse oder Möglichkeiten deutlich zu machen, auf die reagiert werden soll.

Eine wesentliche Komponente der flexiblen Potentialsicherung, die den Zielbildungsprozeß stark beeinflußt, ist die materiell-technische Basis der Forschungsarbeiten (vgl. die Ausführungen über die materiell-technische Basis der Forschung im Kapitel II über das Forschungspotential). Davon hängt wesentlich ab, ob eine als notwendig erkannte und geförderte Thematik auch tatsächlich durchführbar ist und ob sie insbesondere auf einem dem internationalen Stand entsprechenden Niveau und in angemessenem Tempo bewältigt werden kann. In der vom X. Parteitag der SED beschlossenen Direktive zum Fünfjahrplan 1981–1985 wird daher festgelegt, „die materiell-technische Basis effektiver zu nutzen und durch Erweiterung und Rekonstruktion von Forschungs- und Entwicklungseinrichtungen sowie durch planmäßige Bereitstellung moderner Forschungstechnik weiter zu stärken.“[29]

Es gibt einen sich weiterentwickelnden Weltstand für die materiell-technische Versorgung der Forschung, der alle Seiten des Forschungsprozesses beeinflußt und Rückwirkungen auf die Initiative der Forscher ausübt. Rückstände können hier nicht beliebig durch die kreativen Fähigkeiten der Wissenschaftler wettgemacht werden.

Bei der Bewältigung von solchen Schwierigkeiten, die gerade bei Spitzengeräten der Forschung auch vielfach mit außenwirtschaftlichen Problemen

[29] Direktive des X. Parteitages der SED zum Fünfjahrplan für die Entwicklung der Volkswirtschaft der DDR in den Jahren 1981 bis 1985, a. a. O., S. 23.

verbunden sind, geht es nicht in erster Linie um eine Erhöhung des Umfangs der materiell-technischen Ausstattung der Forschungen. Vor allem müssen unseres Erachtens in vollem Maße die Konsequenzen aus der Tatsache gezogen werden, daß sich eine höhere Inhaltsadäquatheit der Forschungsvoraussetzungen nicht durch größere Detailliertheit in der langfristigen Planung der materiell-technischen Versorgung sicherstellen läßt, und zwar einfach deshalb, weil eine so detaillierte inhaltliche Vorausbestimmtheit im Forschungsprozeß gar nicht existiert.

Die Realisierung von materiell-technischen Erfordernissen des Forschungsprozesses verlangt große Anstrengungen der Wissenschaftler. Die auf dem Gebiet der Molekularbiologie arbeitenden Themenkollektive der Akademie der Wissenschaften der DDR sehen es schon als eine Selbstverständlichkeit an, einen Teil der benötigten Biochemikalien selbst herzustellen. Solche Nebenfragen haben eine große Bedeutung bei der Bildung von Urteilen über die Realisierbarkeit von Ideen. So traten bei der Realisierung der Komplexaufgabe „Halbleiter-Silizium" problematische Situationen auf, als bestimmte Zielstellungen zwar als notwendig erkannt und festgelegt wurden, die damit verbundenen Potentialfragen aber nicht ausreichend geklärt werden konnten.

Zweifellos wird es niemals ein perfektes System der materiell-technischen Versorgung geben, das jeden im Verlauf von Problementwicklungen auftretenden Bedarf unverzüglich befriedigt. Es ist jedoch notwendig, in die Planung der materiell-technischen Versorgung (wie in der Potentialplanung überhaupt) ein solches Maß an Flexibilität einzubauen, daß die Befriedigung unvermuteten Bedarfs bei einem zumutbaren Maß an Eigeninitiative der Forscher verzögerungsarm möglich wird. Ein bestimmtes Quantum an Eigeninitiative der Forscher bei der Gestaltung unikaler materiell-technischer Voraussetzungen ihrer Arbeit, an Übung in der Fähigkeit, sich in solchen Fragen selbst zu helfen und Lösungen zu finden, ist durchaus legitim und auch erkenntnisfördernd.

Es gibt hier aber ein Optimum, und wird dieses überschritten – wie es heute noch mitunter der Fall ist –, so bedeutet die Belastung mit derartigen Arbeiten einen unvertretbaren Abzug hochqualifizierter wissenschaftlicher Arbeitskraft von den eigentlichen Forschungsaufgaben. Allerdings lassen sich Engpässe auf diesem Gebiet auch oft nicht kurzfristig durch bloße Veränderungen des Planungsmodus beseitigen, denn die Möglichkeiten, hier flexibler zu reagieren, hängen ihrerseits wieder von investitionsaufwendigen Veränderungen ab, beispielsweise von der Entwicklung der eigenen Gerätebaukapazitäten der wissenschaftlichen Einrichtungen.

Ergibt sich aus dem Problemgenerierungsprozeß die Anregung, neue Probleme unter die geplanten Forschungsaufgaben aufzunehmen, so ist das dafür erforderliche Potential in der Regel nur zu gewinnen, indem es der Bearbeitung anderer, auch keineswegs aussichtsloser Problemstellungen entzogen wird. Die entsprechenden Potentialentscheidungen sind also Entscheidungen unter Risiko, das sich wohl mindern, aber nicht beseitigen läßt. Auf Probleme, deren Bearbeitung von höchster Relevanz ist, muß entschlossen Potential konzentriert werden; weder Weltspitzenleistungen noch Resultate von volkswirtschaftlicher Größenordnung sind zu erwarten, wenn man im Potentialeinsatz unterhalb einer „kritischen Größe" bleibt. So bemerkt H. Bethge: „Aber vor einem möchte ich warnen, auch wenn ich deswegen schon mißverstanden worden bin: Nicht alles, was international in der Grundlagenforschung gerade aktuell ist, darf Anlaß zu der dann naheliegenden Intensivierung auf dem betreffenden Gebiet sein. Stets ist zu fragen: Welche Kapazitäten müßten dafür eingesetzt werden? Kommen wir nicht zu spät? Die Zwangsvorstellung, an allem mitwirken zu müssen, führt zur Zersplitterung. Wir sind angehalten, gerade weil die DDR ein kleines Land ist, unsere Probleme intelligenzintensiver zu suchen und zu lösen als jene, die ein größeres Forschungspotential zur Verfügung haben."[30]

Bei zu geringer problemspezifischer Konzentration der Potentiale ist das Risiko hoch, von der internationalen Wissenschaftsentwicklung überholt zu werden. Dabei ist die Konzentration kein Wert an sich: Konzentration der Kräfte ohne tiefergehende Einsicht in das Wesen der betreffenden wissenschaftlichen Entwicklungsprozesse kann die Vorlaufforschung sogar behindern.

Das bedeutet nun aber keineswegs, daß das Streichen von Forschungsthemen oder etwa gar die Elimination ganzer Forschungsgebiete eine risikolose Entscheidung wäre. Vielfach hängen die Themen, die gestrichen werden sollen, inhaltlich eng mit jenen zusammen, auf die die Konzentration der Kräfte beabsichtigt ist. Oft sind die bisherigen Themen auch an Nutzerinteressen in Volkswirtschaft und Wissenschaft gebunden, die nicht ignoriert werden können. Selbst wenn die Entscheidung, auf einem bestimmten Gebiet die Forschungen einzustellen oder gar nicht erst aufzunehmen, zunächst sehr gut motiviert ist, kann die Entwicklung der Forschung im Weltmaßstab in wenigen Jahren die Situation vollständig verändern; dann muß die Entscheidung erneut überprüft und gegebenenfalls revidiert werden. Um dies rechtzeitig tun zu können, ist jedoch zweierlei nötig: Einmal muß die wissenschaftliche Entwicklung in der Welt so genau verfolgt werden, daß relevante Änderungen in den Forschungskonstellationen möglichst schon bemerkt werden können, wenn sie sich erst andeuten. Zum anderen muß das Forschungspotential im ganzen so manövrierfähig sein, daß es erforderliche Wendungen — auch einschneidende — ohne übermäßige Schwierigkeiten bewältigt. Solche Flexibilitätseigenschaften muß das Wissenschaftspotential ausbilden, wenn es eine hohe Problemdynamik begünstigen soll.

[30] H. Bethge, Entdeckungen am realen Kristall, in: G. Lange/J. Mörke, Wissenschaft im Interview, a. a. O., S. 30.

Nur so ist die Konzentration auf Schwerpunkte mit Entwicklungsfähigkeit vereinbar.

Abschließend sei hervorgehoben, daß die Flexibilität von Forschungspotentialen keine fixe Größe ist, die eindeutig aus deren Zusammensetzung folgt. Die persönliche Initiative und das Leistungsvermögen der Mitarbeiter – stimuliert durch die Überzeugung von der gesellschaftlichen Bedeutung ihrer Forschungen – können die Elastizitäten der Potentiale beträchtlich steigern, ebenso wie umgekehrt die planmäßige Bereitstellung günstiger Forschungsvoraussetzungen den persönlichen Einsatz beflügelt: „Gesellschaftliche Bedingungen und persönliche Fähigkeiten ergänzen sich gegenseitig". In bestimmtem Umfang sind schöpferische Persönlichkeiten und Kollektive auch in der Sphäre der Forschung imstande, sich selbst entsprechende Bedingungen zu schaffen, „deren Einsatz an der richtigen Stelle Mittel, Material und Arbeitskraft spart, Verordnungen und Konzeptionen ersetzt"; sie setzen sich auch „unter Zeitdruck, im Überwinden von Schwierigkeiten, im Schaffen von Bedingungen für die effektivere und qualitativ hochwertige eigene Arbeit" durch.[31]

2.4. *Leitungsbeziehungen als Forschungsbeziehungen*

Die Qualität der Planung und der planmäßigen Durchführung von Zielbildungsprozessen in der Forschung hängt verständlicherweise entscheidend von der Leitung dieser Prozesse ab. Die Eigenart des Forschungsprozesses aber bringt hier folgendes substantielle Moment ins Spiel: Sofern die Zielbildung auf der Problemgenerierung beruht, ist sie nicht allein Vorbereitung von Forschung, sondern selbst maßgebliche Komponente im Forschungsprozeß. Je aktiver sich die Leitung in die Zielbildung einschaltet, um so mehr ist das Verhältnis zwischen Leitern und Mitarbeitern nicht nur ein Leitungsverhältnis, sondern zugleich auch ein *Forschungsverhältnis*. Dabei sei ausdrücklich betont, daß dieses Verhältnis zur Realisierung der Leiterfunktion gehört und daß wir hier nicht jene im Forschungsprozeß häufige und gleichfalls wichtige Situation meinen, in der ein Leiter *neben* seiner Leitungsfunktion noch weitere Forschungsarbeiten ausführt und dabei sozusagen in der Rolle eines Mitarbeiters auftritt.

Da die Zielbildung sowohl der inhaltliche Ausgangspunkt der weiteren Problembearbeitungsprozesse als auch die normative Quelle der weiteren Leitungsaktivitäten bildet, ist sie der Schlüssel für eine inhaltsadäquate Forschungsleitung, die den Gang der Problemlösung stimulieren und nicht nur registrieren kann. Mit ihr wird die *Einheit von Leitungs- und Leistungs-*

[31] H. Hörz/D. Seidel, Verantwortung – Schöpfertum – Wissenschaft, Berlin 1979, S. 11/12.

prozeß in der Forschung begründet. Das Leitungsverhältnis in der Forschung gestaltet sich keineswegs automatisch zugleich als Forschungsverhältnis. Es gab und gibt auch Erfahrungen sogenannter formaler Leitungspraktiken, bei denen der Forschungsaspekt auf Rudimente reduziert ist. Deshalb ist das, was wir hier formuliert haben, keine Selbstverständlichkeit, sondern ein Kriterium qualifizierter Leitungstätigkeit in der Forschung. Diese Qualität weist sich darin aus, daß erfolgreiche Leiter mit eigenen Ideen Problembildungsprozesse anregen, daß sie aber auch Keime neuer Ideen frühzeitig erkennen und sich in ihre Entwicklung einschalten, und daß sie schließlich mit solchen Wissenschaftlern in ihrem Verantwortungsbereich, die als „Ideengeneratoren" in Frage kommen, besonders aufmerksam arbeiten. „Denn der Schwerpunkt des als staatlicher Leiter tätigen Wissenschaftlers liegt in seiner Funktion als Wissenschaftler und Experte; er muß Zeit haben für Information, Nachdenken, Integration und Konzeption. Er muß sich und sein Kollektiv wissenschaftlich vorantreiben, er muß Vorlauf schaffen, neue Richtungen einschlagen, fundamentale wissenschaftliche Schwerpunkte ins Visier bekommen, den wissenschaftlichen Nachwuchs entwickeln."[32]

Die Einheit von Leitungs- und Forschungsbeziehungen im Verhältnis von Leitern und Mitarbeitern ist eine dialektische Einheit, eine Einheit von Gegensätzen. Das Leitungsverhältnis realisiert sich über Orientierungen, Pläne und Weisungen und verlangt klare Kompetenz und Disziplin der Ausführung. Das Forschungsverhältnis ist ein Moment der Kollektivität des wissenschaftlichen Erkenntnisprozesses – bei der Suche nach Wahrheit gibt es keine Unterstellungsverhältnisse und Weisungsbefugnisse, hier entscheidet nicht die höhere Dienststellung, sondern die bessere Idee und das Forschungsergebnis. Die Dialektik dieser beiden Aspekte so zu meistern, daß sie einander fördern und nicht beeinträchtigen, verlangt Erfahrung und eine hohe ideologische Reife der beteiligten Persönlichkeiten und Kollektive. Ohne ein beträchtliches Maß an Bewußtheit ist es immer möglich, daß die Einheit von Leitungs- und Forschungsverhältnis in ein unfruchtbares Nebeneinander der beiden Aspekte entartet, daß die Entfaltung des Forschungsverhältnisses (der Leiter fungiert als „Gleicher unter Gleichen") die Disziplin der Unterstellung untergräbt oder umgekehrt die Verabsolutierung des Leitungsverhältnisses auf eine Reglementierung des wissenschaftlichen Meinungsstreites und eine einseitige Bevorzugung der Ideen des Leiters hinausläuft.

Die sozialistische Demokratie, die sich als politische Form der planmäßigen Gestaltung des gesellschaftlichen Lebens auch in der Wissenschaft bewährt hat, bietet für die Meisterung der Dialektik von Leitungs- und Forschungs-

[32] H. Haenel, Ernährungsforschung: Positionen und Probleme, in: Spektrum, 5/1978, S. 5–9.

verhältnis denkbar günstige Voraussetzungen. Der Teilnahme der Leiter mit eigenen schöpferischen Ideen an der Erkenntnisentwicklung in den ihnen unterstellten Kollektiven entspricht umgekehrt die Beteiligung möglichst vieler Wissenschaftler aus den Forschungsgrundeinheiten an Gremien kollektiver Meinungsbildung und Entscheidungsvorbereitung, die den verschiedenen Leitungsebenen beigeordnet sind (wissenschaftliche Räte der Institute, Hauptforschungsrichtungen, Forschungsbereiche usw.). Damit wird prinzipiell ein lebendiger Fluß von Ideen und Meinungen, ein echter Dialog zwischen den verschiedenen Ebenen der Leitungspyramide ermöglicht.

Grundsätzlich lassen sich alle wesentlichen Probleme der Dialektik von Leitungs- und Forschungsverhältnis schon am Fall einer Forschungsgruppe behandeln. Dennoch erscheinen sie hier in der Praxis meist noch nicht sehr gravierend, weil in so kleinen Kollektiven die Leiter in der Regel voll in die Realisierung der laufenden Forschungsaufgaben einbezogen sind. Der Forschungsaspekt der Leitungstätigkeit erfaßt jedoch grundsätzlich alle Ebenen der vielstufigen Leitungspyramide. Der gesellschaftliche Erkenntnisprozeß bildet kein Konglomerat von Vorhaben, sondern eine dynamische Ganzheit. Die verschiedenen Leitungsebenen repräsentieren Teilsysteme mit gleichfalls relativ ganzheitlichen Charakteristika, und ihr genuiner Erkenntnisbeitrag muß darin bestehen, eben diese Ganzheiten zu bestimmen, die an keiner anderen Stelle des kollektiven Forschungsprozesses der Erkenntnis unmittelbar zugänglich sind.

Das Forschungsverhältnis in der mehrstufigen Leitungspyramide muß sich im Dialog der Ebenen äußern, in dessen Ergebnis schließlich das Planziel als Synthese zustande kommt. Auf der Ebene der Forschungsgrundeinheiten dominiert natürlich unmittelbar die Einsicht in konkrete Erkenntnisprobleme, während auf den höchsten Leitungsebenen zunehmend aggregierte gesellschaftliche Anforderungen an die Wissenschaftsentwicklung und globale Aussagen zur Erkenntnis- und Potentialdynamik im Mittelpunkt stehen. Einbahnstraßen der bloßen Aufschlüsselung der von den oberen Leitungsebenen ausgehenden „Vorgaben“ bei einer vorwiegend passiv-rezeptiven Haltung der nachgeordneten Ebenen oder — das entgegengesetzte Extrem — der einfachen Aggregation der von den Primärkollektiven ausgehenden Vorschläge, bei der die zentralen Vorgaben nicht orientierend wirken, sondern als „Dachthema“ das Vorhandene lediglich bestätigen, sind gleichermaßen untauglich. Natürlich trifft man so extreme Haltungen in der Praxis nicht in reiner Form an; aber die zugespitzte Kennzeichnung der Extreme erleichtert die kritische Überwindung von Verhaltensweisen, die in die eine oder andere Richtung tendieren. Grundsätzlich sollte die Zielbildung auf jeder Leitungsebene den Charakter einer Synthese tragen, die Vorschläge und Vorgaben aus beiden Richtungen der Leitungspyramide einbezieht und gegebenenfalls auch auf diese verändernd zurückwirkt.

Die Ausprägung des Leitungsverhältnisses als Forschungsverhältnis ist für den kollektiven Forschungsprozeß unentbehrlich. Die verschiedenen Leitungsebenen (wie überhaupt unterschiedliche Positionen im gesellschaftlichen Reproduktionsprozeß, beispielsweise Forscher und Anwender) repräsentieren unterschiedliche Interessenlagen und Sichtweisen gegenüber der Forschung. Dabei geht es hier nicht um jene Unterschiede, die der unwiederholbaren Individualität der verschiedenen Persönlichkeiten geschuldet sind, sondern um jene, die gewissermaßen „funktionsgebundenen" Charakter tragen. Diese Sichtweisen zusammenzuführen bedeutet, die Komplexität in der Erfassung des Gegenstandes und damit die gesellschaftliche Brauchbarkeit des Resultats zu erhöhen. Entscheidend ist diese Zusammenführung eben in der Zielbildungsphase – anderenfalls wird der Forschungsprozeß unnötig erschwert und vielleicht sogar desorientiert, bei den Forschungsgrundeinheiten treten Abwehrreaktionen gegenüber vorgegebenen Bewertungskriterien auf usw. Im Extremfall erweist es sich – mit sehr negativen Nachwirkungen auf die Kollektivatmosphäre – erst bei der Ergebnisverteidigung, daß übergeordnete Leiter „höhere" oder andersartige Vorstellungen von dem zu erarbeitenden Resultat hatten. Aus der Sicht der technisch-technologischen Forschung bestätigt das W. Gilde: „Ein großer Teil des Ärgers bei Verteidigungen und Abnahmen entsteht dadurch, daß man sich nicht über die Maßstäbe zur Beurteilung der Ziele geeinigt hat. Es ist ein großer Vorwurf für den Leiter, wenn er bei einer Verteidigung sagt: ‚Eigentlich hätte ich viel mehr erwartet' oder, ‚Ich vermisse das und das'. Wer so etwas im nachhinein sagt, dessen Leitungstätigkeit erscheint mir sehr bedenklich."[33]

Allerdings erscheint es uns notwendig, hier auf ein verbreitetes Mißverständnis aufmerksam zu machen, das nicht nur die Interpretation der Forschungsprozesse betrifft, sondern auch ihren Verlauf beeinträchtigt. Mitunter meint man, die oberen Leitungsebenen würden von den Wissenschaftsbedürfnissen der gesellschaftlichen Praxis und den volkswirtschaftlichen Reproduktionsbedingungen, die unteren hingegen von den Bedürfnissen und Möglichkeiten des Erkenntnisfortschritts ausgehen, und durch Aufschlüsselung der ersteren und Bewertung und Aggregation der letzteren würde sich schließlich eine planungsreife Zuordnung beider ergeben.

Eben dieser einseitigen Vorstellung soll unsere These der Einheit von Leitungs- und Forschungsverhältnis entgegentreten. Sie bedeutet, daß jede Ebene der Forschungsleitung ein bestimmtes Ganzheitsniveau des gesellschaftlichen Erkenntnisprozesses repräsentiert und auf diesem Niveau ein *unmittelbares* Verhältnis zu den Wissenschaftsbedürfnissen der Praxis und den volkswirtschaftlichen Reproduktionsbedingungen verwirklicht. Damit wird die Differenz der Sichtweisen der verschiedenen Forschungsebenen nicht etwa eliminiert, sondern im Gegenteil für objektiv begründet

33 W. Gilde, Schöpfertum im Forschungsprozeß, in: Einheit, 7, 8/1978, S. 756.

erklärt. Der Unterschied wird aber nicht darin gesehen, daß die einzelnen Leitungsebenen entweder von Praxisbedürfnissen oder von Erkenntnismöglichkeiten ausgehen, sondern vielmehr darin, daß jede Ebene ein spezifisches unmittelbares Verhältnis der Entwicklung von Praxis und Forschungszielen verkörpert, das dem von ihr repräsentierten Ganzheitsniveau des kollektiven gesellschaftlichen Forschungsprozesses entspricht.

Wir sehen, daß es zu einfach und zu schematisch wäre, lediglich für die Forschungsgrundeinheiten mehr Denken in größeren volkswirtschaftlichen und gesellschaftlichen Zusammenhängen zu fordern und bei den oberen Leitungsebenen mehr Beachtung der erkenntnisbedingten Forschungsentwicklungen anzuregen. Solche Forderungen sind – teilweise wechselseitig – auch früher häufig erhoben worden. Sie führen jedoch nur zum Erfolg, wenn es gelingt, die einzelnen Leitungsebenen auch als Forschungsebenen auszuprägen. Werden bei Überlegungen zur Zielbestimmung beispielsweise gesellschaftliche Bedürfnisse „als Ganzes“ (Ernährung, Kleiden, Wohnen, Kommunizieren usw.) einzelnen Forschungsproblemen (etwa der Prüfung der Existenz einer bestimmten Eigenschaft, einer Korrelation zwischen zwei Faktoren usw.) unmittelbar gegenübergestellt, so wird damit die objektive Ebenengliederung der Forschung übergangen. Dem Forscher sind gesellschaftliche Probleme jedoch nicht allein in dieser umfassenden Ganzheit bewußt, sondern besonders auch als Detailerfordernis, dessen Integration in dem Rahmen der „großen“ Bedürfnisse wiederum über viele Vermittlungsstufen erfolgt.

Auch spezifische gesellschaftliche oder volkswirtschaftliche Detailerfordernisse (oder entsprechende Bedürfnisse) sind in der Grundlagenforschung nicht von vornherein mit einem Forschungsproblem identisch. Das tragfähige, „lösungspotente“ Forschungsproblem ergibt sich oft erst im Erkenntnisprozeß. In einem bedürfnisinduzierten Problemfeld oder Arbeitsgebiet (z. B. energiearme Nahrung) wird durch die Forschungsarbeit dann eine erfolgreiche neue Arbeitsrichtung, ein weiterführendes Forschungsproblem entdeckt. Einige Beispiele dafür sind:

– Die Forderung nach fettarmen Nahrungsmitteln *und* experimentelle Erfahrungen über die Reaktion und fettähnliche Konsistenz bestimmter Stärkeverbindungen führten z. B. zu SHP-Forschungen (SHP = Stärkehydrolysatprodukt).

– Der Widerspruch zwischen dem Streben nach energiearmen Getränken sowie dem mit der Reduzierung des Zuckergehaltes verminderten Geschmackswert (der „Fülle“) eines Getränkes regten das Theoretisierungsinteresse des Bearbeiters an, eine auch mathematisch fundierte Theorie der Fülle anzustreben, die wiederum auch andere ähnliche Probleme lösbar erscheinen läßt und die Frage nach der Fülle auch in anderen Zusammenhängen gesellschaftlich deutlich macht.

– Aus der Analyse des Weltstandes der Erkenntnis wurden bestimmte

Lücken auf dem Gebiet des Energiestoffwechsels als Schlüsselprobleme herausgearbeitet und (unter Berücksichtigung eigener Leistungspotenzen) Forschungen eingeleitet, um den Gefahren der Überernährung auch durch stoffumsatzsteigernde, ansatzvermindernde Nahrungsmittel zu begegnen.

– Analysen und Prognosen u. a. zur Entwicklung neuer und gesundheitsfördernder Nahrungsmittel machten als eine bedeutsame Teilfrage die gesellschaftliche Bedingtheit der Ernährung deutlich. Aus den dazu eingeleiteten Forschungen ergaben sich aber wieder Einflüsse auf die Entwicklung eines sozialbiologischen Konzepts der Ernährung insgesamt.

Generell können sowohl Erkenntnisprobleme, die aus vorhergehenden Forschungen entspringen, als auch die Reflexion über Wissenschaftsbedürfnisse der gesellschaftlichen Praxis den Ausgangspunkt für die Bestimmung von Forschungszielen bilden. Wesentlich ist aber immer, daß in der Zielbildung eine wirkliche Synthese beider Seiten erreicht wird.

Auch in der Akademieforschung bilden für viele Themen bestimmte Erfordernisse der Praxis, die als „Vorgaben" in der Planung auftreten, den Ausgangspunkt. Solche Vorgaben sind nur dann forschungswirksam, wenn es gelingt, entsprechende Erkenntnisprobleme zu entwickeln. Der Anteil der Probleme, zu denen man auf diesem Wege gelangt, ist in verschiedenen Forschungsgebieten unterschiedlich. Für die Forschungsrichtung „Gesellschaftliche Grundlagen der Ernährung" wird er auf etwa 50 % geschätzt, und ähnlich hoch wird der Anteil der direkt für die Industrie geleisteten Arbeiten bei den physikalischen Forschungen angegeben. Die Aufgliederung der Vorgaben, die zugleich der Herausbildung von Forschungszielen dient, wird durch Planungsberatungen, die zugleich wissenschaftliche Diskussionen sind, und wissenschaftliche Diskussionen, die zugleich planbildende Bedeutung haben, in verschiedenen Gremien und auf verschiedenen Ebenen gefördert. (Der gängige Terminus „Ableitung von Forschungszielen aus gesellschaftlichen Bedürfnissen" postuliert damit keine bloße Deduktion, sondern drückt eine Synthese von Zielen aus). Bei dieser Art des Vorgehens ist die inhaltliche Systematik jedoch häufig nur teilweise gesichert, da die vorgegebenen Orientierungen oft von mehreren staatlichen und wirtschaftlichen Institutionen beeinflußt werden. Auf dem komplexen Gebiet der Ernährung kommen Orientierungen z. B. aus verschiedenen gesellschaftlichen, besonders volkswirtschaftlichen Bereichen, wie Gesundheits- und Sozialwesen, Land- und Nahrungsgüterwirtschaft, Lebensmittelindustrie, Handel und Versorgung, Gärungs- und Getränkeindustrie u. a. Dabei sind Verbindlichkeit und Abgestimmtheit der orientierenden Informationen sehr unterschiedlich und Wertungen damit oft in das Ermessen des Instituts bzw. der Forschungsgrundeinheiten gestellt. Diese verschiedenartigen Forderungen und Gesichtspunkte können nicht nur pragmatisch, allein abgestimmt auf den zu einem gegebenen Zeitpunkt absehbaren erwarteten praktischen Effekt in ein System gebracht werden, sie müssen – auf der der Komplexität des Vorhabens entsprechenden Leitungsebene – so miteinander verbunden werden, daß sie zugleich auch die Kontinuität des Erkenntnisfortschritts und die Reproduktion des Erkenntnisvermögens der Wissenschaft fördern.

Zwei Konsequenzen ergeben sich nach unserer Auffassung daraus. Einmal gelingt die Synthese von praktischen Erfordernissen und Erkenntnisfortschritt stabiler, wenn gleichzeitig auf höheren Leistungsebenen die Verbindung zwischen grundlegenden Bedürfniskomplexen und Reproduktionserfordernissen der Praxis sowie Hauptrichtungen des wissenschaftlich-technischen Fortschritts untersucht wird. Dies weist darauf hin, daß Strategieforschung weitgehend als die spezifische Erkenntniskomponente der Arbeit höherer Leitungsebenen in der Wissenschaft zu betrachten ist. Zum anderen wird die Ebene der Bereichs- und Abteilungsleiter (bzw. der Forschungskollektive), die die jeweiligen Problemkreise am besten übersehen, zu einer für die Synthese von volkswirtschaftlichen Erfordernissen und disziplinären Entwicklungen entscheidenden Ebene. Die Einbeziehung der Kollektive in größere langfristige Forschungsprogramme, insbesondere auch die Kooperation mit Einrichtungen der Volkswirtschaft, und die Teilnahme der Leiter und Mitarbeiter an Arbeitskreisen von gesellschaftlichen Organisationen und wissenschaftlichen Gesellschaften fördern sehr die Fähigkeit, volkswirtschaftlich wie wissenschaftlich tragfähige Probleme zu entwickeln und aufzugreifen.

Wird ein Forschungsthema von Einrichtungen der akademischen Grundlagenforschung und der Industrie gemeinsam bearbeitet, so ist ein Prozeß gemeinsamer Zielbildung erforderlich, in dem die Sichtweisen beider Potentiale zwar nicht vereinheitlicht, wohl aber integriert werden. Der Ablauf des Silizium-Programms machte das deutlich. Die Grundlagenforscher mußten sich stärker mit industriellen Entwicklungstrends (hier z. B. in der Bauelemente-Entwicklung und der Technologie ihrer Herstellung) vertraut machen, während sich die Vertreter der zweigspezifischen Forschung in die Lage versetzen mußten, aus der Sicht ihrer eigenen Arbeiten auch die Ergebnisse und Perspektiven der Grundlagenforschung zu bewerten.

Ein besonderer Aspekt im Forschungsverhältnis zwischen den Leitungsebenen ist darin zu sehen, daß auf den jeweils nachgeordneten Ebenen nur ein Teil jener Problemgebiete bearbeitet werden kann, die ihrem Wesen nach Elemente der von der übergeordneten Leitung repräsentierten Ganzheit sind. Bei den Zielbildungsprozessen auf der jeweils nachgeordneten Ebene hat die übergeordnete Leitung die wichtige Funktion, Prioritäten zu setzen oder zu verändern, dadurch das Intensitätsverhältnis bei der Bearbeitung verschiedener Gebiete zu beeinflussen und so die Konzentration der Hauptkräfte auf die Hauptrichtungen zu sichern. Sie muß auch die Aufnahme neuer und die Einstellung anderer Forschungen im Unterstellungsbereich veranlassen und bestätigen; bei den dabei oftmals unumgänglichen Entscheidungen, bestimmte Gebiete nicht oder nicht mehr zu bearbeiten, sollte jedoch zugleich das Leitungsorgan bestimmt werden, in dessen Verantwortung es liegt, die entsprechenden Entwicklungen im internationalen Maßstab zu verfolgen, um rechtzeitig auf neue Erkenntnismöglichkeiten reagieren zu können.

Bei Themen, die als wichtig akzeptiert und in die Planung aufgenommen werden, kommt der übergeordneten Leitung eine wichtige Rolle bei der Sicherung des ganzen erforderlichen Netzes an Kooperationsbeziehungen zu. Deshalb muß sie das betreffende Thema im Hinblick auf seinen Platz in ihrer Gesamtstrategie analysieren und bewerten. Davon gehen stimulierende oder, bei unzulänglichen Entscheidungen, auch hemmende Wirkungen auf die unmittelbaren Bearbeiter aus. Übergeordnete Leiter fördern oft besonders solche Richtungen, die sie selbst infolge ihrer disziplinären Herkunft oder eigener spezifischer Forschungserfahrungen am besten überblicken. Das kann ganz unwillkürlich geschehen, ohne vorgefaßte Absicht, und die Resultate können sowohl positiv als auch negativ sein, wobei sich negative Wirkungen durch die Einflußnahme von wissenschaftlichen Räten und anderen Beratungsgremien mit hoher fachlicher Autorität vermeiden lassen. Schließlich werden Problemorientierungen und Beurteilungsrichtung der Leiter durch das Spektrum der Fragen beeinflußt, die in Berichten an übergeordnete Instanzen beantwortet werden müssen (wieviele Patente, Neuentwicklungen, anwendungsreife Resultate, Publikationen usw.). Es wäre nützlich, die Wirkung dieser Fragen auf Problemgenerierung und Zielbestimmung zu untersuchen und auf dieser Basis ihre zweckmäßige Fassung zu beurteilen.

Insgesamt muß das Verhältnis der verschiedenen Leitungsebenen im Forschungsprozeß so gestaltet werden, daß die zu treffenden *Planentscheidungen* mit höchster *Sachkunde* getroffen werden können. Diese Sachkunde ist vor den mehr oder minder ausgedehnten Zielbildungsprozessen nicht in ausreichendem Maße gegeben. Anfangs ist es nicht immer möglich, zwischen der objektiven Bedeutung eines Themas und den Intentionen des betreffenden Leiters zu differieren; das Urteilsvermögen darüber wird in den Zielbildungsprozessen schrittweise erarbeitet, und die zuständigen Leiter können es nur erwerben, indem sie in angemessener Weise an diesen Prozessen teilnehmen. Die von uns ausdrücklich danach befragten Leiter stellten fest, daß damit zwar ihr Zeitbudget belastet würde, auf andere Weise wissenschaftliche Autorität und politische Wirksamkeit bei der Führung des Forschungsprozesses aber nicht zu erreichen seien.

Besondere Aufmerksamkeit verdient die Problemgenerierung auch, um wirkliche Beurteilungsreife bei den vorgeschlagenen Planthemen zu sichern und nicht verfrüht auf unsicheren Grundlagen zu entscheiden. In einem Problemfeld sind nicht von vornherein diejenigen Teile am wichtigsten, über die das meiste Wissen vorhanden ist.

Der Forschungsbeitrag übergeordneter Leiter sollten vor allem auf die

Entwicklung strategischer Leitlinien für das von ihnen verantwortete Forschungsgebiet gerichtet sein. Dazu müssen sie fähig sein, dieses Gebiet in seiner Dynamik mit seinen Differenzierungs- und Integrationstendenzen zu überschauen. Auch für diese Strategieforschung sind kollektive Leitungsformen — wie sie auf hoher Ebene beispielsweise die Klassen der AdW darstellen — zweckmäßig. Die aktive Einbeziehung von Leitern und Mitgliedern der Forschungsgrundeinheiten in die Strategieentwicklung erleichtert das Erkennen neuartiger Möglichkeiten und das Erschließen von Potentialreserven.

Die eigene Forschungsarbeit der Leiter begünstigt deren Sensibilität für tragfähige neue Ideen. Das erleichtert es, die stets schwierigen Entscheidungen für die Einleitung neuer Forschungsvorhaben so zu treffen, daß möglichst große Chancen für den Erkenntnisfortschritt eröffnet werden. Die Entscheidungen müssen sowohl inhalts- als auch potentialbezogen gefällt werden und alle notwendigen Bearbeitungsvoraussetzungen berücksichtigen. Der Zielbildungsprozeß muß zugleich einen stabilen inhaltsorientierten Leitungsaufbau für die nachfolgenden Forschungsprozesse schaffen. Die Erfüllung einer Planaufgabe verlangt Leiter, die Sachkenntnis über Inhalt und Methode der jeweiligen Forschungen mit Vollmachten zur Entscheidung über Handlungspläne von Institutionen verbinden. Die inhaltliche Entwicklung und der Reproduktionsprozeß des Potentials werden im Zielbildungsprozeß sukzessiv aufeinander abgestimmt, bis eine gültige Bestimmung der Planaufgabe erreicht ist. Beispielsweise wird vom Leiter ein ausgewogener sachkundiger und konsequenter Standpunkt gefordert, wenn befähigte Kader aus bestehenden leistungsfähigen Gruppen herausgelöst und für eine neue Thematik eingesetzt werden sollen oder unter dem Eindruck dieser ansprechenden Aufgaben dafür eingesetzt werden wollen. Ähnliche Schwierigkeiten ergeben sich bei der Umverteilung von Räumen, Arbeitsplätzen, Gerätefonds, bei Veränderungen im eigenen Leitungsbereich und erst recht bei der Profilierung neuer Kooperationspartner in anderen selbständigen Einrichtungen. Diese Umstellungen sind nur zu verantworten, wenn die inhaltliche Basis der Entscheidung — die Bildung des betreffenden Forschungszieles — mit höchster Sachkunde vorbereitet worden ist und wenn auf dieser Grundlage alle Teilnehmer und Partner wirklich überzeugt werden. Solche Überzeugungsprozesse sind nicht selten langwierig und mit dem Austragen von Konflikten verbunden. Damit wird das Risiko des Vorhabens natürlich nicht beseitigt, aber es wird entsprechend dem Entwicklungsstand der Problemerkenntnis herabgesetzt.

Damit haben wir einige Fragen skizziert, die auftreten und gelöst werden müssen, wenn die Hierarchiebeziehungen in der Forschung als Einheit von Leitungs- und Forschungsverhältnis gestaltet werden sollen. Die notwendige Einheit von Entscheidungskompetenzen und Sachkunde ist dabei nicht ein für allemal gegeben, sondern muß von Leitern und Kollektiven immer wieder neu erarbeitet werden.

Tabellenverzeichnis

Personenregister

Bei Fragen zur Produktsicherheit wenden Sie sich bitte an:
If you have any questions regarding product safety,
please contact:

Walter de Gruyter GmbH
Genthiner Straße 13
10785 Berlin
productsafety@degruyterbrill.com